Refactoring
des applications
Java/J2EE

Refactoring
des applications
Java/J2EE

Jean-Philippe Retaillé

avec la contribution de
Olivier Salvatori
Thierry Templier
Michel Hue

EYROLLES

ÉDITIONS EYROLLES
61, bd Saint-Germain
75240 Paris CEDEX 05
www.editions-eyrolles.com

Remerciements

Je tiens à remercier Thierry Templier pour m'avoir autorisé à utiliser une version ancienne de son logiciel de généalogie pour les besoins de l'étude de cas. Ces indications et nos discussions sur le sujet m'ont été très utiles pour appréhender rapidement l'architecture de JGenea Web et réaliser une étude la plus représentative possible. Je le remercie également pour sa contribution à la relecture technique des différents chapitres de cet ouvrage.

Je remercie Michel Hue pour avoir consacré de nombreuses soirées à relire de manière critique le contenu de l'ouvrage et avoir testé le moindre point de l'étude de cas afin d'en vérifier l'exactitude. Son aide m'a été précieuse pour détecter les erreurs pernicieuses qui se glissent dans le texte au moment de la rédaction.

Je remercie Éric Sulpice, directeur éditorial d'Eyrolles, et Olivier Salvatori, pour leurs multiples relectures et conseils.

Un grand merci enfin à Audrey et à ma famille pour m'avoir soutenu tout au long de l'écriture de cet ouvrage.

Remerciements

Je tiens à remercier Thierry Templier pour m'avoir autorisé à utiliser une version ancienne de son logiciel de généalogie pour les besoins de l'étude de cas. Ces indications et nos discussions sur le sujet m'ont été très utiles pour appréhender rapidement l'architecture de JGenea Web et réaliser une étude la plus représentative possible. Je le remercie également pour sa contribution à la relecture technique des différents chapitres de cet ouvrage.

Je remercie Michel Hue pour avoir consacré de nombreuses soirées à relire de manière critique le contenu de l'ouvrage et avoir testé le moindre point de l'étude de cas afin d'en vérifier l'exactitude. Son aide m'a été précieuse pour détecter les erreurs pernicieuses qui se glissent dans le texte au moment de la rédaction.

Je remercie Éric Sulpice, directeur éditorial d'Eyrolles, et Olivier Salvatori, pour leurs multiples relectures et conseils.

Un grand merci enfin à Audrey et à ma famille pour m'avoir soutenu tout au long de l'écriture de cet ouvrage.

Table des matières

PARTIE I

Le processus de refactoring

PARTIE II

Techniques avancées de refactoring

PARTIE III

Étude de cas

PARTIE IV

Annexe

Avant-propos

« Toute la méthode réside dans la mise en ordre et la disposition
des objets vers lesquels il faut tourner le regard de l'esprit. » (Descartes)

Le refactoring est une activité d'ingénierie logicielle consistant à modifier le code source d'une application de manière à améliorer sa qualité sans altérer son comportement vis-à-vis des utilisateurs. L'objectif du refactoring est de réduire les coûts de maintenance et de pérenniser les investissements tout au long du cycle de vie du logiciel en se concentrant sur la maintenabilité et l'évolutivité.

Mises au point très tôt sur des langages orientés objet comme Smalltalk ou C++, les techniques de refactoring reposent essentiellement sur les meilleures pratiques de développement objet et sont donc généralisables à tous les langages reposant sur ce paradigme.

Dans le domaine Java/J2EE, le refactoring a bénéficié d'outils de plus en plus sophistiqués facilitant sa mise en œuvre au sein des projets. Ces avancées concordent avec le très fort développement de Java/J2EE et l'augmentation concomitante du code à maintenir.

Objectifs de cet ouvrage

Les objectifs de cet ouvrage sont de fournir une synthèse de l'état de l'art en matière de refactoring et de donner les éléments clés permettant de l'anticiper et de le mettre en œuvre dans les projets informatiques.

Afin d'être au plus près de la réalité du terrain, nous proposons une étude de cas détaillée sous la forme d'une application J2EE Open Source permettant d'étudier les problèmes classiques rencontrés sur les projets de refactoring.

Grâce à cet ouvrage, le lecteur aura une vision globale des tenants et aboutissants du refactoring et disposera d'une boîte à outils directement opérationnelle, entièrement fondée sur des produits Open Source.

Organisation de l'ouvrage

Cet ouvrage est divisé en trois parties plus un chapitre d'introduction. Il part des concepts sous-jacents au refactoring et s'achève par à une étude de cas complète.

Le chapitre 1 introduit les concepts d'évolution logicielle et de refactoring et montre en quoi le refactoring est une étape clé dans le cycle de vie d'une application, notamment dans le cadre des méthodes agiles telles que l'XP (eXtreme Programming).

La première partie détaille le processus de refactoring au travers de quatre chapitres, correspondant aux quatre étapes fondamentales du refactoring : la mise en place de l'infrastructure de gestion des changements, l'analyse du logiciel, les techniques de refactoring et la validation du refactoring à l'aide de tests unitaires.

La partie II fournit en trois chapitres une synthèse des techniques avancées de refactoring reposant sur les design patterns, la programmation orientée aspect (POA) et l'optimisation des accès aux données.

La partie III est entièrement consacrée à l'étude de cas. Elle présente de manière concrète la mise en œuvre du refactoring dans une application J2EE Open Source réelle. Le chapitre 9 présente l'architecture de l'application et décrit l'infrastructure à mettre en place pour effectuer le refactoring. Le chapitre 10 consiste en une analyse quantitative et qualitative complète du logiciel pour déterminer le périmètre du refactoring. Le chapitre 11 met en œuvre les principales techniques abordées dans l'ouvrage pour améliorer la qualité de l'application. L'utilisation de ces techniques est accompagnée des tests nécessaires pour assurer la non-régression du logiciel.

À propos des exemples

Les exemples fournis dans cet ouvrage sont majoritairement compréhensibles par les lecteurs maîtrisant les mécanismes de base du langage Java et ses principales API.

La mise en œuvre de ces exemples nécessite l'installation de plusieurs des outils présentés dans l'ouvrage. La procédure à suivre pour chaque outil est décrite en annexe.

Nous avons délibérément choisi d'utiliser Eclipse pour nos exemples et notre étude de cas. Cet environnement de développement Open Source dispose d'outils de refactoring tenant la comparaison avec les meilleurs produits commerciaux. Bien entendu, les techniques présentées dans cet ouvrage sont valables dans d'autres environnements de développement, comme JBuilder ou Netbeans.

Pour des raisons de place, seul l'essentiel du code source des exemples est reproduit. Le code source complet est disponible sur la page Web dédiée à l'ouvrage sur le site Web d'Eyrolles, à l'adresse *www.editions-eyrolles.com*.

L'étude de cas est pour sa part accessible *via* le gestionnaire de configuration CVS du site communautaire Open Source SourceForge.net. La procédure à suivre est décrite en détail au chapitre 9. Les différentes versions du logiciel produites dans le cadre de l'étude de cas sont aussi téléchargeables depuis la page Web dédiée à l'ouvrage du site Web d'Eyrolles.

À qui s'adresse l'ouvrage ?

Cet ouvrage est un manuel d'initiation au refactoring des applications Java/J2EE. Il s'adresse donc à un large public d'informaticiens, notamment les suivants :

- Chefs de projet désireux d'appréhender le processus de refactoring afin de le mettre en œuvre ou de l'anticiper sur leurs projets.

- Développeurs, pour lesquels la maîtrise du refactoring est un atout professionnel non négligeable.

- Étudiants en informatique (deuxième et troisième cycles universitaires, écoles d'ingénieur).

Rédigée de manière à être lisible par ces différents publics, la majorité des chapitres de l'ouvrage ne nécessite que la connaissance des concepts de base de la programmation orientée objet et du langage Java.

1

L'évolution logicielle et le refactoring

Dans la plupart des ouvrages informatiques, nous adoptons le point de vue du créateur de logiciel. Ainsi, les livres consacrés à la gestion de projet informatique décrivent les processus permettant de créer un logiciel de A à Z et s'achèvent généralement à la recette de la première version de celui-ci.

Malheureusement, la création ne représente souvent qu'une petite partie du cycle de vie d'un logiciel. Par exemple, dans le domaine des assurances, des logiciels sont âgés de plusieurs dizaines d'années et continuent d'évoluer au gré des nouvelles réglementations et des nouveaux produits.

L'objectif de ce chapitre d'introduction est de proposer une synthèse de l'évolution logicielle et de montrer l'importance du processus de refactoring pour faire face aux challenges imposés par les forces du changement.

Le chapitre comporte trois grandes sections :

- La première expose la problématique de l'évolution logicielle et insiste sur les moyens de lutter contre ses effets pervers. Le processus de maintenance qui est au cœur de cette problématique est décrit ainsi que le positionnement du refactoring par rapport à cette activité majeure de l'ingénierie logicielle.

- La deuxième section donne la définition du refactoring et résume les objectifs et la typologie des actions de refactoring. Les bénéfices et les challenges de cette activité sont en outre analysés.

- La dernière section positionne le refactoring par rapport aux méthodes agiles, le refactoring se révélant une activité clé au sein de ces méthodes itératives. Bien entendu, le refactoring ne se limite pas aux méthodes agiles et peut être mis en œuvre dans le cadre de démarches classiques de développement.

La problématique de l'évolution logicielle

En 1968, le phénomène de crise logicielle est identifié lors d'une conférence organisée par l'OTAN. Par crise logicielle, nous entendons la difficulté pour les projets informatiques de respecter les délais, les coûts et les besoins des utilisateurs.

Face à cette crise, de nombreuses solutions sont proposées : langages de plus haut niveau pour gagner en productivité, méthodes de conception permettant d'améliorer l'adéquation entre les fonctionnalités du logiciel et l'expression des besoins des utilisateurs, méthodes de gestion de projets plus adaptées, etc.

Force est de constater que si la situation s'est améliorée depuis, elle reste encore perfectible. D'après le rapport *CHAOS: a Recipe for Success,* du Standish Group, le taux de réussite d'un projet au sein d'une grande entreprise est de 29 % en 2004. Une majorité de projets (53 %) aboutissent, mais sans respecter le planning, le budget ou le périmètre fonctionnel prévus. Les 18 % restants sont constitués des projets purement et simplement arrêtés.

Cette étude ne s'intéresse qu'à la première version d'un logiciel. Or celui-ci va nécessairement devoir changer pour s'adapter au contexte mouvant de ses utilisateurs.

De notre point de vue, le succès d'un projet ne se mesure pas tant à sa capacité à délivrer une première version opérationnelle du logiciel, mais à sa capacité à créer un logiciel assez robuste pour affronter les épreuves des forces du changement.

En un mot, l'évolution logicielle est *darwinienne.* Ce sont les logiciels les mieux adaptés qui survivent.

Le cycle de vie d'un logiciel

La vie d'un logiciel, qu'il soit réalisé à façon au sein d'une entreprise ou à une fin industrielle chez un éditeur, ne s'arrête pas après la livraison de la première version.

À l'instar des êtres vivants, le cycle de vie d'un logiciel connaît cinq grandes phases :

• **Naissance.** Le logiciel est conçu et développé à partir de l'expression de besoins des utilisateurs.

• **Croissance.** De nombreuses fonctionnalités sont ajoutées à chaque nouvelle version en parallèle des correctifs.

• **Maturité.** Le nombre de nouvelles fonctionnalités diminue. Les nouvelles versions sont essentiellement des adaptations et des corrections.

• **Déclin.** L'ajout de nouvelles fonctionnalités est problématique, et les coûts de maintenance deviennent rédhibitoires. Le remplacement du logiciel est envisagé.

- **Mort.** La décision de remplacement est prise. Il peut y avoir une période transitoire, pendant laquelle l'ancien logiciel et le nouveau fonctionnent en même temps. Généralement, on assiste à une migration de la connaissance de l'ancien vers le nouveau logiciel. Cette connaissance est constituée, entre autres, des processus fonctionnels, des règles de gestion et des données. Cet aspect est problématique lorsque la connaissance est enfouie dans l'ancien logiciel et n'est pas documentée.

Le cycle de vie élémentaire d'un logiciel consiste ainsi en une succession de versions, chacune apportant son lot de modifications. Entre deux versions, des correctifs et des évolutions mineures sont réalisés en fonction des anomalies non détectées en recette mais constatées en production.

La figure 1.1 illustre ce cycle de vie.

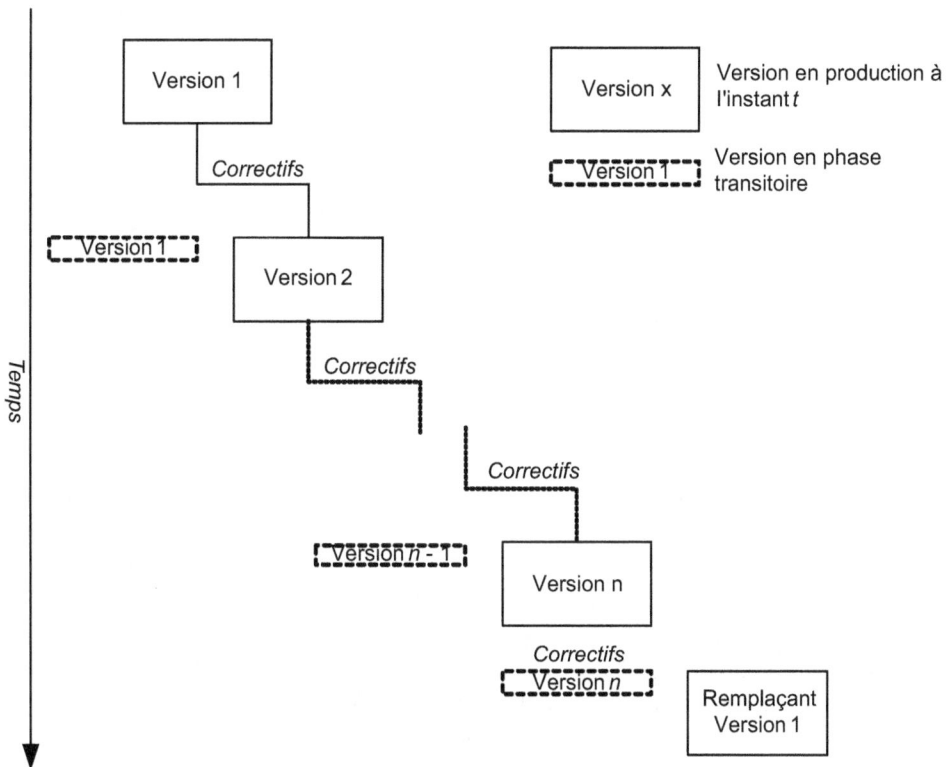

Figure 1.1
Le cycle de vie élémentaire d'un logiciel

Le cycle de vie réel d'un logiciel d'éditeur est plus complexe, la politique commerciale et contractuelle de l'éditeur vis-à-vis de ses clients l'obligeant à maintenir en parallèle plusieurs versions de son logiciel.

Le cycle de vie d'un logiciel d'éditeur a l'allure générale illustrée à la figure 1.2.

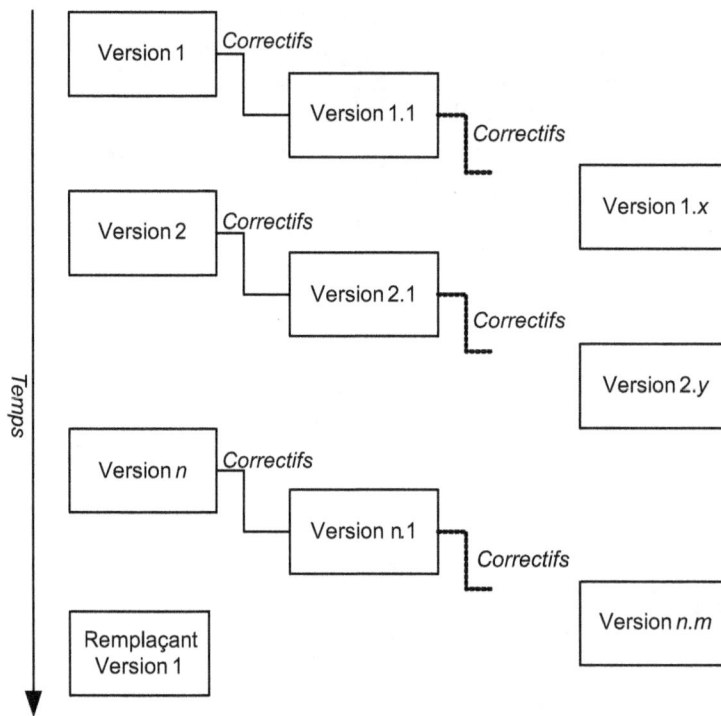

Figure 1.2
Le cycle de vie d'un logiciel d'éditeur

Le cycle de vie d'un logiciel est en fait influencé par le cycle de vie d'autres logiciels. Un logiciel est en effet le plus souvent dépendant d'autres logiciels, comme les systèmes d'exploitation, SGBD, bibliothèques de composants, etc. Le cycle de vie du matériel a aussi une influence, mais dans une moindre mesure, car ce cycle est beaucoup plus long.

Cette interdépendance est un facteur important de complexité pour la gestion du cycle de vie des logiciels, pourtant régulièrement oublié par les chefs de projet. Or, du fait de la généralisation des composants réutilisables, à l'image des frameworks Open Source, et des progiciels, cette problématique doit être prise en compte pour assurer la pérennité des investissements.

Les lois de l'évolution logicielle

Outre le taux d'échec important des projets informatiques, la crise logicielle concerne aussi les immenses difficultés rencontrées pour doter un logiciel d'un cycle de vie long, assorti d'un niveau de service convenable et économiquement rentable.

Le professeur Meir Manny Lehman, de l'Imperial College of Science and Technology de Londres, a mené une étude empirique sur l'évolution des logiciels, en commençant par analyser les changements au sein du système d'exploitation pour gros systèmes OS/390 d'IBM. Démarrée en 1969 et encore poursuivie de nos jours, cette étude fait émerger huit lois, produites de 1974 à 1996, applicables à l'évolution des logiciels.

Quatre de ces lois de Lehman sont particulièrement significatives du point de vue du refactoring :

- **Loi du changement continuel.** Un logiciel doit être continuellement adapté, faute de quoi il devient progressivement moins satisfaisant à l'usage.
- **Loi de la complexité croissante.** Un logiciel a tendance à augmenter en complexité, à moins que des actions spécifiques ne soient menées pour maintenir sa complexité ou la réduire.
- **Loi de la croissance constante.** Un logiciel doit se doter constamment de nouvelles fonctionnalités afin de maintenir la satisfaction des utilisateurs tout au long de sa vie.
- **Loi de la qualité déclinante.** La qualité d'un logiciel tend à diminuer, à moins qu'il ne soit rigoureusement adapté pour faire face aux changements.

Une des conclusions majeures des lois de Lehman est qu'un logiciel est un système fortement dépendant de son environnement extérieur. Ses évolutions sont dictées par celui-ci selon le principe du feed-back : tout changement dans l'environnement extérieur envoie un signal au sein du logiciel, dont les évolutions constituent la réponse renvoyée à l'extérieur. Cette réponse peut générer elle-même des changements, engendrant ainsi une boucle de rétroaction.

Les forces du changement qui s'appliquent à un logiciel sont tributaires de celles qui s'appliquent à une entreprise. La figure 1.3 illustre quelques forces du changement qui poussent les logiciels à évoluer.

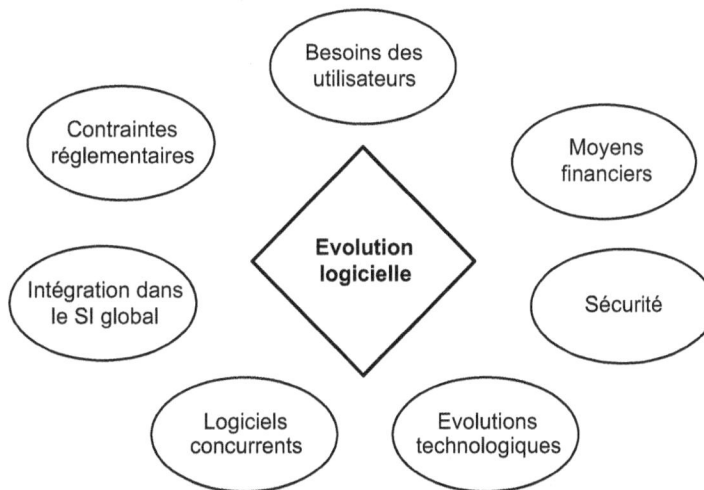

Figure 1.3
Forces du changement et évolution logicielle

L'érosion du design

La loi de la croissance constante aboutit à un phénomène appelé *érosion du design*. Au moment de la conception initiale du logiciel, l'anticipation des fonctionnalités futures est souvent très difficile à moyen ou long terme. De ce fait, le design d'un logiciel découle de choix de conception qui étaient pertinents lors de sa création, mais qui peuvent devenir invalides au fil du temps.

Ce processus d'érosion du design fait partie des phénomènes constatés par les lois de la qualité déclinante et de la complexité croissante. Cette érosion peut devenir telle qu'il devienne préférable de réécrire le logiciel plutôt que d'essayer de le faire évoluer à partir de l'existant.

Un exemple concret de ce phénomène est fourni par le logiciel Communicator, de Netscape, donné en 1998 à la communauté Open Source Mozilla afin de contrer Internet Explorer de Microsoft. Six mois après que le navigateur est devenu Open Source, les développeurs ont considéré que le moteur de rendu des pages, c'est-à-dire le cœur du navigateur, devait être complètement réécrit, son code source étant trop érodé pour être maintenable et évolutif.

La feuille de route de la communauté Mozilla (disponible sur *http://www.mozilla.org/roadmap.html*) donne les raisons du développement de son remplaçant Gecko. En voici un extrait, suivi de sa traduction par nos soins :

> « *Gecko stalwarts are leading an effort to fix those layout architecture bugs and design flaws that cannot be treated by patching symptoms. Those bugs stand in the way of major improvements in maintainability, footprint, performance, and extensibility. Just by reducing source code complexity, Gecko stands to become much easier to maintain, faster, and about as small in dynamic footprint, yet significantly smaller in code footprint.* »

> « L'équipe Gecko travaille sur la correction des bogues d'architecture et des erreurs de conception qui ne peuvent être traités en appliquant des patchs sur les symptômes. Ces bogues empêchent des améliorations majeures en maintenabilité, en consommation de ressources, en performance et en évolutivité. En réduisant la complexité du code, Gecko va devenir plus facile à maintenir, plus rapide et à peu près similaire en terme de consommation de ressources bien que plus petit en terme de code. »

En 2004, une deuxième étape a été franchie avec le lancement du navigateur Web Firefox et du client de messagerie Thunderbird, cassant définitivement le monolithisme de la solution Mozilla, jugée trop complexe.

Ce phénomène d'érosion du design est une conséquence de la loi de la croissance constante. En effet, les choix de design initiaux ne tiennent pas ou pas assez compte des besoins futurs puisque ceux-ci ne peuvent généralement être anticipés à moyen ou long terme. De ce fait, le logiciel accumule tout au long de sa vie des décisions de design non optimales d'un point de vue global. Cette accumulation peut être accentuée par des méthodes de conception itératives favorisant les conceptions locales au détriment d'une conception globale, à moins d'opérer des consolidations de code, comme nous le verrons plus loin dans ce chapitre avec les méthodes agiles.

Même simples, les décisions de design initiales ont des répercussions très importantes sur l'évolution d'un logiciel, pouvant amener à opérer maintes contorsions pour maintenir le niveau de fonctionnalités attendu par les utilisateurs.

Enfin, les logiciels souffrent d'un manque de traçabilité des décisions de design, rendant difficile la compréhension de l'évolution du logiciel. Les décisions de design associées aux évolutions sont souvent opportunistes et très localisées, faute d'informations suffisantes pour définir une stratégie d'évolution.

In fine, à défaut de solution miracle à ce problème fondamental, seules des solutions palliatives sont proposées.

Les forces du changement qui s'appliquent aux logiciels sont sans commune mesure avec celles qui s'appliquent aux produits industriels. Ces derniers sont conçus par rapport à des besoins utilisateur définis à l'avance. Lorsque le produit ne correspond plus à ces besoins, sa production est tout simplement arrêtée. Dans le cadre d'un logiciel, les besoins ne sont pas figés dans le temps et varient même souvent dès le développement de la première version.

L'exemple des progiciels, dont la conception relève d'une approche « industrielle » (au sens produit), est caractéristique à cet égard. Même en essayant de standardiser au maximum les fonctionnalités au moyen d'un spectre fonctionnel le plus large et complet possible, l'effort d'adaptation à l'environnement est très loin d'être négligeable. Par ailleurs, l'arrêt d'un logiciel est généralement problématique, car il faut reprendre l'existant en terme de fonctionnalités aussi bien que de données.

Les solutions palliatives sont mises en œuvre soit *a priori,* c'est-à-dire lors de la conception et du développement initiaux, soit *a posteriori,* c'est-à-dire de la croissance jusqu'à la mort du logiciel.

Les solutions *a priori* font partie des domaines du génie logiciel les plus actifs. Les méthodes orientées objet en sont un exemple. Elles ont tenté de rendre les logiciels moins monolithiques en les décomposant en objets collaborant les uns avec les autres selon un protocole défini. Tant que le protocole est maintenu, le fonctionnement interne des objets peut évoluer indépendamment de celui des autres. Malheureusement, force est de constater que ce n'est pas suffisant, le protocole étant le plus souvent lui-même impacté par la moindre modification du logiciel.

Une autre voie est explorée avec la POA (programmation orientée aspect), complémentaire des méthodes précédentes. La POA cherche à favoriser la séparation franche des préoccupations au sein des logiciels, leur permettant de faire évoluer les composants d'une manière plus indépendante les uns des autres. Deux préoccupations typiques d'un logiciel sont les préoccupations d'ordre fonctionnel, ou métier, et les préoccupations techniques, comme la sécurité, la persistance des données, etc. En rendant le métier indépendant de la technique, il est possible de pérenniser le logiciel en limitant les impacts des forces du changement à une seule des deux préoccupations, dans la mesure du possible.

Des solutions *a posteriori* vont être présentées tout au long de cet ouvrage. La problématique d'érosion du design est en effet directement adressée par le refactoring. Il faut avoir conscience cependant que ces solutions *a posteriori* ne sont pas un remède miracle et que le refactoring n'est pas la pierre philosophale capable de transformer un logiciel mal conçu en la quintessence de l'état de l'art. La dégénérescence du logiciel peut atteindre un tel degré que seul un remplacement est susceptible de régler les problèmes.

Le rôle de la maintenance dans l'évolution logicielle

Située au cœur de la problématique énoncée par les lois de Lehman, la maintenance est une activité majeure de l'ingénierie logicielle. C'est en partie grâce à elle que le logiciel respecte le niveau d'exigence des utilisateurs et permet, dans une certaine mesure, que les investissements consacrés au logiciel soient rentabilisés.

D'une manière générale, la maintenance est un processus qui se déroule entre deux versions majeures d'un logiciel. Ce processus produit des correctifs ou de petites évolutions, qui sont soit diffusés en production au fil de l'eau, soit regroupés sous forme de versions mineures.

La figure 1.4 illustre les différentes étapes du processus de maintenance pour la gestion des anomalies et des évolutions mineures.

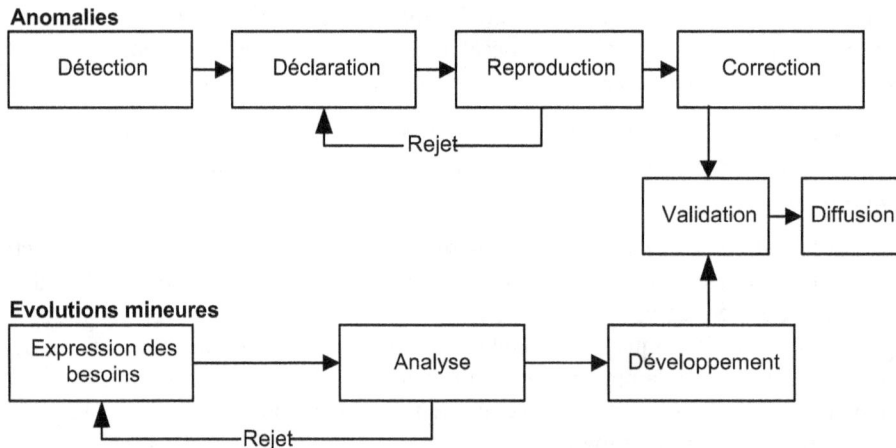

Figure 1.4
Le processus de maintenance

Pour la gestion des anomalies, appelée *maintenance corrective,* le processus de maintenance est très proche de celui d'une recette. La principale différence est que la détection et la déclaration ne sont pas réalisées par des testeurs mais directement par les utilisateurs finals. De ce fait, la tâche de correction est plus difficile. Les déclarations sont généralement moins précises, et la reproductibilité, qui est une condition nécessaire à la correction, est complexifiée faute d'un scénario précis à rejouer. À cela s'ajoutent les impératifs de production en terme de délais de réaction, de contraintes de diffusion, etc.

Pour la gestion des évolutions mineures, appelée *maintenance évolutive,* le processus de maintenance s'apparente à la gestion d'un petit projet de développement. La principale différence réside dans la phase d'analyse, où une demande peut être rejetée si elle constitue une évolution majeure devant être prise en compte dans la prochaine version du logiciel.

Signalons aussi les deux autres types de maintenance suivants :

• Maintenance préventive : il s'agit de réaliser des développements pour prévenir des dysfonctionnements futurs.

• Maintenance adaptative : il s'agit d'adapter le logiciel aux changements survenant dans son environnement d'exécution.

En conclusion, la caractéristique des activités de maintenance par rapport à un projet de développement est leur durée. Sur l'ensemble de la vie d'un logiciel, la durée de la maintenance est généralement supérieure à celle du développement. Le cycle développement-mise en production est beaucoup plus court pour la maintenance et comprend de nombreuses itérations.

Maintenance et refactoring

Comme vous le verrez tout au long de l'ouvrage, le refactoring est une activité de maintenance d'un genre particulier. Il s'agit non pas d'une tâche de correction des anomalies ou de réalisation de petites évolutions pour les utilisateurs mais d'une activité plus proche de la maintenance préventive et adaptative dans le sens où elle n'est pas directement visible de l'utilisateur.

Le refactoring est une activité d'ingénierie logicielle consistant à modifier le code source d'une application de manière à améliorer sa qualité sans altérer son comportement du point de vue de ses utilisateurs. Son rôle concerne essentiellement la pérennisation de l'existant, la réduction des coûts de maintenance et l'amélioration de la qualité de service au sens technique du terme (performance et fiabilité). Le refactoring est en ce sens différent de la maintenance corrective et évolutive, qui modifie directement le comportement du logiciel, respectivement pour corriger un bogue ou ajouter ou améliorer des fonctionnalités.

Par ailleurs, la maintenance a généralement une vision à court terme de l'évolution du logiciel puisqu'il s'agit de répondre à l'urgence et d'être réactif. Le refactoring est une démarche qui vise à pallier activement les problèmes de l'évolution logicielle, notamment celui de l'érosion. Il s'agit donc d'une activité au long court, devant être dotée d'une feuille de route continuellement mise à jour au gré des changements.

Idéalement, le refactoring doit être envisagé comme un processus continu plutôt que comme un chantier devant être mené ponctuellement. Il peut être effectué en parallèle de la maintenance dès lors qu'il est compatible avec ses contraintes de réactivité. À l'instar de la correction d'erreur, plus un refactoring est effectué tôt moins il coûte cher.

Le périmètre d'intervention du refactoring

Vous avez vu à la section précédente comment situer le refactoring par rapport à la problématique de l'évolution logicielle et à l'activité de maintenance. La présente section se penche sur le périmètre d'intervention du refactoring.

Le refactoring étant un processus délicat, nous donnons une synthèse dont il importe de bien mesurer les bénéfices et les risques liés à sa mise en œuvre. Ainsi, la réduction de la complexité du code *via* un refactoring entraîne normalement une diminution des coûts de maintenance. Cependant, en fonction de l'importance des modifications à apporter au code, les coûts de transformation et les risques peuvent devenir rédhibitoires.

Pour toutes ces raisons, il est essentiel d'anticiper le refactoring dès la conception d'un logiciel.

Les niveaux de refactoring

Nous pouvons considérer trois niveaux de refactoring, selon la complexité de sa mise en œuvre : le refactoring chirurgical, le refactoring tactique et le refactoring stratégique.

Le refactoring chirurgical

Par refactoring chirurgical, nous entendons la réalisation d'opérations de refactoring limitées et localisées dans le code source.

Il s'agit de refondre quelques composants sans altérer leurs relations avec le reste du logiciel. Nous utilisons typiquement les techniques de base détaillées dans la première partie de cet ouvrage.

De telles opérations sont tout à fait réalisables dans le cadre de la maintenance puisque leur périmètre limité ne justifie pas la mise en place d'une structure de projet *ad hoc*. Elle est particulièrement pertinente pour consolider certaines opérations de maintenance réalisées pour répondre à l'urgence mais nuisant à la qualité générale du logiciel.

Le refactoring tactique

Par refactoring tactique, nous entendons la refonte complète de quelques composants repensés tant dans leur fonctionnement interne que dans leurs relations avec le reste du logiciel. Il peut s'agir, par exemple, d'introduire des design patterns dans le code, comme nous l'expliquons au chapitre 6.

Ce type d'opération est plus difficile à réaliser de manière intégrée à la maintenance. L'effort de test pour valider le refactoring peut en effet devenir rapidement incompatible avec la réactivité nécessaire aux corrections de bogues ou aux évolutions demandées en urgence. Cependant, la structure projet à mettre en place reste généralement limitée.

Le refactoring stratégique

Par refactoring stratégique, nous entendons la remise à plat de la conception du logiciel afin de l'adapter aux exigences présentes et futures des utilisateurs. Dans ce cadre, l'ensemble des techniques présentées dans cet ouvrage sera vraisemblablement mis en œuvre.

La frontière entre ce refactoring et une réécriture pure et simple du logiciel est si ténue qu'il est essentiel de bien réfléchir aux objectifs à atteindre. La démarche de refactoring stratégique est évidemment inutile si, *in fine,* nous devons réécrire le logiciel.

La phase d'analyse du logiciel doit être particulièrement soignée de manière à définir et chiffrer une stratégie de refonte. Cette stratégie doit être comparée à une réécriture ou à un remplacement par un progiciel et pondérée par les facteurs de risque liés à chacune de ces démarches.

Le processus de refactoring

Le processus de refactoring compte les quatre phases principales suivantes, dont la première est généralement mise en œuvre dès la création du logiciel :

1. Mise en place de la gestion du changement.

2. Analyse du logiciel.

3. Refonte du code.

4. Validation du refactoring.

Mise en place de la gestion du changement

Le développement d'un logiciel nécessite l'utilisation d'une infrastructure pour gérer les changements qu'il subira tout au long de sa vie. Cette infrastructure de gestion du changement est articulée autour de trois thèmes :

• Gestion de configuration, qui concerne la gestion des versions successives des composants du logiciel.

• Gestion des tests, qui permet de valider le fonctionnement du logiciel en regard des exigences des utilisateurs.

• Gestion des anomalies, qui concerne la gestion du cycle de vie des anomalies détectées par les recetteurs ou les utilisateurs finals.

Cette infrastructure est généralement mise en place lors de la création du logiciel. Elle peut être artisanale, c'est-à-dire gérée manuellement sans l'aide d'outils spécialisés, dans le cadre de projets de taille modeste.

La mise en place d'une telle infrastructure peut sembler au premier abord inutilement coûteuse et lourde à mettre en œuvre. Si ce raisonnement peut se tenir pour la première version, il n'en va pas de même si nous considérons le cycle de vie dans sa globalité. La contrainte forte du refactoring, qui consiste à ne pas modifier le comportement du logiciel du point de vue des utilisateurs, nécessite une infrastructure de gestion du changement solide afin de se dérouler avec un maximum de sécurité (grâce, par exemple, à la possibilité de faire marche arrière au cours d'une opération de refactoring non concluante). Dans cette perspective, la mise en place d'une telle infrastructure est vite rentabilisée.

Analyse du logiciel

L'analyse du logiciel consiste à détecter les composants candidats au refactoring au sein du code du logiciel. Cette analyse est à la fois quantitative et qualitative.

L'analyse quantitative consiste à calculer différentes métriques sur le logiciel. Ces métriques sont comparées avec les règles de l'art pour identifier les zones problématiques. Malheureusement imparfaites, puisqu'elles peuvent signaler des anomalies là où il n'y en a pas (fausses alertes) et passer à côté de problèmes sérieux (faux amis), ces métriques ne bénéficient pas de la même fiabilité que les métriques physiques, par exemple.

De ce fait, l'analyse qualitative est cruciale pour le refactoring puisque c'est par le biais de ses résultats que nous pouvons décider des zones à refondre. Cette analyse consiste essentiellement à auditer le code manuellement ou à l'aide d'outils et à revoir la conception du logiciel pour détecter d'éventuelles failles apparues au cours de la vie du logiciel.

Pour optimiser cette phase d'analyse qualitative, qui peut se révéler extrêmement coûteuse et donc peu rentable, nous effectuons des sondages guidés par les résultats obtenus lors de l'analyse quantitative.

À partir de la liste des zones à refondre identifiées lors de cette phase, nous devons décider quelles seront celles qui devront effectivement l'être. Pour cela, il est nécessaire d'évaluer, pour chacune d'elles, le coût de la refonte, le gain attendu en terme de maintenabilité ou d'évolutivité et les risques associés à cette refonte.

Les risques peuvent être déduits d'une analyse d'impact. Une modification strictement interne à une classe est généralement peu risquée alors que la mise en œuvre d'un design pattern peut avoir des impacts très importants sur l'ensemble du logiciel.

Refonte du code

Une fois les zones à refondre sélectionnées, la refonte du code peut commencer. Le souci majeur lors d'une opération de refactoring est de s'assurer que les modifications du code source n'altèrent pas le fonctionnement du logiciel. De ce fait, avant toute modification du code, il est nécessaire de mettre au point une batterie de tests sur le code originel si elle n'existe pas déjà. Ils seront utiles pour la phase de validation.

Lorsque les tests de non-régression sont validés sur le code originel, nous pouvons effectuer la refonte proprement dite. Pour faciliter la validation du refactoring, il est recommandé de réaliser une validation à chaque opération de refactoring unitaire. Si nous accumulons un grand nombre de modifications non testées, toute erreur détectée devient plus difficile à corriger.

Validation du refactoring

La phase de validation du refactoring consiste à vérifier si la contrainte de non-modification du logiciel a été respectée.

Pour réaliser cette validation, nous nous reposons sur la batterie de tests mise en place en amont de la refonte. Il est donc important que ces tests soient le plus exhaustifs possible afin de valider le plus de cas de figure possible.

Ces tests de validation soulignent une fois de plus l'importance de la gestion du changement pour un logiciel. Lors de la création du logiciel, des tests ont été spécifiés pour effectuer sa recette. Si aucune démarche de capitalisation des tests n'a été mise en place, le coût du refactoring n'est pas optimisé puisqu'une partie de ceux-ci doivent être recréés *ex nihilo*.

Une fois la refonte validée, nous pouvons livrer la nouvelle version du logiciel aux utilisateurs finals. Comme pour toute nouvelle version, une partie de l'équipe projet doit être maintenue le temps nécessaire pour assurer le transfert de compétence vers l'équipe de maintenance. Des bogues seront en effet inévitablement détectés par les utilisateurs et devront être rapidement corrigés.

Bénéfices et challenges du refactoring

Comme nous l'avons vu aux sections précédentes, le refactoring d'un logiciel n'est jamais une opération anodine. Il est essentiel de mesurer les bénéfices et challenges liés à sa mise en œuvre pour décider de l'opportunité de son utilisation.

Les bénéfices du refactoring

L'objectif du refactoring est d'améliorer la qualité du code d'un logiciel. En améliorant la qualité du code, nous cherchons à optimiser sa maintenabilité et son évolutivité afin de rentabiliser les investissements tout au long de la vie du logiciel.

Pour améliorer la maintenabilité d'un logiciel, nous cherchons principalement à réduire sa complexité et à diminuer le nombre de lignes de code à maintenir. Ce dernier point consiste souvent à chasser les duplications de code au sein du logiciel. Comme le montre l'étude de cas de la partie III de l'ouvrage, cette traque aux dupliquas peut être particulièrement lourde.

Pour améliorer l'évolutivité d'un logiciel, garante de sa pérennité, nous cherchons principalement à faire reposer le logiciel sur des standards. Par ailleurs, le respect des meilleures pratiques, pour beaucoup formalisées sous forme de design patterns, est souvent un gage de meilleure évolutivité du logiciel. La mise en œuvre de ces modèles ne va toutefois pas sans poser de problèmes, comme nous le verrons à la section suivante.

Les challenges du refactoring

Le premier challenge du refactoring consiste à… le « vendre ». Dans la mesure où le refactoring n'offre pas de gains directement visibles des utilisateurs finals, ceux-ci ont une certaine difficulté à y adhérer. Si les utilisateurs finals sont détenteurs des budgets affectés au logiciel, leur tentation de favoriser les évolutions par rapport à une consolidation du code existant est évidemment forte.

Pour les convaincre de réaliser une ou plusieurs opérations de refactoring, il est nécessaire de bien connaître les coûts associés à la maintenance et à l'évolution du logiciel et d'être en mesure, suite à une analyse, de démontrer que l'investissement dans le refactoring est rentable.

L'idéal est d'injecter des opérations de refactoring tout au long du processus de maintenance de manière à rendre l'opération plus indolore pour les utilisateurs finals. Malheureusement, ce n'est pas toujours possible, ce mode de fonctionnement dépendant fortement de la qualité initiale du logiciel. Compte tenu des dépassements de délai ou de budget que l'on constate dans la majorité des projets informatiques, la tendance reste à mettre le logiciel en production le plus rapidement possible.

Le deuxième challenge du refactoring réside dans l'évaluation des risques à l'entreprendre comparés à ceux de ne rien faire. Dans certains cas, il peut être préférable de laisser les choses en l'état plutôt que de se lancer dans une opération dont les chances de succès sont faibles.

Il est donc nécessaire, dans la mesure du possible, d'évaluer le périmètre de la refonte en analysant les impacts liés aux modifications du code source. Cela n'est malheureusement pas toujours possible, car les composants d'un logiciel peuvent être extrêmement dépendants les uns des autres, induisant des effets de bord difficilement contrôlables lorsque l'un d'eux est modifié.

Le refactoring n'est efficace que sur un logiciel dont les fondements sont sains. Si les fondements du logiciel sont mauvais, le refactoring n'est pas la démarche adaptée pour y remédier. Seule une réécriture ou un remplacement par un progiciel, que nous pouvons espérer mieux conçu, permet de solutionner ce problème.

Le troisième challenge du refactoring est de motiver les équipes de développeurs pour refondre le code. Ce type d'opération peut être perçu, à tort de notre point de vue, comme une tâche ingrate et peu valorisante. Par ailleurs, les développeurs font toujours preuve de réticence pour modifier le code d'un autre, du simple fait de la difficulté à le comprendre.

Pour les projets de refactoring lourds, qui ne peuvent être intégrés à la maintenance, il est important de bien communiquer pour démontrer l'intérêt de la démarche et justifier le défi qu'elle représente pour les développeurs.

Anticipation du refactoring

La meilleure façon d'anticiper le refactoring est de bien concevoir le logiciel dès l'origine afin de lui donner le plus de flexibilité possible face aux évolutions qu'il connaîtra tout au long de sa vie. Pour cela, il est nécessaire de se reposer sur les meilleures pratiques en la matière, formalisées notamment sous forme de design patterns.

Il est important de séparer au maximum les préoccupations (métiers et techniques, par exemple), de manière à limiter les effets de bord lors d'un refactoring. Cette séparation peut reposer sur la POA, mais ce n'est pas obligatoire. Il existe d'autres techniques, comme l'inversion de contrôle proposée par les conteneurs légers de type Spring.

L'avenir du logiciel doit être anticipé dans la mesure du possible afin de pallier l'érosion logicielle, qui est en elle-même inéluctable. La traçabilité des décisions de conception doit être assurée pour servir de base à l'analyse du logiciel dans le cadre des opérations de refactoring.

Un soin particulier doit être apporté à la programmation et à la documentation du code. Des langages tels que Java disposent de règles de bonne programmation, qu'il est primordial de respecter. Plus le code est correctement documenté, plus il est facile de le refondre puisqu'il est mieux compris.

Enfin, il est nécessaire de capitaliser sur les tests afin de rendre le refactoring efficace. Plus les tests sont complets, plus nous avons des garanties de non-régression du logiciel refondu. Cette capitalisation peut être notamment assurée par la mise en place d'une infrastructure de tests automatisés, comme nous le verrons au chapitre 5. Malheureusement, les tests sont souvent les parents pauvres des développements, car ils ne sont le plus souvent utilisés qu'en tant que variable d'ajustement pour respecter les délais.

Le refactoring au sein des méthodes agiles

Les méthodes agiles sont de nouvelles approches de modélisation et de développement logiciel. Leur objectif fondamental est de produire rapidement des logiciels correspondant aux besoins des utilisateurs en associant ces derniers à un processus itératif favorisant la communication avec les informaticiens.

Ce processus, qui n'est pas sans rappeler les méthodes RAD (Rapid Application Development), nécessite d'introduire des phases de refactoring importantes afin de consolider le code produit à chaque itération.

C'est la raison pour laquelle il nous semble utile d'étudier spécifiquement le rôle du refactoring en leur sein.

Le manifeste du développement logiciel agile

En 2001, plusieurs experts, parmi lesquels Kent Beck, Ron Jeffries et Martin Fowler, un des pères du refactoring, se réunissent lors d'un atelier à Snowbird, aux États-Unis, pour réfléchir à de nouvelles approches de modélisation et de développement logiciel, incarnées par XP (eXtreme Programming) ou DSDM (Dynamic System Development Methodology).

Ils tirent de leurs réflexions un manifeste jetant les bases des méthodes agiles (voir *http://agilemanifesto.org/*), dont voici des extraits en anglais, suivis d'une traduction par nos soins :

"We are uncovering better ways of developing software by doing it and helping others do it. Through this work we have come to value:

*– **Individuals and interactions** over processes and tools.*

*– **Working software** over comprehensive documentation.*

*– **Customer collaboration** over contract negotiation.*

*– **Responding to change** over following a plan.*

That is, while there is value in the items on the right, we value the items on the left more."

Traduction :

« Nous découvrons de nouvelles façons de développer des logiciels en le faisant et en aidant les autres à le faire. Au travers de ce travail, nous en sommes venus à privilégier :

– **Les individus et les interactions** par rapport aux processus et aux outils.

– **Les logiciels qui fonctionnent** par rapport à une documentation complète.

– **La collaboration avec les utilisateurs** par rapport à une négociation contractuelle.

– **La réponse aux changements** par rapport au respect d'un plan.

Ainsi, même si les éléments de droite sont importants, ceux de gauche le sont plus encore à nos yeux. »

De ce manifeste découlent une douzaine de principes devant être respectés par les méthodes agiles :

- Accorder la plus haute priorité à la satisfaction de l'utilisateur grâce à une diffusion rapide et continue d'un logiciel opérationnel.

- Accepter les changements apparus dans l'expression des besoins, même tardivement pendant le développement. Les processus agiles doivent être en mesure de supporter le changement pour garantir l'avantage compétitif du client.

- Diffuser des versions opérationnelles du logiciel à échéance régulière, de toutes les deux semaines jusqu'à tous les deux mois, avec une préférence pour la fréquence la plus courte.

- Faire travailler ensemble quotidiennement utilisateurs et développeurs tout au long du projet.

- Construire le projet avec des personnes motivées en leur fournissant l'environnement et le support dont elles ont besoin et en leur faisant confiance.

- Privilégier la conversation face à face, qui est le moyen le plus efficace pour transmettre de l'information à et dans une équipe de développement.

- Considérer les versions opérationnelles du logiciel comme les mesures principales du progrès.

- Considérer les procédés agiles comme les moteurs d'un développement viable. Sponsors, développeurs et utilisateurs doivent pouvoir maintenir un rythme constant indéfiniment.

- Apporter une attention continue à l'excellence technique et à la bonne conception afin d'améliorer l'agilité.

- Privilégier la simplicité, c'est-à-dire l'art de maximiser le travail à ne pas faire.

- Considérer que les meilleures architectures, expressions de besoins et conceptions émergent d'équipes auto-organisées.

- Réfléchir à intervalle régulier à la façon de devenir plus efficace et agir sur le comportement de l'équipe en conséquence.

La position des auteurs du manifeste est résolument pragmatique. Elle part du constat que rien ne peut arrêter les forces du changement et qu'il vaut mieux composer avec.

En rupture totale avec le célèbre cycle en V, ces principes sont cependant loin de faire l'unanimité auprès des informaticiens et de leurs utilisateurs. Leur mise en œuvre représente par ailleurs de véritables défis pour nos organisations actuelles.

Les méthodes agiles

Plusieurs méthodes agiles sont disponibles aujourd'hui, dont nous présentons dans les sections suivantes quelques-unes parmi les plus significatives :

- XP (eXtreme Programming)
- ASD (Adaptive Software Development)
- FDD (Feature Driven Development)
- TDD (Test Driven Development)

XP (eXtreme Programming)

L'eXtreme Programming est certainement la méthode agile la plus connue. Elle définit treize pratiques portant sur la programmation, la collaboration entre les différents acteurs et la gestion de projet.

Cette méthode fait apparaître dans ses principes fondateurs l'utilisation systématique du refactoring pour garantir une qualité constante aux versions livrées aux utilisateurs.

Par rapport aux principes du manifeste, l'eXtreme Programming introduit les éléments novateurs suivants :

- **Le développement piloté par les tests.** Les tests unitaires ont une importance majeure dans la démarche XP. Ceux-ci doivent être réalisés avant même le développement d'une fonctionnalité afin de s'assurer de la bonne compréhension des besoins des utilisateurs. En effet, l'écriture de tests oblige à adopter le point de vue de l'utilisateur et, pour cela, à bien comprendre ce qu'il attend.

- **La programmation en binôme.** La programmation en binôme est certainement un des principes les plus perturbants pour les lecteurs habitués aux méthodes de développement traditionnelles. Il s'agit ici de faire travailler les développeurs deux par deux. Chaque binôme travaille sur la même machine et sur le même code afin de traiter plus rapidement les problèmes et d'améliorer le contrôle du code produit. Les binômes ne sont pas fixes dans le temps, et de nouvelles associations se font jour tout au long du projet.

- **La responsabilité collective du code.** Dans une organisation classique, les développeurs se voient généralement attribuer une partie du code du logiciel sous leur responsabilité. Rien de tel avec XP, tout développeur étant susceptible d'intervenir sur n'importe quelle partie du code. De ce fait, la responsabilité du code est collective.

- **L'intégration continue.** Pour garantir une consistance du code produit et livrer rapidement des versions opérationnelles du logiciel aux utilisateurs, l'XP recommande de réaliser des intégrations très fréquentes du code produit par les différents développeurs. La fréquence minimale recommandée est une fois par jour.

- **Le refactoring.** Le refactoring est une activité majeure de l'XP. C'est grâce à lui que la qualité du code est garantie tout au long des itérations. Son rôle est aussi de faire émerger l'architecture du logiciel, depuis les phases initiales jusqu'à sa livraison définitive aux utilisateurs.

ASD (Adaptive Software Development)

L'ASD est fondé sur le principe de l'adaptation continue du fait de la nécessité d'accepter les changements continuels qui s'imposent aux logiciels. Ainsi, l'ASD est organisé autour d'un cycle en trois phases (spéculation, collaboration et apprentissage) en remplacement du cycle classique des projets informatiques (planification, conception et construction).

La spéculation

La spéculation comporte les cinq étapes suivantes :

1. Initialisation du projet, définissant la mission affectée au projet.

2. Planification générale du projet limitée dans le temps. Toute l'organisation du projet est centrée sur le respect de cette limite.

3. Définition du nombre d'itérations à effectuer et de leur date limite de livraison afin de respecter la limite globale du projet.

4. Définition du thème ou des objectifs de chaque itération.

5. Définition en concertation par les développeurs et les utilisateurs du contenu fonctionnel de chaque itération.

La collaboration

Pendant que l'équipe technique livre des versions opérationnelles du logiciel, les chefs de projet facilitent la collaboration et les développements en parallèle afin de respecter le planning du projet et les besoins des utilisateurs.

L'apprentissage

À la fin de chaque itération, une phase d'apprentissage est prévue. Cette phase est destinée à obtenir le feed-back le plus exhaustif possible sur la version livrée afin d'améliorer continuellement le processus. Le focus est mis sur la qualité du résultat, à la fois du point de vue des utilisateurs et du point de vue technique, ainsi que sur l'efficacité du mode de fonctionnement de l'équipe.

FDD (Feature Driven Development)

Contrairement aux méthodes précédentes, le FDD débute par une phase de conception générale, qui vise à spécifier un modèle objet du domaine du logiciel en collaboration avec les experts du domaine.

Une fois le modèle du domaine spécifié et un premier recueil des besoins des utilisateurs effectué, les développeurs dressent une liste de fonctionnalités à implémenter. La planification et les responsabilités sont alors définies.

Le développement du logiciel autour de la liste des fonctionnalités suit une série d'itérations très rapides, au rythme d'une itération toutes les deux semaines au maximum, composées chacune d'une étape de conception et d'une étape de développement.

TDD (Test Driven Development)

Le TDD place les tests au centre du développement logiciel. Il s'agit d'une démarche complémentaire des méthodes plus globales, comme l'XP, mais centrée sur le développement.

Chaque développement de code, même le plus petit, est systématiquement précédé du développement de tests unitaires permettant de spécifier et vérifier ce que celui-ci doit faire. Puisque les tests portent sur du code qui n'existe pas encore, ils échouent si nous les exécutons. Nous pouvons dès lors ne développer que le code nécessaire et suffisant pour que les tests réussissent.

Un refactoring est ensuite effectué pour optimiser à la fois les tests et le code testé, notamment en supprimant la duplication de code. Au fur et à mesure de l'avancée du projet, de plus en plus de tests sont développés, la règle étant que tout nouveau code ajouté ne doive pas les faire échouer.

Les itérations du TDD sont beaucoup plus courtes qu'en XP puisqu'elles s'enclenchent à chaque morceau de code significatif, comme une méthode de classe. Leur fréquence varie donc de quelques minutes à une heure environ.

En procédant de la sorte, nous garantissons le respect des spécifications et la non-régression à chaque itération.

Rôle du refactoring dans les méthodes agiles

Comme nous venons de le voir, le refactoring est une activité clé des méthodes agiles. Un des pères du refactoring, Martin Fowler, est d'ailleurs à l'origine du manifeste du développement agile.

L'ensemble des méthodes agiles fonctionne sur un mode itératif. Cela favorise l'émergence d'une version finale du logiciel adaptée aux besoins des utilisateurs en leur délivrant à chaque itération une version opérationnelle, mais non finalisée fonctionnellement, du logiciel.

Pour ne pas être victime de l'érosion du design, il est fondamental pour les méthodes agiles d'utiliser le refactoring afin de consolider leur code d'une version à une autre. Ce mode de fonctionnement exige d'anticiper le refactoring, en appliquant dès le départ les meilleures pratiques de conception et de programmation afin de minimiser l'effort de refactoring.

Comme nous le verrons dans les chapitres suivants de cet ouvrage, le processus de refactoring est très bien outillé dès lors que les refontes à mener sont simples. Il est donc important d'assurer l'émergence d'une architecture solide lors des différentes itérations et de ne pas sombrer dans la tentation du *quick and dirty*.

Le processus de refactoring est particulièrement bien anticipé dans les méthodes agiles telles que XP ou TDD grâce à la capitalisation des tests unitaires.

Conclusion

Vous avez vu dans ce chapitre introductif comment le refactoring se positionnait par rapport à aux problématiques générales d'évolution logicielle et de maintenance.

Vous découvrirez dans les chapitres de la première partie de l'ouvrage comment mettre en œuvre le processus de refactoring, depuis la mise en place de l'infrastructure de gestion du changement jusqu'à la validation du logiciel refondu.

Partie I

Le processus de refactoring

À l'instar de tout projet logiciel, le refactoring s'inscrit dans un processus comportant les étapes fondamentales suivantes :

1. La préparation, qui consiste à mettre en place, si ce n'est déjà fait, les outils permettant de gérer les changements et les valider.

2. L'analyse du logiciel, qui consiste à identifier les éléments du logiciel nécessitant un refactoring et à sélectionner ceux qui sont pertinents.

3. La réalisation des opérations de refactoring.

4. La validation du refactoring, qui consiste à vérifier la non-régression du logiciel du point de vue des utilisateurs, tant pour les aspects fonctionnels que pour la qualité de service.

5. Si le logiciel en cours de refactoring subit des maintenances correctives en parallèle, une fusion de la version de maintenance et de la version de refactoring est nécessaire. Des points de synchronisation doivent être mis en place, comme nous le verrons au chapitre 2.

Le processus que nous venons de décrire considère implicitement que le refactoring est un projet en lui-même. Cependant, du fait de sa nature quelque peu ésotérique pour les utilisateurs, puisqu'il s'agit d'une série d'opérations techniques, le refactoring est rarement appliqué en dehors des projets d'évolution ou de maintenance des logiciels.

Cette intégration du refactoring au sein d'un projet ayant un périmètre plus large ne remet pas en cause les étapes fondamentales ci-dessus, car celles-ci sont propres à tout projet d'évolution, qu'il soit technique ou fonctionnel. Ces étapes doivent simplement intégrer les problématiques spécifiques des autres types d'évolution. Dans le cas des méthodes agiles, l'étape de refactoring est clairement identifiée et s'inscrit de manière visible dans la démarche projet.

Les chapitres de cette partie s'attachent à décrire en détail les différentes étapes du refactoring.

2

Préparation du refactoring

Comme tout projet logiciel, notamment de maintenance, le refactoring nécessite une phase de préparation afin de s'assurer que les opérations se déroulent dans les meilleures conditions.

La phase de préparation du refactoring est centrée sur la gestion du changement. Cette gestion s'appuie sur deux piliers :

- La gestion de configuration, c'est-à-dire l'utilisation d'un outil permettant de gérer les évolutions successives des ressources composant le logiciel ainsi que les accès simultanés à ces dernières.

- La gestion des tests et des anomalies, c'est-à-dire la définition d'une stratégie de tests permettant d'assurer le bon déroulement du refactoring.

Idéalement, ces deux piliers sont mis en place dès la création du logiciel. Cela raccourcit sensiblement la phase de préparation en la centrant sur la définition de tests spécifiques au refactoring. Dans le cas contraire, la phase de préparation consiste en la mise en place d'une gestion des changements complète.

Ce chapitre décrit de manière synthétique les deux piliers de la gestion des changements et présente rapidement les outils afférents qui sont utilisés dans cet ouvrage (leur mode de fonctionnement est abordé plus en détail dans l'étude de cas de la partie III).

La gestion de configuration

La gestion de configuration, aussi appelée gestion de version, est le premier pilier de la gestion des changements d'un logiciel. C'est sur elle que reposent l'archivage des modifications successives des différentes ressources composant le logiciel et la définition de ses différentes versions.

Les ressources sont des fichiers. Il s'agit généralement du code source, mais cela peut aussi concerner des fichiers binaires, comme des images ou des bibliothèques externes. Les ressources sont regroupées sous forme de projets, de manière à permettre de gérer plusieurs projets au sein du même outil de gestion de configuration. Chaque projet suit un cycle de vie qui lui est propre, que nous décrivons plus loin dans ce chapitre.

La gestion de configuration prend tout son sens lorsque les projets impliquent plusieurs développeurs ou possèdent au moins deux versions simultanément, une de maintenance corrective et une d'évolution, par exemple.

Les principes

Tout composant d'un logiciel est destiné à évoluer, depuis son prototype jusqu'à sa version courante. De plus, dès que le projet implique plus d'un développeur, le partage des ressources composant le logiciel est incontournable. Le principe fondateur de la gestion de configuration est de mettre en place un référentiel unique permettant de partager les ressources entre plusieurs développeurs et de tracer les évolutions.

Les avantages d'un outil de gestion de configuration sont les suivants :

- Mieux sécuriser l'infrastructure de développement en concentrant en un point unique les ressources composant le logiciel. Par exemple, la perte d'un poste de travail d'un développeur a moins de conséquences si la totalité du code source est stockée sur un serveur, avec des disques redondants et une politique de sauvegarde rigoureuse.

- Conserver la trace de toutes les modifications opérées sur les ressources. Ainsi, une modification irréfléchie d'une ressource peut être corrigée à partir des versions antérieures stockées dans le référentiel.

- Faciliter le travail en équipe puisque les ressources, en particulier le code source, sont partagées par tous, avec, le cas échéant, une gestion des autorisations si cela s'avère nécessaire dans le contexte du projet.

- Gérer plusieurs versions d'un même logiciel en parallèle et assurer des synchronisations entre elles grâce à la notion de branche.

L'utilisation d'outils de gestion de configuration est courante dans les projets Open Source. Le site Web communautaire SourceForge.net *(http://www.sourceforge.net)*, par exemple, qui offre une infrastructure de développement et de diffusion pour des dizaines de milliers de projets Open Source, propose l'outil de gestion de configuration CVS (Concurrent Versions System). Grâce à ce dernier, des développeurs du monde entier peuvent collaborer en vue de la réalisation, de la maintenance ou de l'évolution de projets Open Source de toute sorte.

L'inconvénient des outils de gestion de configuration est leur lourdeur d'utilisation. Un référentiel unique, partagé par tous, implique en effet le suivi d'un processus spécifique de modification des composants, plus contraignant que lorsque les développeurs travaillent chacun sur leur poste. Cette rigueur imposée dans la gestion des modifications est cependant largement compensée par les capacités de ces outils à gérer le travail en équipe et le cycle de vie des composants.

Gestion des modifications de ressources

Les outils de gestion de configuration proposent un référentiel unique de ressources, partagé par tous les développeurs. À tout moment, plusieurs d'entre eux peuvent être amenés à modifier une même ressource.

Ces modifications multiples par des intervenants différents sont généralement difficilement gérables manuellement, car elles demandent beaucoup de manipulations (acquisition, libération, comparaison, synchronisation et mise à jour) et sont sujettes à erreur.

Les outils de gestion de configuration peuvent traiter les accès concourants aux données selon deux stratégies différentes, inspirées du fonctionnement des systèmes de gestion de bases de données, le *verrou* et la *fusion*.

Le verrou

Le verrou est la stratégie la plus sécurisée, mais aussi la plus contraignante pour l'accès simultané en modification à une ressource par différents développeurs. Le premier qui demande l'accès en modification obtient un accès exclusif à la ressource. Cette demande est appelée *check-out*. Les autres développeurs sont contraints d'attendre que la ressource soit libérée pour pouvoir la modifier. Cette libération est appelée commit, ou *check-in*. Elle consiste en la mise à jour de la ressource dans le référentiel (création d'une nouvelle révision) et en la suppression du verrou pour rendre le check-out à nouveau possible. Bien entendu, une fois la ressource libérée, un seul développeur peut faire un check-out, et ainsi de suite.

La figure 2.1 illustre le fonctionnement du verrou pour une ressource R demandée par deux développeurs (les numéros indiquent la séquence chronologique des actions).

Cette stratégie garantit que les modifications d'une ressource sont consistantes puisque la simultanéité est bloquée. Les développeurs en attente de la ressource ont toujours la possibilité de récupérer la ressource en lecture seule. Cela leur permet d'effectuer des modifications en local en attendant que la ressource soit libérée.

Si elle n'est pas utilisée de manière très rigoureuse, la stratégie du verrou peut devenir rapidement problématique. Imaginez un développeur obtenant un accès en modification sur une multitude de ressources et oubliant de les libérer avant de partir en vacances. Bien entendu, les outils proposant ce type de stratégie permettent de casser les verrous, mais le coût d'une telle opération est loin d'être négligeable en terme d'administration.

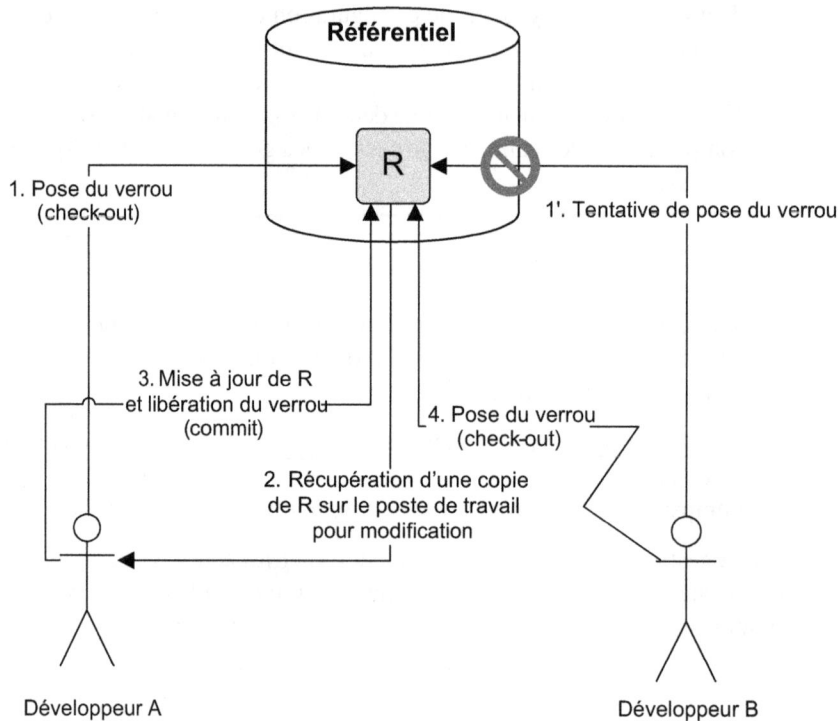

Figure 2.1
Fonctionnement du verrou

Par ailleurs, dans la mesure où le verrou se fixe au niveau de la ressource, il empêche inutilement la réalisation de modifications compatibles entre elles. Par exemple, si la ressource est une classe possédant plusieurs méthodes et que chacune d'entre elles soit sous la responsabilité exclusive d'un seul et unique développeur, pourquoi empêcher l'ensemble de ces développeurs de travailler en même temps sur cette classe ? Sous réserve qu'ils n'aient pas à modifier les éléments communs de la classe, leurs modifications sont compatibles entre elles et ne génèrent pas de conflit.

Enfin, cette stratégie donne une fausse impression de sécurité au développeur du fait de son accès exclusif à la ressource. Les modifications d'une ressource publiées tardivement peuvent entraîner une inconsistance, car elles ne favorisent pas les points de synchronisation, à la différence de la stratégie de fusion présentée ci-dessous.

La fusion

La fusion est une stratégie beaucoup moins contraignante que le verrou, qui permet un véritable accès simultané en modification par plusieurs développeurs. Elle corrige les défauts du verrou en préférant gérer les éventuels conflits de modification plutôt qu'en les empêchant par une sérialisation des modifications.

Tout développeur désirant modifier une ressource peut en obtenir une copie en écriture à tout moment de la part de l'outil de gestion de configuration. Une fois sa modification effectuée, celle-ci est soumise à l'outil de gestion de configuration.

Deux cas de figure se présentent alors :

- Si la version à partir de laquelle le développeur a travaillé est la même que celle du référentiel, cette dernière est remplacée par la version modifiée.

- Si la version du référentiel est plus récente que la version sur laquelle a travaillé le développeur, il y a conflit, et un processus de fusion des deux versions est lancé. La version fusionnée remplace la version du référentiel.

La figure 2.2 illustre la modification simultanée de la ressource R par deux développeurs.

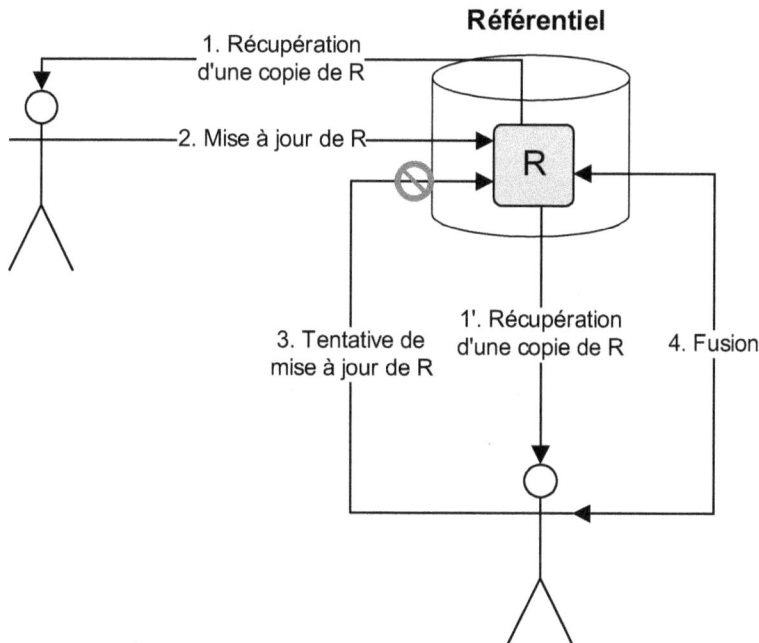

Figure 2.2

Fonctionnement de la fusion

Le processus de fusion *(étape 4 sur la figure)* déclenché en cas de conflit est très simple. Il suffit de comparer la copie locale de R avec celle contenue dans le référentiel à l'aide d'outils rendant cette tâche aisée et d'identifier les différences. Pour chaque différence, le développeur peut choisir de la prendre ou non en compte afin d'obtenir *in fine* une version fusionnée de R destinée à être stockée dans le référentiel.

La figure 2.3 illustre l'assistant CVS d'Eclipse permettant de résoudre les conflits entre la copie locale d'une ressource et celle stockée dans le référentiel.

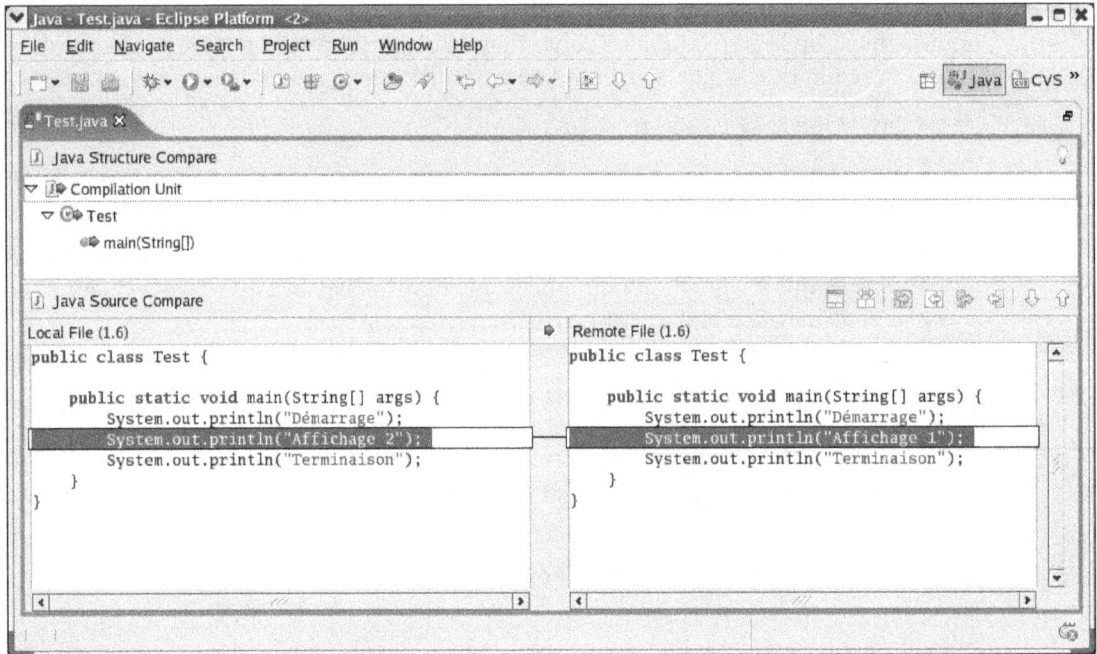

Figure 2.3
L'assistant CVS de résolution des conflits dans Eclipse

Plus complexe que la précédente en cas de conflit, cette stratégie peut aussi paraître plus laxiste et difficile à mettre en œuvre dans la pratique. Cependant, la sécurité apportée par les verrous se révèle très souvent disproportionnée par rapport à la réalité des projets, et la résolution des conflits est souvent moins consommatrice de temps.

Gestion des branches

Au-delà de la gestion des modifications des ressources stockées dans le référentiel de l'outil de gestion de configuration, il peut se révéler nécessaire de créer des versions parallèles, ou *branches,* d'un même projet, ou *tronc.* Les branches deviennent nécessaires à partir du moment où un projet doit suivre des évolutions indépendantes et incompatibles entre elles.

Un exemple classique d'utilisation des branches est la gestion de deux versions d'un même logiciel en parallèle. L'une d'elles est la version du logiciel diffusée aux utilisateurs finals (appelée *n*) et l'autre la prochaine version (appelée *n* + 1) en cours de développement.

La version *n* + 1 peut être lancée peu de temps après la diffusion aux utilisateurs de la version *n*. La version *n* + 1 part des ressources de la version *n* pour introduire des évolutions dans le logiciel. Pendant le temps de développement de la *n* + 1, la version *n* qui est diffusée aux utilisateurs peut être aussi amenée à évoluer au fil d'opérations de maintenance principalement correctives.

Les contraintes qui s'appliquent à ces deux versions sont différentes :

- La version *n* se doit d'être un reflet exact de ce qui est diffusé aux utilisateurs. Les opérations de maintenance suivent un cycle court entre la réalisation et la diffusion des correctifs. Entre chacune de ces opérations, la consistance entre la branche *n* et ce qui est diffusé doit être garantie.

- La version *n* + 1 étant en cours de développement, elle compromet la capacité du logiciel à fonctionner correctement puisqu'elle introduit de nouveaux composants dans un état plus ou moins avancé de développement et, bien sûr, son propre lot de bogues, y compris des régressions.

La figure 2.4 illustre les processus associés à la maintenance de la version *n* et aux évolutions de la version *n* + 1.

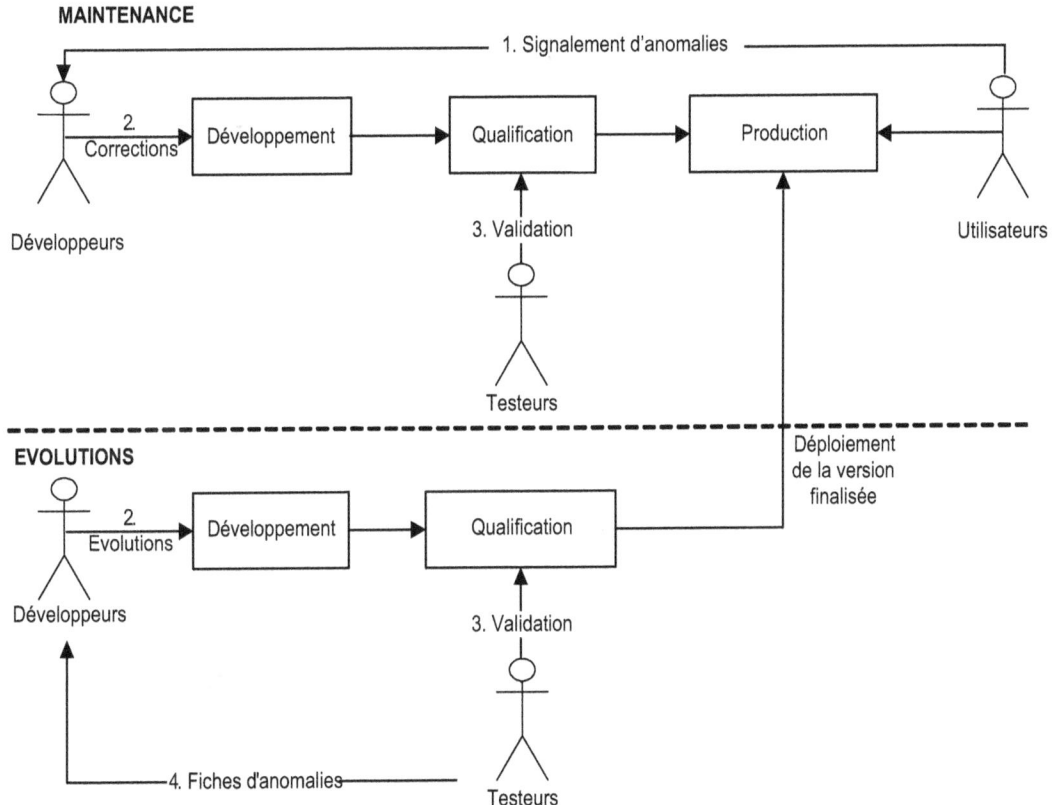

Figure 2.4
Processus associés à la maintenance et aux évolutions

Ces contraintes soulignent bien l'importance de séparer la gestion des évolutions de ces deux versions du logiciel à l'aide de branches. Concrètement, la version *n* + 1 étant la ligne principale de développement de l'application, elle constitue le tronc. Pour rendre indépendantes les évolutions de n et $n + 1$, il suffit de créer une branche pour n. Celle-ci est destinée à devenir une branche morte dès lors que la version $n + 1$ devient la version courante et que la version n n'est plus supportée, comme illustré à la figure 2.5.

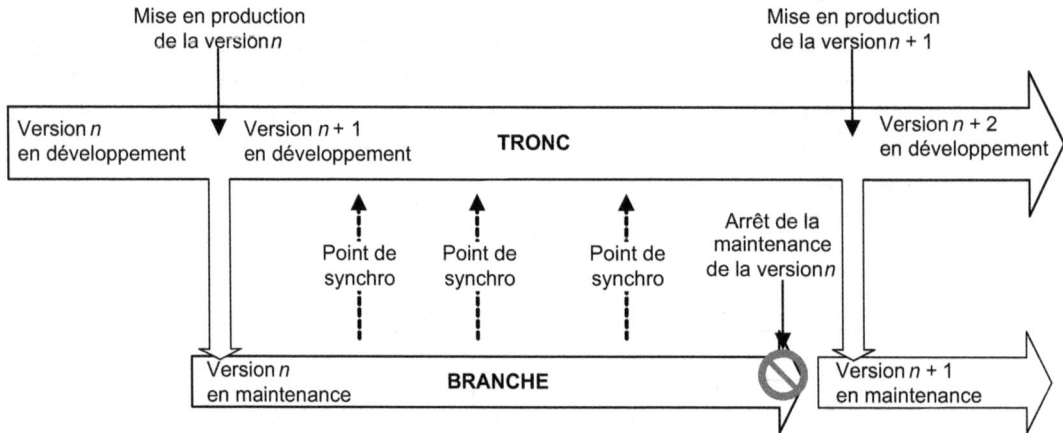

Figure 2.5
Débranchement pour la maintenance

Les outils de gestion de configuration permettent de gérer une véritable arborescence et non simplement deux branches, chaque branche pouvant elle-même être source d'autres branches, etc.

L'intérêt des branches par rapport à une copie pure et simple des ressources réside dans la capacité des outils de gestion de configuration à les fusionner.

Dans notre exemple, il est vraisemblable que les opérations de maintenance corrective de la branche n doivent être reportées dans le tronc de la version $n + 1$. Plutôt que de le faire manuellement, avec des risques d'erreur dans le report des corrections, il est préférable de se faire assister dans cette tâche par l'outil de gestion de configuration.

Si la ou les branches divergent trop, les conflits deviennent trop nombreux pour être gérés simplement. Dans notre exemple, il est dès lors préférable d'effectuer des reports périodiques de la branche vers le tronc (points de synchronisation), plutôt que de le faire en une seule fois.

Gestion des clichés

Les outils de gestion de configuration offrent systématiquement une fonction permettant de prendre des clichés d'un projet, au même titre que l'on prend un cliché d'un paysage avec un appareil photo. Cette fonction est particulièrement utile pour figer l'état d'un projet et lui associer une étiquette, généralement un numéro de version global pour l'ensemble des ressources composant le logiciel.

Il est intéressant de prendre un cliché comprenant notamment tout le code source pour chaque version du logiciel qui sera diffusée aux utilisateurs. Ce cliché représente le logiciel dans un état stable, puisqu'il est livré aux utilisateurs, et peut être extrait à tout moment si nécessaire. Il définit aussi la racine commune entre la branche et le tronc.

L'utilisation de cette fonction peut même être une obligation légale, l'administration fiscale, par exemple, pouvant demander à tout moment les traitements informatiques associés à un exercice comptable. Sans la fonction cliché, il est tout sauf évident de déterminer quelles étaient les versions de chaque ressource correspondant au logiciel en place à l'époque.

En effet, chaque ressource au sein d'un outil de gestion de configuration voit son numéro de révision évoluer indépendamment des autres en fonction des évolutions qu'elle subit. Il n'est donc pas aisé d'identifier quelle version de ressource correspond à quelle version globale du logiciel. Seule la fonction cliché permet d'associer facilement les versions des ressources à une version globale. Dans la terminologie de CVS, les versions spécifiques à chaque ressource s'appellent des révisions alors que les étiquettes s'appellent des versions ou des tags.

La figure 2.6 illustre la gestion des clichés au sein d'un gestionnaire de configuration.

Figure 2.6
Gestion des clichés

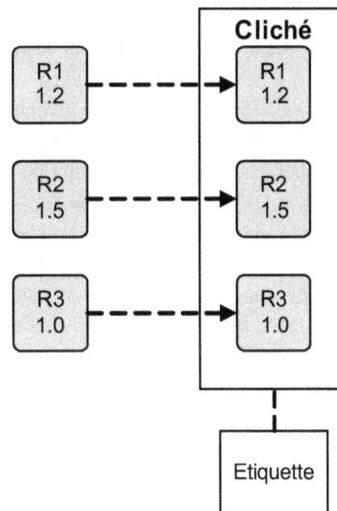

Gestion de configuration dans le cadre du refactoring

La gestion de configuration est un élément important à prendre en compte dans tout refactoring. En fonction de l'importance du refactoring et du cycle de vie du logiciel, les stratégies de gestion de configuration à adopter ne sont pas les mêmes.

Si le refactoring est « chirurgical », avec peu de composants concernés, et ne concerne aucun composant sensible du logiciel, il peut être pris en compte dans le cadre des opérations de maintenance classique. Les résultats du refactoring sont en ce cas intégrés directement à la branche destinée à la maintenance, si elle existe, ou au tronc. Il faut simplement veiller à ce que les opérations de refactoring soient rapides afin de ne pas bloquer une diffusion de correctif du fait de l'inconsistance du logiciel qu'elles peuvent entraîner pendant leur développement.

Si le refactoring est important, il devient un projet à part entière. Idéalement, il n'est pas mené en parallèle avec des évolutions fonctionnelles et peut être traité au niveau de l'outil de gestion de configuration comme une version $n + 1$. Dans le cas contraire, l'opportunité de créer une branche spécifique dépend des éventuelles interactions négatives qu'il peut y avoir entre les opérations de refactoring et les évolutions fonctionnelles.

Dans le cas d'un débranchement, il est important d'opérer régulièrement des points de synchronisation entre le refactoring et les évolutions fonctionnelles ou les maintenances de façon à pouvoir gérer le plus facilement possible les conflits entre le tronc et la branche. Ces conflits peuvent être par ailleurs limités grâce à une bonne planification des opérations de refactoring tenant compte des contraintes de la maintenance ou des évolutions fonctionnelles.

La gestion de configuration avec CVS

Dans le cadre de cet ouvrage, nous utilisons CVS comme outil de gestion de configuration. CVS est un logiciel Open Source très répandu, notamment sur les systèmes UNIX, sa plate-forme d'origine. Sa toute première version date de la fin des années 80 et la première version utilisable en réseau du début des années 90.

Disponible sur *http://www.cvshome.org,* CVS est l'outil de gestion de configuration le plus utilisé par les projets Open Source. Il est généralement offert en standard par la plupart des sites communautaires spécialisés dans l'hébergement de projets Open Source, comme SourceForge.net ou ObjectWeb.

CVS utilise la stratégie de la fusion pour gérer l'accès simultané aux ressources du référentiel. Il est architecturé en deux couches, une couche cliente et une couche serveur, de manière à permettre le travail en équipe sans contrainte géographique. Le référentiel est centralisé sur la couche serveur et peut être accessible par Internet. La couche cliente peut prendre de multiples formes, depuis le client en mode ligne de commande jusqu'à l'interface Web. Dans cet ouvrage, nous utilisons la couche cliente intégrée en standard dans Eclipse.

CVS est aussi disponible sur plate-forme Windows pour la partie cliente (utilisée par les développeurs) comme pour la partie serveur (hébergeant le référentiel). Cependant, la partie serveur étant développée par une équipe distincte de celle de CVS UNIX, ces deux versions ne sont pas entièrement compatibles entre elles. La version Windows est disponible sur *http://www.cvsnt.org.* Dans le cadre de cet ouvrage, nous utilisons un référentiel CVS UNIX hébergé sur le site SourceForge.net.

Gestion des tests et des anomalies

Les tests ont pour objectif de détecter les cas où le logiciel ne fait pas ce qu'il est supposé faire (conformité vis-à-vis des spécifications) et les cas où le logiciel effectue des opérations qu'il n'est pas supposé effectuer.

La gestion des tests est cruciale pour tout projet logiciel puisque le service rendu aux utilisateurs en dépend. Elle l'est tout particulièrement pour le refactoring, car celui-ci doit rester invisible de l'utilisateur final, hormis un gain de performance ou de fiabilité éventuel.

De ce fait, les tests doivent être menés de manière rigoureuse afin de garantir au minimum le même niveau de fonctionnalité et la même qualité de service que le logiciel disponible pour les utilisateurs finals.

Différents types de tests permettent de couvrir l'ensemble des besoins. Les sections suivantes décrivent les plus significatifs pour le refactoring. Avant de les décrire, il nous semble important de faire quelques remarques d'ordre général qu'il faut avoir à l'esprit afin de définir sa stratégie de test :

- Mieux vaut ne pas attendre l'achèvement de la réalisation du logiciel pour le tester sérieusement. Corriger une erreur tôt dans le projet coûte toujours moins cher que de la corriger tard.

- Lors de la définition de vos différents cas de test, ne négligez pas ceux qui concernent les conditions inattendues ou invalides, car c'est grâce à ces derniers que vous pourrez tester la fiabilité de votre logiciel.

- Dans le cadre de tout logiciel, il est important de capitaliser les cas de test utilisés, car c'est grâce à eux que vous pourrez tester la non-régression du logiciel dans les versions suivantes. À chaque nouvelle version à tester, il est tentant de ne vérifier que les parties modifiées. Malheureusement, rien ne garantit que les apports de la nouvelle version n'ont pas d'effets néfastes sur le reste du logiciel.

- Malgré tous les efforts que vous consacrerez à définir et à effectuer des tests, gardez à l'esprit qu'ils garantissent une seule chose, la non-détection d'erreur, et non l'absence d'erreur.

Les tests unitaires

Les tests unitaires sont les tests ayant la granularité la plus fine dans la panoplie des tests logiciels. Comme leur nom l'indique, ils sont destinés à tester les composants du logiciel de manière unitaire, c'est-à-dire un par un et pris le plus indépendamment possible des autres. L'objectif des tests unitaires est de vérifier si un composant remplit correctement son contrat vis-à-vis de ses spécifications.

En fonction de la nature du composant (classe, page Web statique, page Web dynamique, etc.), les méthodes de test unitaire sont manuelles ou programmatiques. En effet, certains composants de bas niveau ne peuvent être testés directement que de manière programmatique, par exemple, en créant un programme faisant appel à leurs méthodes. D'autres composants, comme ceux qui génèrent des images dynamiquement, sont difficilement testables de manière programmatique, sauf à utiliser des algorithmes de reconnaissance de forme. Ce genre de méthode peut n'être guère justifiable économiquement par rapport à un test manuel.

Il est important de noter que les tests unitaires doivent être exécutés dans un environnement spécifique réinitialisé à chaque nouvelle campagne de tests unitaires. En effet, leur exécution peut entraîner des effets de bord, comme un état instable de la base de données. Par ailleurs, il faut pouvoir les reproduire le cas échéant, ce qui nécessite un environnement de test stable.

Automatisation des tests unitaires

Les tests unitaires automatiques présentent les avantages suivants en comparaison des tests unitaires manuels :

• Ils formalisent sous forme de programmes l'ensemble des tests unitaires, ce qui permet de mieux vérifier leur pertinence et leur exhaustivité.

• Ils évitent de faire manuellement les tests unitaires fastidieux. Les tests répétitifs sont généralement d'excellents candidats à l'automatisation.

• Ils apportent des gains de productivité importants s'ils sont souvent utilisés, notamment si les tests manuels sont d'une longueur pénalisante.

• Ils évitent les erreurs humaines dans l'exécution des tests.

Le principal problème des tests unitaires est d'ordre économique. En effet, tester la totalité des composants de manière unitaire peut être long et coûteux. Par ailleurs, le choix entre méthode manuelle et automatique quand les deux sont possibles peut avoir un impact non négligeable sur les délais et les coûts. Il est préférable de se concentrer sur les composants sensibles ou complexes en les testant de la manière la plus stricte plutôt que de pratiquer un saupoudrage peu productif.

La mise en place de tests automatiques pour des composants subissant régulièrement des modifications profondes n'est pas non plus judicieuse. Si, à chaque modification, les tests unitaires doivent être réécrits, leur surcoût par rapport à des tests unitaires manuels peut ne pas être amorti sur plusieurs exécutions. D'autant que leur programmation est souvent plus longue qu'un test manuel, notamment pour les tests unitaires concernant les interfaces homme-machine.

Certains composants sont difficiles à tester unitairement, car ils sont trop dépendants d'autres composants, ce qui empêche une utilisation aisée au travers de tests unitaires. Dans ce cas, il peut être plus efficace de les tester indirectement au travers de composants faisant appel à leur service. L'analyse de couverture, que nous abordons plus loin dans ce chapitre, permet de vérifier dans une certaine mesure que ces composants ont bien été sollicités.

Pour chaque test unitaire, il est important de définir judicieusement son contenu. Les tests doivent être conçus de manière à générer un comportement anormal de la part du composant. Par exemple, si vous testez un composant effectuant une division à partir de deux paramètres, il faut donner la valeur 0 au dénominateur dans un test pour valider la bonne gestion de la division par 0.

Le framework de tests unitaires JUnit

Les tests unitaires automatiques peuvent être réalisés de manière « primitive » sous forme de petits programmes manipulant le composant à tester. Cependant, ces programmes ont besoin d'un certain nombre d'éléments pour pouvoir être traités aisément, comme une fonction permettant de générer un rapport d'exécution ou encore la possibilité d'exécuter un ensemble de programmes de tests.

Dans la mouvance de l'eXtreme Programming, le framework JUnit a été créé par Erich Gamma et Kent Beck pour fournir un cadre logiciel au développement de tests unitaires pour le langage Java.

L'implémentation d'un test unitaire avec JUnit consiste à créer une classe cas de test, dérivant de la classe TestCase de JUnit, contenant une série de méthodes testant différentes fonctionnalités d'une même classe Java. Typiquement, il existe une méthode de test pour chaque fonctionnalité de la classe à tester. Pour valider la bonne exécution des tests, JUnit fournit un ensemble de méthodes, appelées assertions, permettant de confronter le résultat d'un test avec le résultat attendu.

Par exemple, si vous testez une méthode effectuant une simple division, une assertion s'attend à ce que 4 divisé par 2 produise 2. Si tel n'est pas le cas, le test unitaire échoue. Ces assertions permettent d'enregistrer les succès et les échecs pour les restituer *in fine* au développeur.

Chaque cas de test peut être exécuté en utilisant un des exécuteurs de tests unitaires fournis par JUnit. Ces exécuteurs sont en mesure de traiter de manière efficace les résultats produits par les cas de test, en faisant apparaître les succès, les échecs et les messages d'erreur associés à ces derniers.

La figure 2.7 illustre l'exécuteur JUnit intégré à Eclipse affichant un cas de test qui a échoué.

Figure 2.7

Exécuteur JUnit intégré à l'environnement de développement Eclipse

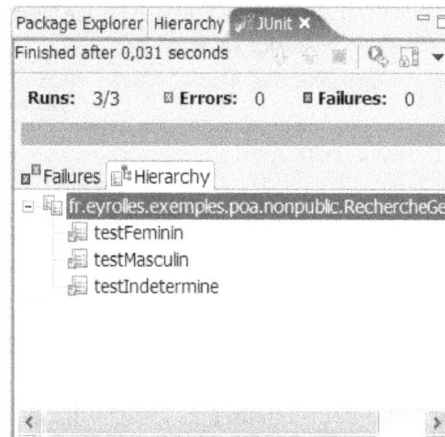

Les cas de test peuvent être regroupés sous forme de suites de tests. Une telle suite est définie en créant une classe dérivant de la classe TestSuite de JUnit regroupant les appels à plusieurs cas de test. Ainsi, l'exécution d'un grand nombre de cas de test est facilitée.

Les frameworks dérivés de JUnit

JUnit fournit un framework de tests unitaires bien adapté aux classes Java. Il a été adapté pour supporter d'autres langages, comme NUnit pour .Net et Unit++ pour C++.

D'autres frameworks dérivés ont été créés pour tester d'autres composants que les objets issus des langages de programmation. Il en est ainsi de StrutsTestCase, destiné à tester les applications Web utilisant le framework Struts.

Ces frameworks conservent la notion de `TestCase` et de `TestSuite`, ce qui leur permet de garder une compatibilité ascendante avec JUnit et donc de bénéficier de ses exécuteurs de test.

Les tests unitaires dans le cadre du refactoring

Dans le cadre du refactoring, les impacts sur les tests unitaires existants peuvent être importants du fait que la structure des classes peut être modifiée. Il faut donc intégrer le coût de l'adaptation des tests unitaires dans le projet. Il est par ailleurs souhaitable d'encadrer les différentes opérations de refactoring par des tests unitaires. Rappelons que ces opérations ne doivent pas modifier le comportement de l'application vis-à-vis de l'utilisateur final. Les tests unitaires offrent une granularité suffisamment fine pour garantir le maintien du contrat entre les composants du logiciel et leurs spécifications après refactoring.

Les tests unitaires avec JUnit et StrutsTestCase

Dans le cadre de cet ouvrage, nous nous intéressons à deux frameworks Open Source de tests unitaires complémentaires, JUnit, qui fournit un socle pour tester les objets Java, et StrutsTestCase, pour tester les applications Web fondées sur Struts. L'utilisation de ces frameworks s'effectue au sein d'Eclipse afin de profiter de l'intégration de JUnit offerte en standard par cet environnement de développement.

StrutsTestCase est un projet Open Source téléchargeable sur le site Web SourceForge.net, à l'adresse *http://strutstestcase.sourceforge.net/*.

Les tests fonctionnels

Les tests fonctionnels sont destinés à vérifier que les fonctionnalités offertes aux utilisateurs finals sont conformes à leurs attentes. Les tests fonctionnels sont généralement lourds à mettre en œuvre, surtout pour les nouveaux logiciels, pour lesquels tout est à construire. Les scénarios de tests sont définis pour une fonctionnalité précise afin de faciliter la communication entre testeurs et développeurs en délimitant un périmètre précis.

Les tests fonctionnels sont généralement formalisés sous forme d'un plan de tests regroupant un ou plusieurs scénarios d'utilisation. Ces scénarios comprennent une ou plusieurs étapes élémentaires d'interaction avec le logiciel et définissent pour chacune d'elles les préconditions à remplir avant l'exécution de l'étape et les postconditions à respecter après l'exécution de l'étape. Généralement, les préconditions spécifient l'état dans lequel doit se trouver le logiciel pour permettre l'exécution de l'étape et les postconditions le résultat attendu.

La figure 2.8 illustre la définition d'un test fonctionnel dans l'outil TestRunner s'intégrant au gestionnaire d'anomalies Bugzilla.

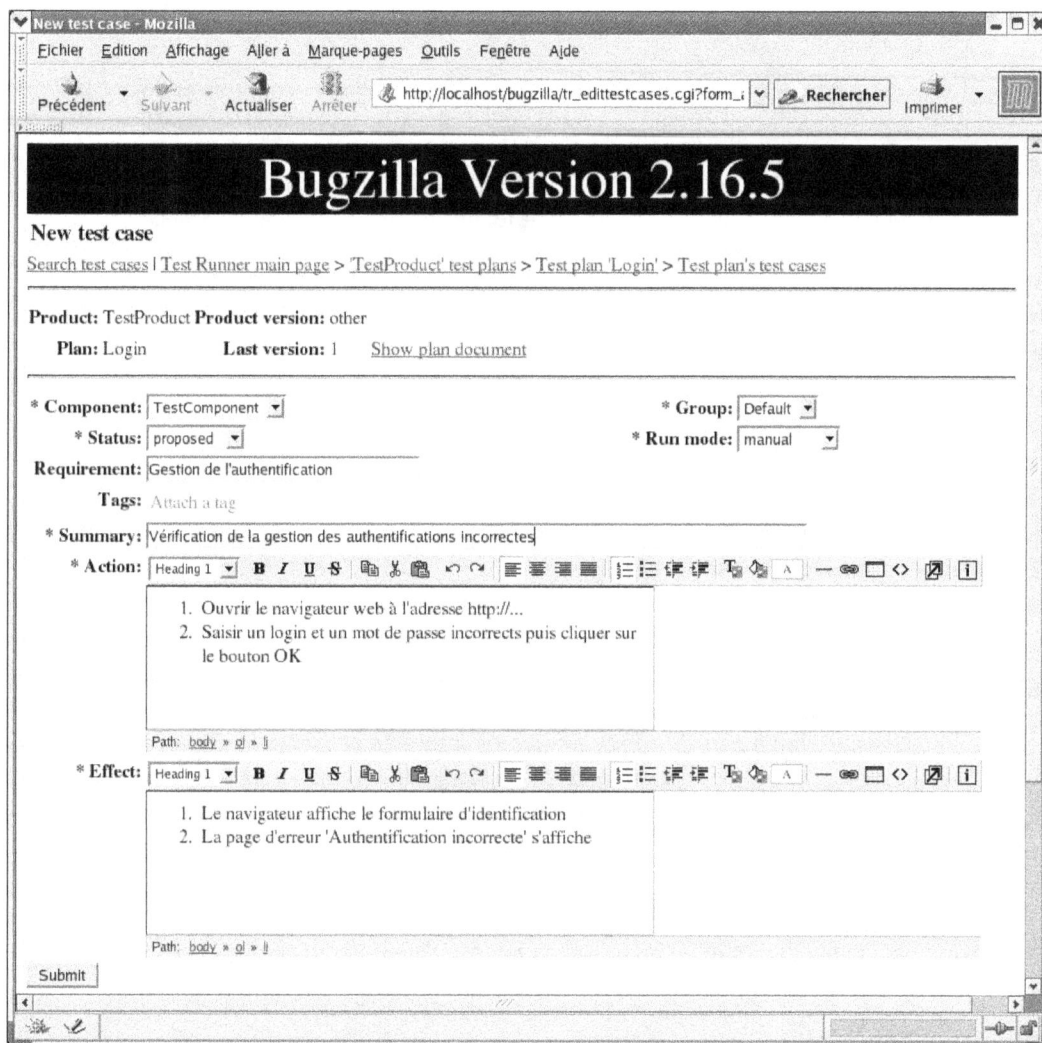

Figure 2.8
Définition d'un cas de test dans TestRunner

Automatisation des tests fonctionnels

À l'instar des tests unitaires, les tests fonctionnels peuvent être automatisés, sauf dans les cas où la simple simulation d'un utilisateur réel est insuffisante. Lorsqu'ils concernent l'interface homme-machine, ils mettent en œuvre des logiciels spécifiques permettant d'enregistrer et de rejouer des scénarios d'utilisation.

L'enregistrement consiste à capturer les actions d'un utilisateur réel sur le logiciel à tester. Bien entendu, les actions effectuées par l'utilisateur suivent les étapes spécifiées dans le scénario d'utilisation. Cet enregistrement produit un programme, ou script, interprétable par le moteur de rejeu, lequel est ainsi capable de simuler l'utilisateur réel du point de vue du logiciel.

Le script est généralement modifiable afin de le rendre plus générique et de couvrir plus de cas de figure. Typiquement, ce type de généralisation consiste en la transformation des données saisies par l'utilisateur réel et stockées en « dur » par l'enregistreur en variables. Il est alors possible de créer plusieurs jeux de données et d'avoir ainsi plusieurs variantes d'un même scénario, améliorant d'autant le niveau de couverture des tests.

Tout comme les tests unitaires automatiques, les scénarios d'utilisation peuvent être exécutés à volonté. Il faut cependant veiller à ce que les modifications d'IHM soient correctement reportées dans les scripts. Si l'interface homme-machine est destinée à être modifiée systématiquement d'une version à une autre, comme dans un site Web avec une activité éditoriale importante, l'obsolescence des scripts peut rendre l'automatisation rédhibitoire en comparaison des tests manuels.

Même assistée par l'enregistreur, la réalisation des scripts reste une opération longue et demandant un certain niveau d'expertise pour être rendue générique, et donc pérenne. Ce surcoût non négligeable par rapport aux tests manuels doit être amorti par une réutilisation sur plusieurs versions successives.

Les tests fonctionnels dans le cadre du refactoring

Pour le refactoring, ce type de test est utilisé afin de vérifier la non-régression du logiciel du point de vue de l'utilisateur. Cette vérification est primordiale, car le résultat attendu doit être transparent pour l'utilisateur, le refactoring ne devant avoir aucun impact de son point de vue, si ce n'est un gain éventuel en terme de stabilité et de performance, mais ce n'est pas là le but premier du refactoring.

Il est donc important d'avoir un plan de test fonctionnel le plus complet possible pour les parties du logiciel impactées par le refactoring mais aussi pour les autres parties, du fait des effets de bord éventuellement induits par les résultats de l'opération. Ce plan de test doit bien entendu être réalisé sur le logiciel avant son refactoring.

Les tests de charge

Les tests de charge sont proches des tests fonctionnels dans le sens où ils reposent eux aussi sur des scénarios d'utilisation. Leur objectif est toutefois différent, puisqu'il vise à stresser le logiciel afin de voir comment son comportement évolue en simulant un nombre variable d'utilisateurs le sollicitant. Il ne s'agit donc plus de vérifier le respect des règles de gestion ou tout autre aspect strictement fonctionnel.

Un logiciel fonctionnant parfaitement avec un seul utilisateur peut avoir un comportement totalement erratique dès qu'il y en a plusieurs. Ce type de comportement peut avoir des sources multiples, comme une mauvaise gestion des accès simultanés à une ressource partagée.

Automatisation des tests de charge

Les tests de charge sont généralement automatisés. Il serait en effet peu rentable de mobiliser une armée de testeurs pour stresser le logiciel.

Comme pour les tests fonctionnels, les scénarios de test sont le plus souvent obtenus grâce à un enregistreur capturant les actions d'un utilisateur réel. Les scénarios, éventuellement adaptés manuellement, sont ensuite déployés sur un ou plusieurs injecteurs. Les injecteurs sont installés sur des machines et simulent un ou plusieurs utilisateurs selon une cadence prédéfinie (un injecteur peut simuler un nombre variable d'utilisateurs en fonction de la machine qui l'héberge). Pour chaque exécution, des statistiques sont calculées afin de déterminer la performance de l'application du point de vue de l'utilisateur simulé.

La figure 2.9 illustre les statistiques produites par l'outil de test de performance OpenSTA.

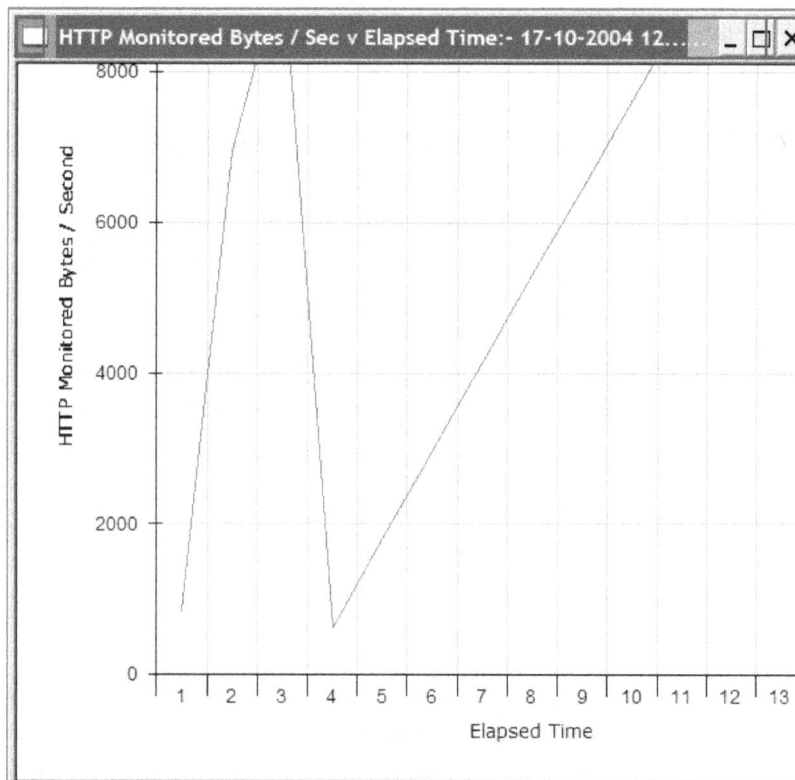

Figure 2.9
Statistiques produites par OpenSTA

Pour une vision plus complète, la machine hébergeant le logiciel testé peut être observée par plusieurs sondes logicielles permettant de capturer différents paramètres quantitatifs liés au fonctionnement du logiciel, comme l'utilisation du processeur, de la mémoire, etc. Pour cela, il convient d'utiliser soit l'outil de test de charge qui fournit ses propres sondes, soit les outils de supervision fournis avec le système d'exploitation, comme illustré à la figure 2.10.

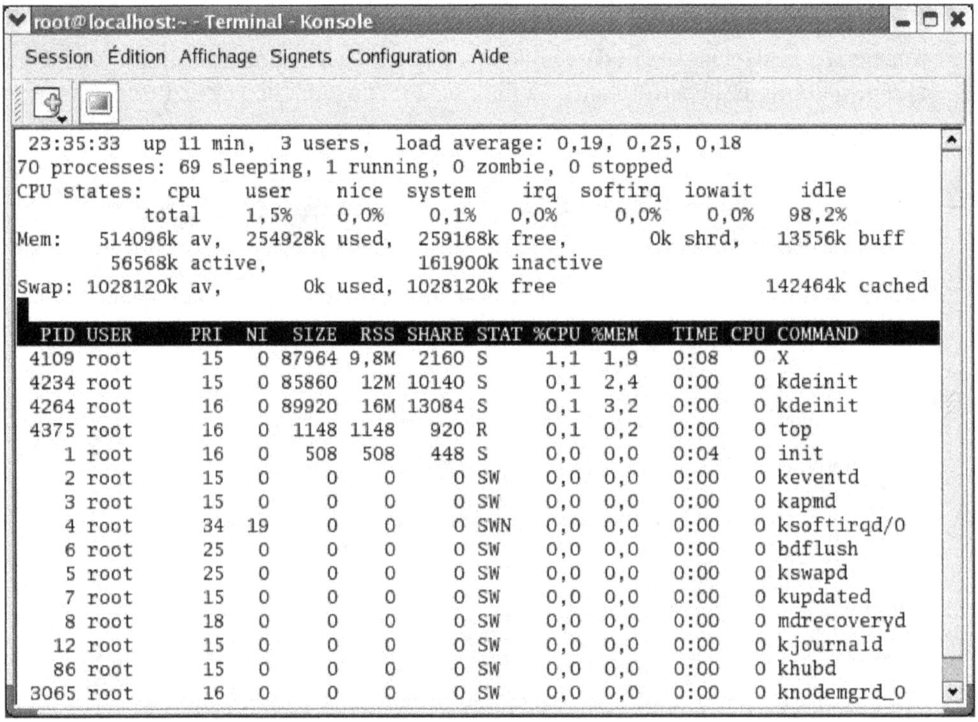

Figure 2.10
Supervision des ressources matérielles sous UNIX avec l'utilitaire top

L'interprétation des résultats produits par les sondes demande une bonne connaissance des différents paramètres influant sur la performance (logiciels, matériels et réseaux) et de leurs interactions. C'est pourquoi l'analyse de performance est généralement prise en charge par des experts techniques.

Les tests de charge dans le cadre du refactoring

Les tests de charge sont utiles de deux manières différentes dans le cadre du refactoring :

- En procédant à une analyse du comportement du logiciel en charge, il est possible de détecter d'éventuels goulets d'étranglement susceptibles d'être résorbés par une opération de refactoring.

- Les tests de charge sont aussi un moyen de garantir que le refactoring n'a pas dégradé les performances du logiciel. Il suffit de définir des scénarios et de les lancer avant et après le refactoring.

L'analyse de couverture

L'analyse de couverture est un complément nécessaire à toute campagne de tests en ce qu'elle permet de visualiser si le code source de l'application est couvert par les tests. Elle identifie non seulement les zones non couvertes par les tests et contenant donc potentiellement des anomalies, mais permet accessoirement d'identifier d'éventuels tests redondants.

La figure 2.11 illustre le type de statistiques produites par l'outil d'analyse de couverture EMMA. Les pourcentages indiquent le taux de couverture à différents niveaux d'agrégation (package, classe, méthode, etc.).

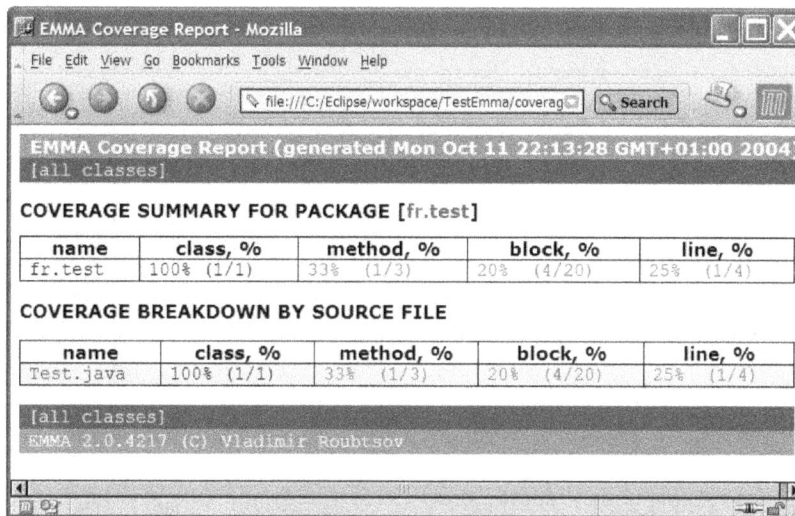

Figure 2.11

Statistiques de couverture fournies par EMMA

Pour chaque classe (fichier source), les outils de couverture offrent généralement la possibilité de visualiser les lignes de code source effectivement couvertes par les tests, comme l'illustre la figure 2.12 (les lignes foncées correspondent à des instructions non couvertes).

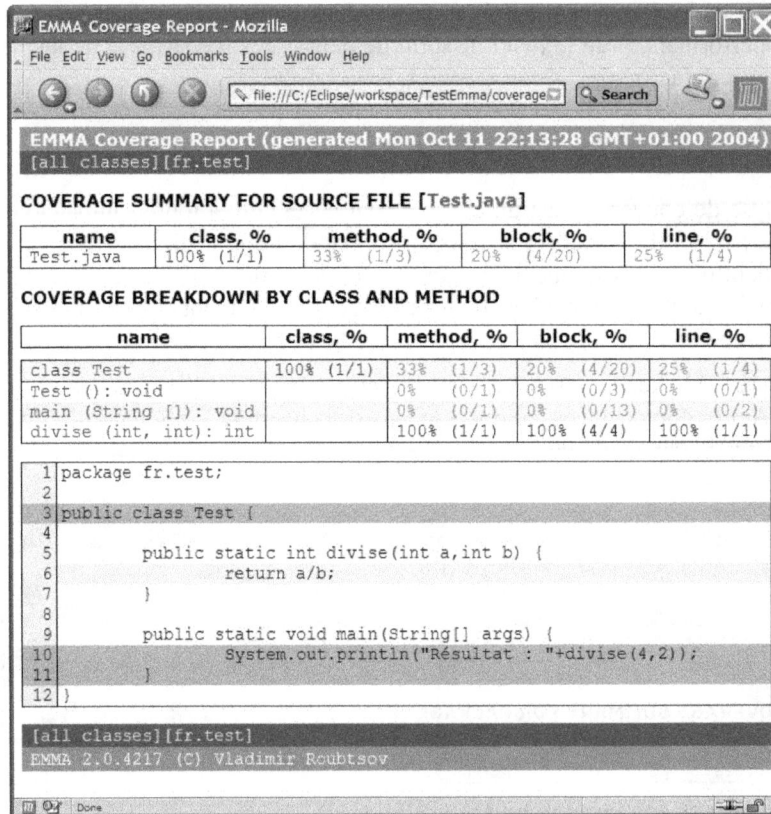

Figure 2.12
Détail de la couverture d'une classe analysée par EMMA

Typologie des tests de couverture et limites

Il existe différents types d'analyse de couverture offrant une vision plus ou moins fine de la façon dont les tests couvrent les fonctionnalités du logiciel.

La plus fréquente est l'analyse de couverture des instructions. Cette analyse indique pour chaque ligne de code d'une application si elle a été ou non exécutée. Cette analyse a cependant le défaut de ne donner que très peu d'information sur l'exécution des structures de contrôle telles que les conditions ou les boucles. Elle ne permet que de savoir si le bloc de code associé à une condition ou à une boucle a été exécuté ou non. Il est donc impossible de déterminer quels éléments d'une condition complexe ont déclenché l'exécution du bloc de code associé.

Dans l'exemple de code suivant :

```
if (condition1 || condition2) {
    // Traitements
}
```

une analyse de couverture se limitant aux instructions ne permet pas de savoir quelle condition a déclenché les traitements. Or il est important de savoir si les deux conditions ont permis de déclencher le bloc. Dans le cas contraire, l'une d'elles n'est pas utile puisqu'elle est nécessairement fausse.

De même, pour une boucle, cette analyse ne permet pas de savoir combien de fois celle-ci a été exécutée ou si sa condition de fin a été atteinte.

Dans l'exemple de code suivant :

```
while (condition) {
    // Traitements
}
```

une analyse de couverture limitée aux instructions signale si la boucle while a été déclenchée ou non mais ne permet pas de savoir combien de fois la boucle a été exécutée.

Des techniques d'analyse de couverture plus évoluées se concentrent sur les structures de contrôle. L'analyse de couverture des conditions permet de déterminer pour chaque condition si elle a été évaluée à vrai ou à faux. Plus sophistiquée, l'analyse de couverture des chemins s'attache à vérifier qu'une méthode a été exécutée de toutes les manières possibles de son point d'entrée à son point de sortie. Ce dernier type d'analyse est très difficile à mettre en œuvre du fait de l'explosion combinatoire des chemins en fonction des conditions contenues dans la méthode.

En conclusion, l'analyse de couverture permet de savoir ce qui n'a pas été couvert, mais en aucun cas si ce qui a été couvert l'a été totalement.

L'analyse de couverture dans le cadre du refactoring

L'analyse de couverture est un outil complémentaire de la panoplie de tests à mettre en œuvre pour valider le refactoring. Elle permet de vérifier que les zones du logiciel impactées par le refactoring sont bien couvertes par des tests. Elle n'offre pas une garantie absolue d'exhaustivité des tests mais réduit significativement les risques.

L'analyse de couverture avec EMMA

Dans le cadre de cet ouvrage, nous utilisons l'outil d'analyse de couverture Open Source EMMA, disponible sur *http://emma.sourceforge.net*. Cet outil analyse l'exécution des programmes Java afin de générer *in fine* un ensemble de rapports sous différents formats (HTML, XML, etc.). Il offre une vision de la couverture du code avec plusieurs niveaux d'agrégation (projet, package, classe, méthode, ligne de code). Il propose en outre l'analyse de couverture des instructions, ce qui est largement suffisant pour nos besoins.

Avec EMMA, l'instrumentation des programmes à analyser peut se faire de deux manières, à froid ou à chaud. L'instrumentation consiste à modifier les classes compilées du programme pour y insérer des instructions supplémentaires traçant l'exécution de chaque ligne de code. L'instrumentation à froid s'effectue juste après la compilation et a pour effet de modifier le bytecode de chaque classe.

.../...

Une fois l'instrumentation à froid effectuée, le programme peut être lancé normalement. Pour des raisons évidentes de performances, les classes instrumentées ne doivent pas être utilisées en production. L'instrumentation à chaud permet d'effectuer le traçage sans modifier directement les classes compilées du programme. Par contre, cette instrumentation nécessite l'utilisation d'un lanceur particulier pour exécuter le programme. Ce mode de fonctionnement est généralement incompatible avec les serveurs d'applications tels que Tomcat, WebSphere ou WebLogic, contrairement à l'instrumentation à froid, qui est complètement transparente de leur point de vue.

Gestion des anomalies

Une stratégie de tests efficace doit comprendre un bon outil de gestion des anomalies. Grâce à celui-ci, la communication entre les testeurs et les développeurs est plus efficace, car formalisée dans un processus de gestion des anomalies.

Cycle de vie de la gestion des anomalies

La gestion d'une anomalie suit le cycle de vie illustré à la figure 2.13 et repris en détail dans les sections suivantes.

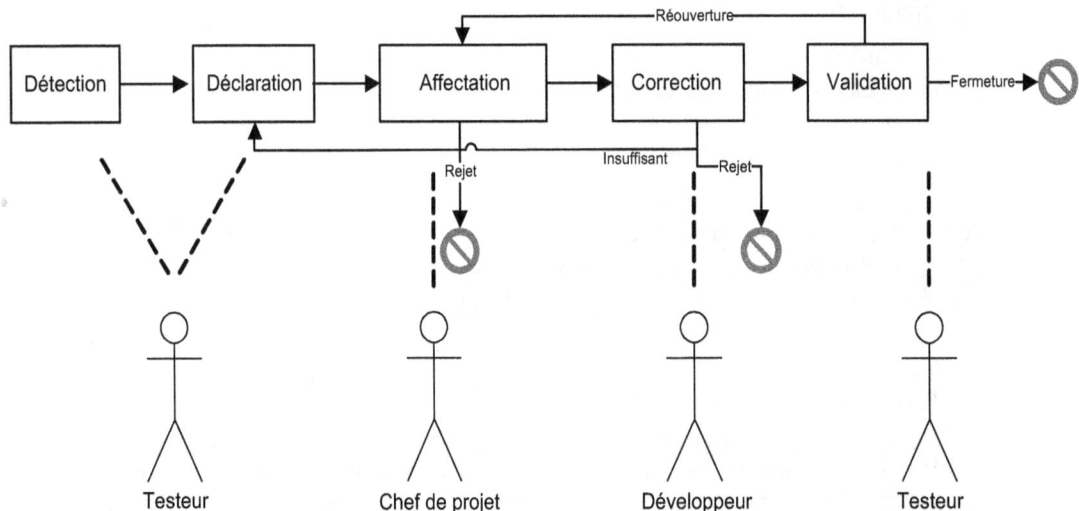

Figure 2.13
Cycle de vie d'une anomalie

Détection

La détection est l'étape la plus évidente : lors d'un test, une anomalie est détectée. Cette apparente simplicité ne doit pas masquer l'importance de cette étape. Lors de la détection, le testeur collecte le maximum d'information sur les conditions dans lesquelles l'anomalie est apparue, car c'est grâce à ces informations que la correction sera efficace.

Déclaration

La déclaration consiste à remplir une fiche d'anomalie gérée par l'outil de gestion des anomalies. Afin de ne pas polluer la base des fiches d'anomalie, il est nécessaire de vérifier qu'une anomalie n'est pas déjà déclarée.

La fiche d'anomalie est un formulaire comportant des questions ouvertes et fermées permettant de qualifier le plus clairement possible la nature de l'anomalie et les conditions dans lesquelles elle est apparue. Si elle est apparue dans l'exécution d'un scénario de test formalisé, il suffit de préciser à quelle étape elle a eu lieu.

Cette fiche est primordiale dans la communication entre les testeurs et les développeurs. Si une fiche n'est pas assez précise, les développeurs ne sont pas en mesure de reproduire l'anomalie dans leur environnement et ne sont donc pas en mesure de la corriger. Ils peuvent la rejeter en la qualifiant de non reproductible ou d'insuffisante.

Une fiche d'anomalie comporte généralement les informations suivantes :

- Un identifiant, de manière à assurer la traçabilité de l'anomalie.

- L'auteur de la fiche.

- Une description courte (ou titre) permettant de cerner rapidement la nature de l'anomalie. Cette description doit être synthétique tout en reflétant suffisamment la nature de l'anomalie. Une description du type « le logiciel ne fonctionne pas » n'est pas d'une grande aide.

- Le logiciel et la version concernée.

- La plate-forme technique utilisée (système d'exploitation, navigateur Web, etc.), certaines anomalies n'apparaissant que sur certaines plates-formes.

- La catégorie de l'anomalie. Cette information est importante pour le chef de projet, car elle l'aide efficacement à affecter les anomalies, sous réserve que la catégorisation soit pertinente.

- La sévérité de l'anomalie. Cette indication donne une idée de la capacité du logiciel à répondre aux attentes des utilisateurs. Plusieurs niveaux de sévérité peuvent être définis dans cet objectif, notamment les suivants : bloquante (le logiciel est rendu inutilisable par cette anomalie), majeure (l'anomalie empêche une fonctionnalité importante de fonctionner), normale, mineure (l'anomalie est gênante mais n'empêche pas l'utilisation du logiciel en l'état), etc.

- La priorité à accorder à la correction de l'anomalie.

- Les étapes à suivre pour reproduire l'anomalie. Ces étapes doivent se limiter à celles qui sont strictement nécessaires pour la reproduction de l'anomalie. Plus les étapes à suivre sont nombreuses, plus la reproduction est longue, fastidieuse et sujette à erreur, et donc à la non-reproduction de l'anomalie.

- Le statut de l'anomalie. Au moment de la création de la fiche, il est défini à « ouverte ». Les étapes suivantes dans le cycle de vie de la fiche vont conduire à modifier ce statut.

- Des pièces attachées, qui offrent la possibilité de joindre tout élément complémentaire utile pour faciliter la reproduction ou la correction de l'anomalie. Les pièces jointes classiques sont des captures d'écran montrant l'anomalie.

- Le développeur chargé de la correction. Cette information est renseignée dans l'étape suivante, que nous décrivons ci-dessous.

La figure 2.14 illustre une fiche d'anomalie telle que définie dans BugZilla, l'un des outils de gestion d'anomalies les plus connus dans le monde Open Source.

Figure 2.14

Fiche d'anomalie de BugZilla

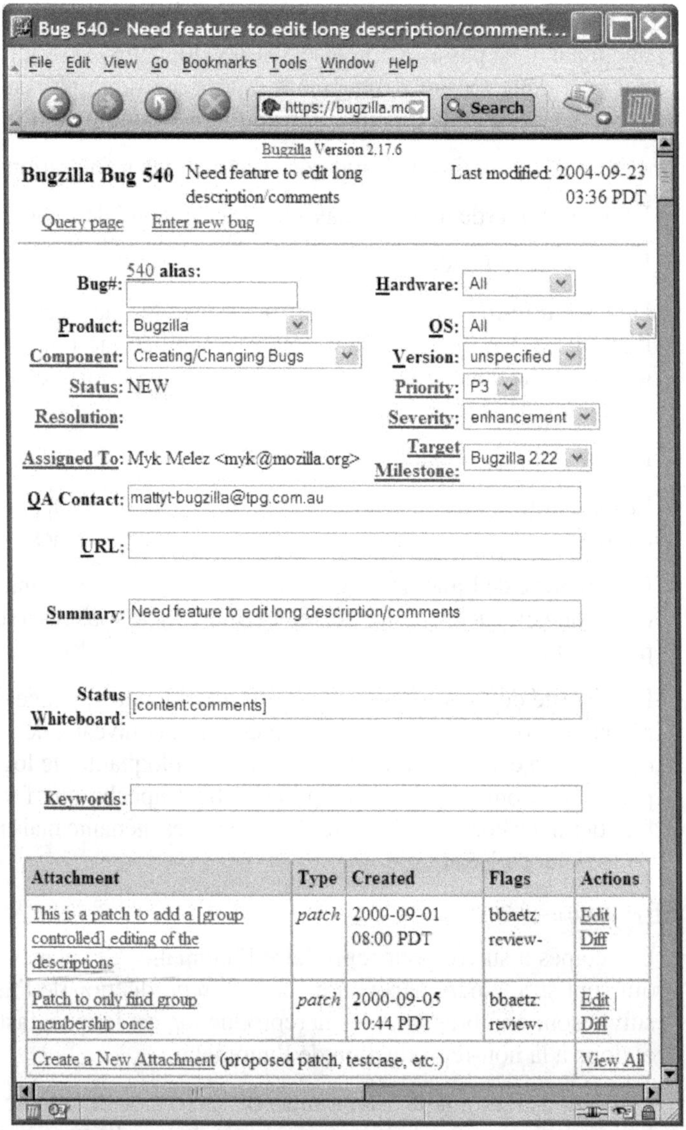

Bien entendu, cette liste n'est pas exhaustive, d'autant que la plupart des outils de gestion des anomalies du marché donnent la possibilité de modifier les fiches d'anomalie afin de les adapter au contexte de chaque projet. Par ailleurs, ces outils offrent souvent une fonction d'historique traçant les évolutions subies par la fiche d'anomalie.

Affectation

Le chef de projet doit avoir une vision exhaustive des anomalies, notamment des anomalies ouvertes, c'est-à-dire non corrigées. Il peut s'appuyer pour cela sur l'outil de requête fourni par l'outil de gestion des anomalies. La figure 2.15 illustre celui offert par BugZilla.

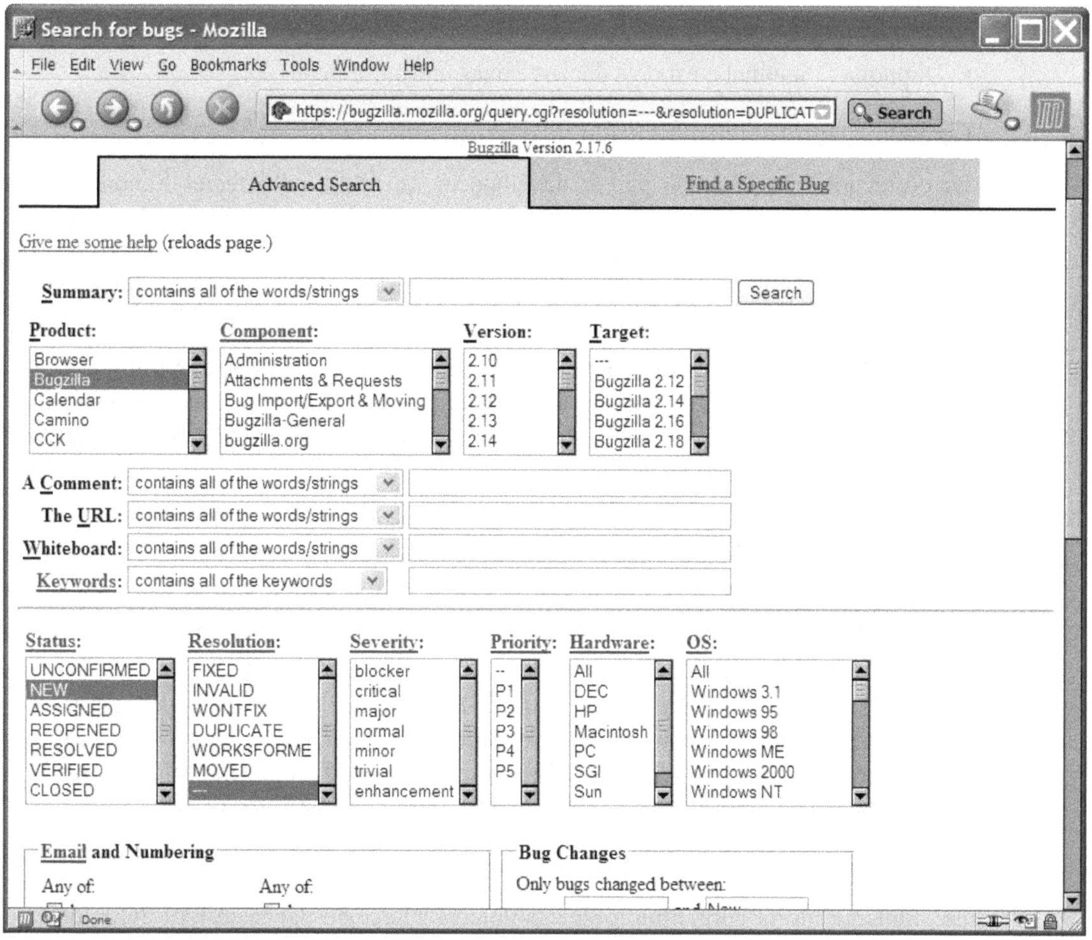

Figure 2.15

Outil de requête de BugZilla

Comme il y a généralement plus d'anomalies que de développeurs disponibles pour les corriger, le chef de projet utilise le contenu de la fiche pour répartir les charges de correction, identifier le développeur le plus compétent dans ce contexte et affecter les priorités (*via* le champ priorité de la fiche). Cette affectation a pour résultat de faire apparaître la fiche d'anomalie dans la liste des anomalies à corriger du développeur sélectionné, généralement par ordre de priorité décroissant.

Le chef de projet a la possibilité de ne pas affecter l'anomalie pour correction dans les cas suivants :

- Correction différée : l'anomalie n'étant pas critique, sa correction est reportée à une date ultérieure d'un commun accord entre la maîtrise d'ouvrage et la maîtrise d'œuvre.

- Dupliqua : l'anomalie est déjà déclarée dans une autre fiche.

Correction

La correction est effectuée par le développeur qui s'est vu affecter l'anomalie. La première étape de la correction consiste pour le développeur à tenter de la reproduire dans son environnement. Plus les informations fournies par la fiche sont précises, plus cette tâche est facile. Si les informations sont insuffisantes, le développeur lui affecte le statut « besoin de plus d'information ».

Par ailleurs, il est possible que l'anomalie signalée n'en soit pas une et qu'elle soit rejetée. Par exemple, le comportement du logiciel signalé comme anormal est cependant conforme aux spécifications ou bien une erreur de manipulation de la part de l'utilisateur est survenue.

Si l'anomalie est reproductible, cela signifie généralement que sa cause peut être aisément délimitée. Si elle n'est pas reproductible, sa correction est beaucoup plus délicate puisque, par définition, le développeur n'est pas en mesure de la reproduire dans son environnement de débogage. Le plus souvent, l'anomalie se voit affecter le statut « non reproductible » en attendant de mieux la cerner pendant la suite des tests.

Une fois l'anomalie reproduite et corrigée, le développeur doit tester le logiciel modifié de manière à vérifier l'exactitude de la correction. Le développeur peut en outre s'assurer que la correction n'a pas généré elle-même d'autres anomalies. Une fois la correction vérifiée par le développeur, celui-ci donne à l'anomalie le statut « corrigée ».

Validation et fermeture

La validation de la correction est généralement effectuée par le testeur ayant déclaré l'anomalie correspondante. Cette validation est aussi l'occasion de vérifier si la correction n'a pas eu d'effets de bord néfastes qui n'auraient pas été détectés par le développeur.

Une fois la correction validée par le testeur, celui-ci effectue la fermeture de la fiche d'anomalie. Si l'anomalie réapparaît, la fiche est rouverte, plutôt que de créer un dupliqua rompant la traçabilité.

Gestion des anomalies dans le cadre du refactoring

Une gestion efficace des anomalies est un facteur de succès d'un projet de refactoring. Le traitement de ces dernières doit en effet être mené avec le plus grand soin de manière à fournir une nouvelle version du logiciel au moins aussi stable que la précédente.

La base des anomalies est en outre une source d'information intéressante pour identifier les parties du logiciel candidates au refactoring. Elle permet d'avoir une traçabilité des problèmes et des corrections associées, à la condition que les développeurs documentent correctement leurs actions correctives.

Conclusion

Grâce à l'infrastructure présentée dans ce chapitre, le refactoring peut s'effectuer en toute sérénité.

Comme nous le verrons au chapitre suivant, cette infrastructure peut fournir des renseignements précieux pour analyser les faiblesses du logiciel et détecter des candidats potentiels au refactoring.

3

L'analyse du logiciel

L'analyse du logiciel est une phase du processus de refactoring, dont l'issue permet de décider quelles parties du logiciel seront refondues. L'objectif de ce chapitre est de décrire les différents types d'analyses possibles ainsi que les problématiques associées.

Nous n'avons pas à notre disposition de baguette de sourcier pour nous indiquer quels composants doivent être refondus. Cependant, des analyses permettent de soumettre le logiciel à la critique en posant des questions sur sa qualité, sa complexité et ses performances. À l'issue de cette phase d'analyse, les résultats obtenus permettent de fonder nos décisions quant aux composants à refondre.

Ce chapitre aborde les deux grandes catégories d'analyse applicable au logiciel :

- L'analyse quantitative, c'est-à-dire la mesure de quantités permettant de connaître certaines propriétés du logiciel.

- L'analyse qualitative, qui confronte le logiciel à l'expérience et aux bonnes pratiques pour juger de sa qualité.

L'analyse quantitative du logiciel

L'analyse quantitative du logiciel, ou métrologie, est un domaine en phase de maturation, qui n'offre pas encore les mêmes services que d'autres domaines d'application, comme la mécanique ou la chimie.

Cependant, aussi imparfaite soit-elle, elle fournit au chef de projet un certain nombre d'indicateurs sur le logiciel dont il a la charge. Ces indicateurs pointent du doigt d'éventuelles inefficiences dans le logiciel, dont l'existence réelle doit être vérifiée en effectuant une revue de code *(voir la section dédiée à l'analyse qualitative)*. Comme nous le verrons, les fondements de ces indicateurs sont très souvent empiriques. Ils sont donc parfois générateurs de fausses alarmes, tandis que des zones à refondre peuvent leur échapper.

L'analyse quantitative du logiciel pour le refactoring repose sur plusieurs indicateurs, que nous pouvons regrouper de la manière suivante :

• mesures des dimensions du logiciel ;

• mesures des risques ;

• mesures de la cohérence ;

• mesures de la qualité.

Avant d'aborder ces différentes catégories, il nous semble utile de nous attarder sur les problématiques des mesures et sur leur interprétation dans le domaine logiciel.

La métrologie

> *« Si vous pouvez mesurer ce dont vous parlez et l'exprimer par un nombre, alors vous connaissez quelque chose de votre sujet. Si vous ne le pouvez, votre connaissance est d'une bien pauvre espèce et bien incertaine. »* Lord Kelvin

La métrologie, ou science de la mesure, peut être définie comme l'ensemble des techniques et savoir-faire qui permettent d'effectuer des mesures et d'avoir une confiance suffisante dans leurs résultats. La mesure est l'outil de comparaison et d'appréciation des objets par excellence.

La notion de mesure

La capacité à synthétiser les propriétés d'un objet sous forme numérique est à la base de toute science. Beaucoup de concepts classiques en métrologie ont leur origine dans la physique et sont appliqués avec succès dans d'autres domaines, comme la technologie, la gestion ou l'économie.

Une mesure est une grandeur numérique, ou quantité, généralement exprimée sous la forme d'un multiple d'une unité. Pour être sujette à mesurage, la propriété d'un objet doit pouvoir être déterminée quantitativement. Une propriété est une quantité si elle permet un tri linéaire des objets selon cette propriété. En d'autres termes, une propriété p est une quantité si l'on peut dire que deux objets possédant p sont égaux ou qu'un objet est « inférieur » à un autre par rapport à p. Cette obligation élimine beaucoup de relations taxonomiques du périmètre de l'analyse quantitative.

Les mesures peuvent remplir les différents rôles suivants :

• Rôle évaluatif, consistant à décrire l'objet de la mesure.

• Rôle vérificatif, consistant à vérifier que l'objet de la mesure est conforme à ce qui est attendu.

• Rôle prédictif, consistant à prédire à partir du mesurage l'évolution future de l'objet.

Les mesures sont soit internes, soit externes, c'est-à-dire qu'elles peuvent être effectuées en observant l'intérieur de l'objet d'étude, le code source, par exemple, ou l'extérieur, comme ses performances.

La notion d'unité et de référence

Une unité est une grandeur finie prise comme terme de comparaison avec des grandeurs de même espèce. Elle peut être matérialisée sous la forme d'un étalon servant de référence à toutes les mesures fondées sur cette unité.

L'exemple du mètre

Un excellent exemple démontrant l'importance des unités de mesure est le mètre. Avant sa définition au XVIIIe siècle, il n'y avait pas d'unité de mesure universelle de la longueur. Beaucoup des unités existantes s'appuyaient sur une référence au corps humain (pied, pouce, etc.) et variaient fortement d'une région à une autre. Cette absence de référence universelle était évidemment dommageable des points de vue scientifique et économique.

En France, le 26 mars 1791, la Constituante décrète :

« *Considérant que, pour parvenir à établir l'uniformité des poids et mesures, il est nécessaire de fixer une unité de mesure naturelle et invariable et que le seul moyen d'étendre cette uniformité aux nations étrangères et de les engager à convenir d'un système de mesures est de choisir une unité qui ne renferme rien d'arbitraire ni de particulier à la situation d'aucun peuple sur le globe [...] adopte la grandeur du quart du méridien terrestre pour base du nouveau système de mesures ; les opérations nécessaires pour déterminer cette base, notamment la mesure d'un arc de méridien depuis Dunkerque jusqu'à Barcelone seront incessamment exécutées.* »

Ainsi, la dix millionième partie de cet arc devient l'unité de longueur, le mètre. Le système est décimal. La 17e conférence générale des poids et mesures choisit en 1983 une nouvelle définition du mètre, offrant une nette amélioration de sa précision. Il s'agit de la longueur du trajet parcouru dans le vide par la lumière pendant $1/299\ 792\ 458^e$ de seconde. La réalisation du mètre, l'étalon, peut atteindre grâce à cette définition une exactitude relative de 10^{-10} ou 10^{-11}.

Rendu obligatoire en France à partir de 1840, le système métrique décimal est maintenant utilisé par plus de cent trente pays et est intégré au système international d'unités sous la responsabilité du Bureau international des poids et mesures.

Les unités sont des instruments fondamentaux pour la comparaison des objets mesurés. Ils servent de référence commune, et plus ils sont répandus, plus ils sont efficaces. Par ailleurs, leur définition, comme pour le mètre, doit être effectuée avec une grande précision afin de rendre les comparaisons les plus fiables possible.

L'absence de consensus sur une unité génère de grandes difficultés. On pense immédiatement au système de mesures anglo-saxon et aux problèmes posés par sa conversion dans le système métrique.

Au-delà de la notion d'unité, il est important d'avoir des références. Une mesure sans élément de comparaison est rarement utile pour juger des qualités de l'objet mesuré.

Dans le cadre du logiciel, dire qu'un outil de conversion de monnaie contient mille lignes de code ne donne pas beaucoup d'indication sur les qualités de ce logiciel. Il faut le comparer à un logiciel de même type pour pouvoir donner du sens à la mesure.

Le processus de mesurage

Le mesurage est le processus par lequel des nombres sont assignés aux propriétés d'objets du monde réel de manière à les décrire à partir de règles clairement définies.

Ce processus comporte les quatre étapes fondamentales suivantes :

1. Définition des objectifs du mesurage.

2. Définition de la méthode de mesurage.

3. Application de la méthode de mesurage.

4. Analyse des résultats du mesurage.

Définition des objectifs du mesurage

Avant de se lancer dans un mesurage, il est primordial de définir son objectif, c'est-à-dire l'information que nous désirons tirer de ses résultats. Un objectif trop large, comme de savoir si le code source d'un logiciel est de bonne qualité, ne saurait être couvert par une seule méthode de mesure.

Définition de la méthode de mesurage

Cette étape permet de définir le plus précisément possible quelle propriété va être mesurée et par quel moyen. Le choix de la propriété à mesurer est important, car cette propriété doit donner une représentation numérique la plus exploitable possible en vue des objectifs définis à l'étape précédente.

Si nous prenons comme exemple la ligne de code source comme propriété à mesurer, sa définition précise pose quelques difficultés. Les lignes blanches (vides), les lignes de commentaires ou les délimiteurs de blocs de code (les accolades en Java) doivent-ils être comptés ? En fonction des réponses apportées à ces questions, la méthode de mesure sera légèrement différente.

Une fois la propriété définie, il faut préciser les moyens à mettre en œuvre pour la mesurer et s'assurer qu'ils permettent de la capturer correctement. Il est donc important de bien connaître ce qui est mesuré et comment le mesurage est effectué pour pouvoir exploiter efficacement le mesurage.

Application de la méthode de mesurage

Une fois la méthode de mesurage définie, il faut l'appliquer.

Une étape préalable avant d'effectuer le mesurage réel est de vérifier et de calibrer les instruments de mesure utilisés pour le mesurage à partir d'exemples bien maîtrisés. Nous nous assurons de la sorte de l'exactitude des résultats fournis par les instruments de mesure.

Par exemple, si nous effectuons des mesures de performances d'un logiciel de type application Web, il est souhaitable de tester les instruments de mesure sur une page Web vide. La cohérence des résultats obtenus peut ainsi être facilement vérifiée et les éventuels problèmes (réseau, serveur, etc.) corrigés. Il faut s'assurer par ailleurs que ces vérifications sont reproductibles, en prenant en compte un certain niveau d'erreur, qui caractérise le degré d'incertitude de toute mesure. Il est donc important d'effectuer les mesures dans un environnement le plus stable possible afin de ne pas fausser les résultats de l'application de la méthode sur l'objet réel à mesurer.

Certains instruments de mesure peuvent avoir un effet direct sur la propriété observée et nuire à l'interprétation si cet effet n'est pas pris en compte. Par exemple, les sondes permettant d'observer le taux d'utilisation du processeur d'un serveur consomment elles-mêmes les ressources du processeur. La connaissance de ces effets permet de calibrer l'instrument de mesure de manière à produire des résultats les plus proches possible de la réalité.

Une fois les instruments de mesure vérifiés et calibrés, la méthode de mesurage peut être appliquée sur l'objet à étudier. Les résultats obtenus doivent être vérifiés en terme de cohérence afin de détecter un éventuel dérèglement des instruments de mesure ou une instabilité de l'environnement faussant les résultats. Pour cela, les résultats obtenus à partir des exemples sont précieux.

Analyse des résultats du mesurage

L'analyse des résultats consiste à confronter les mesures obtenues à des références afin de tirer de l'information sur la propriété de l'objet observé. En l'absence de référence, les mesures ne sont que d'une faible utilité.

Les références peuvent avoir différentes origines : standards industriels, meilleures pratiques issues d'études empiriques, valeurs optimales issues d'études scientifiques, etc.

Il est important de conserver l'historique des mesures, car celui-ci peut aussi servir de référence. C'est particulièrement vrai dans le cadre du refactoring puisque nous nous intéressons particulièrement aux évolutions du logiciel qui peuvent être caractérisées par les évolutions des mesures.

La métrologie logicielle

La métrologie logicielle est encore à l'état embryonnaire, et les mesures que nous allons présenter dans les sections suivantes sont pour beaucoup insatisfaisantes pour juger de la qualité d'un logiciel. Cela s'explique par la jeunesse du domaine — les mesures physiques telles que nous les connaissons ont quelque deux cents ans derrière elles — et par ses spécificités, qui ne lui permettent pas de se reposer sur les fondements de la métrologie telle qu'utilisée en physique ou en chimie.

La notion d'unité de mesure, fondamentale en métrologie, est très peu formalisée dans le domaine logiciel, la ligne de code pouvant recouvrir différentes réalités, comme nous l'avons vu. Les références de comparaison sont le plus souvent empiriques et peu nombreuses. Les évolutions technologiques ne facilitent pas la tâche puisque, pour chaque nouvelle technologie, il faut de nouvelles références. Par exemple, la notion de performance a été complètement bouleversée par l'augmentation de puissance des microprocesseurs et les architectures parallèles.

En conclusion, les mesures logicielles, aussi appelées métriques, sont loin d'avoir une fiabilité suffisante pour que des choix puissent être fondés uniquement sur leurs résultats. De notre point de vue, les mesures logicielles sont utiles en dépit de leurs faiblesses dans la mesure où elles peuvent remonter des points d'attention, qu'il conviendra de vérifier par une revue de code. Bien entendu, ces points d'attention ne sont pas d'une fiabilité absolue et risquent de générer de fausses alertes. Par ailleurs, les métriques ne permettent pas de détecter tous les problèmes.

Les mesures des dimensions du logiciel

Les dimensions du logiciel sont les mesures parmi les plus simples à obtenir, même si, comme pour beaucoup de mesures logicielles, les dimensions varient d'une technologie à une autre.

Les dimensions d'un logiciel développé à l'aide d'un langage orienté objet ne sont pas tout à fait les mêmes que celles d'un logiciel développé à l'aide d'un langage procédural, la notion d'objet faisant apparaître de nouvelles dimensions. De surcroît, de plus en plus de logiciels reposent sur plusieurs technologies, par exemple, les applications Web avec JavaScript, XML, XSL, etc., qui apportent chacune leurs propres dimensions.

Les unités utilisées pour ces différentes dimensions n'ont pas le même « poids » d'une technologie à l'autre. Par exemple, une ligne de code source écrite dans un langage de quatrième génération (L4G) a beaucoup plus de « puissance » qu'une ligne de code source en assembleur. Une même fonctionnalité est implémentée en plus de lignes de code source dans le second cas que dans le premier, par exemple.

Il est donc primordial de bien savoir ce que l'on mesure et comment on le mesure pour pouvoir exploiter efficacement les mesures de dimensions.

Les dimensions globales

Les dimensions globales s'intéressent au logiciel dans son ensemble et offrent une vision macroscopique. Du fait de leur portée très générale, ces dimensions ne sont pas de très bons indicateurs pour détecter les zones du logiciel à inclure dans le refactoring, sauf lorsqu'elles prennent des valeurs extrêmes ou sans rapport avec la nature du logiciel.

Cependant, en historisant les dimensions d'une version à l'autre du logiciel et en les comparant avec les évolutions correspondantes, il est possible de détecter certains phénomènes macroscopiques dénotant une érosion de l'architecture du logiciel. C'est notamment le cas de la croissance inexplicable du nombre de lignes de code du logiciel à la suite d'une évolution mineure.

Le nombre de lignes de code source

Le comptage des lignes de code source est la dimension la plus simple pour mesurer un logiciel. Comme nous l'avons déjà indiqué, cette mesure pose un certain nombre de problèmes :

* Qu'est-ce qu'une ligne de code source ?
* Quelle est la puissance d'une ligne de code source ?
* Comment compter les lignes dans un logiciel intégrant différentes technologies ?

À ces trois questions, il n'y a malheureusement pas de réponse unique. Le comptage des lignes de code source n'est donc pas une mesure universelle, à la différence des mesures physiques du système international.

Les réponses à ces questions conditionnent cependant l'interprétation du mesurage et varient d'un contexte technologique à un autre.

Au niveau de l'ensemble du logiciel — combien de lignes de code source comprend le logiciel ? —, cette métrique n'est quasiment pas utilisable pour détecter des cibles potentielles au refactoring. Par contre, si nous nous intéressons au nombre de lignes de certaines parties bien délimitées, une classe Java, par exemple, nous pouvons détecter d'éventuels problèmes. La mesure en elle-même ne suffit toutefois pas, et il est nécessaire d'avoir une référence.

Par exemple, dans le cadre de l'implémentation d'un algorithme bien connu, comme un tri, nous pouvons déterminer si le nombre de lignes de code source est cohérent par rapport à la complexité de l'algorithme.

Les mesures historisées couplées aux évolutions du logiciel constituent aussi de bonnes références pour l'interprétation de cette métrique. Par exemple, une classe Java ayant fortement augmenté en nombre de lignes de code sans corrélation évidente avec les évolutions du logiciel peut être devenue une classe « poubelle » et nécessiter une refonte.

Le nombre de packages

Le nombre de packages est un indicateur du regroupement des composants du logiciel en des entités organisationnelles. Les packages ayant une sémantique importante et non quantifiable, cet indicateur n'est pas d'une grande aide pour savoir si le regroupement est pertinent ou non.

Nous utilisons donc cette métrique plutôt pour détecter des valeurs extrêmes (petites ou grandes) injustifiables du point de vue de la nature du logiciel, comme un package unique pour l'ensemble des classes d'un logiciel de traitement de texte.

Nombre de classes et d'interfaces

À l'instar du nombre de packages, le nombre de classes et d'interfaces est un indicateur trop synthétique pour permettre de juger réellement de la pertinence des classes et interfaces comptées.

En comptant les classes et interfaces pour un domaine fonctionnel particulier, il est néanmoins possible d'estimer si ce nombre est cohérent par rapport à la richesse du domaine en question. Cela suppose évidemment que nous puissions les rattacher facilement à ce domaine, grâce à une correspondance entre le package contenant les classes et interfaces comptées et le domaine fonctionnel, par exemple.

Nous pouvons aussi comparer la différence entre les classes du logiciel et celles ayant été modélisées lors des phases de conception successives. Une forte déviation peut indiquer soit une mauvaise synchronisation entre la conception et la réalisation, soit l'existence de classes développées de manière opportuniste et non optimale.

Les dimensions d'une classe ou d'une interface

Les dimensions associées à une classe ou à une interface sont principalement utilisées comme bases pour les mesures de risques que nous abordons plus loin dans ce chapitre.

À l'instar des métriques précédentes, ces mesures sont souvent trop synthétiques pour évaluer la pertinence des éléments comptés en dehors de la recherche des valeurs extrêmes ou incohérentes par rapport à la complexité fonctionnelle correspondante.

Ces dimensions sont au nombre de quatre :

• Nombre de méthodes.

• Nombre de méthodes surchargées, c'est-à-dire héritées de la classe mère et redéfinies dans la classe fille.

• Nombre d'attributs.

• Nombre de descendants directs/indirects.

Du point de vue de la conception orientée objet, il est important de regarder attentivement le nombre de méthodes surchargées et le nombre de descendants. Un nombre important de méthodes surchargées peut indiquer une mauvaise utilisation de l'héritage. Un nombre de descendants important fait de la classe ancêtre un point sensible du logiciel, et une modification de celle-ci peut avoir des effets de bord très importants sur ses descendants.

Les mesures historisées sont sensibles au renommage des classes. Il est important de tracer ces modifications afin de pouvoir tracer l'évolution des métriques d'une classe ou d'une interface.

Le plug-in Eclipse Metrics

Dans le cadre de cet ouvrage, nous utilisons le plug-in Eclipse Metrics, disponible sur *http://metrics.sourceforge.net,* pour calculer les différentes métriques abordées dans ce chapitre, à l'exception des métriques concernant la qualité du logiciel.

Par rapport à d'autres outils du même genre disponibles sous Eclipse, ce plug-in Open Source a pour particularité d'intégrer un analyseur de dépendances cycliques (*voir la section de ce chapitre consacrée à l'analyse qualitative*).

Les mesures des risques

Les mesures de la complexité sont efficaces pour détecter les cibles potentielles du refactoring. Elles doivent cependant être utilisées avec précaution, car elles sont sujettes à une forte incertitude. D'une part, ces mesures peuvent générer régulièrement de fausses alertes et doivent donc être complétées par une revue de code pour valider leur résultat. D'autre part, elles se révèlent incapables de détecter certaines sources de complexité.

Il est tentant pour un chef de projet d'utiliser ces mesures pour contrôler la qualité de la production des développeurs. Comme ceux-ci connaissent la façon dont ces mesures de complexité sont calculées, ils peuvent contourner les instruments de mesure, ce qui se révèle contre-productif. Nous en donnons un exemple plus loin dans ce chapitre.

La complexité cyclomatique

La complexité cyclomatique est une mesure de la complexité très répandue introduite par Thomas McCabe en 1976. Cette mesure fournit un nombre unique représentant le nombre de chemins linéairement indépendants dans un programme. Cela donne une idée de l'effort à fournir pour tester le programme.

Cette mesure a été conçue de manière à être la plus indépendante possible des langages auxquels elle est appliquée. Elle facilite de la sorte la construction de références pour estimer la complexité du logiciel étudié.

Plusieurs études ont montré une corrélation entre la complexité cyclomatique d'un programme et la fréquence des erreurs en son sein. Une complexité cyclomatique basse semble contribuer à la création de programmes de meilleure qualité.

Le SEI (Software Engineering Institute) de l'université Carnegie Mellon propose une table *(voir tableau 3.1)* pour estimer le risque associé à un programme à partir de sa complexité cyclomatique.

Tableau 3.1 Niveau de risque associé à la complexité cyclomatique

Complexité cyclomatique	Niveau de risque
1-10	Programme simple, sans véritable risque
11-20	Programme modérément complexe et risqué
21-50	Programme complexe et hautement risqué
> 50	Programme non testable et extrêmement risqué

Le calcul de la complexité cyclomatique repose sur une représentation du programme à mesurer sous forme de graphe. C'est grâce à cette représentation que le calcul de la complexité cyclomatique peut être indépendant des langages de programmation.

De manière très schématique, les instructions représentent les nœuds, et leurs séquences possibles les arcs. Les instructions de type structures de contrôle (boucles, conditions) ont plusieurs arcs tandis que les autres instructions ne peuvent avoir au maximum qu'un arc entrant et un arc sortant.

À partir du graphe représentant le programme, la complexité cyclomatique (CC) se calcule de la manière suivante :

$$CC = E - N + p$$

où E représente le nombre d'arcs du graphe et N le nombre de nœuds du graphe. Le nombre p représente la somme des points d'entrée et de sortie dans le programme.

Les trois exemples simples illustrés aux figures 3.1 à 3.3 illustrent les représentations de programmes sous forme de graphes, avec le calcul de la complexité cyclomatique correspondante.

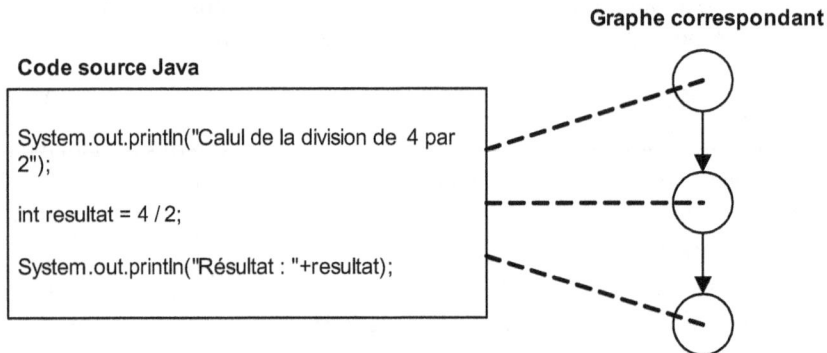

Figure 3.1

Graphe d'un programme sans structure de contrôle

Ce graphe comporte trois nœuds, un par instruction (la correspondance est donnée par les traits en pointillés), deux arcs (les flèches), un point d'entrée et un point de sortie. La complexité cyclomatique de ce programme est la plus faible possible, c'est-à-dire 1 $(2 - 3 + 2)$.

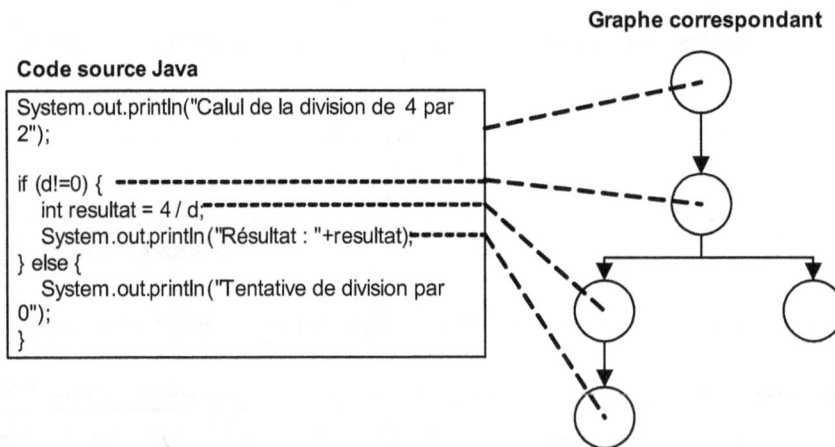

Figure 3.2

Graphe d'un programme avec une structure de contrôle « si... alors... sinon »

Ce graphe comporte cinq nœuds reliés par quatre arcs. Le programme possède un point d'entrée et deux points de sorties (le bloc « si » et le bloc « sinon »). Sa complexité cyclomatique est de 2 (4 – 5 + 3).

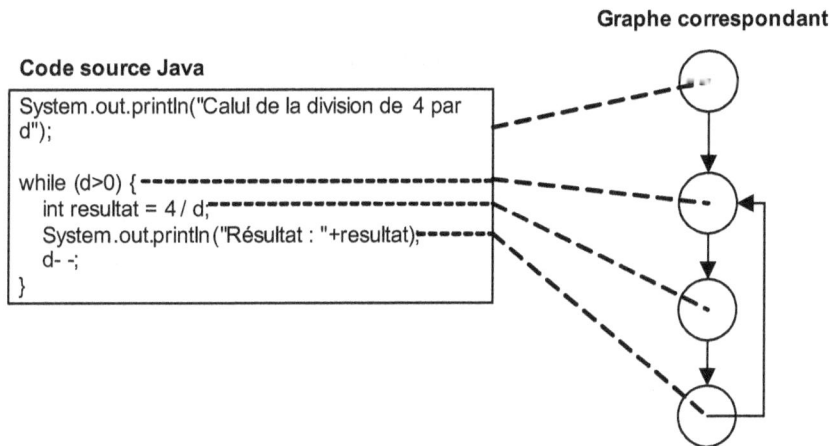

Graphe correspondant

Code source Java

```
System.out.println("Calul de la division de 4 par
d");

while (d>0) {
    int resultat = 4 / d;
    System.out.println("Résultat : "+resultat);
    d- -;
}
```

Figure 3.3
Graphe d'un programme avec une boucle « tant que... »

Ce graphe possède quatre nœuds reliés par quatre arcs (les boucles sont représentées par un arc allant du nœud de la dernière instruction de la boucle jusqu'au nœud représentant sa condition), un seul point d'entrée et un seul point de sortie. Le programme a donc une complexité de 2 (4 – 4 + 2).

Dans le monde orienté objet, la complexité cyclomatique est généralement calculée pour chaque méthode d'une classe.

Pour avoir une idée de la classe dans son ensemble, il est possible de calculer une complexité cyclomatique moyenne et un écart type.

Un problème de complexité cyclomatique peut être aisément corrigé par un développeur. Il lui suffit de casser la méthode en plusieurs sous-méthodes, de manière à répartir les structures de contrôle sur celles-ci et à réduire en conséquence la complexité cyclomatique de la méthode originelle. Cependant, cette façon de faire est rarement la bonne et une re-conception est préférable. Il est donc important de ne pas utiliser ce type de mesure comme le ferait un *Big Brother*, car cela inciterait les développeurs à brouiller les pistes plutôt qu'à améliorer le code du logiciel.

La profondeur du graphe d'héritage

La profondeur du graphe d'héritage est une mesure effectuée à partir d'une classe donnée. Elle détermine la distance entre la classe observée et son ancêtre le plus éloigné.

La figure 3.4 illustre un exemple de graphe d'héritage.

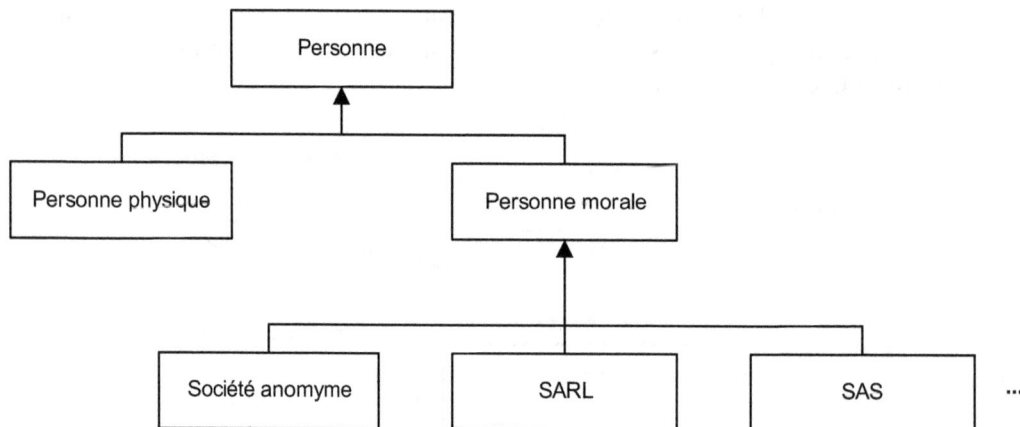

Figure 3.4
Graphe d'héritage

D'après ce graphe d'héritage, la classe Personne physique a une profondeur d'héritage de 1, car elle hérite directement de son ancêtre le plus éloigné, en l'occurrence Personne. La classe SARL a une profondeur d'héritage de 2, car elle hérite de son ancêtre le plus lointain (Personne) *via* son ancêtre direct Personne morale.

Dans le cadre du langage Java, la profondeur d'héritage est généralement calculée à partir de la classe java.lang.Object, qui est l'ancêtre commun de toutes les classes Java. Cela a pour conséquence que pour toute classe Java, hormis java.lang.Object, la profondeur du graphe d'héritage vaut au moins 1.

La profondeur du graphe d'héritage est une mesure importante en ce qu'elle permet de déterminer pour chaque classe le poids de son héritage. Dans le paradigme orienté objet, l'héritage est une notion très forte, du point de vue tant sémantique — on ne fait pas hériter une classe Chaise de la classe Personne — que technique (héritage des propriétés, ou attributs, et du comportement, ou méthodes).

Les graphes d'héritage très profonds sont souvent contraignants et créent des phénomènes de dégénérescence, les descendants n'ayant plus aucun rapport avec les ancêtres. Cela entraîne des rigidités inutiles et rend la conception du logiciel moins claire, et donc moins maintenable.

Le couplage

Le couplage s'intéresse au nombre de relations qu'entretient une entité vis-à-vis de l'extérieur. Cette entité peut être un package, une classe, etc.

Les relations sont de deux types :

• De l'extérieur vers l'entité observée (*n* classes utilisent la classe 0) ; nous parlons de couplage afférent.

- De l'entité observée vers l'extérieur (la classe O utilise *m* classes) ; nous parlons de couplage efférent.

La figure 3.5 illustre la notion de couplage (le sens de la flèche va de l'utilisateur à l'utilisé) :

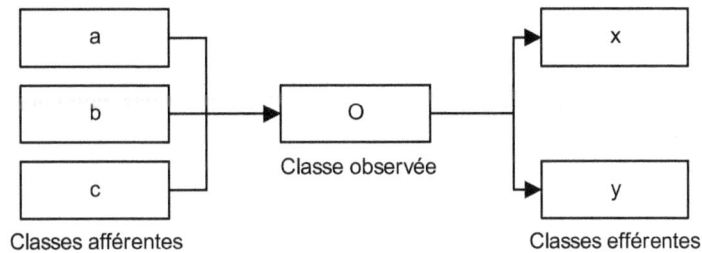

Figure 3.5
Les deux types de couplage

Dans cette figure, la classe O a un couplage afférent de 3 et un couplage efférent de 2.

La notion de couplage afférent est importante dans le cadre du refactoring, car elle permet d'associer un risque à la modification d'une entité. Plus une entité a un couplage afférent fort, plus sa modification risque d'avoir des effets de bord sur les entités utilisant ses services.

La notion de couplage efférent permet d'associer un risque lié aux modifications de l'environnement de l'entité étudiée. Plus celui-ci est fort, plus l'entité étudiée dépend de tiers pour remplir son service, ce qui augmente les risques d'effets de bord induits par les modifications de ces entités tierces.

La profondeur d'imbrication des blocs de code

La profondeur d'imbrication des blocs de code est une métrique déterminée pour chaque méthode. Elle est calculée très simplement en déterminant les niveaux d'imbrication des structures de contrôle au sein de la méthode.

Par exemple, la méthode suivante :

```
public void aMethod(int p) {
    // 1er niveau d'imbrication
    for (int i=0; i<10; i++) {
        // 2e niveau d'imbrication
        if(p<0) {
            // 3e niveau d'imbrication
        }
    }
}
```

possède une profondeur d'imbrication de 3.

Très simple, cette métrique révèle rapidement les méthodes dont le code est rendu difficilement lisible par une trop forte imbrication des structures de contrôle. Cependant, elle ne s'intéresse qu'à l'imbrication la plus profonde de la méthode et n'offre pas de vision d'ensemble, à la différence de la complexité cyclomatique.

Les mesures de cohérence

Les mesures de cohérence analysent les structures internes des éléments ou leurs relations avec le reste du logiciel.

La cohésion d'une classe

La cohésion d'une classe est une mesure censée représenter l'équilibre (ou le déséquilibre) entre les attributs d'une classe et les méthodes de la classe qui y accède.

Elle est calculée en déterminant le nombre moyen de méthodes qui accèdent à un attribut, c'est-à-dire la somme obtenue par l'addition pour chaque attribut du nombre de méthodes y accédant divisée par le nombre d'attributs, puis en soustrayant à ce résultat le nombre total de méthodes et en divisant le tout par 1 moins le nombre total de méthodes.

Par exemple, définissons la classe suivante :

```
public class Test {
    private int a;
    private int b;
    private int c;
    public Test(int pa, int pb, int pc) {
        a = pa;
        b = pb;
        c = pc;
    }
    public int divise() {
        return c / (a+b);
    }
}
```

D'après la définition ci-dessus, la cohésion de cette classe est de 0 ([(2 + 2 + 2)/3 – 2]/[1 – 2]).

La cohésion doit être la plus proche possible de 0. Une cohésion proche de 1 indique un manque de cohésion et peut suggérer la décomposition de la classe étudiée en plusieurs classes ayant une meilleure cohésion.

Cette métrique doit être manipulée avec précaution, car elle peut générer de nombreuses fausses alertes avec les logiciels écrits en Java. En effet, le langage Java possède un type particulier de classes, appelées JavaBeans, qui a la particularité d'associer deux méthodes à chaque attribut d'une classe, une méthode pour lire la valeur de l'attribut, le getter, et une méthode pour la modifier, le setter. Ces classes possèdent une cohésion faible alors même qu'elles sont généralement pertinentes dans le contexte du logiciel.

À titre d'exemple, la classe de type JavaBean suivante :

```
public class PersonnePhysique {
    private String genre;
    private String nom;
    private String prenom;
    public String getGenre() {
        return genre;
    }
    public void setGenre(String pgenre) {
        genre = pgenre;
    }
    public int getNom() {
        return nom;
    }
    public void setNom(int pnom) {
        nom = pnom;
    }
    public int getPrenom() {
        return prenom;
    }
    public void setPrenom(int pprenom) {
        prenom = pprenom;
    }
}
```

a une cohésion de 0,8 ($[(2 + 2 + 2)/3 - 6]/[1 - 6]$) alors que sa sémantique est parfaitement cohérente. Sa décomposition en plusieurs classes n'aurait aucun sens.

L'indice de spécialisation d'une classe

L'indice de spécialisation d'une classe permet d'évaluer la part de réutilisation issue de l'héritage au sein de la classe observée. Cet indice est calculé en multipliant le nombre de méthodes surchargées, c'est-à-dire héritées des ancêtres et redéfinies dans la classe observée, par la profondeur du graphe d'héritage et en divisant le résultat par le nombre total de méthodes de la classe observée.

Pour les deux classes Java suivantes :

```
public class A {
    private int a;
    public int getA() {
        return a;
    }
    public void setA(int pa) {
        a = pa;
    }
}
public class B extends A {
    private int b;
```

```
    public int getB() {
       return b;
    }
    public void setB(int pb) {
       b = pb;
    }
 }
```

l'indice de spécialisation vaut 0, car il n'y aucune méthode surchargée.

Par contre, si nous modifions la classe B de la manière suivante :

```
public class B extends A {
    private int b;
    public int getB() {
       return b;
    }
    public void setB(int pb) {
       b = pb;
    }

    public int getA() {
      return b;
    }

    public void setA(int pa) {
      b = pa;
    }
 }
```

l'indice de spécialisation vaut 1 ($2 \times 2/4$), puisqu'il y a deux méthodes surchargées, et la profondeur du graphe d'héritage est 2. Cette dernière est calculée en prenant en compte l'ancêtre commun de toutes les classes Java, `java.lang.Object`.

Un indice de spécialisation très fort peut indiquer un problème de conception au niveau de l'utilisation du mécanisme d'héritage puisque la majorité des méthodes héritées sont surchargées. Là encore, il est nécessaire de compléter la mesure par une revue de code pour vérifier la validité de son interprétation. Par exemple, si la classe observée (non abstraite) hérite d'une classe abstraite, autrement dit, si cette dernière a une définition incomplète de son comportement et n'est donc pas utilisable directement, il est normal d'avoir un indice de spécialisation fort.

L'instabilité d'un package

Comme nous l'avons vu à la section consacrée au couplage, la dépendance vis-à-vis d'entités extérieures est source d'instabilité du fait des effets de bord potentiels issus de la modification de ces dernières.

La métrique d'instabilité d'un package est calculée en divisant le nombre de classes du package observé dépendant de classes extérieures (couplage efférent) par la somme de ce nombre et du nombre de classes extérieures dépendant des classes du package (couplage afférent).

La figure 3.6 illustre un package composé de deux classes dépendantes de trois classes extérieures et utilisées par une seule classe extérieure.

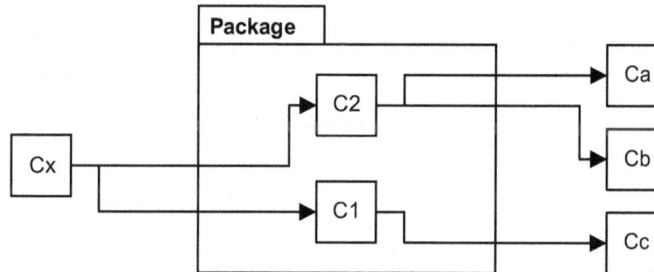

Figure 3.6
Calcul de l'indice d'instabilité d'un package

L'indice d'instabilité du package est ici de 0,66 (2/[2 + 1]).

Un indice d'instabilité fort indique une fragilité du package par rapport à son environnement extérieur. Cependant, une valeur forte peut être rencontrée sur la couche haute (proche de l'IHM) vis-à-vis des couches basses sans que cela soit anormal.

Dans le découpage en couches illustré à la figure 3.7, le package regroupant les traitements spécifiques à l'IHM (gestion de l'affichage, de la navigation, des erreurs de saisies, etc.) ne fournit aucun service aux autres packages mais repose sur le contenu des packages contenant les services métier. Son indice d'instabilité est donc fort, alors que, d'un point de vue conceptuel, il est tout à fait pertinent.

Figure 3.7
Découpage en couches et instabilité des packages de haut niveau

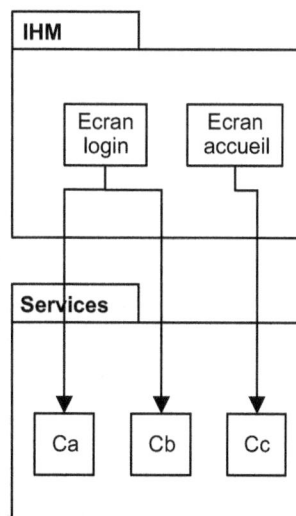

Les mesures de la qualité du logiciel

Les mesures quantitatives de la qualité du logiciel reposent essentiellement sur ce qui est directement visible de l'utilisateur ou du testeur, à savoir les anomalies et la performance.

Les informations sur les anomalies peuvent être recoupées avec les statistiques issues de la gestion de configuration afin d'identifier des zones du logiciel candidates au refactoring.

Le nombre d'anomalies

Grâce aux outils de gestion d'anomalies, il est possible de dresser un historique des anomalies qu'a connues le logiciel selon différents critères reposant sur les informations fournies dans les fiches d'anomalie. Pour que l'exploitation de cet historique soit efficace, il est important que les fiches d'anomalies soient remplies avec soin.

L'idée sous-jacente à cette utilisation de l'historique des anomalies est de trouver les zones du logiciel ayant rencontré le plus de bogues. Une zone ayant rencontré beaucoup d'anomalies aura souvent tendance à en rencontrer d'autres dans le futur. Cela peut s'expliquer par un problème de conception initial, un développement bâclé, etc.

D'une manière générale, les maintenances correctives améliorent rarement la situation, du fait des contraintes de délai qui leur sont imposées.

Il est donc essentiel d'être capable d'associer une anomalie donnée à une zone du logiciel. Plus cette zone est bien circonscrite, plus les opérations de refactoring à effectuer sont faciles à identifier. Ces zones doivent être formalisées de manière à permettre leur traitement statistique.

Concrètement, cela consiste en la définition d'une cartographie du logiciel sous forme de zones clairement définies. La liste des zones est proposée dans la fiche d'anomalie, à charge pour le développeur de sélectionner la ou les zones concernées par l'anomalie.

Dans l'exemple de BugZilla illustré à la figure 3.8, le champ « Component » permet de délimiter le périmètre d'une anomalie.

Figure 3.8

Définition de la zone d'une anomalie

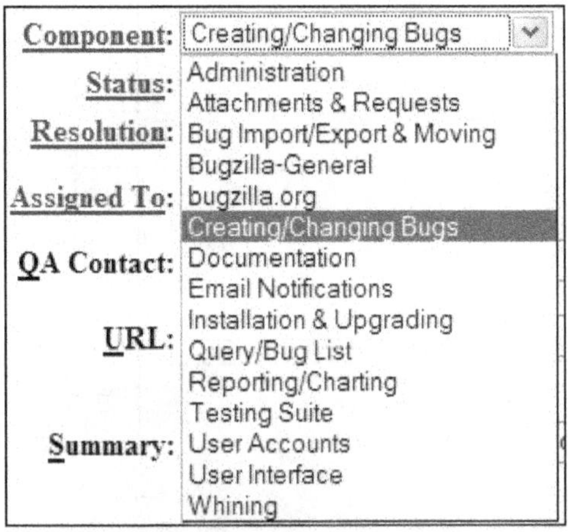

Dans la définition de la cartographie, il est généralement contre-productif d'avoir un découpage trop fin, car l'affectation de l'anomalie peut devenir rapidement problématique. Si la zone permet de savoir quel est le développeur responsable, la peur du gendarme peut de surcroît encourager les développeurs à brouiller les pistes, ce qui n'est pas du tout l'objectif.

Les changements

L'outil de gestion de configuration garde la trace des changements effectués sur les ressources du logiciel. En complément de l'analyse du nombre d'anomalies, il est intéressant de recouper l'identification des zones les plus sujettes à anomalies avec les fichiers du référentiel ayant été le plus modifiés.

Un fichier de code source qui a été modifié de nombreuses fois par plusieurs développeurs et qui appartient à une zone peu stable est probablement un candidat au refactoring.

Pour obtenir ce genre d'information, nous pouvons utiliser, par exemple, l'outil StatCVS. Ce logiciel se connecte à un référentiel CVS et produit un rapport paramétrable, dont une partie est reproduite à la figure 3.9.

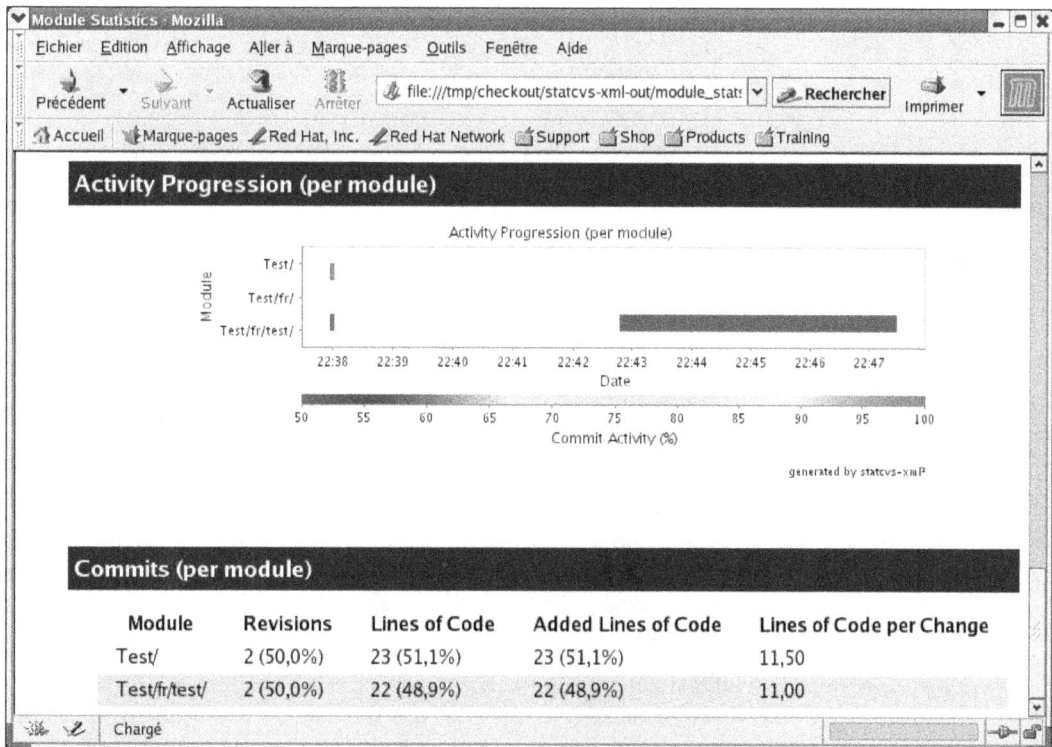

Figure 3.9

Extraits d'un rapport de StatCVS

Les mesures de performance

Les mesures de performance peuvent être utiles pour identifier les zones du logiciel dont la lenteur n'est pas justifiée.

Les outils de test de charge que nous avons évoqués au chapitre précédent offrent une vue macroscopique des performances, car celles-ci sont calculées du point de vue de l'utilisateur final. Cette vue macroscopique n'est souvent pas assez fine pour identifier facilement les points faibles du logiciel puisque, pour un scénario d'utilisation donné, un grand nombre de composants sont généralement impliqués de manière indifférenciée.

Il est donc pertinent d'utiliser les services d'un profiler pour s'interfacer étroitement avec la machine virtuelle Java et récupérer les statistiques d'exécution des objets (nombre d'appels, durée de l'exécution, etc.) pendant les scénarios d'utilisation.

La figure 3.10 illustre les résultats obtenus avec Eclipse Profiler (téléchargeable sur le site Web *http://eclipsecolorer.sourceforge.net*) pour l'exécution d'une application Web avec Tomcat.

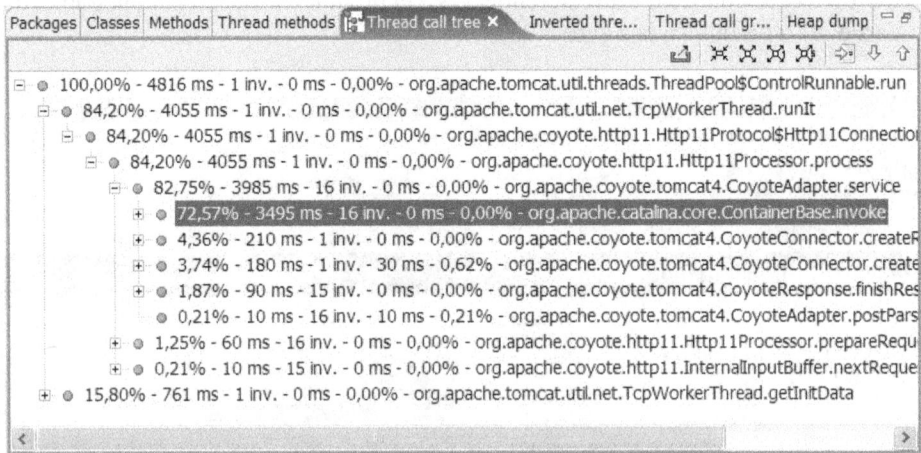

Figure 3.10

Statistiques d'Eclipse Profiler sur l'exécution d'une application Web avec Tomcat

Comme nous pouvons le constater avec cet exemple, la totalité des objets est analysée, y compris ceux qui constituent le serveur d'applications. Cela noie l'information pertinente sur les statistiques des objets développés pour le logiciel. Pour pouvoir y accéder directement, les profilers proposent un mécanisme de filtrage qui permet de n'afficher que les packages et classes qui nous intéressent.

Le profiler n'est pas suffisant en lui-même. Il n'est qu'un observateur et ne dispose généralement pas d'injecteurs permettant de simuler des utilisateurs. Or il est important de simuler un comportement proche de la réalité afin que le profiler puisse fournir des statistiques représentatives. Il est donc utile de coupler le profiler avec un injecteur utilisé pour les tests fonctionnels, à moins de dérouler les scénarios d'utilisation manuellement.

Le profiler s'intégrant directement à la machine virtuelle pour obtenir les statistiques d'exécution, il dégrade de manière non négligeable les performances. Il ne faut donc pas être étonné des faibles performances obtenues pendant une campagne de profiling.

Grâce au profiling, la détection des goulets d'étranglement est largement facilitée. Cela permet aussi d'identifier les objets très sollicités par le logiciel, ce qui les rend d'autant plus sensibles, même s'ils ne sont pas intrinsèquement très consommateurs en ressources.

L'analyse qualitative du logiciel

L'analyse qualitative consiste à effectuer une série de revues du logiciel, la plupart du temps manuellement. Comme nous l'avons vu à la section précédente, la quantification de la qualité du logiciel est loin d'être aussi évidente et efficace que dans des domaines tels que la mécanique et nécessite une revue de l'architecture et du code du logiciel.

Cette analyse qualitative se fonde sur les informations glanées au cours de l'analyse quantitative afin de cibler les revues sur les points sensibles du logiciel, celui-ci ayant souvent atteint une telle taille qu'une revue complète est impossible.

Les revues d'architecture

Les revues d'architecture consistent à analyser la structuration des composants du logiciel de manière à détecter d'éventuels points d'inefficience pouvant être corrigés par refactoring.

Pour analyser cette structuration, il est nécessaire de se fonder sur la documentation du logiciel. Généralement, l'architecture d'un logiciel peut être représentée efficacement au travers de diagrammes UML permettant de s'abstraire du code et de dégager ainsi la structure du logiciel. La documentation est toutefois souvent désynchronisée par rapport aux évolutions du logiciel.

L'étape préalable à une revue d'architecture consiste à s'assurer que la documentation technique nécessaire à la compréhension de l'architecture est en phase avec la réalité. Cette revue doit rester relativement macroscopique puisque le détail est traité principalement au niveau des revues de code, que nous abordons plus loin dans ce chapitre. Les diagrammes de classes UML, faciles à obtenir par reverse-engineering, permettent d'identifier beaucoup d'inefficiences.

La principale difficulté est de détecter ces inefficiences, car celles-ci dépendent fortement du contexte du logiciel et du périmètre fonctionnel qu'il couvre. Des problèmes génériques ont néanmoins été formalisés et fournissent une bonne base pour analyser la qualité d'un logiciel.

Pour le refactoring, ce ne sont pas les qualités, mais les défauts que nous cherchons à identifier. Les antipatterns, c'est-à-dire les fausses solutions à de vrais problèmes, dont un catalogue est disponible sur *http://c2.com/cgi/wiki?AntiPatternsCatalog,* peuvent aider à identifier ces défauts et à les corriger par refactoring.

Dans les sections suivantes, nous décrivons quelques antipatterns touchant l'architecture d'un logiciel et nuisant à sa qualité. Nous vous invitons à consulter le catalogue pour découvrir les autres antipatterns, qui sont autant de leçons par la négative pour la réussite de vos projets.

Les problèmes détectés par les revues d'architecture sont souvent très difficiles à corriger, car ils touchent à la conception même du logiciel. Malheureusement pour remédier à ce genre de problème, il faut généralement effectuer une réécriture complète.

Le marteau en or

Un des principaux problèmes dans la mise en œuvre de toute nouvelle technologie réside dans sa nouveauté. La nouveauté est attrayante. Elle se destine à régler beaucoup de problèmes, mais elle est mal maîtrisée et souvent mal utilisée. C'est un peu comme lorsqu'on offre un marteau et quelques clous en plastique à un enfant. Après qu'il a utilisé les clous, tous les autres objets deviennent des cibles potentielles, et l'enfant utilisera sous peu le marteau mal à propos.

Dans le monde Java/J2EE, les EJB (Enterprise JavaBeans) ont été comme un marteau en or. Ils se destinaient à devenir le Graal des composants d'entreprise en dissociant les aspects techniques (transactions, sécurité, persistance, etc.) des aspects fonctionnels, réduits à leur plus simple expression, c'est-à-dire presque programmables par des non-informaticiens. Mal maîtrisés et mal conçus, ils ont malheureusement abouti à des résultats désastreux.

Dans une revue d'architecture, il est utile d'identifier l'utilisation de marteaux en or, qui constituent des sources de complexité inutiles pour les besoins du logiciel, même s'il faut reconnaître que leur utilisation est souvent si profondément liée au code du logiciel que leur éradication peut être longue et coûteuse.

Les machines de Rube Goldberg

Rube Goldberg (1883-1970) était un cartooniste de talent, dont une des spécialités était de dessiner des machines d'une complexité extrême (ses « inventions ») pour réaliser des tâches simples ou absurdes.

La revue d'architecture doit être l'occasion de prendre du recul par rapport aux services que doit rendre le logiciel et d'identifier les machines de Rube Goldberg créées à cette fin.

De telles « machines » peuvent apparaître tardivement dans le logiciel du fait d'une certaine dégénérescence faisant suite à de multiples évolutions non maîtrisées (les fameuses « rustines »).

Le coût d'éradication varie fortement d'une machine à une autre. Tout dépend de sa portée dans le logiciel. Une étude d'impacts précise doit être menée pour bien estimer les conséquences d'un tel remplacement.

Réinventer la roue

Réinventer la roue est extrêmement coûteux pour les projets informatiques. Cela demande non seulement un investissement lors de la première version du logiciel mais des coûts de maintenance dans les suivantes. Comme son nom l'indique, il s'agit d'une occasion manquée pour la réutilisation.

Cette attitude a souvent pour origine une méconnaissance de la part des développeurs des API à leur disposition, qu'elles soient J2SE/J2EE ou tierces. C'est d'ailleurs une des problématiques adressées par les méthodes agiles que de favoriser la communication au sein des équipes afin de partager les connaissances.

Lorsque la roue est complexe et mobilise inutilement vos ressources, il peut être avantageux de la remplacer par un produit extérieur. Malheureusement, ce type d'opération peut se révéler coûteux. Dans le cas des couches basses du logiciel, les remplacer revient généralement à remplacer les fondations d'un bâtiment.

Éviter les dépendances cycliques

La détection de cycles de dépendances entre les classes permet d'améliorer la structuration du code et de faciliter sa maintenance. Les relations de dépendance cycliques, où deux ou plusieurs classes sont dépendantes mutuellement (elles s'utilisent les unes les autres), rendent généralement le code difficile à comprendre et la maintenance malaisée, la modification de l'une pouvant avoir des effets de bord sur les autres.

Le code source ci-dessous montre un exemple de dépendance cyclique entre deux classes A et B :

```
public class A {
    private B b;
    //…
}
public class B {
    private A a;
    //…
}
```

Toute modification de A modifie B, et inversement, ce qui aboutit à des bogues très difficiles à corriger, le lien de cause à effet pouvant ne pas être direct, mais provenir des interactions multiples entre A et B.

Le plug-in Eclipse Metrics, que nous avons évoqué à la section consacrée à l'analyse quantitative, permet de détecter graphiquement les dépendances cycliques au sein d'un logiciel, comme l'illustre la figure 3.11.

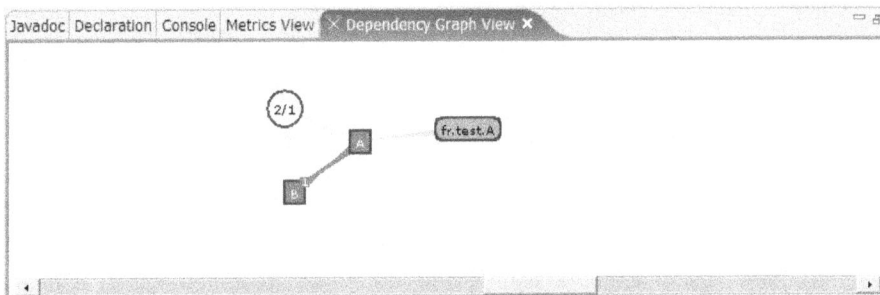

Figure 3.11
Détection de dépendances cycliques avec Metrics

Les revues de code

Les revues de code sont nécessaires à tout projet de refactoring. Les techniques précédentes sont macroscopiques et ne permettent pas de juger « sur pièces » de l'opportunité de procéder au refactoring.

Les revues de code peuvent être pour partie automatisées, mais elles nécessitent toujours le jugement humain pour déterminer si du code doit être refondu ou non.

Les revues de code automatisées

Il existe plusieurs outils, commerciaux ou Open Source, capables d'analyser le code d'un logiciel pour identifier de mauvaises pratiques de programmation. Bien entendu, leurs capacités sont limitées, et ils ne permettent de détecter que les problèmes les plus simples mais très fréquents dans les logiciels.

Leur fonctionnement est fondé sur un ensemble de règles auxquelles sont confrontées toutes les lignes de code source qui composent le logiciel. Ces règles sont fournies en standard avec l'outil et dérivent des bonnes pratiques de développement définies par Sun ou la communauté Java. Elles peuvent être paramétrées le cas échéant, par exemple, en définissant la longueur maximale que peut avoir une ligne de code, voire être définies entièrement par l'utilisateur.

Parmi les problèmes typiquement détectés par ce type d'outils, citons les suivants :

- code mort : variables ou paramètres inutilisés, importations de packages inutiles ;

- règles de nommage : respect des bonnes pratiques dans le nommage des différentes entités de programmation (classes, méthodes, packages, variables) ;

- règles de formatage du code : lignes de code trop longues, mauvaise utilisation des délimiteurs de code, etc. ;

- règles sur la taille du code : classes ou méthodes trop longues, listes de paramètres excessives, etc. ;

- règles sur la gestion des exceptions : clauses `catch` sans contenu, utilisation abusive de la classe `Exception`, etc. ;

- règles sur la documentation javadoc : vérification de la présence de documentation, vérification de l'exhaustivité de la documentation, etc.

La figure 3.12 illustre les résultats obtenus avec l'analyseur de code PMD, ainsi que l'écran d'aide explicitant une règle violée par le logiciel analysé.

Les problèmes détectés par ce type d'outil sont généralement simples à corriger et peuvent même l'être dans certains cas de manière automatique (typiquement le formatage de code). Il est donc intéressant dans le cadre d'un projet de refactoring de prévoir la correction de la totalité de ces problèmes.

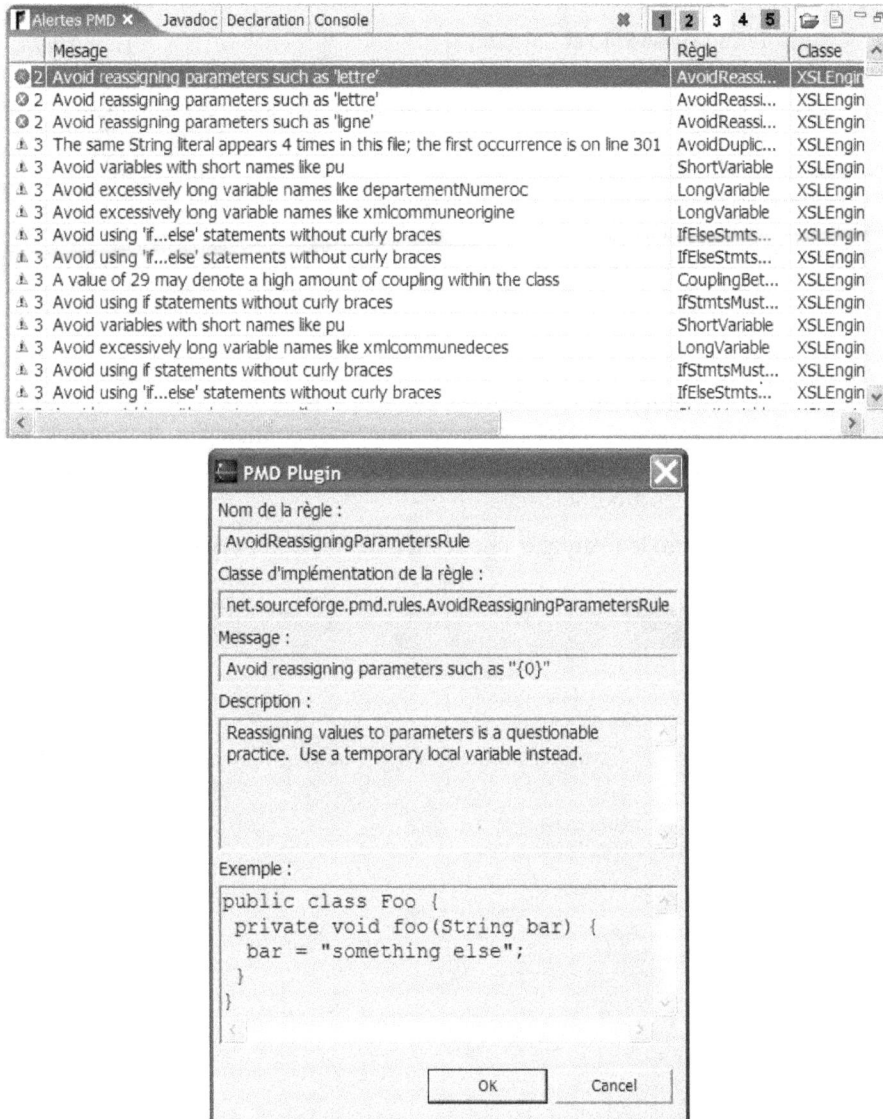

Figure 3.12

Analyse de code avec PMD

Il est important de signaler que ces outils génèrent un nombre colossal d'erreurs lorsqu'ils sont exécutés pour la première fois sur du code existant. Cela peut avoir un effet décourageant pour les développeurs, d'autant que certaines règles peu critiques peuvent générer beaucoup de bruit. Il est donc essentiel pour réussir la mise en œuvre de ce genre d'outil de configurer intelligemment les règles, de manière à adresser les problèmes critiques en premier.

Analyse de code avec PMD et Checkstyle

Dans le cadre de cet ouvrage, nous utilisons PMD pour l'analyse de code. Ce logiciel Open Source est disponible sur *http://pmd.sourceforge.net/*. Il offre en standard un grand nombre de règles et permet de définir ses propres règles soit en Java, soit avec des requêtes spécifiées en XPath (XML Path Language). PMD dispose d'un outil de détection de duplication de code (copier-coller).

Checkstyle est un outil Open Source doté de règles souvent complémentaires à celles de PMD. C'est la raison pour laquelle nous utilisons les deux outils de manière combinée. Ce logiciel est disponible sur *http://checkstyle.sourceforge.net*.

Certains de ces outils, comme PMD, permettent de détecter les duplications (copier-coller) de code au sein d'un logiciel. Les duplications de code sont souvent nocives pour la qualité du code, car si les blocs de code concernés contiennent des bogues ou doivent subir des maintenances, il faut modifier plusieurs zones du logiciel, au risque d'en oublier ou de mal reporter les modifications.

La figure 3.13 illustre le résultat d'une recherche de copier-coller avec PMD.

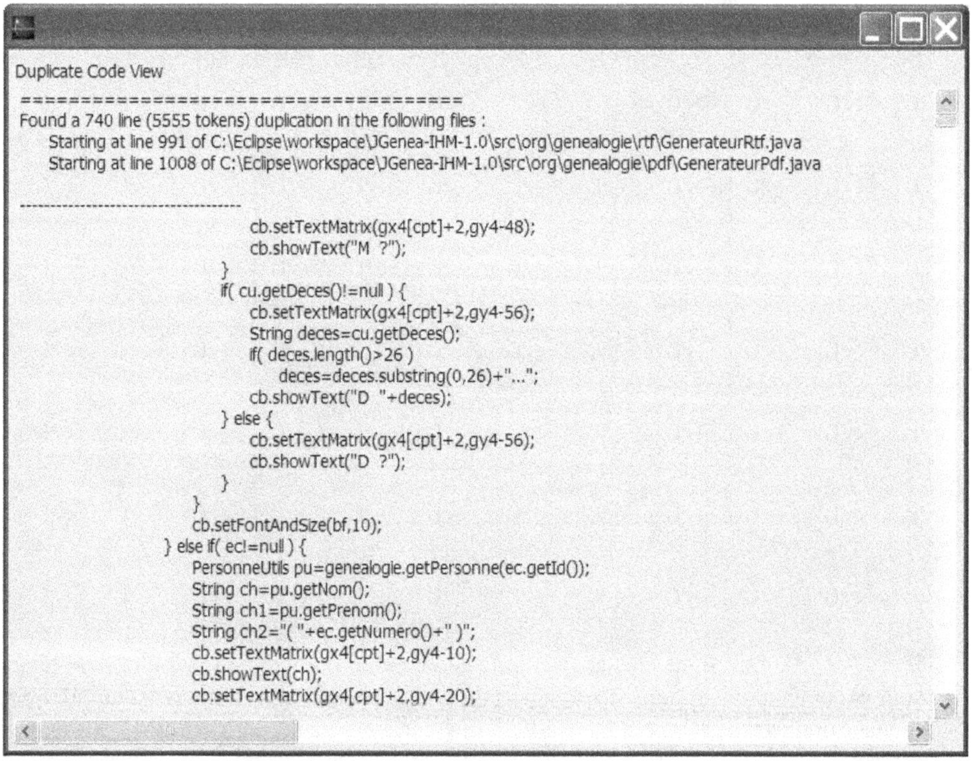

```
Duplicate Code View
=====================================
Found a 740 line (5555 tokens) duplication in the following files :
    Starting at line 991 of C:\Eclipse\workspace\JGenea-IHM-1.0\src\org\genealogie\rtf\GenerateurRtf.java
    Starting at line 1008 of C:\Eclipse\workspace\JGenea-IHM-1.0\src\org\genealogie\pdf\GenerateurPdf.java

-----------------------------------
                    cb.setTextMatrix(gx4[cpt]+2,gy4-48);
                    cb.showText("M ?");
                }
                if( cu.getDeces()!=null ) {
                    cb.setTextMatrix(gx4[cpt]+2,gy4-56);
                    String deces=cu.getDeces();
                    if( deces.length()>26 )
                        deces=deces.substring(0,26)+"...";
                    cb.showText("D "+deces);
                } else {
                    cb.setTextMatrix(gx4[cpt]+2,gy4-56);
                    cb.showText("D ?");
                }
            }
            cb.setFontAndSize(bf,10);
        } else if( ec!=null ) {
            PersonneUtils pu=genealogie.getPersonne(ec.getId());
            String ch=pu.getNom();
            String ch1=pu.getPrenom();
            String ch2="( "+ec.getNumero()+" )";
            cb.setTextMatrix(gx4[cpt]+2,gy4-10);
            cb.showText(ch);
            cb.setTextMatrix(gx4[cpt]+2,gy4-20);
```

Figure 3.13

Recherche de duplication de code avec PMD

Les revues de code manuelles

Les revues de code manuelles consistent tout simplement à lire le code. Idéalement, ces revues de code doivent être menées par une ou plusieurs personnes d'expérience extérieures au projet. Cela cumule deux avantages : l'expérience permet de détecter plus facilement les problèmes, et le fait d'être extérieur au projet permet d'avoir un œil neuf sur ce qui a été fait. Comme expliqué précédemment, la revue de code manuelle doit confirmer aussi les problèmes potentiels détectés par les méthodes précédentes.

Le processus de revue de code manuel peut être géré au sein d'un outil s'intégrant à des environnements de développement tels qu'Eclipse. L'intérêt de procéder de la sorte est d'assurer une traçabilité entre les problèmes détectés lors de la lecture du code et leur résolution.

En standard, l'environnement Eclipse fournit une liste de tâches dont le contenu est défini par des commentaires spécifiques présents dans le code source du logiciel.

Considérons le commentaire suivant au sein du code d'une classe Java :

```
// TODO supprimer la dépendance cyclique
```

Le résultat obtenu dans la liste de tâches est illustré à la figure 3.14.

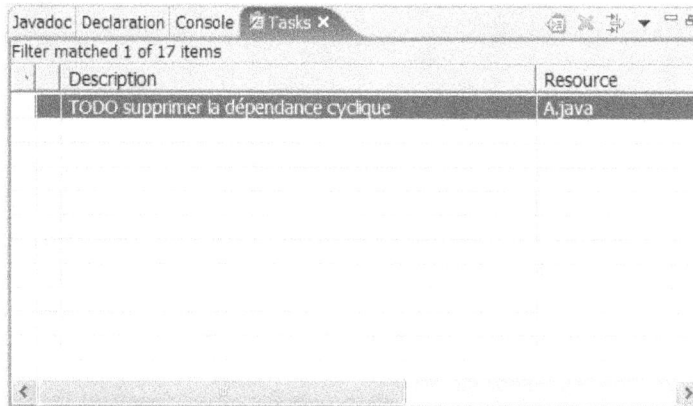

Figure 3.14
La liste de tâches d'Eclipse

Lors de la revue de code manuelle, le relecteur insère ses commentaires signalant les zones à refondre et crée en conséquence automatiquement des tâches dans la liste d'Eclipse.

Bien entendu, la liste de tâches d'Eclipse permet d'ajouter des tâches à réaliser en dehors du code source.

Le plug-in Eclipse Jupiter (téléchargeable sur le site Web *http://csdl.ics.hawaii.edu/Tools/Jupiter*) va beaucoup plus loin dans la formalisation du processus de revue de code. Outre le signalement des problèmes, il permet de gérer la décision de les prendre en compte ou non, ainsi que l'affectation à un développeur et la correction des problèmes par celui-ci.

Jupiter découpe le processus de revue de code en trois phases :

- La phase individuelle, qui consiste à lire le code et à l'annoter pour indiquer les problèmes détectés.
- La phase équipe, qui consiste à passer en revue les problèmes détectés et à décider s'ils doivent être corrigés ou non et de leur affectation le cas échéant à un développeur.
- La phase de correction, qui consiste pour chaque développeur à consulter sa liste de problèmes à corriger et à effectuer les corrections.

Lors de la phase individuelle, le ou les experts doivent indiquer les problèmes qu'ils détectent. Pour cela, il leur suffit de cliquer sur le menu contextuel Add Review Issue sur la ligne ou le bloc de code incriminé. Un formulaire doit alors être rempli pour qualifier le problème détecté *(voir figure 3.15)*.

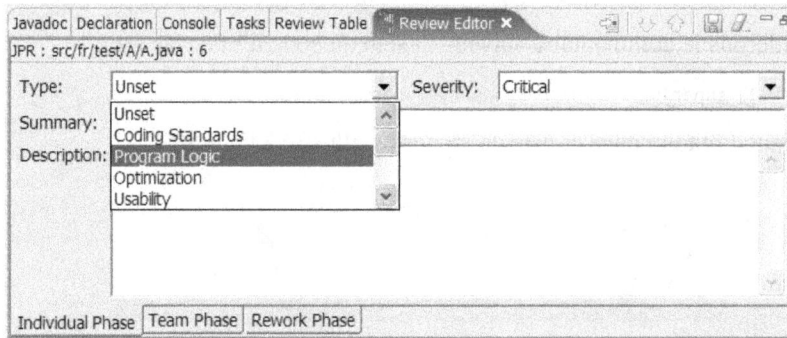

Figure 3.15

Déclaration d'un problème avec Jupiter

Une fois la revue terminée, le chef de projet consulte la liste des problèmes détectés et décide pour chacun d'eux s'il y a lieu de le corriger et quel est le développeur chargé de sa correction le cas échéant *(voir figure 3.16)*.

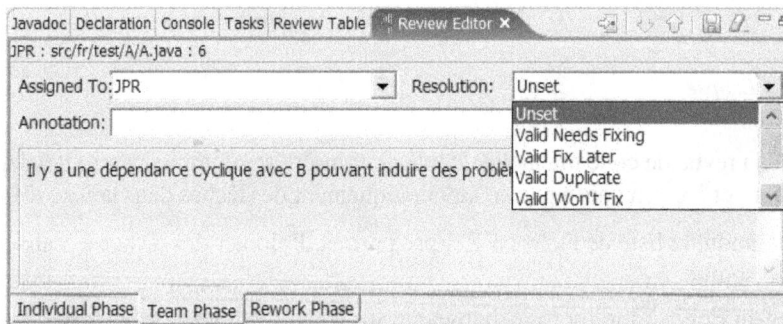

Figure 3.16

Affectation d'un problème avec Jupiter

Après avoir décidé de l'affectation des problèmes aux développeurs, chacun d'eux a accès à sa propre liste de problèmes et doit remplir le formulaire une fois celui-ci corrigé *(voir figure 3.17)*.

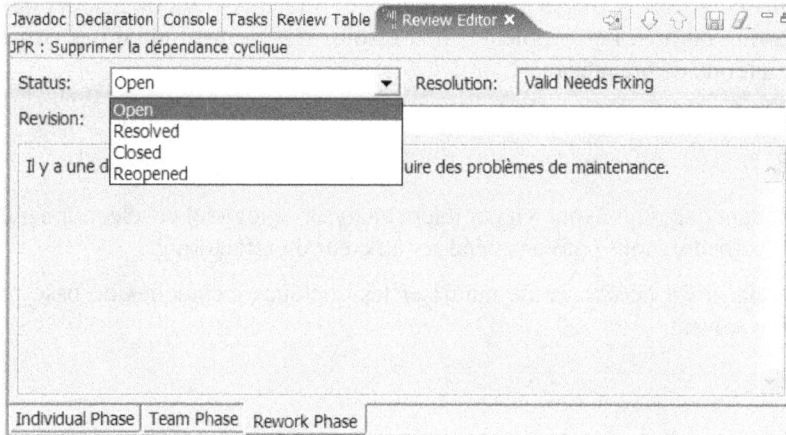

Figure 3.17
Changement du statut d'un problème après correction

Une revue de code avec Jupiter n'implique pas obligatoirement l'ensemble du logiciel. Il est possible de ne sélectionner qu'un sous-ensemble des fichiers source lors de l'initialisation de la revue. Pour un même projet Eclipse, Jupiter est en mesure de gérer plusieurs revues, chacune ayant un identifiant unique.

Jupiter a ainsi un périmètre bien plus large que la simple revue de code et peut servir d'outil de gestion de projet pour le refactoring.

Sélection des candidats au refactoring

Grâce aux analyses quantitatives et qualitatives, des zones candidates au refactoring ont été identifiées. Dans le cadre d'un projet de refactoring avec des coûts et des délais à respecter, il est important de bien sélectionner les candidats destinés à être traités.

Il n'est pas toujours possible, ni même souhaitable de corriger tous les problèmes détectés. Certains d'entre eux génèrent de telles dépendances dans le logiciel que leur refonte reviendrait à réécrire le logiciel en totalité, ce qui n'est pas l'objectif d'un projet de refactoring.

Pour bien décider, il est important de spécifier pour chaque problème ou catégorie de problèmes les risques associés (impacts sur le reste du logiciel, complexité des corrections à effectuer) et les bénéfices attendus en terme de maintenance et de qualité de service. C'est grâce à ces deux informations fondamentales pour la gestion de projet que la décision de faire ou de ne pas faire sera prise.

Les bénéfices attendus combinés avec les risques associés doivent être comparés au coût de ne rien faire. Un projet de refactoring ne devant pas impacter les utilisateurs, les contraintes portant sur celui-ci sont très fortes. Il est tentant de ne s'attacher qu'à la correction des problèmes les plus simples, et donc les moins risqués. Cependant, il faut toujours comparer le risque avec les bénéfices attendus avant de décider de procéder au refactoring ou non. Les problèmes non résolus représentent aussi des risques et ont un coût en terme de maintenance.

Conclusion

Maintenant que nous avons vu comment analyser le logiciel et sélectionner des zones de code à refondre, nous pouvons pénétrer au cœur du refactoring.

Pour cela, il est nécessaire de maîtriser les quelques techniques de base présentées au chapitre suivant.

4

Mise en œuvre
du refactoring

Les techniques abordées dans ce chapitre forment la base du refactoring. Il est important de bien les comprendre avant d'aborder des techniques plus complexes, présentées dans la deuxième partie de l'ouvrage.

Nous ne prétendons pas fournir un catalogue exhaustif des techniques existantes, mais nous concentrons sur celles qui sont supportées par les environnements de développement logiciel tels que Eclipse, JBuilder ou IntelliJ IDEA. Ce choix est justifié par le fait qu'une mise en œuvre manuelle, sans l'aide d'un outil, d'une technique de refactoring est généralement lourde, fastidieuse et sujette à erreur stupide, comme des fautes de frappe.

Martin Fowler, auteur du livre précurseur *Refactoring: Improving the Design of Existing Code* (Addison Wesley), met à la disposition des internautes sur son site Web un catalogue des techniques de refactoring formalisées à ce jour *(http://www.refactoring.com/catalog/index.html)*. Celui-ci regroupe aussi bien les techniques abordées dans son ouvrage, que celles proposées par des contributeurs extérieurs, à l'image de ce qui existe déjà pour les design patterns.

Comme l'a démontré William Opdyke dans sa thèse *Refactoring Object-Oriented Frameworks,* la plupart de ces techniques sont neutres du point de vue du fonctionnement du logiciel, pour peu que des pré- et postconditions soient vérifiées.

Ces vérifications sont assurées directement par les assistants fournis par les environnements de développement. Des tests unitaires complémentaires doivent souvent être effectués pour s'assurer que le logiciel fonctionne correctement, d'autant plus si des modifications manuelles interviennent lors de refontes non automatisées.

Support du refactoring de code dans Eclipse

Les techniques de base du refactoring sont pour beaucoup automatisables. De ce fait, les environnements de développement offrent un support plus ou moins évolué du refactoring.

Dans le cadre de cet ouvrage, nous avons choisi d'illustrer la mise en œuvre de ces techniques avec Eclipse. Cet environnement de développement Open Source accessible à tous offre un support du refactoring équivalent à celui de logiciels comme JBuilder de Borland ou IntelliJ IDEA de JetBrains.

Dans sa version 3.0, Eclipse supporte l'ensemble des techniques que nous allons aborder dans ce chapitre.

Nous commençons par présenter d'une manière générale les fonctionnalités de refactoring d'Eclipse avant d'illustrer leur utilisation concrète.

Chaque technique dispose d'un assistant, évitant au développeur de se lancer dans des opérations fastidieuses. Eclipse propose en outre un mode de prévisualisation, qui permet de voir avant modification quels sont les éléments impactés par le refactoring. Enfin, Eclipse considère l'application d'une technique de refactoring comme une opération unique facilitant les retours arrière en cas de problème.

Les assistants de refactoring

L'ensemble des assistants de refactoring est accessible à partir du menu Refactor d'Eclipse, comme illustré à la figure 4.1.

Figure 4.1

Le menu Refactor d'Eclipse

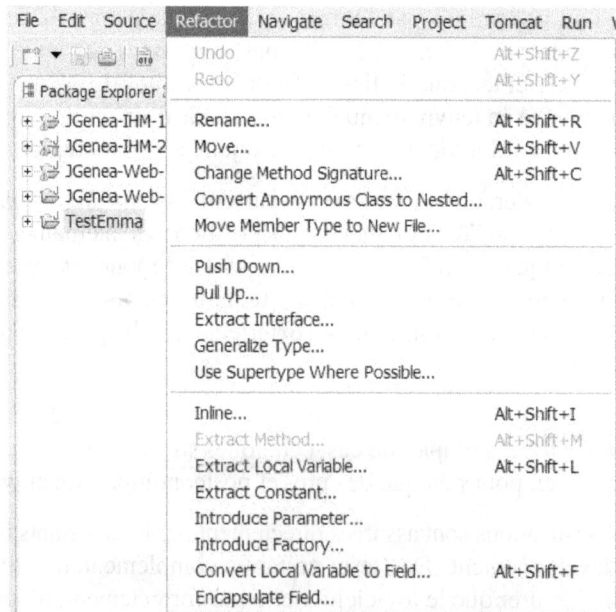

Eclipse détecte automatiquement si une opération de refactoring est applicable ou non en fonction du contexte, c'est-à-dire selon l'élément sélectionné dans l'environnement de développement (package dans l'explorateur de package, méthode dans l'éditeur de code, etc.). Les opérations non applicables apparaissent en grisé.

Par ailleurs, un menu Refactor est aussi disponible dans les menus contextuels, accessibles par clic droit. Là encore, seules les opérations applicables dans le contexte sont disponibles.

Les assistants suivent tous le même processus :

- Analyse fine du contexte de l'élément à refondre de manière à s'assurer que les préconditions fixées pour l'opération sont toutes respectées. Dans le cas où celles-ci ne seraient pas respectées, un message d'erreur apparaît, comme illustré à la figure 4.2.

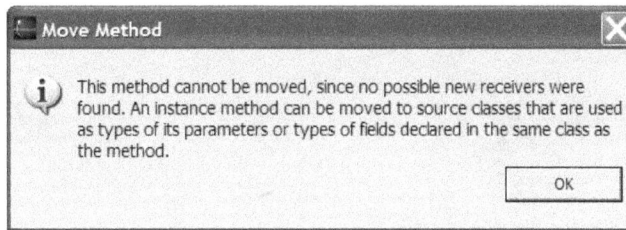

Figure 4.2
Message d'erreur en réponse à l'analyse du contexte d'une opération de déplacement de méthode

- Présentation d'un formulaire à remplir par le développeur spécifiant tous les éléments nécessaires à la réalisation du refactoring. La figure 4.3 illustre le formulaire pour le changement de signature d'une méthode, que nous abordons plus loin.

Figure 4.3
Formulaire pour le changement de signature d'une méthode

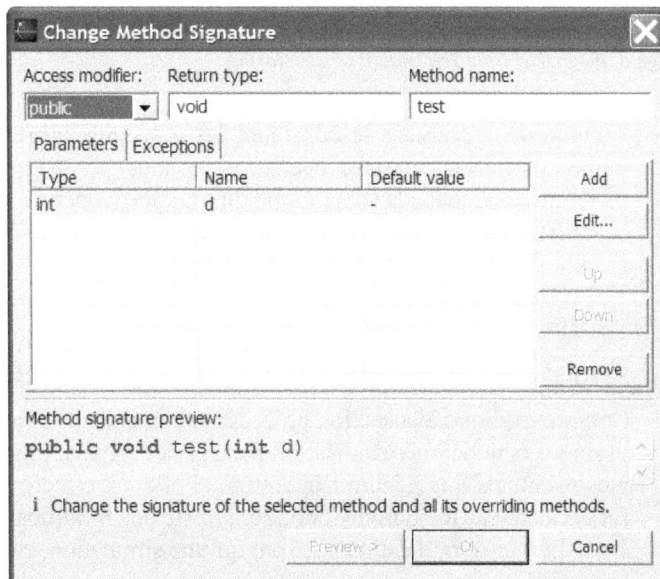

• Prévisualisation du résultat du refactoring. Cette fonctionnalité est abordée plus en détail à la section suivante.

Un clic sur le bouton OK lance l'opération de refactoring. Les erreurs détectées pendant cette phase sont signalées et devront être corrigées ultérieurement. La figure 4.4 illustre le résultat d'un changement de type d'un paramètre.

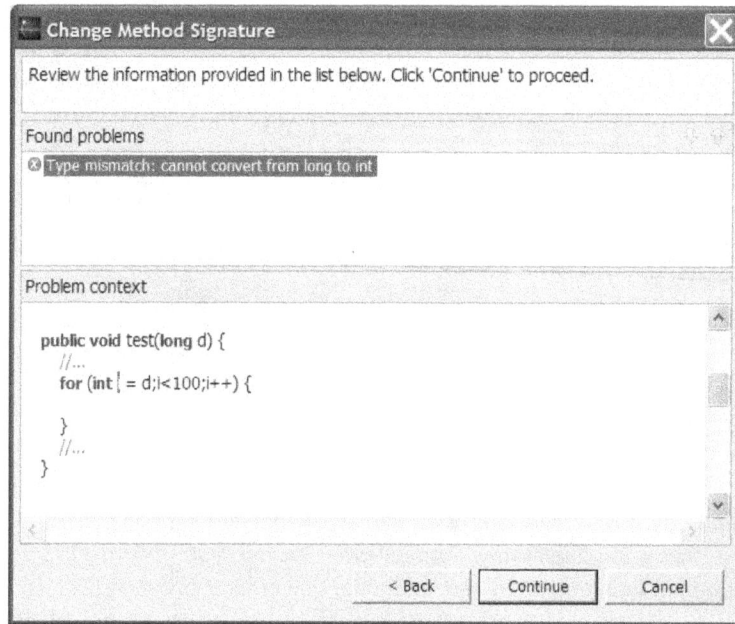

Figure 4.4

Affichage d'une erreur trouvée pendant le refactoring

Comme nous pouvons le constater, les assistants de refactoring d'Eclipse ne sont pas « magiques », et certaines décisions ne sont pas prises automatiquement, notamment celles qui touchent à la sémantique du logiciel. Cependant, les tâches les plus fastidieuses sont effectuées, ce qui procure d'appréciables gains de temps et de sécurité.

Le mode prévisualisation

Avant d'effectuer une opération de refactoring, il est utile de mesurer ses impacts.

Comme expliqué à la section précédente consacrée aux assistants, tout n'est pas automatisable. Le mode prévisualisation permet de visualiser dans un premier temps les problèmes éventuels que génère l'opération si elle est effectivement réalisée *(voir figure 4.5)*. En cliquant sur le bouton Continue, la liste des modifications réalisées automatiquement s'affiche. Ces modifications ne sont qu'une simulation, et le code source n'est pas modifié à ce stade.

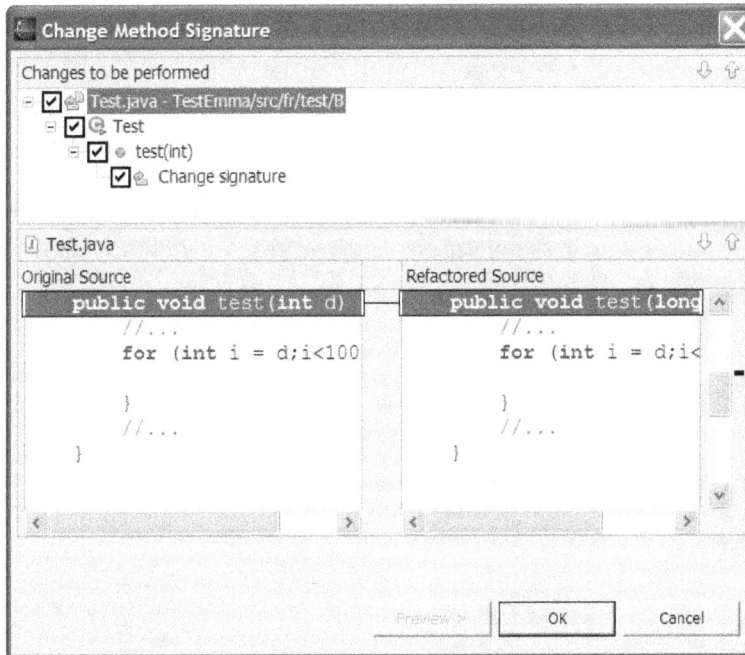

Figure 4.5

Prévisualisation d'un changement de signature

En cliquant sur les modifications affichées dans la liste supérieure, la partie inférieure de la fenêtre est mise à jour. Celle-ci présente le code source original (partie gauche) et le code source refondu (partie droite) de manière à visualiser facilement les modifications qui sont introduites par l'opération de refactoring.

Il faut cliquer sur le bouton OK pour voir le refactoring réellement appliqué au code source. Un clic sur Cancel annule le refactoring, et l'assistant se ferme.

Défaire et refaire une opération de refactoring

Eclipse considère l'ensemble des modifications liées à une opération de refactoring comme une seule et unique opération. Il est donc possible d'annuler une telle opération très simplement, même si de nombreux fichiers ont été modifiés. Il suffit de choisir Refactor dans la barre de menus d'Eclipse et de cliquer sur Undo.

Cette fonctionnalité n'est toutefois disponible qu'immédiatement après avoir réalisé l'opération de refactoring. Dès qu'une autre modification est apportée au code source, comme la correction d'un problème de compilation issu de l'opération de refactoring, cette fonctionnalité n'est plus disponible. Son intérêt est donc assez limité. Néanmoins, grâce à la gestion de configuration, les retours arrière restent simples à effectuer, bien que plus fastidieux si de nombreux fichiers sont concernés.

Une fois une opération de refactoring annulée, il est possible de la restaurer en cliquant sur Redo dans le menu Refactor. À l'instar de la fonctionnalité précédente, celle-ci n'est plus disponible dès lors que le code source a été modifié.

Les techniques de refactoring du code

Afin de vous permettre de bien comprendre les tenants et aboutissants de chaque technique de refactoring, les sections qui suivent décrivent chacune d'elles selon le plan suivant :

- objectifs de la technique et risques à gérer ;
- moyens de détection des cas d'application ;
- modalités d'application et tests associés ;
- exemple de mise en œuvre de la technique.

Les tests unitaires nécessaires pour valider le résultat de l'application de chaque technique de refactoring sont présentés de manière synthétique. Les outils permettant de les réaliser sont décrits en détail au chapitre suivant.

Renommage

Le renommage consiste à modifier le nom de un ou plusieurs éléments du code. Pour Java, les éléments susceptibles d'être renommés sont les suivants :

- packages ;
- classes ou interfaces ;
- méthodes ;
- attributs de classe ;
- variables locales ;
- paramètres d'une méthode.

La figure 4.6 illustre le fonctionnement de cette technique.

Figure 4.6

*Renommage
d'éléments de code*

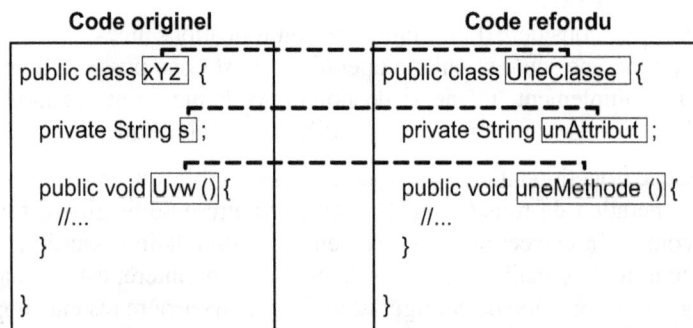

Code originel

```
public class xYz {

    private String s ;

    public void Uvw () {
        //...
    }

}
```

Code refondu

```
public class UneClasse {

    private String unAttribut ;

    public void uneMethode () {
        //...
    }

}
```

Objectifs

Le renommage est considéré comme une technique de refactoring, car l'absence de règles de nommage ou de mauvaises règles peuvent rendre le code source du logiciel rapidement illisible. L'absence de règles de nommage est préjudiciable au logiciel en ce qu'elle ne favorise pas le travail en équipe et rend difficile l'intégration de nouveaux développeurs.

Le principe fondamental à respecter est qu'un nom doit être représentatif de la nature de l'entité qui le porte. Chaque langage comporte certaines conventions, qui doivent aussi être respectées, au-delà du strict respect des règles imposées par sa grammaire. Par exemple, en Java le nom d'une classe doit commencer par une majuscule. S'il s'agit d'un nom composé, chaque composante est démarquée par sa première lettre en majuscule, par exemple `ContratAssuranceAuto`.

Risques à gérer

Le renommage est une opération de refactoring fastidieuse, même avec l'assistance d'un outil de type rechercher/remplacer, mais peu risquée du point de vue de l'intégrité du logiciel. En effet, la majorité des problèmes liés au renommage sont détectés lors de la compilation.

Des langages tels que Java permettent le chargement dynamique de classes désignées par leur nom, *via* la méthode `forName` de la classe `Class`, utilisée notamment pour charger les drivers JDBC. Ce genre de chargement n'est pas détectable lors de la compilation, et un renommage peut empêcher son bon fonctionnement.

Il faut donc veiller à ce que les noms des entités Java soient détectés et modifiés dans les chaînes de caractères, comme les paramètres de la méthode `forName`, par exemple, et dans les fichiers de configuration, typiquement le fichier de configuration `struts-config.xml` dans le cas d'une application Web utilisant Struts. La réflexivité, qui permet de découvrir et manipuler un objet de manière dynamique, peut de même rencontrer des problèmes lors d'un renommage.

Le renommage a par ailleurs un effet de bord nuisible aux futures analyses du logiciel en vue d'un refactoring. Le calcul de certaines métriques est sensible aux changements de noms, ce qui ne facilite pas l'étude de l'évolution de ces métriques dans le temps. Par exemple, si vous renommez une classe, l'étude des évolutions des métriques qui lui sont associées ne peut plus se faire automatiquement.

Moyens de détection

Certaines règles de nommage sont formalisables sous forme d'expression régulière. Par exemple, un nom de classe doit respecter l'expression régulière suivante `'C[A-Z].*'`. Elles peuvent aussi être quantifiables, comme la longueur du nom d'une variable, qui doit être supérieure à quatre caractères. De telles règles sont automatisables à l'aide d'outils d'analyse de code tels que PMD ou Checkstyle.

Elles ne garantissent pas pour autant la pertinence des noms choisis pour nommer les entités du logiciel. Dans la mesure où elles touchent au domaine sémantique, ces règles ne peuvent pour l'instant qu'être vérifiées par une revue du code.

Modalités d'application et tests associés

Une fois les règles de nommage clairement définies, il est nécessaire d'identifier les entités qui n'y satisfont pas. Il convient d'utiliser pour cela les moyens de détection évoqués précédemment.

Le renommage est simple mais fastidieux. Il faut non seulement renommer l'entité mais aussi modifier en conséquence les entités qui y font référence. Les références sont présentes dans le code ainsi que dans la documentation (commentaires javadoc) et dans des fichiers externes, à l'image des fichiers de configuration XML de certains frameworks tels que Struts. Les environnements de développement comme Eclipse fournissent les facilités nécessaires pour effectuer ce type d'opération en toute sécurité.

Pour renommer un élément avec Eclipse, il suffit de le sélectionner dans l'explorateur de package ou directement dans l'éditeur de code, et de choisir Rename dans le menu Refactor. Les références à l'élément renommé sont automatiquement mises à jour.

Le renommage avec un outil de gestion de configuration peut être délicat suivant la façon dont ce dernier gère ce type d'opération. Par exemple, avec CVS, un renommage consiste à faire une copie portant le nouveau nom puis à supprimer l'original. La traçabilité est alors perdue puisque aucun lien n'est géré entre l'original et la copie, hormis l'éventuel commentaire inséré lors du commit de la copie dans le référentiel. Il est de bonne pratique de faire un cliché du logiciel avant de procéder à l'ensemble des opérations de renommage afin de faciliter les comparaisons en cas de problème. Il est aussi fortement conseillé de stopper toute autre modification du référentiel jusqu'à la fin du renommage pour éviter les interférences liées aux remplacements des originaux par des copies renommées.

Une fois le renommage effectué, il est nécessaire de le tester. Comme expliqué précédemment, la majorité des problèmes liés au renommage sont détectés lors de la compilation. Seuls le chargement dynamique de classes et la réflexion sont susceptibles de rencontrer des problèmes. Il est donc nécessaire de s'assurer que ces références dynamiques ont bien été modifiées en conséquence.

Exemple de mise en œuvre

Supposons un logiciel comportant la classe suivante :

```
package application.classes;
public class cauto {
    //…
    public double Calculs(…) {
        //…
    }
}
```

Les entités package, classe et méthode utilisées dans cet exemple sont mal nommées.

Le nom du package ne représente pas la structure du logiciel et ne respecte pas la convention en langage Java, qui réserve le premier mot, ici `application`, soit au code ISO du pays (fr, ch, de, etc.), soit à une extension Internet (org, com, net, etc.). Les deuxième et troisième mots sont généralement l'éditeur et le nom abrégé du logiciel.

Dans ce cas de figure, la vérification des premier, deuxième et troisième mots peut être faite automatiquement, car elle est exprimable sous forme d'expression régulière. Par contre, la vérification de la sémantique des noms des packages ne peut se faire que par une revue de code manuelle.

Le nom de la classe n'est pas représentatif de sa nature. Par ailleurs, elle ne respecte pas la règle Java qui consiste à faire commencer le nom d'une classe par une majuscule.

Pour la méthode, là encore son nom n'est pas représentatif de sa fonction (quelle est la nature des calculs effectués ?). De plus, elle ne respecte pas la règle qui consiste à faire commencer le nom d'une méthode par une lettre minuscule. Enfin, le nom d'une méthode doit être de préférence un verbe.

Les règles portant sur la casse des lettres sont exprimables sous forme d'expression régulière et sont donc automatisables. Par contre, la vérification de la sémantique des noms doit être faite par une revue de code manuelle.

Avant de procéder au refactoring, il est nécessaire de définir les règles de nommage. Nous donnons ci-après celles qui sont directement applicables à notre exemple :

• Les noms de package doivent être de la forme `fr.eyrolles.*` et représenter la structure du logiciel. Ici, nous supposons que nous sommes dans la couche métier du logiciel.

• Les noms de classe doivent commencer par une majuscule suivie par les mots composant le nom de la classe. Chaque mot doit commencer par une majuscule. Le nom de la classe doit donner une idée claire de sa nature.

• Les noms de méthode doivent commencer par une minuscule. Ils doivent être des verbes, éventuellement complétés par un complément d'objet direct donnant une idée claire de la nature de la fonction de la méthode.

Le résultat attendu après application de ces règles est le suivant :

```
package fr.eyrolles.application.metier;
public class ContratAssuranceAuto {
    //…
    public double calculePrime(…) {
        //…
    }
}
```

La règle d'or à respecter pour réussir une opération de refactoring est de ne faire qu'une seule chose à la fois, en commençant par celle qui a le moins d'impact sur le reste du logiciel.

Pour le refactoring de cet exemple, nous procéderions dans l'ordre suivant :

1. Renommage de la méthode `Calculs`.

2. Renommage de la classe `cauto`.

3. Renommage du package `application.classes`.

Le choix du renommage de la méthode en premier au lieu de la classe peut sembler surprenant puisque les références à une méthode d'une classe sont souvent plus nombreuses que les références à la classe elle-même, ce qui a plus d'impact sur le logiciel. Cependant, du point de vue de l'outil de configuration, en supposant que nous en utilisions un, un renommage de méthode n'a aucun impact, contrairement au renommage d'une classe, qui a pour conséquence de renommer une ressource, en l'occurrence le fichier qui la contient. Les environnements de développement tels qu'Eclipse automatisent efficacement ces opérations de renommage au niveau du code, si bien qu'il est préférable de commencer par la méthode.

Le renommage du package est l'opération la plus délicate, car il impacte non seulement toutes les classes qu'il contient, mais aussi toutes celles qui en dépendent.

Avec Eclipse, le renommage de ces trois éléments ne pose aucun problème et se traite automatiquement.

La figure 4.7 illustre l'assistant de renommage fourni par Eclipse. Outre le renommage proprement dit (le nouveau nom est spécifié dans le champ New name du formulaire), cet assistant permet de mettre à jour toutes les références à l'entité renommée, qu'elles se trouvent dans le code, dans les commentaires ou dans les fichiers non-Java. Ici, nous désirons modifier les références présentes dans des fichiers XML. Dans ce cas, seules les références pleinement qualifiées peuvent être mises à jour de sorte à éviter les ambiguïtés.

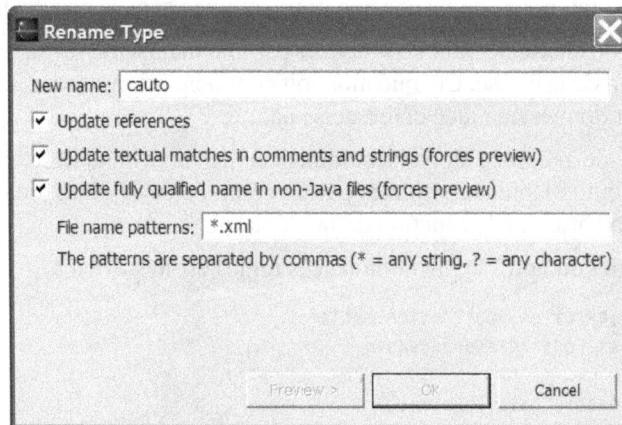

Figure 4.7

Renommage de la classe cauto *avec Eclipse*

Si le projet est couplé à un outil de gestion de configuration tel que CVS, l'opération de renommage pour les packages et les classes ne supprime pas les originaux. Il faut donc intervenir manuellement dans le référentiel pour les supprimer.

Une fois l'ensemble des opérations effectué, il est nécessaire de procéder au test de conformité. Comme indiqué précédemment, celui-ci est réduit à une recompilation si les entités impliquées ne sont pas chargées dynamiquement ou manipulées *via* la réflexivité. Dans le cas contraire, il est nécessaire de tester les zones utilisant ces techniques. Cela peut généralement se faire sous forme de tests unitaires.

Extraction d'une méthode

L'extraction d'une méthode consiste à sélectionner un bloc de code consistant, dont l'exécution peut se faire de manière indépendante aux variables près, et à le transformer en une méthode.

L'extraction d'une méthode est utile principalement dans les deux cas suivants :

• La méthode contenant le bloc de code à extraire est complexe ou longue. En effectuant l'extraction, nous isolons une partie du traitement et rendons ainsi la méthode source moins complexe et plus lisible. Généralement, les méthodes extraites sont privées, car leurs détails d'implémentation ne sont, par principe, pas visibles de l'extérieur.

• Le bloc de code constitue un élément réutilisable au sein de la méthode source ou au niveau de la classe, voire au-delà. Il est donc intéressant de le transformer en une méthode réutilisable. Si la réutilisation est strictement interne à une méthode ou à une classe, la méthode doit être privée, sinon elle peut être soit protégée, soit publique, en fonction du mode de réutilisation (réutilisation par les descendants ou par des classes externes).

Dans les deux cas, il est important de veiller à ce que la méthode extraite soit pertinente, c'est-à-dire que son contenu ait une signification en lui-même afin de sauvegarder la lisibilité du code, et qu'elle n'ait aucune adhérence vis-à-vis de la méthode source afin de faciliter sa réutilisation éventuelle.

La figure 4.8 illustre un exemple d'extraction de méthode.

Figure 4.8

Extraction d'une méthode

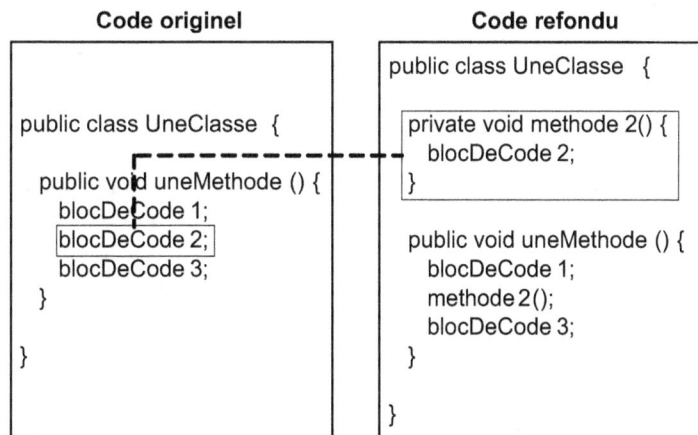

L'extraction de méthode comporte peu de risques, hormis une régression du fonctionnement du bloc de code extrait et de la méthode source.

Même s'il est tentant de réaliser une extraction de méthode strictement technique afin de réduire la complexité de la méthode source, il est important de conserver la sémantique du bloc extrait.

En cas d'extraction de méthode en vue de sa réutilisation, il faut veiller à ce que toutes les occurrences du bloc de code soient bien remplacées par la nouvelle méthode afin de maximiser les gains de la réutilisation. Plus il y a d'occurrences à remplacer, plus le risque de régression est important.

Moyens de détection

Selon le cas de figure, réduction de la complexité ou réutilisation, les moyens de détection diffèrent.

Dans le cas de la réduction de la complexité, nous pouvons nous reposer sur les métriques afin de détecter les méthodes pouvant abriter des blocs de code candidats à une extraction. Les métriques les plus pertinentes dans ce cas de figure sont les suivantes :

- **Nombre de lignes de code.** Une méthode ayant un nombre important de lignes de code (supérieur à 30) gagne généralement en lisibilité en étant divisée en plusieurs morceaux.
- **Profondeur d'imbrication des blocs de code.** Une méthode ayant une forte imbrication peut être simplifiée en extrayant un ou plusieurs niveaux d'imbrication au sein de méthodes externes.
- **Complexité cyclomatique.** Une méthode ayant une complexité cyclomatique importante (supérieure à 20) peut être simplifiée en externalisant dans de nouvelles méthodes certaines branches de son graphe *(voir au chapitre 3 la section consacrée au calcul de la complexité cyclomatique)*.

Ces métriques sont des indicateurs susceptibles de générer de fausses alertes. Il est fondamental d'effectuer une revue de code manuelle afin de sélectionner les blocs de code qui seront effectivement extraits.

Dans le cas de la réutilisation, il est possible d'utiliser un analyseur de code comme PMD pour détecter la duplication de code par copier-coller. Ces duplications nuisibles à la maintenance peuvent généralement être remplacées par une méthode. Malheureusement, les analyseurs de code effectuent souvent des comparaisons littérales et sont donc dépendants des noms de variables, de la structuration du code, etc. Par exemple, les duplications implémentant un même algorithme avec de légères modifications dans les noms de variables ne seront pas détectées. Ces cas plus complexes ne peuvent donc être détectés que par une revue de code manuelle.

Modalités d'application et tests associés

L'extraction d'une méthode est un processus assez simple. En premier lieu, il s'agit d'identifier les cas de figure suivants :

- Les paramètres de la méthode source nécessaires à l'exécution de la méthode extraite deviennent aussi des paramètres de cette dernière.

- Les variables locales partagées par le bloc extrait et le reste de la méthode source deviennent des paramètres de la méthode extraite.

- Les variables locales utilisées exclusivement par la méthode extraite sont extraites en même temps que le bloc.

Le principal problème de l'extraction de méthode réside dans les paramètres en sortie. Une variable locale de la méthode source passée en paramètre à la méthode extraite n'est généralement pas modifiable par cette dernière (passage de paramètre par valeur). Seuls les paramètres ayant un type *mutable,* c'est-à-dire une classe disposant de méthodes permettant de modifier la valeur de ses attributs, sont modifiables par la méthode extraite. Si les variables locales ne sont pas mutables, par exemple, les types de base, comme les entiers ou les chaînes de caractères, il est nécessaire de les encapsuler dans des classes mutables.

La dernière opération consiste à déplacer le bloc de code de la méthode source pour le placer dans la méthode extraite et remplacer le vide ainsi formé dans la méthode source par un appel à la méthode extraite.

Dans le cas d'une extraction en vue de la réutilisation, il faut compléter cette opération par une recherche des dupliquas afin de les remplacer par des appels à la méthode extraite. L'extraction de méthode en vue de la réutilisation est délicate lorsque la duplication implique plusieurs classes sans rapport les unes avec les autres. Il est alors nécessaire de réfléchir à l'opportunité d'une classe utilitaire accessible par toutes ces classes afin d'héberger la méthode extraite.

Avec Eclipse, l'extraction de méthode est entièrement automatisée. Les variables locales externes au bloc à extraire sont transformées systématiquement en paramètres. Si tel ne doit pas être le cas, il faut inclure dans le bloc extrait la déclaration de ces variables.

La recherche de dupliquas est limitée à la classe contenant le bloc de code extrait. Il s'agit cependant d'une recherche « intelligente » puisqu'elle sait s'abstraire des changements de variables. Par exemple, les deux expressions suivantes sont considérées comme des dupliquas :

```
// expression extraite : annees(date)*365+mois(date)*30+jours(date)
nbJoursDeb = annees(debut)*365+mois(debut)*30+jours(debut);
nbJoursFin = annees(fin)*365+mois(fin)*30+jours(fin);
```

Du point de vue de la gestion de configuration, une extraction de méthode ne pose pas de problème particulier, sauf en cas d'extraction en vue d'une réutilisation impliquant un grand nombre de classes différentes. De nombreuses ressources doivent en ce cas être modifiées, avec autant de conflits potentiels à gérer, et une classe utilitaire, et donc une nouvelle ressource, doit être créée.

Pour tester le résultat, il est nécessaire de mettre en place des tests unitaires de la méthode source afin de vérifier que son fonctionnement n'est pas altéré par l'extraction. Dans le cas d'une réutilisation ayant entraîné la suppression de dupliquas, il est nécessaire de tester de la même manière l'ensemble des méthodes impactées. Enfin, il est souhaitable de définir des tests unitaires spécifiques pour la méthode extraite si celle-ci est destinée à être réutilisée ultérieurement.

Exemple de mise en œuvre

Supposons que nous disposions d'une classe `PersonnePhysique` dont un des attributs est un tableau listant les enfants de la personne et deux méthodes permettant de savoir s'il s'agit de garçons ou de filles :

```java
public class PersonnePhysique {
    //…
    PersonnePhysique[] enfants;
    //…
    public boolean possedeGarcon() {
        boolean trouve = false;
        int i = 0 ;
        while ((i<enfants.length)&& !trouve) {
            if (enfants[i].getGenre()=='M') {
                trouve = true;
            }
            i++;
        }
        return trouve;
    }
    public boolean possedeFille() {
        boolean trouve = false;
        int i = 0;
        while ((i<enfants.length)&& !trouve) {
            if (enfants[i].getGenre()=='F') {
                trouve = true;
            }
            i++;
        }
        return trouve;
    }
```

Grâce au détecteur de dupliquas fourni par PMD, nous obtenons le résultat illustré à la figure 4.9.

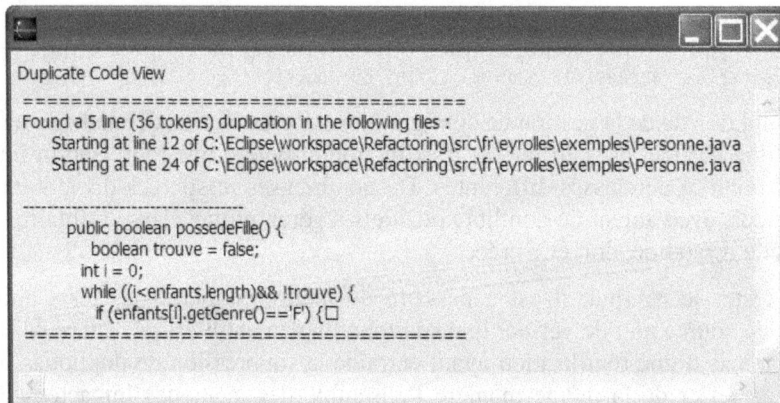

Figure 4.9

Résultats de la recherche de dupliquas avec PMD

Afin d'améliorer la réutilisation au sein de la classe `PersonnePhysique`, il est intéressant d'extraire le bloc de code correspondant à la recherche et de le rendre indépendant du genre recherché.

Pour cela, nous modifions le code des deux méthodes afin de rendre le bloc de code correspondant à la recherche indépendant du genre recherché (les zones en gras indiquent les modifications) :

```
public boolean possedeGarcon() {
    char genreRecherche = 'M';
    boolean trouve = false;
    int i = 0;
    while ((i<enfants.length)&& !trouve) {
        if (enfants[i].getSexe()==genreRecherche) {
            trouve = true;
        }
        i++;
    }
    return trouve;
}
public boolean possedeFille() {
    char genreRecherche = 'F';
    boolean trouve = false;
    int i = 0;
    while ((i<enfants.length)&& !trouve) {
        if (enfants[i].getSexe()==genreRecherche) {
            trouve = true;
        }
        i++;
    }
    return trouve;
}
```

Nous pouvons ensuite utiliser l'assistant d'extraction de méthode d'Eclipse. Pour cela, nous sélectionnons le bloc de code de la méthode `possedeGarcon` depuis `boolean` jusqu'à l'instruction `return` incluse, puis nous lançons l'assistant *via* le menu Refactor en sélectionnant Extract Method *(voir figure 4.10)*.

Nous appelons ici la méthode extraite `rechercheGenre` comme étant privée puisqu'elle n'est pas censée être utilisée ailleurs qu'au sein de l'implémentation de la classe. Cette méthode possède un paramètre `genreRecherche` qui spécifie le genre à rechercher.

Nous constatons que l'assistant a trouvé un dupliqua (la troisième case à cocher sur la figure). Avant de procéder au refactoring, nous pouvons prévisualiser le résultat, comme illustré à la figure 4.11.

L'extraction est correcte et prend bien en compte les deux méthodes `possedeGarcon` et `possedeFille`. Nous pouvons donc cliquer sur le bouton OK pour procéder au refactoring.

Figure 4.10

Extraction de la méthode rechercheGenre

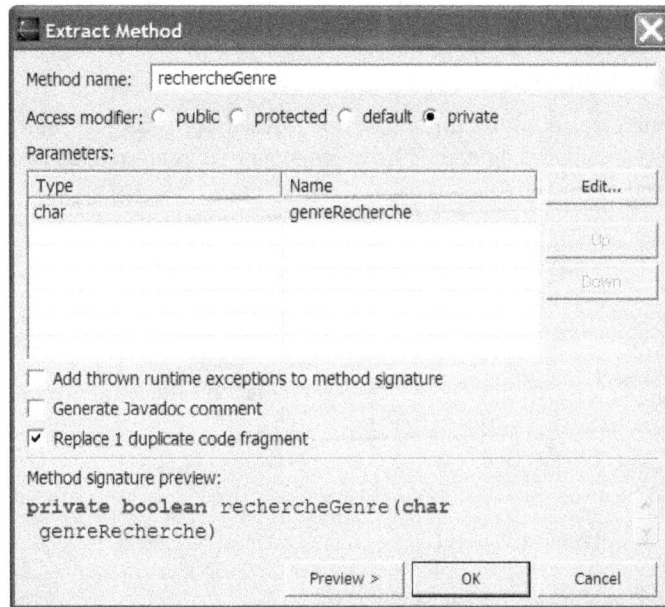

Extract Method

Method name: rechercheGenre

Access modifier: ○ public ○ protected ○ default ● private

Parameters:

Type	Name	
char	genreRecherche	Edit...
		Up
		Down

☐ Add thrown runtime exceptions to method signature
☐ Generate Javadoc comment
☑ Replace 1 duplicate code fragment

Method signature preview:

```
private boolean rechercheGenre(char
    genreRecherche)
```

Preview > | OK | Cancel

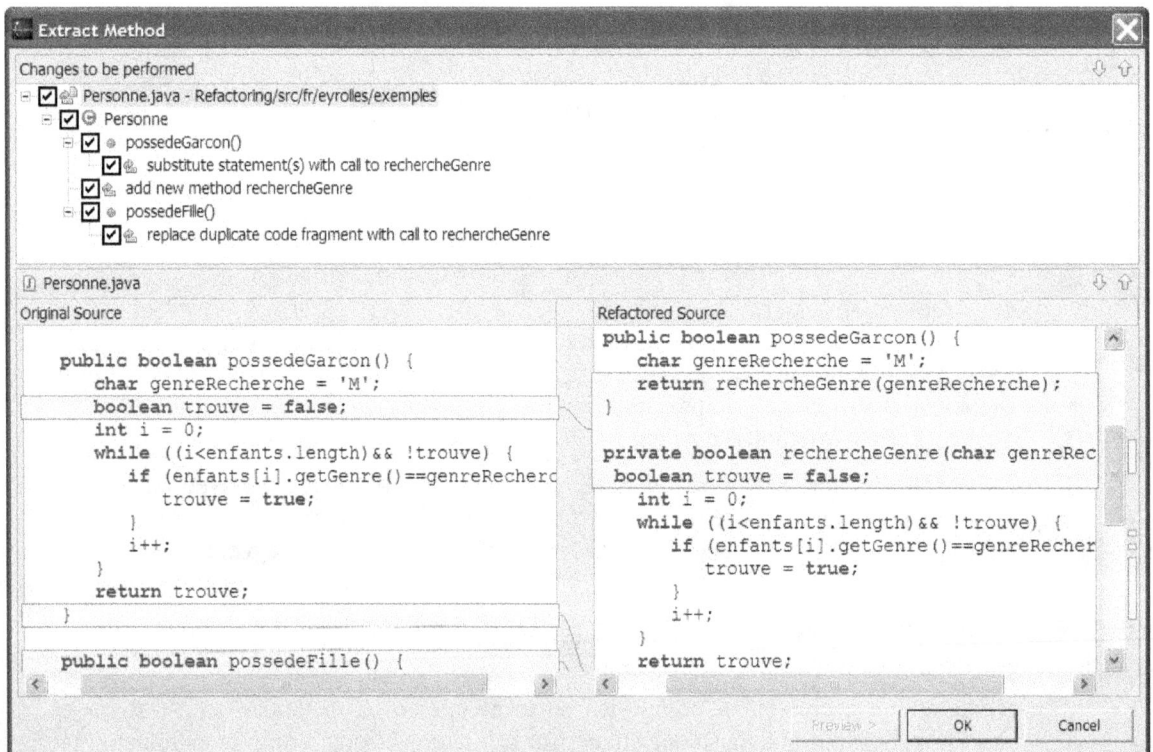

Extract Method

Changes to be performed

- ☑ Personne.java - Refactoring/src/fr/eyrolles/exemples
  - ☑ Personne
    - ☑ possedeGarcon()
      - ☑ substitute statement(s) with call to rechercheGenre
    - ☑ add new method rechercheGenre
    - ☑ possedeFille()
      - ☑ replace duplicate code fragment with call to rechercheGenre

Personne.java

Original Source

```java
public boolean possedeGarcon() {
    char genreRecherche = 'M';
    boolean trouve = false;
    int i = 0;
    while ((i<enfants.length)&& !trouve) {
        if (enfants[i].getGenre()==genreRecherc
            trouve = true;
        }
        i++;
    }
    return trouve;
}

public boolean possedeFille() {
```

Refactored Source

```java
public boolean possedeGarcon() {
    char genreRecherche = 'M';
    return rechercheGenre(genreRecherche);
}

private boolean rechercheGenre(char genreRec
    boolean trouve = false;
    int i = 0;
    while ((i<enfants.length)&& !trouve) {
        if (enfants[i].getGenre()==genreRecher
            trouve = true;
        }
        i++;
    }
    return trouve;
```

Preview > | OK | Cancel

Figure 4.11

Prévisualisation de l'extraction de méthode

Pour un exemple aussi élémentaire, il est peu utile de mettre en place un test unitaire. Par contre, pour une extraction plus complexe, ceux-ci sont nécessaires. Dans ce dernier cas, il est conseillé de développer les tests unitaires pour la méthode source avant le refactoring afin de tester leur validité et celle du code sous-jacent. Une fois le refactoring effectué, il suffit de rejouer les tests unitaires sans modification puisque l'extraction de méthode doit être transparente du point de vue des utilisateurs de la méthode source. Une anomalie indique immédiatement que l'extraction a eu des effets de bord à corriger.

Extraction de variable locale

L'extraction de variable locale consiste à remplacer une expression au sein d'une méthode par une variable locale dont la valeur d'initialisation est celle retournée par l'expression *(voir figure 4.12)*.

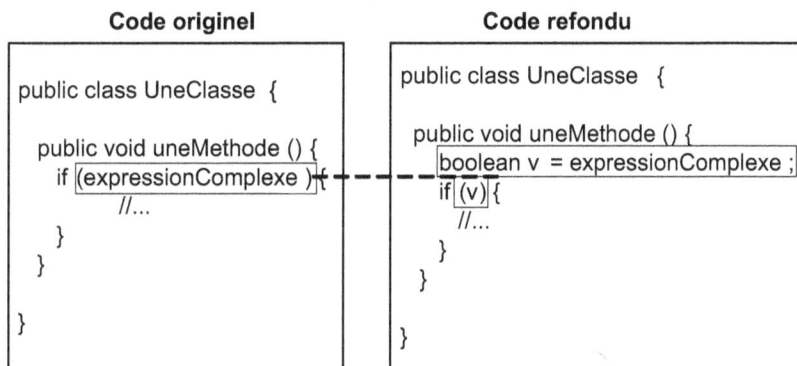

Figure 4.12

Extraction de variable locale

Des expressions longues ou complexes apparaissent souvent dans le code. Ces expressions sont difficiles à lire et à déboguer. En cas d'expression complexe, la partie de l'expression incriminée est souvent dure à isoler dans le flot d'exécution.

Par ailleurs, une même expression peut être utilisée à divers endroits au sein d'une méthode. Sa faible taille, d'une ligne de code au grand maximum, ne justifiant pas la création d'une méthode, il est intéressant d'utiliser une variable locale pour n'effectuer l'évaluation de l'expression qu'une seule fois. Ainsi, nous gagnons en performance, puisque l'expression n'est évaluée qu'une seule fois, et en maintenance, puisque, en cas de bogue dans l'expression, seule l'initialisation de la variable doit être modifiée.

Par exemple, pour la condition d'une boucle, il peut être intéressant d'en remplacer une partie par une variable locale de manière à simplifier la lecture de la condition.

Les risques associés à ce type d'opération très localisée, où seule une méthode est concernée, sont extrêmement faibles. Une vérification soigneuse de la non-régression du fonctionnement de la méthode suffit à s'assurer que l'opération s'est bien passée. Dans le cas contraire, un retour en arrière est très peu coûteux et facilement gérable avec un outil de gestion de configuration.

Moyens de détection

La complexité cyclomatique nous aide à détecter les expressions complexes pouvant bénéficier d'une extraction de variable locale. Malheureusement, cet indicateur est beaucoup trop général pour couvrir spécifiquement ce problème. En effet, la complexité d'une méthode peut avoir de multiples origines et pas uniquement la complexité de certaines expressions.

La complexité cyclomatique ne s'intéresse qu'aux conditions. Si une expression complexe n'est pas une condition, par exemple, `A||(B&& !C)||D&&E`, mais un calcul complexe, elle n'a pas plus d'impact qu'une autre expression plus simple. Seule une revue de code permet de détecter efficacement ce type d'expression complexe.

Nous pouvons éventuellement nous reposer sur la capacité d'un analyseur de code tel que Checkstyle pour détecter les lignes très longues, mais beaucoup de fausses alertes sont générées par les chaînes de caractères dans le code, comme dans l'exemple suivant :

```
System.out.println("Ceci une chaîne de caractères très longue pouvant générée une
fausse alerte préjudiciable à la détection d'expressions complexes à refondre");
```

Modalités d'application et tests associés

L'extraction de variable locale est une opération simple à réaliser. Il s'agit de définir une variable locale dont le type est celui de la valeur renvoyée par l'évaluation de l'expression à extraire. Ensuite, il faut copier l'expression à extraire et la coller dans la partie droite de l'expression destinée à initialiser la variable locale. Enfin, il faut remplacer l'expression extraite par la variable locale partout où la première était utilisée.

Avec Eclipse, l'extraction d'une variable locale est entièrement automatisée. L'assistant est accessible *via* le menu Refactor en sélectionnant Extract Local Variable.

Du point de vue de la gestion de configuration, ce type d'opération ne pose strictement aucun problème, car il s'agit d'une opération purement locale à une classe. Le retour en arrière s'effectue sans difficulté.

Des tests unitaires doivent être réalisés afin de vérifier que l'extraction de variable n'a pas fait régresser la méthode modifiée.

L'expression servant à l'initialisation de la variable locale peut ensuite être extraite sous la forme d'une méthode suivant la technique que nous avons vue précédemment.

Exemple de mise en œuvre

Supposons que nous ayons une classe `Cylindre` dont une méthode permet de calculer le volume d'un cylindre :

```
public class Cylindre {
    private double rayon;
    private double hauteur;

    public Cylindre(final double pRayon,final double pHauteur) {
```

```
        rayon = pRayon;
        hauteur = pHauteur;
    }

    public double volume() {
        return 3.14 * rayon * rayon * hauteur;
    }
}
```

Le calcul du volume d'un cylindre équivaut à multiplier l'aire du disque de base du cylindre (en gras dans le code) par la hauteur de ce dernier. Nous pouvons extraire le calcul de l'aire de la base afin de rendre la formule plus lisible.

Pour cela, il suffit de sélectionner la sous-expression correspondante (en gras dans le code) puis d'ouvrir le menu contextuel par clic droit et de choisir Refactor/Extract Local Variable.

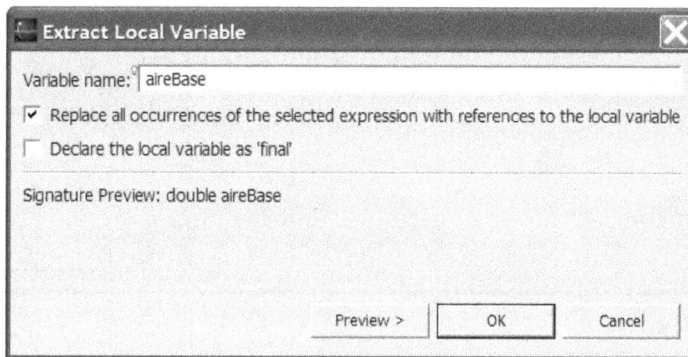

Figure 4.13

Extraction de la variable locale aireBase

Nous appelons ici la variable locale, recevant la valeur de retour de l'expression extraite, aireBase, et cochons l'option permettant de remplacer toutes les occurrences de l'expression extraite, ici une seule.

L'option permettant de définir la variable locale comme final offre une sécurité en cas de réutilisation (la variable locale est définie comme étant une constante). Ici, ce n'est pas justifié puisqu'il n'y a qu'une occurrence à remplacer.

Avant de réaliser l'extraction, nous pouvons prévisualiser les modifications à venir, comme illustré à la figure 4.14.

Constatant que l'extraction est correcte, nous pouvons cliquer sur le bouton OK pour procéder au refactoring.

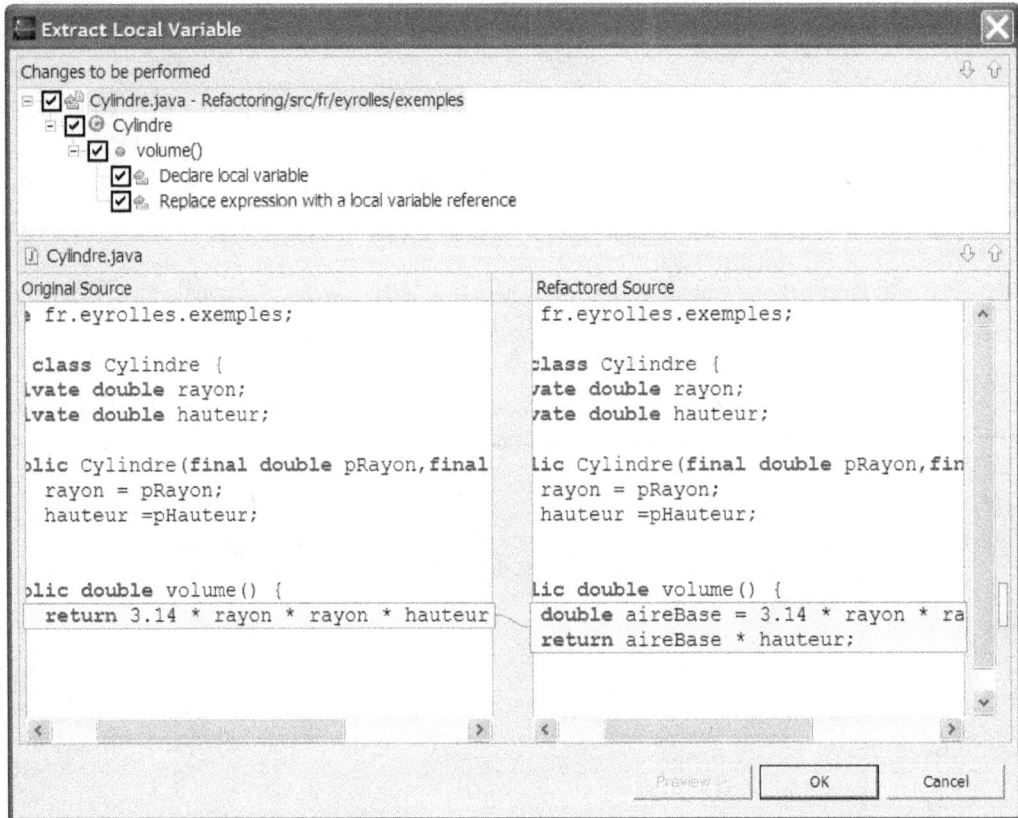

Figure 4.14

Liste des modifications liées à l'extraction de la variable locale

Le calcul d'aire de la base pouvant être intéressant dans d'autres cas, nous pouvons effectuer une extraction de l'expression d'initialisation de la variable locale en utilisant la technique d'extraction de méthode abordée précédemment. Nous aboutissons au code source suivant :

```java
public class Cylindre {
    private double rayon;
    private double hauteur;

    public Cylindre(final double pRayon,final double pHauteur) {
        rayon = pRayon;
        hauteur = pHauteur;
    }
    public double aireBase() {
        return 3.14 * rayon * rayon;
    }
```

```
    public double volume() {
      double aireBase = aireBase();
      return aireBase * hauteur;
    }
  }
```

Une opération complémentaire, que nous verrons en fin de chapitre, permet de remplacer la variable aireBase dans le calcul du volume par un appel direct à la méthode aireBase.

Du point de vue des tests, il est préférable de créer des tests unitaires pour la méthode volume, s'ils n'existent pas déjà, avant l'application du refactoring afin de valider le code originel de la méthode volume. Une fois le refactoring effectué, nous les utilisons pour vérifier qu'il n'y a pas eu de régression.

Extraction de constante

Au sein de méthodes, il est fréquent de rencontrer des valeurs littérales, comme des nombres ou des chaînes de caractères, directement utilisées dans les expressions.

L'extraction de constante consiste à stocker ces valeurs littérales dans des variables non modifiables, ou constantes, et à les remplacer dans le code par ces dernières *(voir figure 4.15)*.

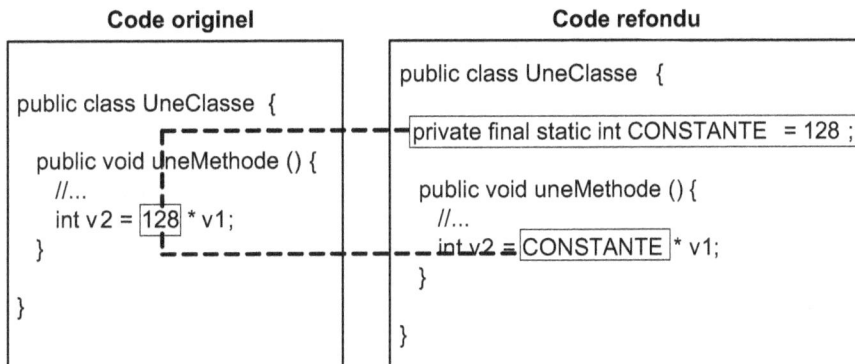

Figure 4.15

Extraction de constante

Dans certains cas, l'utilisation de valeurs littérales nuit à la compréhension du code. Par ailleurs, ces valeurs littérales pouvant être utilisées en plusieurs endroits dans le logiciel, il est très utile de les centraliser de manière à faciliter leur gestion.

Les risques liés à l'extraction d'une constante sont presque nuls. Comme une valeur littérale n'est pas calculée, il ne peut y avoir de régression lors de son remplacement par une constante, sauf erreur de manipulation lors du refactoring, bien entendu.

Moyens de détection

Les analyseurs de code tels que Checkstyle peuvent détecter très facilement l'utilisation de valeurs littérales directement dans le code sans passer par des constantes.

Il est néanmoins nécessaire de vérifier chaque alerte générée par l'analyseur de code afin de valider la pertinence du remplacement de la valeur littérale incriminée par une constante. Par exemple, dans certains calculs, le remplacement d'une valeur littérale par une constante n'a aucun intérêt et peut même avoir un effet contre-productif, tel qu'une moins bonne compréhension du code, si nous changeons toutes les valeurs littérales d'une formule mathématique bien connue.

Modalités d'application et tests associés

Si la constante est strictement locale à une classe, il suffit de créer un attribut privé non modifiable *(voir l'exemple de mise en œuvre)* et de l'initialiser avec la valeur littérale. S'il s'agit d'une constante utilisée par plusieurs classes, deux options se présentent :

- Il existe un lien sémantique fort entre la constante et une de ses classes utilisatrices, par exemple, les couleurs primaires exprimées en composantes rouge, vert et bleu et la classe `Couleur`. Dans ce cas, les constantes doivent être des attributs publics non modifiables de la classe.

- Il n'existe pas de lien sémantique fort. Dans ce cas, nous stockons la constante dans une interface spécifique. Si plusieurs constantes ont un lien sémantique entre elles, elles doivent être stockées au sein de la même interface.

Bien entendu, il convient de veiller à remplacer chaque valeur littérale extraite par la constante correspondante afin de maximiser les gains de l'opération.

Dans le cas particulier des chaînes de caractères, il peut être intéressant de les externaliser dans des fichiers de configuration. Si le logiciel est destiné à être traduit dans différentes langues, cela peut se faire très facilement et sans compilation spécifique du logiciel pour chaque nouvelle langue.

Avec Eclipse, l'extraction de constante est entièrement automatisée mais ne permet pas de transférer les constantes dans une interface dédiée. L'assistant est accessible *via* le menu Refactor en sélectionnant Extract Constant.

Eclipse permet aussi d'effectuer très simplement l'externalisation des chaînes de caractères dans un fichier de propriétés. Pour cela, il suffit d'utiliser l'assistant accessible *via* le menu Source en sélectionnant Externalize Strings. Cet assistant crée un fichier de propriétés contenant toutes les chaînes de caractères, chacune étant identifiée au sein du fichier par une clé.

Au sein de la classe, les chaînes de caractères sont remplacées par un appel à la méthode `getString` de la classe `Messages`, qui est créée automatiquement par l'assistant, en lui passant en paramètre la clé de la chaîne. Pour modifier une chaîne de caractères, il suffit de modifier le fichier de propriétés directement sans recompilation.

Il est possible de créer plusieurs fichiers de propriétés, un par langue, pour internationaliser le logiciel. Le nom du fichier de configuration contient le code ISO de la langue (FR pour le français, par exemple). La classe Messages sélectionne automatiquement le fichier de propriétés correspondant à la langue de l'utilisateur grâce aux fonctions d'internationalisation de Java.

Du point de vue de la gestion de configuration, l'impact de l'extraction dépend de l'étendue de l'utilisation de la constante. Même si un grand nombre de ressources sont impactées, il s'agit de modifications mineures, facilement gérables.

Pour les tests, normalement une simple recompilation est suffisante. Si le remplacement n'est pas bien fait, les effets de bord sont tout de suite détectés par le compilateur, l'expression dans laquelle se trouvait la constante n'étant plus correcte syntaxiquement.

Exemple de mise en œuvre

Supposons la classe suivante représentant un disque :

```
package fr.eyrolles.exemples;
public class Disque {
    private double rayon;
    public Disque(final double pRayon) {
        rayon = pRayon;
    }

    public double perimetre() {
        return 3.14 * rayon * 2;
    }

    public double aire() {
        return 3.14 * rayon * rayon;
    }
}
```

Les méthodes perimetre et aire utilisent les mêmes constantes, à savoir 2 et 3,14 c'est-à-dire une valeur approximative de Pi.

En utilisant Checkstyle, le nombre 3,14 est immédiatement détecté (tous les nombres différents de 0, 1 ou 2, appelés nombres magiques, sont détectés), comme l'illustre la figure 4.16.

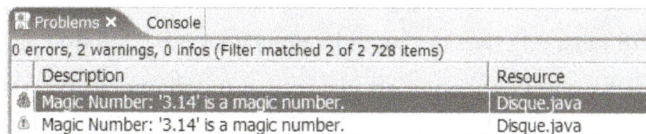

Figure 4.16

Détection des nombres magiques avec Checkstyle

Dans cet exemple, il est intéressant de transformer 3,14 en une constante représentative de Pi de façon à rendre les calculs plus lisibles et à améliorer à moindre coût l'approximation de Pi puisque sa valeur est centralisée au niveau d'une constante unique. Par contre, il n'y a aucun intérêt à transformer la valeur 2 puisqu'elle n'a pas de signification en dehors de la formule.

Pour extraire 3,14, il suffit de sélectionner cette valeur à extraire dans l'éditeur de code et d'utiliser le menu Refactor en sélectionnant Extract Constant. Pour remplacer toutes les occurrences de 3,14 dans le code, il est nécessaire de cocher la première case *(voir figure 4.17)*.

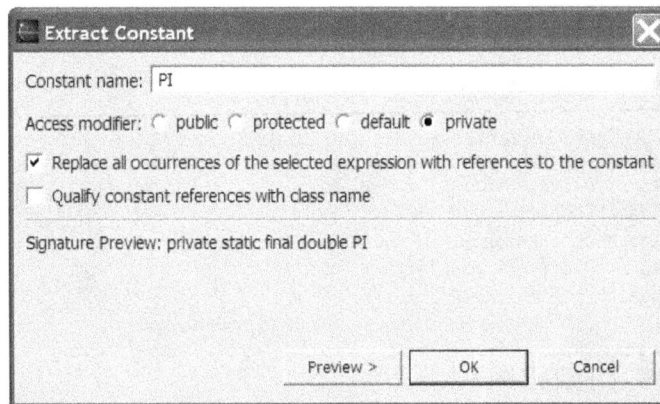

Figure 4.17

Extraction de la constante PI

Nous définissons le nom de la constante, en l'occurrence PI, uniquement en majuscules pour respecter la convention de nommage de Java concernant les constantes et sélectionnons l'option permettant de remplacer toutes les occurrences de la valeur littérale par la constante correspondante.

La constante ayant une portée privée, elle ne peut être utilisée qu'au sein de la classe dans laquelle elle est définie. Si nous souhaitons la réutiliser ailleurs dans le code, il nous faut régler sa portée de manière qu'elle soit publique. Nous recommandons en ce cas de cocher la seconde option afin que les références à la constante indiquent clairement son origine, c'est-à-dire la classe où elle est définie.

La figure 4.18 illustre la liste des modifications liées à l'extraction de la constante.

Nous constatons que l'extraction est correcte et qu'elle prend bien en compte les deux méthodes `perimetre` et `aire`. Nous pouvons cliquer sur le bouton OK pour procéder au refactoring.

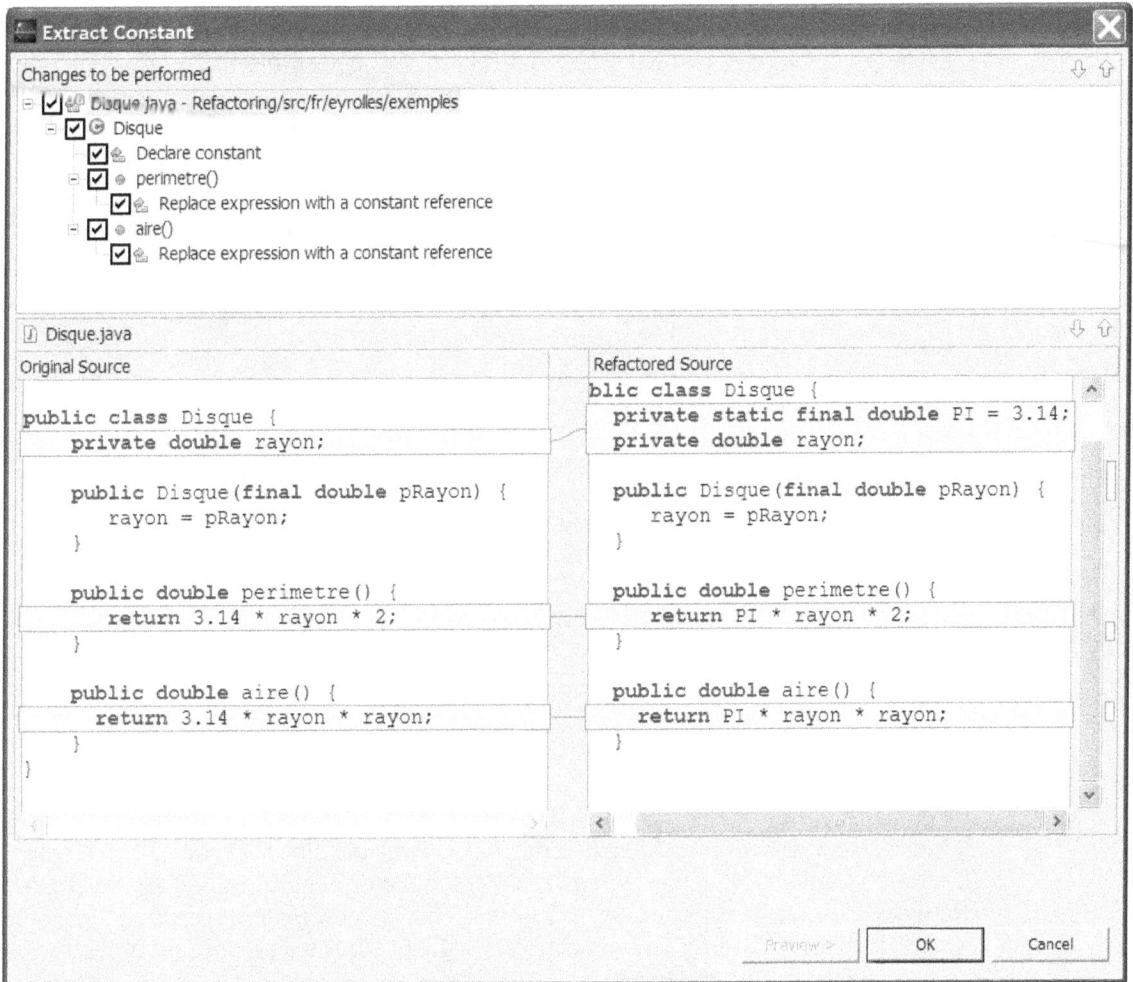

Figure 4.18

Liste des modifications liées à l'extraction de la constante

Du point de vue des tests, la réalisation de l'opération de refactoring avec l'assistant ne doit normalement pas générer de régression, cette refonte étant totalement neutre du point de vue des traitements.

Remarque

La constante PI est déjà présente dans l'API standard de J2SE (java.lang.Math.PI). En toute rigueur, c'est cette constante qu'il faudrait utiliser.

Extraction d'interface

L'extraction d'interface consiste à créer une interface à partir d'une classe existante *(voir figure 4.19)*. Il est possible de remplacer toutes les références à cette classe par l'interface nouvellement créée lorsque cela est possible, c'est-à-dire quand les références ne dépendent pas de méthodes ou d'attributs absents de l'interface.

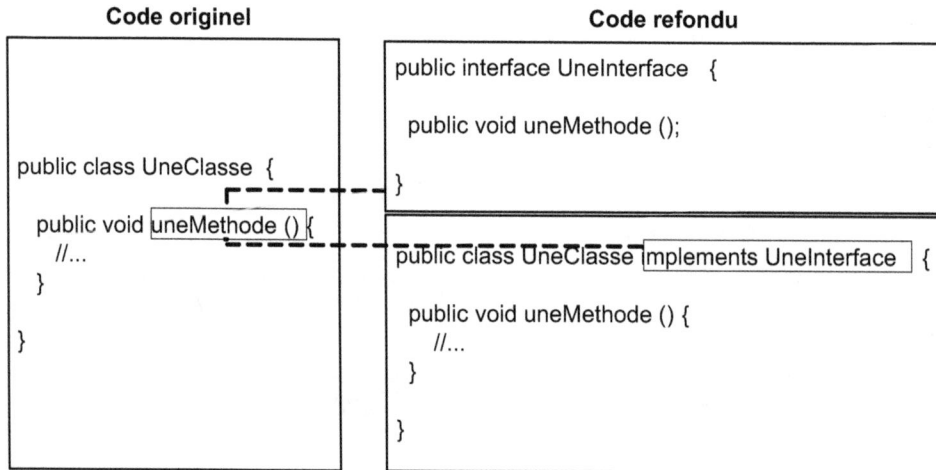

Figure 4.19

Extraction d'interface

Le principal objectif d'une extraction d'interface est de décorréler les services fournis par une classe de leur implémentation. En effet, il peut être utile d'avoir la capacité de modifier la classe d'implémentation sans impacter l'ensemble du logiciel du fait des références statiques à la classe en question. Nous pouvons, par exemple, reporter le choix de l'implémentation à utiliser au moment où le logiciel est lancé en utilisant un fichier de configuration donnant la classe à charger.

L'extraction d'interface peut aussi se révéler utile lorsqu'un ensemble de classes partagent un certain nombre de méthodes communes sans pour autant justifier la mise en place d'un arbre d'héritage pour les lier. Grâce à cette interface, des opérations complexes peuvent être définies indépendamment des détails d'implémentation.

C'est typiquement le cas pour les classes modélisant des structures de données, qui fournissent toutes des fonctions similaires, telle une méthode de recherche d'un élément. Du fait de leur grande variété, elles ne justifient pas la mise en place d'un arbre d'héritage global les regroupant toutes. Rappelons que l'héritage est un mécanisme de réutilisation fort et structurant, qui ne doit être utilisé que dans les cas où la filiation est clairement marquée et où les descendants bénéficient des propriétés dont ils ont hérité. Dans le cas d'une minibase de données, l'utilisation d'interfaces permet au reste du logiciel de s'abstraire de l'implémentation de la structure de stockage des données. Cette dernière peut aussi bien être un tableau qu'une table de hachage ou un SGBDR accédé *via* JDBC.

Les interfaces sont particulièrement utiles dans le cas des tests unitaires. Il est possible de les utiliser pour créer des classes bouchons *(mock objects)* permettant de simuler le comportement de classes dont dépend la classe à tester unitairement *(voir le chapitre 5)*.

Les risques sont nuls pour la classe dont est extraite l'interface, car sa seule modification revient à déclarer qu'elle implémente cette dernière. Le remplacement des références à la classe par l'interface est peu complexe et consiste essentiellement en un rechercher/ remplacer, sauf au moment de la création de l'instance, où il faut faire un cast *(voir l'exemple de mise en œuvre)*. Le seul risque ici est de remplacer une référence reposant sur des spécificités de la classe originelle non reprises par l'interface. Dans ce cas, la compilation détecte immédiatement l'anomalie.

Moyens de détection

Il n'existe pas de moyen de détecter efficacement les cas où l'extraction d'interface se justifie en dehors d'une revue de design. Cependant, il peut être intéressant d'étudier les classes ayant un fort couplage afférent, c'est-à-dire ayant de nombreuses classes dépendantes, afin d'améliorer la flexibilité du logiciel en décorrélant les services de leur implémentation.

Modalités d'application et tests associés

La première étape est la création de l'interface. Celle-ci reprend généralement l'ensemble des méthodes publiques de la classe, mais ce n'est pas une obligation. Ensuite, il faut que la classe dont est extraite l'interface implémente cette dernière. Pour terminer et améliorer la flexibilité du logiciel, il faut remplacer toutes les références à la classe par des références à l'interface lorsque cela est possible.

Avec Eclipse, l'extraction d'interface est entièrement automatisée. L'assistant est accessible *via* le menu Refactor en sélectionnant Extract Interface. L'assistant d'extraction d'interface permet de remplacer les références à la classe dont l'interface est extraite par cette dernière.

Du point de vue de la gestion de configuration, une nouvelle ressource, l'interface, doit être ajoutée dans le référentiel. Par ailleurs, toutes les classes utilisant les services de la classe dont est extraite l'interface doivent être modifiées en cas de remplacement des références à la classe par des références à l'interface. Cela peut générer un grand nombre de révisions s'il s'agit d'une classe avec un fort couplage afférent.

Le seul test nécessaire pour valider cette opération de refactoring est une recompilation. Idéalement, il faudrait aussi veiller à tester unitairement les cas de chargement dynamique impliquant la classe et dont les problèmes ne sont pas détectés au moment de la compilation.

Exemple de mise en œuvre

Supposons que, pour les besoins de notre logiciel, chaque classe métier comporte une méthode renvoieEtat qui génère un flux XML correspondant au contenu des divers attributs de la classe.

Pour la classe `PersonnePhysique`, nous avons :

```java
import java.util.Date;
public class PersonnePhysique {
    //...
    private String nom;
    private String prenom;
    private Date dateNaissance;

    //...
    public String renvoieEtat() {
     StringBuffer etat = new StringBuffer();
     etat.append("<PersonnePhysique>\n");
     etat.append("\t<nom>\n\t\t");
     etat.append(nom);
     etat.append("\t</nom>");
     etat.append("\t<prenom>\n\t\t");
     etat.append(prenom);
     etat.append("\t</prenom>");
     etat.append("\t<dateNaissance>\n\t\t");
     etat.append(dateNaissance);
     etat.append("\t</dateNaissance>");
     etat.append("</PersonnePhysique>");
     return etat.toString();
    }
}
```

La méthode `renvoieEtat` étant présente dans toutes les classes métier du logiciel, il peut être intéressant de l'extraire sous forme d'interface. Cela permet de récupérer l'état de tout objet métier indépendamment de sa classe, dans un service de persistance des données, par exemple.

Pour extraire l'interface, il suffit de sélectionner Extract Interface dans le menu Refactor après avoir sélectionné la classe dans l'explorateur de package ou l'avoir ouverte dans l'éditeur de code *(voir figure 4.20)*.

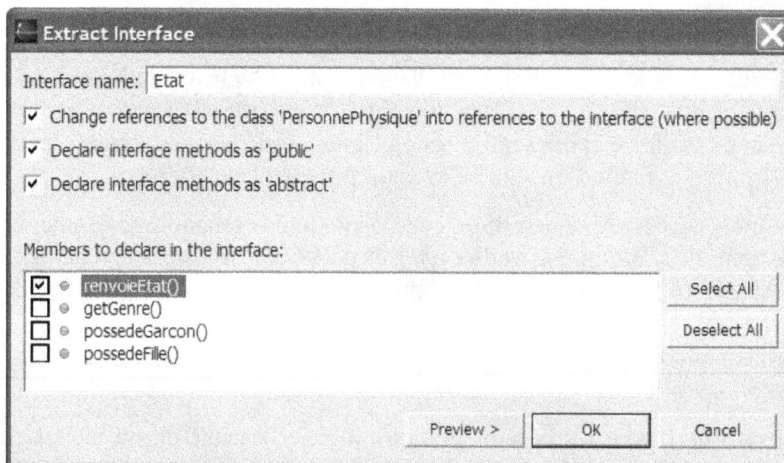

Figure 4.20

Extraction de l'interface Etat

Nous appelons l'interface extraite Etat. Nous sélectionnons l'option permettant de remplacer automatiquement les références à la classe par des références à l'interface lorsque cela est possible. Nous sélectionnons l'option déclarant toutes les méthodes de l'interface comme étant publiques ainsi que l'option déclarant les méthodes de l'interface comme étant abstraites. Cette dernière option permet aux classes abstraites d'implémenter cette interface sans devoir fournir une implémentation de ses méthodes.

Avant d'appliquer le refactoring, nous pouvons prévisualiser les modifications qui vont être effectuées en cliquant sur le bouton Preview, comme illustré à la figure 4.21.

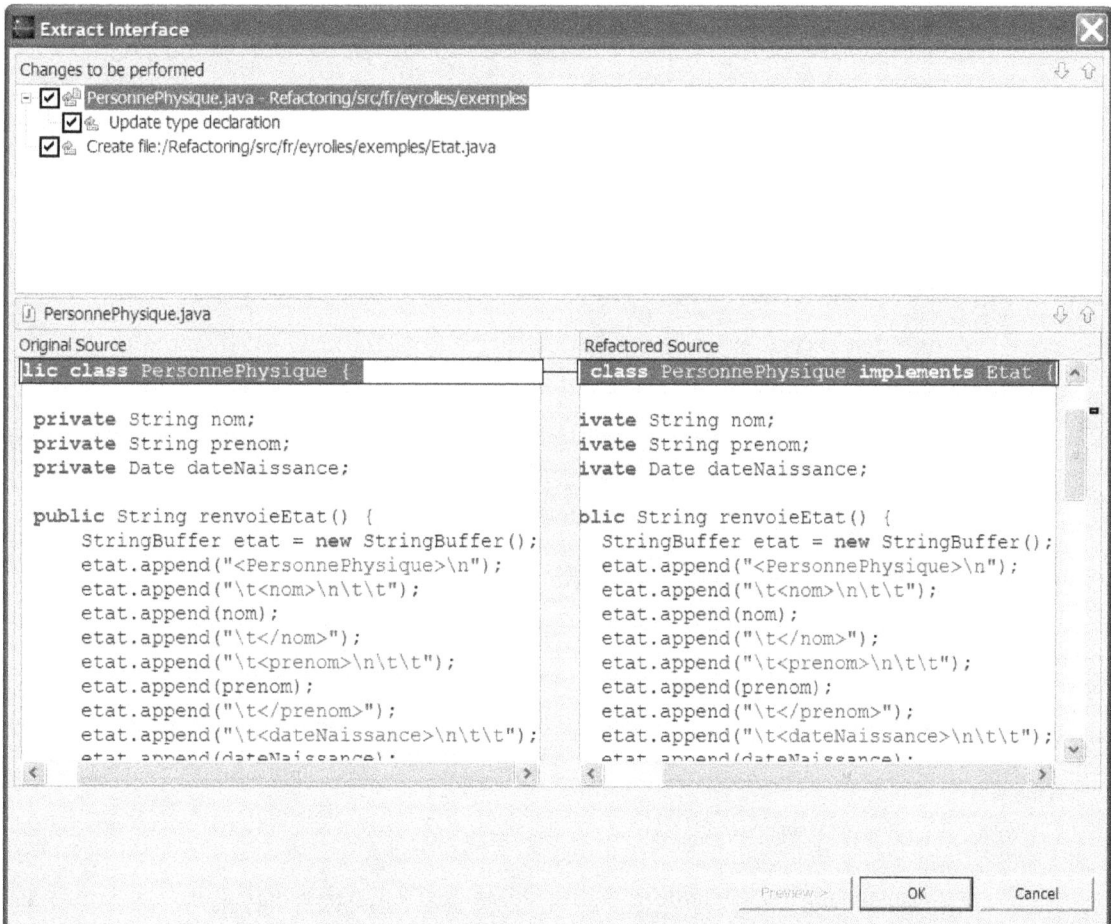

Figure 4.21

Liste des modifications liées à l'extraction de l'interface

Nous constatons que l'extraction est correcte puisque l'interface Etat est créée et que la classe PersonnePhysique l'implémente. Nous pouvons donc cliquer sur le bouton OK pour procéder au refactoring.

L'interface Etat qui a été générée est la suivante :

```
public interface Etat {
    public abstract String renvoieEtat();
}
```

Changement de signature d'une méthode

Le changement de signature d'une méthode consiste à modifier un ou plusieurs des éléments suivants *(voir figure 4.22)* :

- nom de la méthode ;
- portée de la méthode ;
- type de la valeur de retour de la méthode ;
- liste des paramètres de la méthode (nombre de paramètres, type des paramètres, nom des paramètres) ;
- liste des exceptions générées potentiellement par la méthode (nombre et type des exceptions générées).

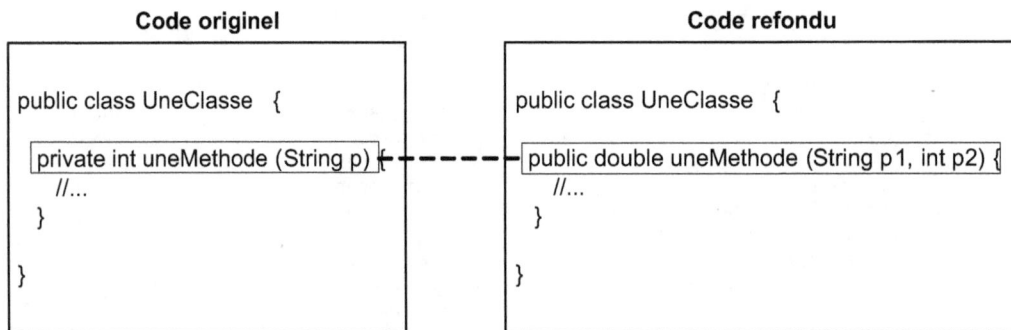

Figure 4.22

Changement de signature d'une méthode

Le changement de signature d'une méthode peut intervenir dans l'une ou l'autre des situations suivantes :

- Le nom de la méthode ne respecte pas les conventions de nommage ou n'est pas significatif.
- La portée de la méthode n'est pas adaptée. Une portée trop grande, publique, par exemple, nuit à l'encapsulation en dévoilant les détails d'implémentation de la classe. Une portée trop courte, privée, par exemple, nuit à la réutilisation.

- La valeur de retour ou certains paramètres sont inutiles. Leur présence nuit à la compréhension du code. Il est donc utile de les supprimer afin d'alléger la méthode.

- La liste des paramètres est trop longue. Une méthode ayant plus de quatre ou cinq paramètres devient rapidement difficile à manipuler. Il est donc intéressant de chercher à réduire cette liste, soit en réduisant le périmètre de la méthode *(voir l'extraction de méthode),* soit en encapsulant plusieurs paramètres dans un seul paramètre plus complexe *(voir l'exemple de mise en œuvre).*

- La liste des paramètres est trop courte. Par exemple, une méthode peut être rendue plus facilement réutilisable en ajoutant quelques paramètres supplémentaires.

- Le type d'un paramètre ou de la valeur de retour est inadapté. Par exemple, une méthode effectuant des calculs utilisant des entiers courts peut bloquer sa réutilisation dans des contextes où des nombres plus grands doivent être manipulés.

Le renommage ayant été abordé précédemment, nous ne reviendrons pas sur les risques associés. La modification de la portée d'une méthode est une opération peu risquée puisqu'une compilation permet de détecter immédiatement les problèmes.

Dans le cas de valeurs de retour ou de paramètres inutiles, les risques sont faibles, car les traitements effectués par la méthode concernée ne sont pas impactés et n'entraînent donc pas de régression.

Pour les autres cas de figure, le changement de signature est une opération lourde et risquée, qui rompt le contrat liant la méthode à ses utilisateurs et nécessite de repenser leur relation.

Moyens de détection

Les paramètres inutilisés ainsi que les listes de paramètres trop longues sont aisément détectables par des analyseurs de code tels que Checkstyle. Il en va de même pour les noms des méthodes ne respectant pas les conventions de nommage formalisables sous forme d'expression régulière ou quantifiables.

Dans les autres cas, c'est la revue de code qui permet de détecter les méthodes nécessitant un changement de signature.

Modalités d'application et tests associés

Une fois la nouvelle signature définie, il faut, le cas échéant, modifier le corps de la méthode afin de l'adapter. Ensuite, il faut modifier tous les appels à la méthode pour leur faire prendre en compte le changement. Cette modification peut aller bien au-delà de la simple modification de l'appel et avoir des effets de bord importants, notamment si l'un des paramètres était en sortie (objet mutable).

Eclipse fournit un assistant permettant de modifier aisément la signature d'une méthode. Il est accessible *via* le menu Refactor en sélectionnant Change Method Signature.

Du point de vue de la gestion de configuration, l'opération est classique mais peut impliquer un grand nombre de ressources pour peu que la méthode soit très utilisée en dehors de sa classe propriétaire. En cas de problème, le retour à la révision antérieure est simple s'il n'y a pas eu d'autres changements en parallèle. Dans le cas contraire, le retour en arrière doit être géré manuellement afin de ne pas écraser ces changements.

Un changement de signature implique la modification des tests unitaires de la méthode concernée s'ils existent. Si la modification ne concerne que des paramètres inutilisés, les tests peuvent se limiter à une simple recompilation, en prenant soin de vérifier qu'il n'y a pas d'utilisation de la méthode par réflexion. Dans le cas contraire, l'idéal consiste à tester unitairement tous les appelants de manière à vérifier qu'il n'y a pas de régression.

Exemple de mise en œuvre

Supposons une classe Entreprise ayant une méthode embaucheSalarie :

```
import java.util.Date;
public class Entreprise {

//...

    public void embaucheSalarie(String pNumSecu, String pNom,
        String pPrenom, Date  pDateNaiss, String pDirect,
        String pDept, String pPoste, int pTypeCnt,
        int pDureeCnt, Date pDateEmb) {
      //...
    }
    public void test() {
        embaucheSalarie("xxxxxxxxxxx","Martin","Didier",
            new Date("10/10/1960"),"Informatique","Etudes",
            "Chef de Projet",1,0,new Date("01/01/2000"));
    }
}
```

En utilisant Checkstyle, nous constatons que l'analyseur de code détecte les problèmes illustrés à la figure 4.23.

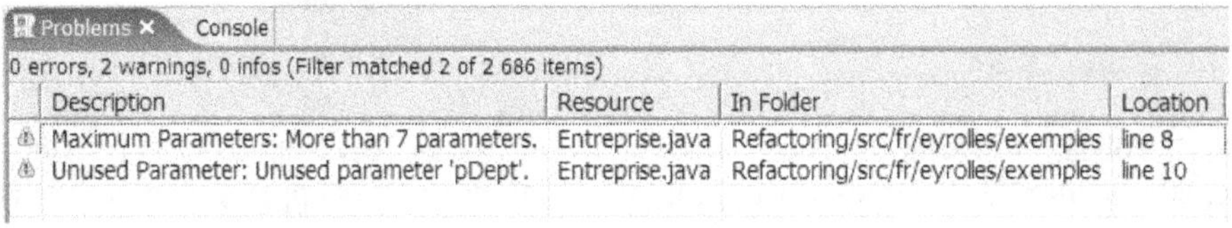

Figure 4.23

Problèmes détectés avec Checkstyle

La configuration par défaut de Checkstyle ne contient pas la règle de détection du code inutilisé.

Commençons par l'opération la plus simple, c'est-à-dire la suppression du paramètre pDept, qui est inutile. Nous lançons l'assistant de changement de signature en sélectionnant le nom de la méthode dans le code puis en ouvrant le menu Refactor et en sélectionnant Change Method Signature *(voir figure 4.24)*.

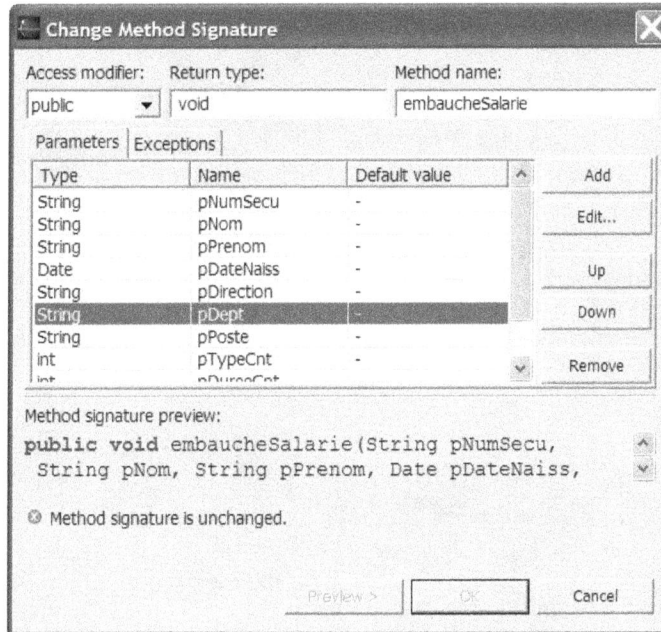

Figure 4.24

Suppression d'un paramètre inutile dans la méthode embaucheSalarie

En cliquant sur le bouton Remove, nous supprimons de la liste le paramètre pDept qui est sélectionné. Nous pouvons prévisualiser les modifications qui seront effectuées en cliquant sur le bouton Preview, comme illustré à la figure 4.25.

Les modifications étant correctes, nous acceptons l'opération de refactoring en cliquant sur le bouton OK.

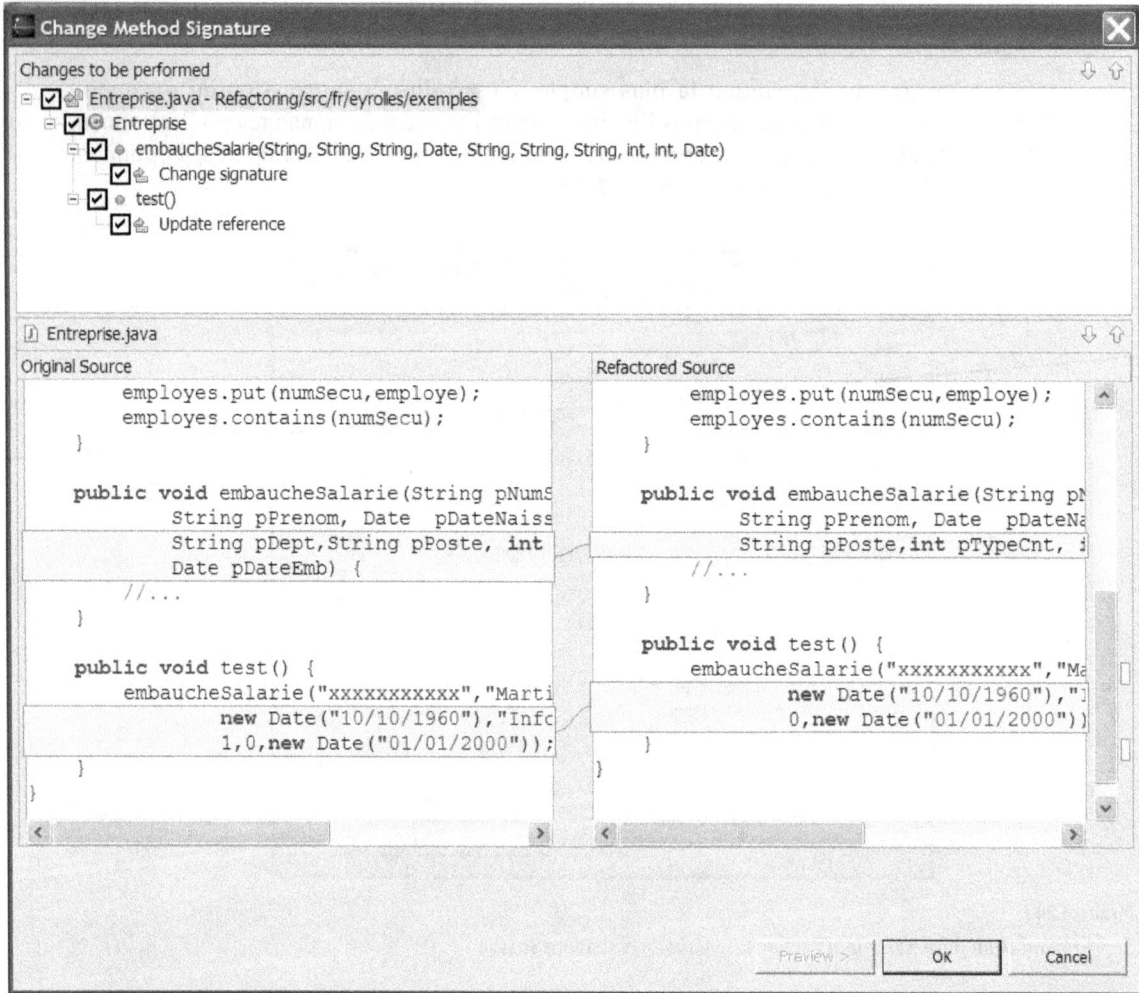

Change Method Signature

Changes to be performed

☑ Entreprise.java - Refactoring/src/fr/eyrolles/exemples
  ☑ Entreprise
    ☑ embaucheSalarie(String, String, String, Date, String, String, String, int, int, Date)
      ☑ Change signature
    ☑ test()
      ☑ Update reference

Entreprise.java

Original Source

```
        employes.put(numSecu,employe);
        employes.contains(numSecu);
    }

    public void embaucheSalarie(String pNumS
            String pPrenom, Date  pDateNaiss
            String pDept,String pPoste, int
            Date pDateEmb) {
        //...
    }

    public void test() {
        embaucheSalarie("xxxxxxxxxxx","Marti
                new Date("10/10/1960"),"Info
                1,0,new Date("01/01/2000"));
    }
}
```

Refactored Source

```
        employes.put(numSecu,employe);
        employes.contains(numSecu);
    }

    public void embaucheSalarie(String pN
            String pPrenom, Date  pDateNa
            String pPoste,int pTypeCnt, i
        //...
    }

    public void test() {
        embaucheSalarie("xxxxxxxxxxx","Ma
                new Date("10/10/1960"),"]
                0,new Date("01/01/2000"))
    }
}
```

Preview >   OK   Cancel

Figure 4.25

Liste des modifications liées à la suppression du paramètre inutile

Afin de résoudre le problème du nombre excessif de paramètres de la méthode embauche-Salarie, nous réalisons un deuxième changement de signature. L'idée est de regrouper les paramètres propres à la personne (numéro de Sécurité sociale, nom, prénom, date de naissance) au sein d'un unique paramètre de type PersonnePhysique *(voir figure 4.26).*

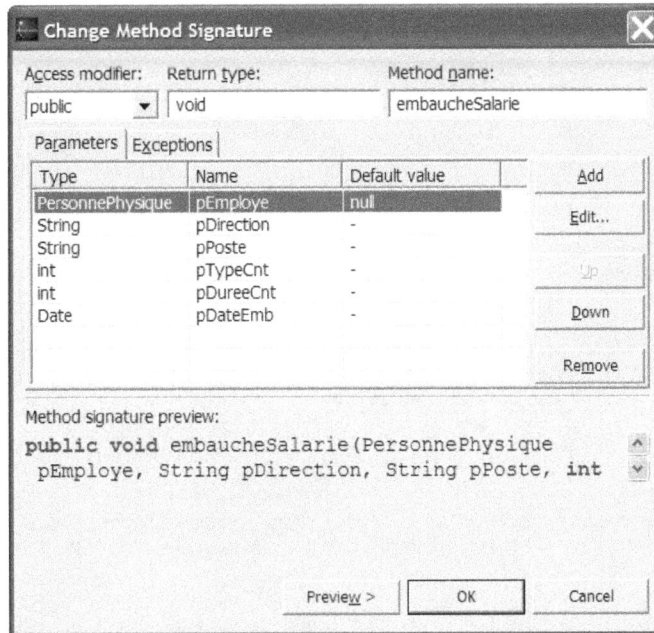

Figure 4.26
Remplacement de paramètres dans la méthode embaucheSalarie

Les quatre premiers paramètres de la méthode ont été supprimés au profit du paramètre pEmploye, créé avec le bouton Add ct positionné dans la liste des paramètres grâce aux boutons Up et Down.

Nous pouvons prévisualiser les modifications qui seront effectuées en cliquant sur le bouton Preview *(voir figure 4.27).*

Nous constatons que le remplacement des quatre paramètres par un paramètre unique est élémentaire. Les références aux quatre paramètres sont remplacées par un null *(voir la méthode* test *à la figure 4.27),* qui correspond à la valeur par défaut de pEmploye saisie dans l'assistant. Une autre valeur par défaut aurait pu être une instruction new créant une instance de la classe PersonnePhysique.

L'utilisation de l'assistant ne se suffit pas à elle-même dans ce cas de figure, et une reprise du code manuelle est nécessaire.

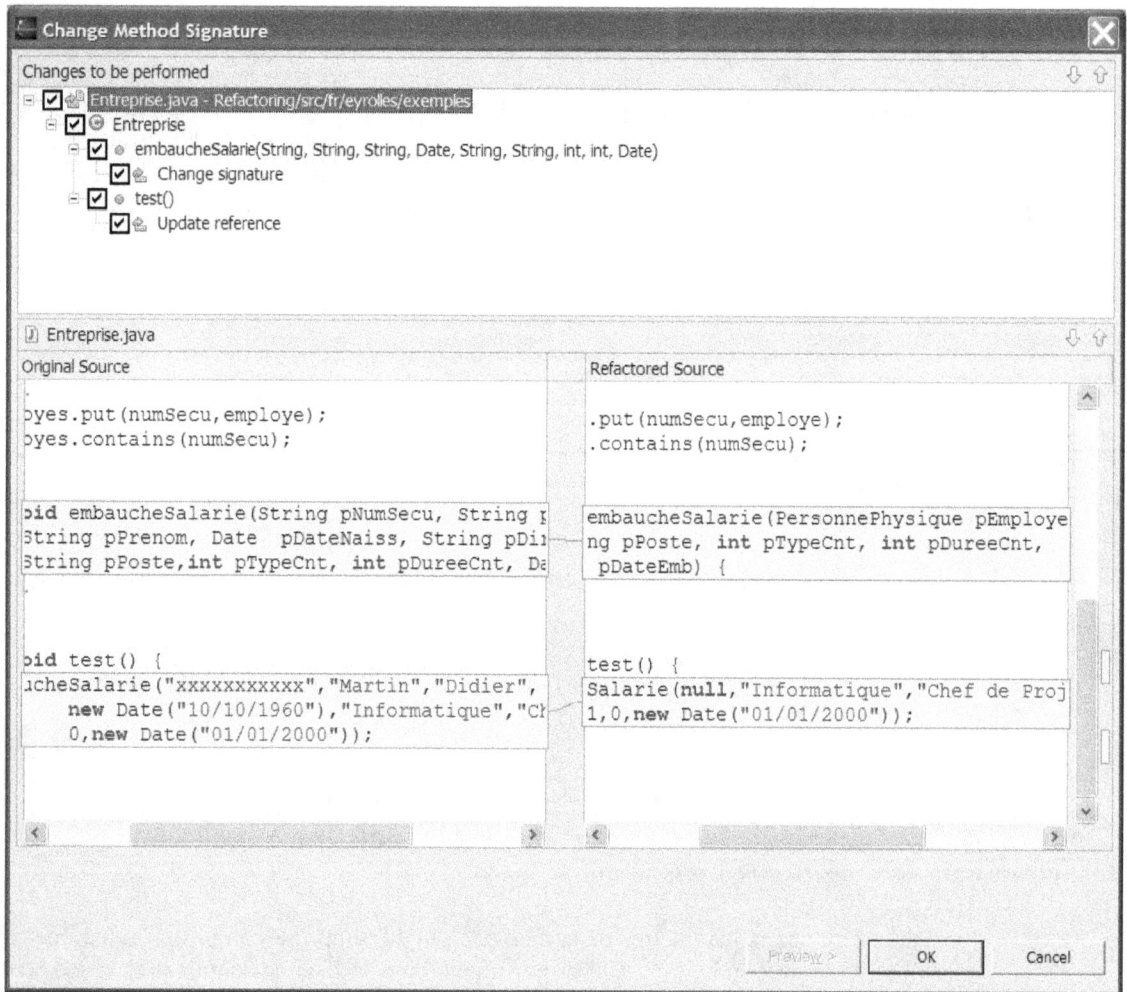

Figure 4.27

Liste des modifications liées au remplacement de paramètres

Contrairement à la suppression d'un paramètre inutilisé, une simple recompilation ne suffit pas, et une campagne de tests unitaires est nécessaire pour valider la non-régression du logiciel.

Généralisation d'un type

Le type d'un attribut ou d'une variable locale peut être remplacé soit par un de ses ancêtres, soit par une des interfaces qu'il implémente. Cette opération est possible lorsque l'utilisation d'un attribut ou d'une variable ne repose que sur les fonctionnalités offertes par l'ancêtre ou l'interface remplaçant le type originel.

La figure 4.28 illustre la généralisation d'un type.

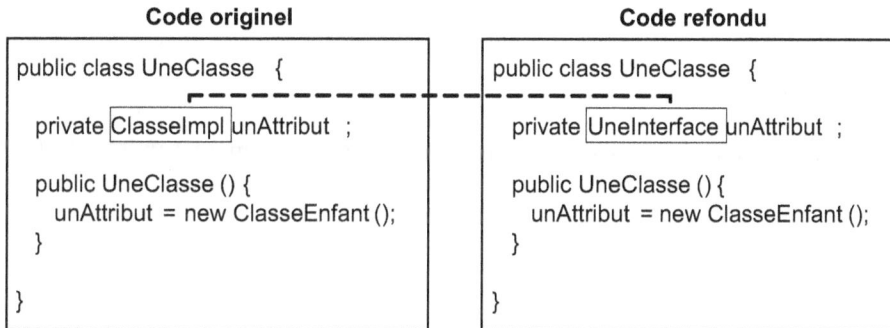

Code originel	**Code refondu**
| ```
public class UneClasse  {

  private ClasseImpl unAttribut ;

  public UneClasse () {
    unAttribut = new ClasseEnfant ();
  }

}
``` | ```
public class UneClasse  {

  private UneInterface unAttribut ;

  public UneClasse () {
    unAttribut = new ClasseEnfant ();
  }

}
``` |

Figure 4.28

Généralisation d'un type

Le remplacement d'un type donné par un de ses ancêtres ou par une des interfaces qu'il implémente permet de rendre le code plus générique. Dans le cas d'un paramètre d'une méthode, par exemple, l'utilisation d'un ancêtre permet à cette dernière d'accepter les objets du type ancêtre, mais aussi les objets des types descendants. Il en va de même pour l'utilisation d'une interface en lieu et place d'un type donné. Tous les objets qui implémentent cette interface peuvent être utilisés. L'utilisation des classes ascendantes ou des interfaces permet donc d'améliorer la réutilisation.

Les risques liés à une généralisation de type sont assez faibles, à la condition que vous preniez soin de vérifier qu'aucune spécificité de la classe descendante ou de la classe d'implémentation à remplacer n'est utilisée.

Moyens de détection

Hormis une revue du code manuelle, il n'existe pas de moyens de détection pour ce type de refactoring.

Modalités d'application et tests associés

La première étape consiste à remplacer le type de l'attribut, de la variable locale ou du paramètre à rendre plus générique par un de ses ancêtres ou l'une des interfaces qu'il implémente. Il suffit ensuite de propager ce changement aux expressions dépendant de l'élément modifié.

Eclipse fournit un assistant permettant de remplacer aisément les références à une classe par des références soit à un de ses ancêtres, soit à une des interfaces qu'elle implémente si elles sont compatibles. En ce cas, aucune des spécificités de la classe dont les références sont à remplacer n'est utilisée. L'assistant est accessible *via* le menu Refactor d'Eclipse en sélectionnant Generalize Type.

Cet assistant permet de visualiser sous forme arborescente les ancêtres ainsi que les interfaces implémentées par le type à généraliser. Seuls les ancêtres et les interfaces substituables au type à généraliser sont sélectionnables. Les autres apparaissent en grisé.

Du point de vue de la gestion de configuration, l'opération est assez légère si elle ne nécessite pas une propagation de la généralisation à une multitude de classes. Dans le cas contraire, la lourdeur de l'opération dépend du nombre de classes utilisatrices. En cas de problème, le retour arrière ne pose pas de problème particulier, sauf si un grand nombre de classes utilisatrices ont été modifiées et que d'autres changements ont été faits en parallèle. Dans ce cas, l'opération reste simple mais doit être faite manuellement afin de ne pas écraser les autres changements.

Pour tester le résultat de l'opération, une recompilation permet de détecter la plupart des problèmes, d'autant que l'assistant d'Eclipse ne peut remplacer des références que par des classes ancêtres ou des interfaces strictement compatibles.

Exemple de mise en œuvre

Reprenons l'exemple de la classe Entreprise. Celle-ci possède une table de hachage pour stocker l'ensemble des salariés. Cette table est chargée grâce à la méthode chargeListeEmployes :

```
import java.util.Hashtable;
public class Entreprise {
   //...

   private Hashtable employes;

   private void chargeListeEmployes() {
     //...
     employes = new Hashtable();
     //...
     employes.put(numSecu,employe);
   }
   //...
}
```

Afin d'apporter plus de flexibilité à la classe Entreprise en terme de choix de structure de données, nous pouvons remplacer les références à la table de hachage java.util.Hashtable par des références à l'interface java.util.Map.

Pour effectuer cette généralisation, nous lançons l'assistant de généralisation en sélectionnant le nom de l'attribut employes dans le code puis en utilisant le menu Refactor et en sélectionnant Generalize Type *(voir figure 4.29)*.

Nous constatons que deux généralisations sont possibles : soit avec la classe Dictionnary, soit avec l'interface Map. Nous sélectionnons l'interface Map, car la classe Dictionnary est obsolète et ne doit donc pas être utilisée *(voir la javadoc de Sun)*.

Nous pouvons prévisualiser les modifications qui vont être introduites dans le code en cliquant sur le bouton Preview *(voir figure 4.30)*.

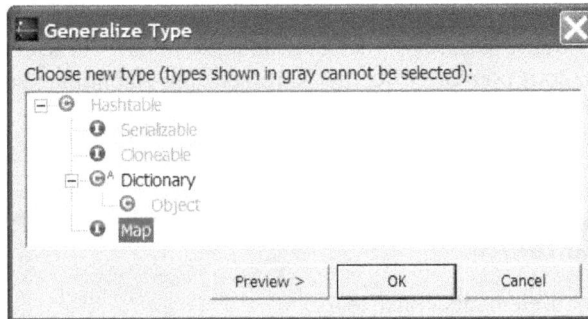

Figure 4.29
Généralisation de la table de hachage en utilisant l'interface java.util.Map

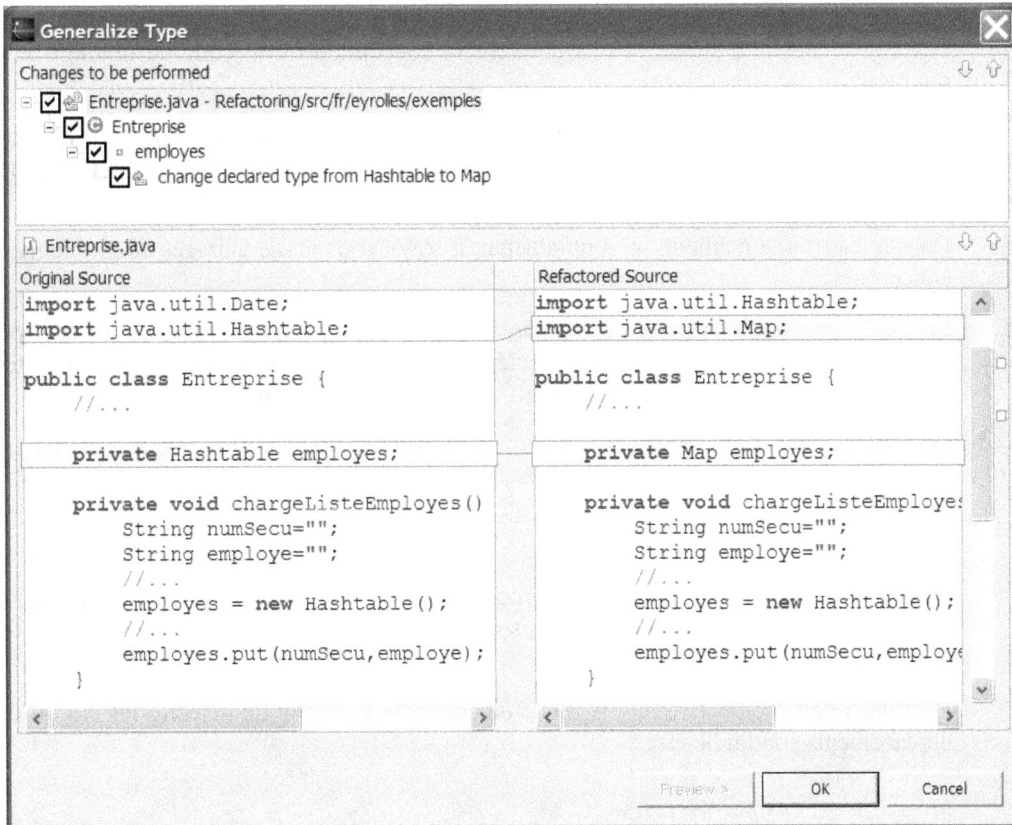

Figure 4.30
Liste des modifications liées à la généralisation

Nous constatons que la généralisation a consisté à changer le type de l'attribut `employes`, qui est passé de `Hashtable` à `Map`. Il n'y a eu aucun autre impact sur le code. Les modifications étant correctes, nous pouvons effectuer le refactoring en cliquant sur le bouton OK.

Dans le cas présent, une simple recompilation est suffisante pour valider définitivement le refactoring.

Déplacement d'éléments

Le déplacement d'éléments consiste à :

• déplacer une classe ou une interface d'un package à un autre ;

• déplacer une méthode d'une classe ou d'une interface à une autre ;

• déplacer un attribut d'une classe ou d'une interface à une autre.

Les déplacements d'éléments restructurent la conception ou le code de manière à les rendre plus compréhensibles.

Dans le cas d'une classe ou d'une interface déplacée d'un package à un autre, il s'agit souvent de regrouper au sein d'un même package des classes ou interfaces ayant une même nature ou une finalité commune.

Dans le cas d'une méthode ou d'un attribut, il s'agit souvent de corriger un problème de conception.

Le déplacement d'une classe ou d'une interface d'un package à l'autre est très peu risqué, car les classes ou les interfaces déplacées ne sont pas modifiées. Il faut toutefois prendre garde à d'éventuels chargements dynamiques de l'élément déplacé.

Le déplacement d'une méthode ou d'un attribut est beaucoup plus risqué, car il s'agit d'une modification de la conception de la classe ou de l'interface initialement propriétaire.

Moyens de détection

Pour le déplacement de classe ou d'interface d'un package à un autre, les métriques mesurant le couplage d'un package ou son instabilité peuvent permettre de détecter des candidats à ce type de refactoring.

Pour les autres éléments, seule la revue de conception permet de détecter les cas où des déplacements sont judicieux.

Modalités d'application et tests associés

Pour le changement de package, l'opération ne pose pas de problème particulier, le travail le plus fastidieux étant de modifier les importations de la classe ou de l'interface déplacée au sein des classes utilisatrices.

Dans les autres cas, il est nécessaire d'identifier l'ensemble des références à l'élément déplacé afin de les modifier en conséquence. Ces modifications sont plus ou moins lourdes en fonction de la portée de l'élément déplacé (privé, protégé ou public) et de son couplage.

Avec Eclipse, les opérations de déplacement sont très simples et sont accessibles en sélectionnant l'entité à déplacer et en sélectionnant Move dans le menu Refactor d'Eclipse. L'assistant de déplacement prend en charge la mise à jour des références si elle est automatisable (déplacement d'une classe d'un package à un autre, par exemple).

Du point de vue de la gestion de configuration, le déplacement d'une classe ou d'une interface d'un package à un autre est plus ou moins bien géré en fonction des outils. Cela revient à faire changer de répertoire un fichier. Dans le cas de CVS, il s'agit d'une copie à destination du répertoire correspondant au package cible suivie d'une suppression dans le répertoire correspondant au package source. Un retour en arrière est dans ce cas un peu délicat puisqu'il faut restaurer le fichier supprimé, ce qui n'est pas une tâche automatique avec CVS.

Par ailleurs, un plus ou moins grand nombre de ressources sont modifiées en fonction du couplage de la classe ou de l'interface déplacée, rendant le retour en arrière plus ou moins fastidieux. Pour les autres types de déplacement, la gestion de configuration ne pose pas de problème particulier, sauf les désagréments liés à un retour en arrière si un grand nombre de ressources ont été modifiées.

Le test d'un déplacement d'une classe ou d'une interface d'un package à un autre peut se limiter à une simple recompilation, en prenant soin, comme d'habitude, de traiter spécifiquement les cas de chargement dynamique de classe. Pour le déplacement d'autres éléments, la charge de test dépend de la portée de l'élément déplacé (privé, protégé, public) et du nombre de classes qui en dépendent. Un recours aux tests unitaires est nécessaire pour vérifier que l'opération s'est bien passée.

Exemple de mise en œuvre

Supposons que nous ayons une classe `TracesApplicatives` dans un package ne contenant que des classes métier du logiciel. Les traces applicatives étant une problématique technique, la classe qui les implémente doit être dans un package prévu à cet effet.

Pour déplacer la classe `TracesApplicatives` avec Eclipse, il suffit de la sélectionner dans l'explorateur de package et de choisir Move dans le menu Refactor, comme illustré à la figure 4.31.

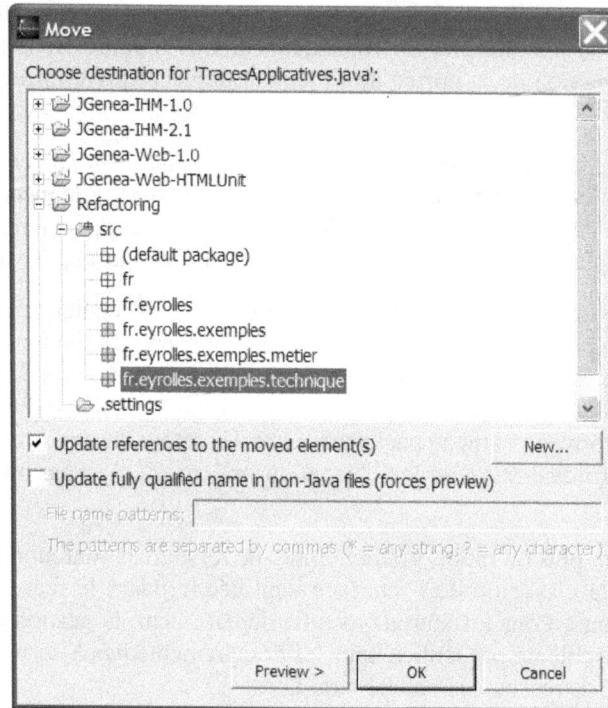

Figure 4.31

Déplacement de la classe TracesApplicatives

L'assistant de déplacement propose deux options intéressantes :

- Mettre à jour les références aux éléments déplacés *(cette option est sélectionnée à la figure 4.31)*. C'est une option indispensable au bon fonctionnement de ce type de refactoring, qui doit être systématiquement cochée.

- Rechercher dans les fichiers autres que du code source les références à l'élément déplacé *(cette option n'est pas cochée à la figure 4.31)*. Ici, seules les références pleinement qualifiées, de la forme package.classe.methode, peuvent être remplacées. La recherche peut se limiter à certains types de fichiers.

Nous sélectionnons le répertoire fr.eyrolles.exemples.technique comme package de destination pour la classe TracesApplicatives puis cliquons sur le bouton OK pour effectuer le refactoring.

La recompilation du projet nous permet de valider le bon déroulement de l'opération.

Déplacement d'éléments dans le graphe d'héritage

Le déplacement d'éléments dans le graphe d'héritage est un cas particulier de la technique de refactoring que nous venons de voir. Il s'agit de déplacer une méthode ou un attribut soit d'une classe donnée vers sa classe mère, soit l'inverse.

Dans le cas où nous déplaçons un élément d'une classe mère vers l'une de ses classes filles, l'objectif est généralement de rendre la classe mère plus générique. La présence d'éléments dont la spécificité peut être reléguée à une classe fille permet d'alléger le contrat de la classe mère vis-à-vis de l'extérieur et facilite ainsi sa réutilisation et sa spécialisation.

Dans le cas où nous déplaçons un élément d'une classe fille vers sa classe mère, l'objectif est généralement d'augmenter la réutilisation de l'élément en question en faisant profiter l'ensemble des descendants de la classe mère.

À l'instar des déplacements de méthode ou d'attribut, le déplacement d'éléments dans le graphe d'héritage est une opération lourde, puisqu'il s'agit d'un changement dans la conception du logiciel, et de ce fait risquée.

Moyens de détection

L'indice de spécialisation d'une classe peut détecter des candidats potentiels. Un indice de spécialisation très faible, où la classe fille n'apporte que peu de spécificités par rapport à sa classe mère, peut aboutir à un déplacement de tous les attributs et méthodes spécifiques dans la classe mère et à la suppression de la classe fille.

La méthode la plus efficace pour détecter les candidats à ce type de refonte est une revue du design.

Modalités d'application et tests associés

Les modalités d'application et les tests associés sont identiques au déplacement de méthode ou d'attribut évoqué précédemment.

Avec Eclipse, deux assistants spécifiques sont fournis pour gérer ce type de déplacement. Pour transférer une méthode ou un attribut de la classe mère vers une de ses filles, il faut sélectionner Push Down dans le menu Refactor. Pour effectuer, l'opération inverse, d'une classe fille vers sa classe mère, il faut sélectionner Pull Up.

Exemple de mise en œuvre

Reprenons la classe PersonnePhysique. Cette classe est une spécialisation de la classe Personne, qui possède par ailleurs une deuxième fille, PersonneMorale. La classe Personne-Physique possède une méthode pour calculer l'âge d'une personne physique. Cette méthode pouvant être aussi utile à la classe PersonneMorale, il est intéressant de la faire remonter au niveau de la classe Personne.

Pour cela, nous sélectionnons la méthode `calculeAge` soit dans l'explorateur de package, soit directement dans l'éditeur de code puis choisissons Pull Up dans le menu Refactor *(voir figure 4.32)*.

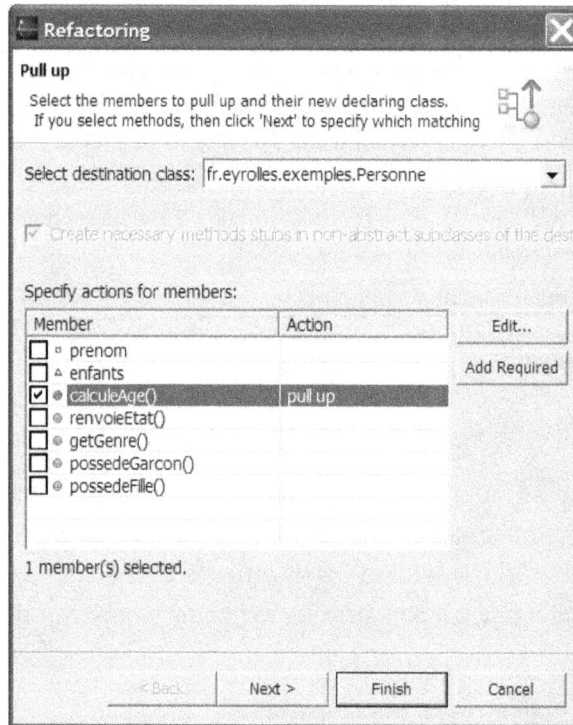

Figure 4.32

Déplacement de la méthode calculeAge

Nous sélectionnons dans la combo box la classe de destination `Personne` et cochons la case correspondant à la méthode `calculeAge`. Nous cliquons ensuite sur le bouton Next pour prévisualiser les modifications *(voir figure 4.33)*.

Les modifications étant correctes, nous pouvons cliquer sur le bouton Finish afin de la réaliser effectivement dans le code.

Dans cet exemple, le déplacement est neutre du point de vue de la classe `PersonnePhysique`. Une recompilation est donc suffisante pour valider cette refonte.

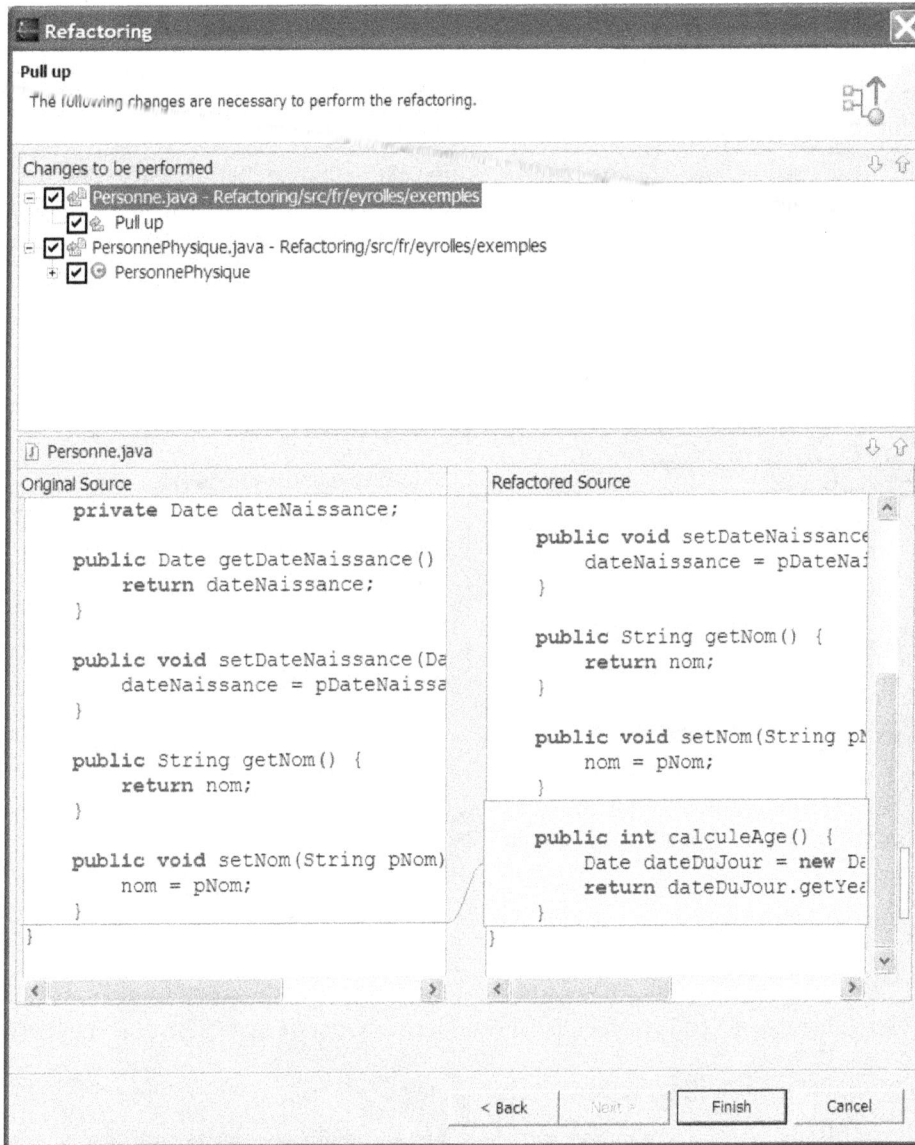

Figure 4.33

Liste des modifications liées au déplacement de la méthode calculeAge

Remplacement d'une variable locale par une expression

Le remplacement d'une variable locale par une expression est l'opération inverse de l'extraction de variable locale. Cela consiste à remplacer des occurrences d'une variable locale dans le code de la méthode par l'expression ayant servi à l'initialiser.

Cette opération peut être combinée avec une extraction de méthode. L'expression est en ce cas encapsulée dans une méthode, renvoyant la valeur d'initialisation de la variable, et les occurrences de la variable locale sont remplacées par un appel à cette méthode.

La figure 4.34 illustre le remplacement d'une variable locale par une expression.

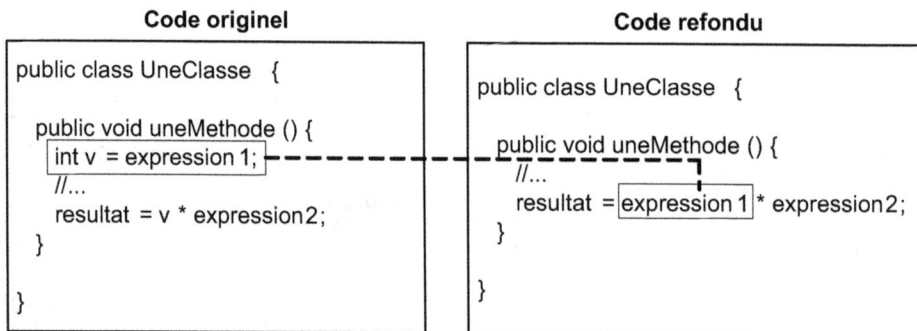

Code originel

```
public class UneClasse  {

    public void uneMethode () {
        int v = expression 1;
        //...
        resultat = v * expression2;
    }

}
```

Code refondu

```
public class UneClasse  {

    public void uneMethode () {
        //...
        resultat = expression 1 * expression2;
    }

}
```

Figure 4.34

Remplacement d'une variable locale par une expression

Un tel remplacement se justifie lorsque l'existence de la variable ne semble pas justifiée en regard d'une utilisation directe par l'expression ayant servi à son initialisation.

Les risques sont maîtrisables, car il s'agit d'une opération de refactoring strictement interne à une méthode et donc testable de manière unitaire.

Moyens de détection

Seule la revue de code permet de détecter les cas où cette technique doit être appliquée.

Modalités d'application et tests associés

Avec Eclipse, un assistant permet de gérer automatiquement ce remplacement. Il est accessible en choisissant Inlining dans le menu Refactor.

Du point de vue de la gestion de configuration, il s'agit d'une nouvelle révision d'une ressource (la classe possédant la méthode concernée) et ne pose donc pas de problème particulier.

Un simple test unitaire de la méthode modifiée permet de s'assurer que le remplacement de la variable locale n'a pas de conséquence fâcheuse sur l'exécution. En utilisant l'assistant d'Eclipse, une simple recompilation est suffisante, car il n'autorise pas le remplacement si la variable locale est initialisée plus d'une fois.

Exemple de mise en œuvre

Reprenons l'exemple de la classe `Cylindre` après l'extraction de la méthode `aireBase`. Pour rappel, le code source de la classe `Cylindre` est le suivant :

```
package fr.eyrolles.exemples;
public class Cylindre {
    private double rayon;
    private double hauteur;

    public Cylindre(final double pRayon,final double pHauteur) {
        rayon = pRayon;
        hauteur =pHauteur;
    }

    public double volume() {
        double aireBase = aireBase();
        return aireBase * hauteur;
    }
    public double aireBase() {
        double aireBase = 3.14 * rayon * rayon;
        return aireBase;
    }
}
```

Nous constatons que les variables locales `aireBase` n'ont pas grand intérêt et qu'elles pourraient être remplacées par leur expression d'initialisation.

Nous allons donc remplacer la variable locale `aireBase` utilisée pour le calcul du volume par son expression. Pour cela, nous sélectionnons la variable locale de la méthode `volume` dans l'éditeur de code et choisissons Refactor puis Inline, comme illustré à la figure 4.35.

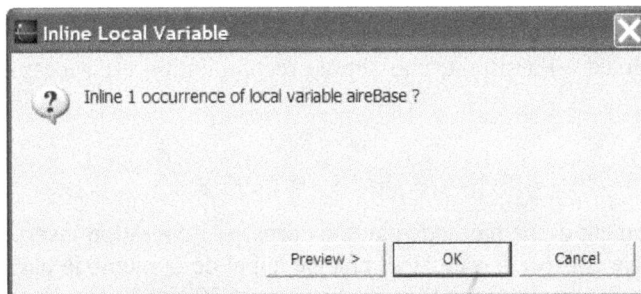

Figure 4.35

Remplacement d'une variable locale par son expression d'initialisation

Avant d'effectuer le remplacement effectif, nous pouvons prévisualiser le résultat en cliquant sur le bouton Preview *(voir figure 4.36)*.

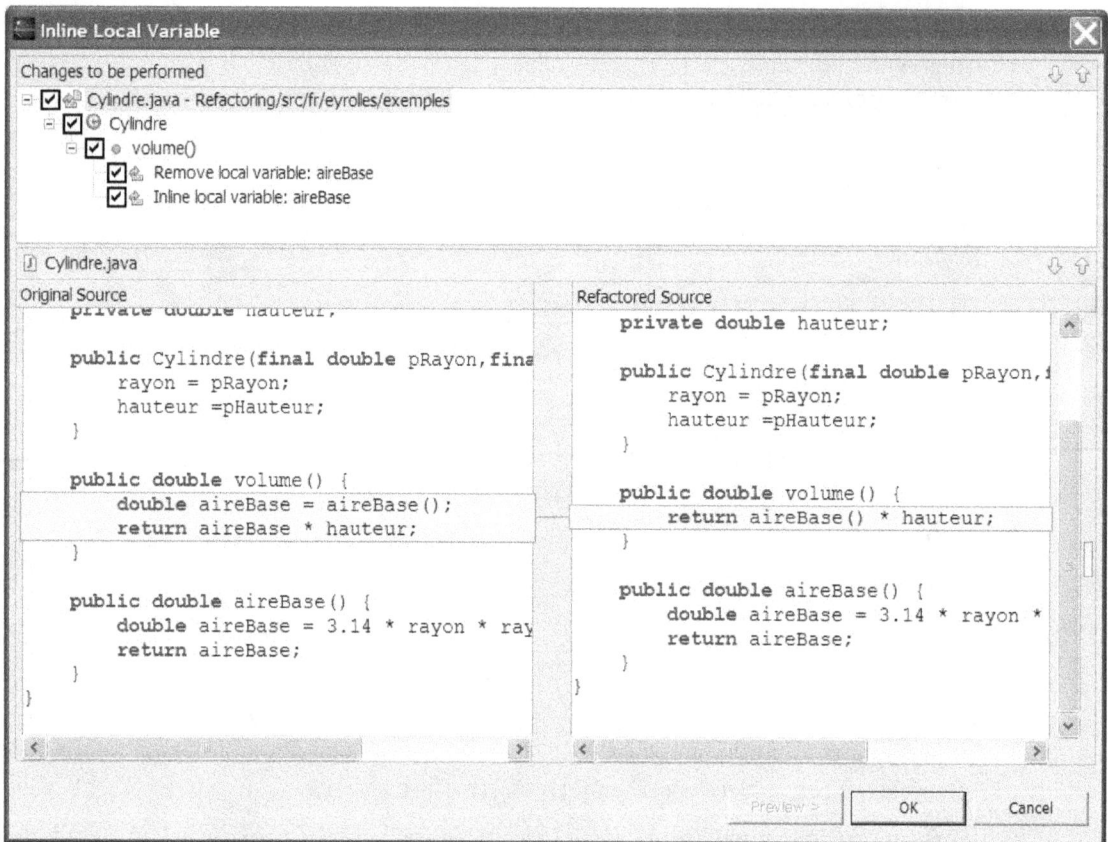

Figure 4.36

Liste des modifications liées au remplacement de la variable locale

La même technique peut être appliquée à la variable locale `aireBase` de la méthode `aireBase`.

Pour finir, grâce à l'assistant, une simple recompilation est nécessaire pour valider ce refactoring.

Remplacement d'une méthode par son corps

Le remplacement d'une méthode par son corps est l'opération inverse de l'extraction de méthode. Cela consiste à remplacer chaque appel de la méthode par les expressions qui constituent son corps, comme l'illustre la figure 4.37.

Certaines méthodes de très petite taille n'apportent que peu de valeur ajoutée par rapport à l'utilisation en direct des expressions qui les composent. C'est typiquement le cas lorsqu'une méthode privée d'une classe ne comporte que quelques lignes et qu'elle n'est appelée que dans un nombre minime d'autres méthodes.

Code originel	Code refondu

```
public class UneClasse  {

    public int methodeA () {
        return expression 1;
    }

    public void methodeB () {
        //...
        resultat  = methodeA * expression2;
    }

}
```

```
public class UneClasse  {

    public void methodeB () {
        //...
        resultat = expression 1 * expression 2;
    }

}
```

Figure 4.37

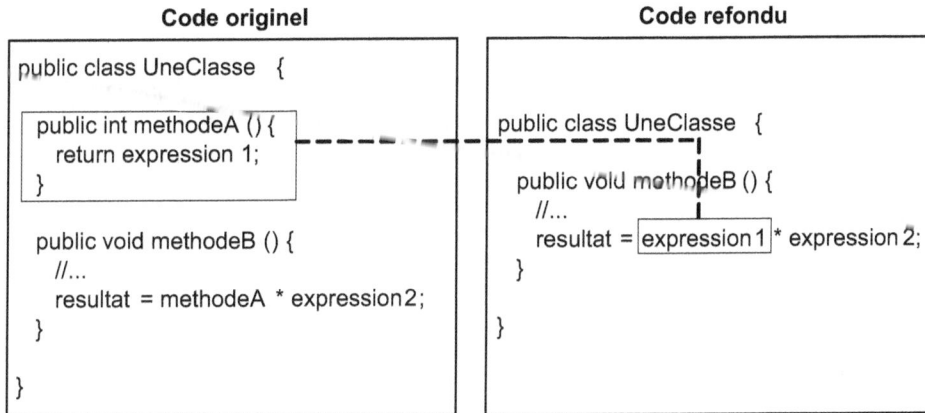

Remplacement d'une méthode par son corps

Cette opération doit être réservée aux méthodes dont la suppression ne nuit pas à la clarté du code, voire l'augmente si la signification de la méthode n'est pas claire — c'est typiquement le cas dans une tentative de réutilisation extrême, et donc inadaptée —, ou permet de gagner en performance dans des méthodes critiques.

Les risques sont proportionnels à la complexité de la méthode à remplacer (nombre de lignes de code et de paramètres) et à son couplage afférent. Dans le cas d'une méthode privée, les risques sont minimes, l'opération étant strictement interne à une classe.

Moyens de détection

Ce type d'opération peut s'avérer nécessaire après une analyse de performance. En effet, les appels à une méthode sont coûteux et peuvent justifier le remplacement des appels aux petites méthodes par leur corps.

Dans tous les cas de figure, une revue de code est nécessaire pour identifier les méthodes devant subir ce type de refonte.

Modalités d'application et tests associés

Une fois tous les appels à la méthode identifiés, il faut remplacer le code de cette dernière par son code. Si la méthode possède des paramètres, il est nécessaire de retoucher le code afin de l'adapter au contexte du bloc de code dans lequel le corps de la méthode a été inséré. Une fois les remplacements terminés, il faut supprimer la méthode.

Sous Eclipse, l'assistant prenant en charge cette opération est le même que celui qui permet le remplacement d'une variable locale par son expression d'initialisation. En fonction de l'élément sélectionné, l'assistant identifie automatiquement s'il s'agit d'une méthode, d'une variable locale ou d'une constante.

Du point de vue de la gestion de configuration, l'opération est classique. Sa longueur dépend du nombre de classes impactées par le remplacement.

Un simple test unitaire des méthodes modifiées permet de s'assurer que le remplacement de la méthode n'a pas eu de conséquence néfaste sur l'exécution. En utilisant l'assistant d'Eclipse, une simple recompilation est suffisante.

Exemple de mise en œuvre

Reprenons le code de la classe `Cylindre`, duquel nous extrayons la méthode `aireBase` et supprimons les variables locales inutiles. Nous obtenons le code suivant :

```
package fr.eyrolles.exemples;
public class Cylindre {
    private double rayon;
    private double hauteur;

    public Cylindre(final double pRayon,final double pHauteur) {
        rayon = pRayon;
        hauteur =pHauteur;
    }

    public double volume() {
        return aireBase() * hauteur;
    }
    public double aireBase() {
        return 3.14 * rayon * rayon;
    }
}
```

Afin de gagner en performance, nous pouvons remplacer l'appel à la méthode `aireBase` par son corps. Pour cela, nous sélectionnons l'appel à la méthode dans l'éditeur de code et choisissons Inline dans le menu Refactor.

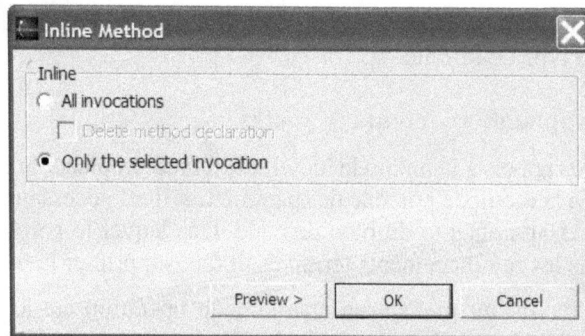

Figure 4.38

Remplacement de la méthode aireBase *par son corps*

Comme nous voulons conserver la méthode `aireBase` et optimiser uniquement la méthode `volume`, nous sélectionnons l'option ne remplaçant que l'appel sélectionné *(voir figure 4.38)*. L'autre option consiste à remplacer tous les appels à la méthode et offre la possibilité de supprimer cette dernière puisqu'elle n'est plus nécessaire.

En cliquant sur le bouton Preview, nous pouvons prévisualiser les modifications introduites par cette opération de refactoring, comme illustré à la figure 4.39.

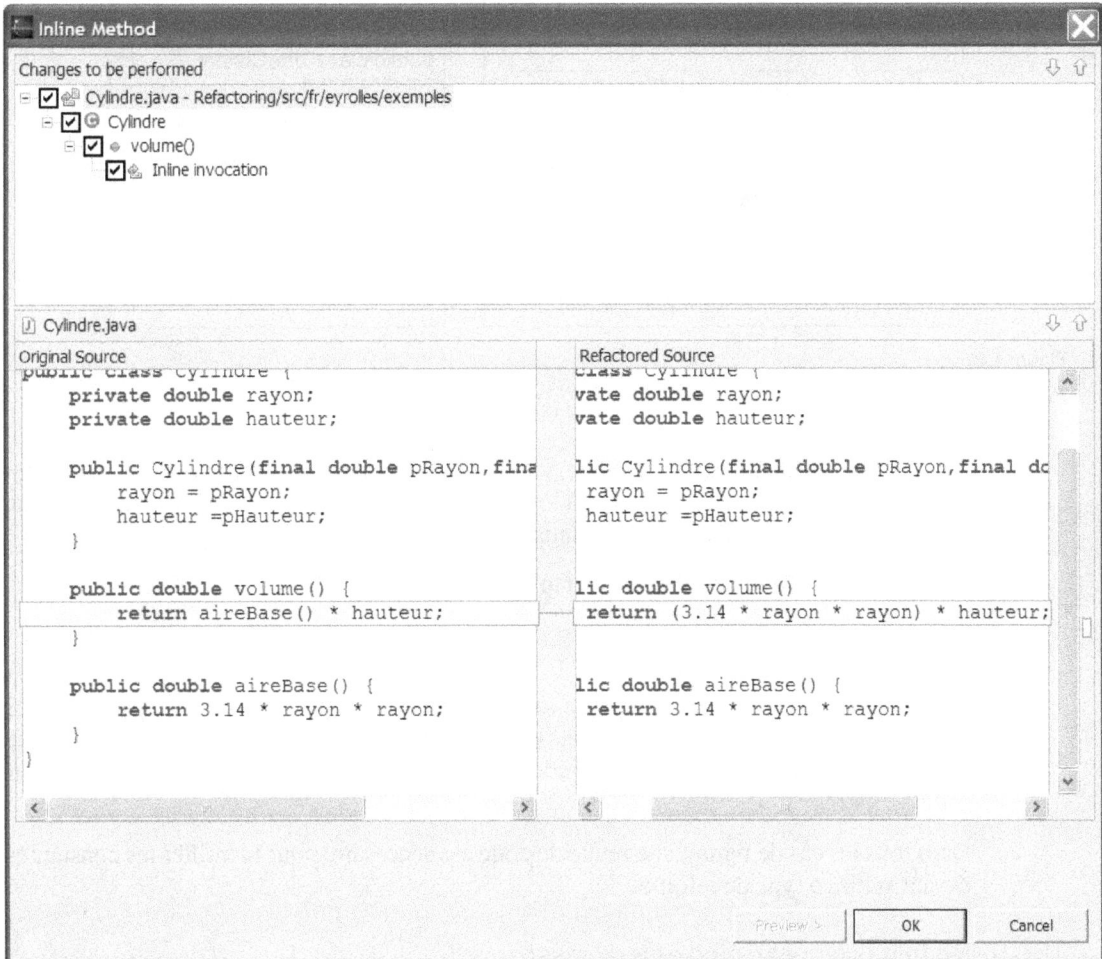

Figure 4.39

Liste des lignes modifiées liées au remplacement de l'appel à la méthode aireBase *par son corps*

Les modifications étant correctes, nous pouvons réaliser de manière effective le refactoring en cliquant sur le bouton OK.

Grâce à l'assistant, une simple recompilation est nécessaire pour valider ce refactoring.

Remplacement d'une constante par sa valeur littérale

Le remplacement d'une constante par sa valeur littérale est l'opération inverse de l'extraction de constante. Elle consiste à remplacer les accès à une variable ou un attribut non modifiable par sa valeur d'initialisation, comme illustré à la figure 4.40.

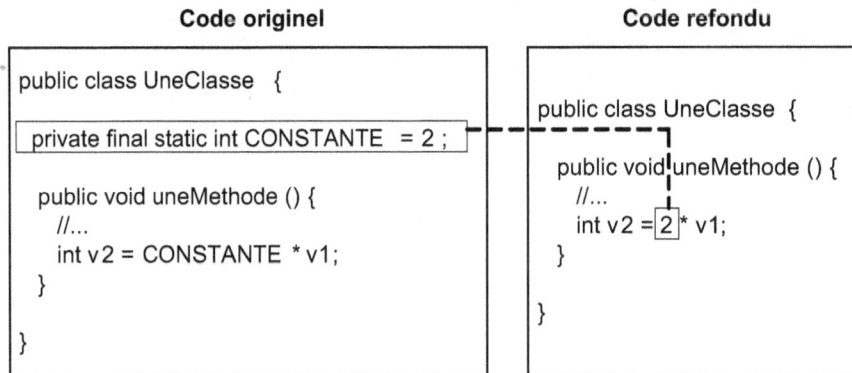

Code originel   **Code refondu**

```
public class UneClasse  {

  private final static int CONSTANTE  = 2 ;

  public void uneMethode () {
    //...
    int v2 = CONSTANTE  * v1;
  }

}
```

```
public class UneClasse  {

  public void uneMethode () {
    //...
    int v2 = 2 * v1;
  }

}
```

Figure 4.40

Remplacement d'une constante par sa valeur

À l'instar de la technique précédente, certaines constantes très peu utilisées n'apportent que peu de valeur ajoutée par rapport à l'utilisation en direct de leur valeur. Il faut cependant veiller à ce que le remplacement ne nuise pas à la clarté du code.

Cette opération de refactoring très simple ne comporte pas de risque particulier.

Moyens de détection

Comme pour la technique précédente, ce type d'opération peut s'avérer nécessaire après une analyse de performance. En effet, les appels à une constante sont plus coûteux que l'utilisation directe d'une valeur littérale et peuvent donc justifier leur remplacement par cette dernière.

Dans tous les cas de figure, une revue de code est nécessaire pour identifier les constantes devant subir ce type de refonte.

Modalités d'application et tests associés

Une fois tous les accès à la constante identifiés, il suffit de les remplacer par la valeur littérale. Une fois les remplacements terminés, il faut supprimer la constante.

Sous Eclipse, l'assistant prenant en charge cette opération est le même que celui dédié au remplacement d'une variable locale par son expression d'initialisation. En fonction de l'élément sélectionné, l'assistant identifie automatiquement s'il s'agit d'une méthode, d'une variable locale ou d'une constante.

Du point de vue de la gestion de configuration, l'opération est classique. Sa longueur dépend du nombre de classes impactées par le remplacement.

Normalement, une simple recompilation suffit à identifier tous les problèmes. Pour un maximum de sécurité, un simple test unitaire des méthodes modifiées permet de s'assurer que le remplacement de la constante par sa valeur littérale n'a pas eu de conséquence néfaste sur l'exécution.

Exemple de mise en œuvre

Reprenons le code de la classe `Disque`, dont nous extrayons la constante `PI` :

```
public class Disque {
    private static final double PI = 3.14;
    private double rayon;
    public Disque(final double pRayon) {
        rayon = pRayon;
    }
    public double perimetre() {
        return PI * rayon * 2;
    }
    public double aire() {
        return PI * rayon * rayon;
    }
}
```

Pour des raisons de performances, il est là encore préférable de remplacer la constante par sa valeur littérale. Pour cela, nous sélectionnons la constante dans l'éditeur de code et choisissons Refactor et Inline.

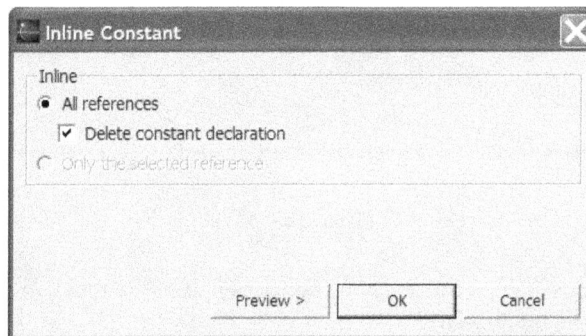

Figure 4.41

Remplacement de la constante PI *par sa valeur littérale*

Nous remplaçons la constante par sa valeur littérale partout dans le code et supprimons la déclaration de la constante *(voir figure 4.41).* L'autre option permet de ne remplacer que la référence sélectionnée.

En cliquant sur le bouton Preview, nous pouvons prévisualiser les modifications introduites par cette opération de refactoring, comme illustré à la figure 4.42.

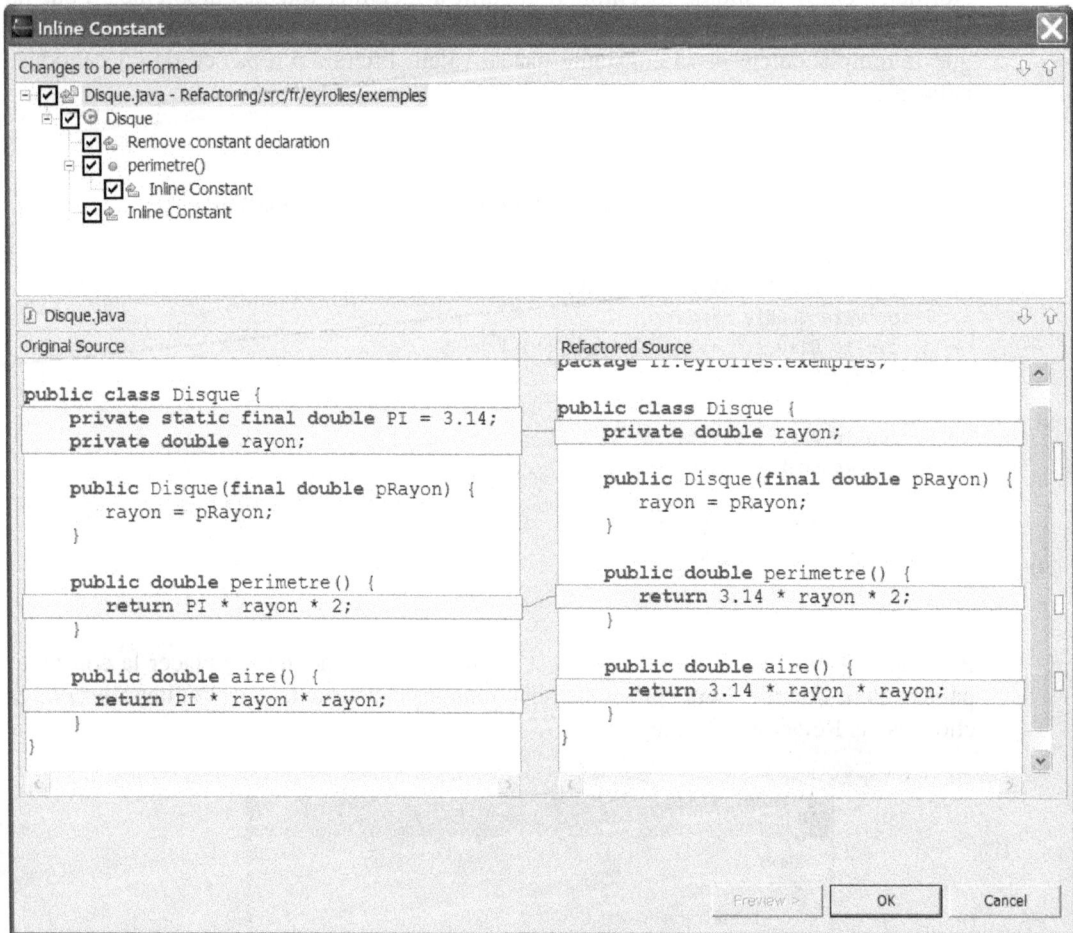

Figure 4.42
Liste des modifications liées au remplacement de la constante PI

Les modifications étant correctes, nous pouvons réaliser de manière effective le refactoring en cliquant sur le bouton OK.

Grâce à l'assistant, une simple recompilation est nécessaire pour valider ce refactoring.

Conclusion

Les différentes techniques que nous venons de présenter constituent le minimum nécessaire pour effectuer un refactoring. Si elles répondent bien aux besoins de refactoring chirurgical, elles s'avèrent insuffisantes pour des opérations plus lourdes. Vous verrez à la partie II de cet ouvrage d'autres techniques répondant à ce besoin.

Nous avons pu constater dans ce chapitre que les tests unitaires étaient indissociables du refactoring, même si les techniques de base sont généralement neutres du point de vue du logiciel. Les tests unitaires ainsi que les outils associés sont étudiés en détail au chapitre 5.

5

Les tests unitaires
pour le refactoring

Comme nous l'avons vu au chapitre précédent, les tests unitaires sont un outil essentiel pour s'assurer qu'une opération de refactoring ne produit pas de régression dans le logiciel.

Ce chapitre présente de manière synthétique deux outils permettant de réaliser des tests unitaires, le framework JUnit et EasyMock, qui permet de réaliser des simulacres d'objets, ou *mock objects*. Ces deux outils permettent de bien saisir les concepts fondamentaux des tests unitaires. En fonction des technologies du logiciel à tester, ils peuvent être complétés par des outils plus spécialisés.

Les tests unitaires avec JUnit

JUnit est un framework Java Open Source créé par Erich Gamma et Kent Beck. Il fournit un ensemble de fonctionnalités permettant de tester unitairement les composants d'un logiciel écrit en Java. D'autres frameworks suivant la même philosophie sont disponibles pour d'autres langages ou pour des technologies spécifiques, comme HTTP. Ils constituent la famille des frameworks xUnit.

Dans les sections suivantes, vous verrez comment manipuler les différents éléments fournis par le framework pour créer des tests unitaires.

Les cas de test

Les cas de test sont une des notions de base de JUnit. Il s'agit de regrouper dans une entité unique, en l'occurrence une classe Java dérivant de `junit.framework.TestCase`, un ensemble de tests portant sur une classe du logiciel. Chaque test est matérialisé sous la forme d'une méthode sans paramètre, sans valeur de retour et dont le nom est préfixé conventionnellement par test.

Squelette d'un cas de test

Supposons que notre logiciel contienne une classe Calc possédant une méthode divise effectuant une division. Pour tester cette méthode, nous pouvons imaginer plusieurs tests : une division par 0, une division par 1 et une division par 2.

Le cas de test correspondant prend la forme suivante avec JUnit :

```
import junit.framework.TestCase;
public class CalcTest extends TestCase {

    public CalcTest(String name) {
        super(name);
    }
    //...
    public void testDiviseBy0() {
        //...
    }

    public void testDiviseBy1() {
        //...
    }

    public void testDiviseBy2() {
        //...
    }
}
```

Notez la présence d'un constructeur faisant appel directement à celui de l'ancêtre de la classe. Ce constructeur est nécessaire pour utiliser la méthode addTest de la classe junit.framework.TestSuite, comme nous le verrons plus loin.

La notion de *fixture*

Dans JUnit, la notion de *fixture,* ou contexte, correspond à un ensemble d'objets utilisés par les tests d'un cas. Typiquement, un cas est centré sur une classe précise du logiciel. Il est donc possible de définir un attribut ayant ce type et de l'utiliser dans tous les tests du cas. Il devient alors une partie du contexte. Le contexte n'est pas partagé par les tests, chacun d'eux possédant le sien, afin de leur permettre de s'exécuter indépendamment les uns des autres.

Il est possible de définir deux méthodes spécifiques pour gérer le contexte : la méthode setUp pour son initialisation et la méthode tearDown pour sa destruction. setUp est appelée avant l'exécution et tearDown à la fin de l'exécution de chaque méthode de test.

Ces deux méthodes se présentent de la manière suivante :

```
public class CalcTest extends TestCase {
    protected void setUp() throws Exception {
        // Création du contexte
    }
    protected void tearDown() throws Exception {
        // Destruction du contexte
    }
    //...
}
```

Pour les tests de la classe Calc, nous pouvons créer un attribut de type Calc et utiliser setUp pour créer une nouvelle instance pour chaque méthode de test :

```
public class CalcTest extends TestCase {
    private Calc calc;
    protected void setUp() throws Exception {
        calc = new Calc();
    }
    //...
}
```

Création de cas de test JUnit sous Eclipse

Sous Eclipse, la création de tests unitaires est simplifiée grâce à des assistants. Il suffit de choisir le menu File puis de sélectionner New et Other. La fenêtre illustrée à la figure 5.1 s'affiche.

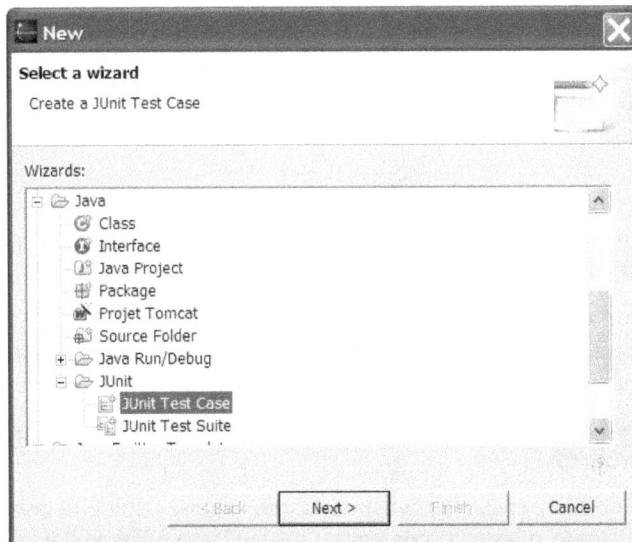

Figure 5.1

Sélection de l'assistant de création d'un test unitaire JUnit

Pour lancer l'assistant, il suffit de cliquer sur le dossier Java afin de voir son contenu puis de cliquer de la même manière sur JUnit et de sélectionner JUnit Test Case. En cliquant sur le bouton Next, la fenêtre illustrée à la figure 5.2 s'affiche.

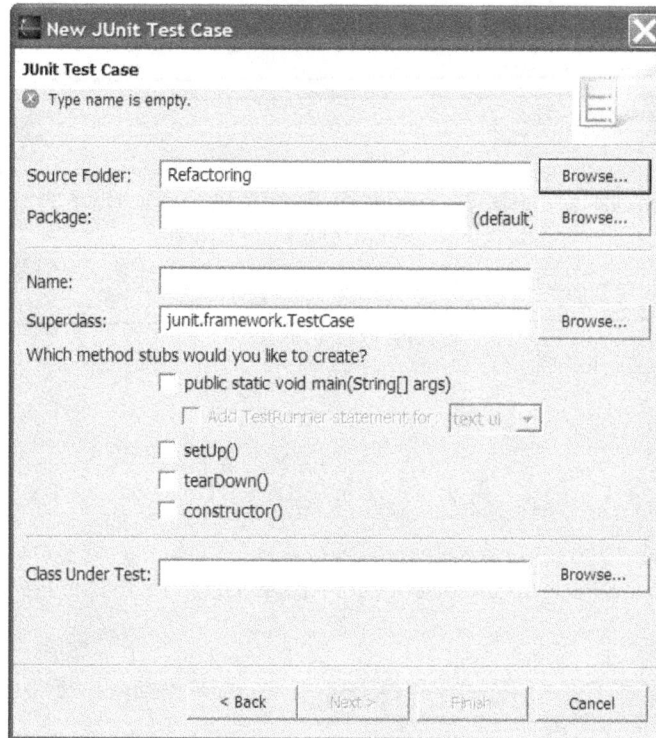

Figure 5.2

L'assistant de création d'un test unitaire JUnit

Comme vous pouvez le constater, cet assistant demande les informations nécessaires pour créer un cas de test (dossier source, package à associer au test unitaire, nom de la classe du test unitaire, classe mère, etc.) :

- Cochez la première case si le cas de test est auto-exécutable, c'est-à-dire s'il a une méthode main. Il est possible de spécifier le lanceur standard JUnit associé (TestRunner). Ces lanceurs sont évoqués plus loin dans le chapitre.

- Cochez les deuxième ou troisième cases si les squelettes des méthodes setUp et tearDown doivent être créés.

- Cochez la dernière case si le constructeur de la classe doit être créé. Il faut notamment cocher cette case si les tests contenus dans la classe générée doivent être inclus individuellement dans une suite de tests *(voir la section suivante)*.

Pour finir, l'assistant offre la possibilité d'associer le cas de test à une classe à tester *via* le bouton Browse. Concrètement, l'assistant génère pour chaque méthode de la classe à tester une méthode préfixée par test et reprenant le nom de la méthode à tester.

En cliquant sur le bouton Finish, vous lancez la génération du squelette du cas de test par l'assistant.

Les assertions et l'échec

Dans JUnit, les assertions sont des méthodes permettant de comparer une valeur obtenue lors du test avec une valeur attendue. Si la comparaison est satisfaisante, le test peut se poursuivre. Dans le cas contraire, il a échoué, et un message d'erreur s'affiche dans l'outil permettant d'exécuter les tests unitaires *(voir plus loin)*.

Les assertions sont héritées de la classe junit.framework.TestCase et leur nom est préfixé par assert.

Pour les booléens, les assertions suivantes sont disponibles :

```
assertEquals (boolean attendu,boolean obtenu) ;
assertFalse (boolean obtenu) ;
assertTrue (boolean obtenu) ;
```

La première assertion permet de vérifier l'égalité de la valeur obtenue par rapport à une autre variable. Les deux autres testent le booléen obtenu sur les deux valeurs littérales possibles, faux ou vrai.

Pour les objets, les assertions suivantes sont disponibles, quel que soit leur type :

```
assertEquals (Object attendu,Object obtenu) ;
assertSame (Object attendu,Object obtenu) ;
assertNotSame (Object attendu,Object obtenu) ;
assertNull (Object obtenu) ;
assertNotNull (Object obtenu) ;
```

assertEquals teste l'égalité de deux objets tandis qu'assertSame teste que attendu et obtenu sont un seul et même objet. Par exemple, deux objets de type java.util.Date peuvent être égaux, c'est-à-dire contenir la même date, sans être pour autant un seul et même objet. assertNotSame vérifie que deux objets sont différents. Les deux dernières assertions testent si l'objet obtenu est nul ou non.

Pour chaque type canonique (int, byte, etc.), une méthode assertEquals est définie, permettant de tester l'égalité entre une valeur attendue et une valeur obtenue. Dans le cas des types canoniques correspondant à des nombres réels (float, double), un paramètre supplémentaire, le delta, est nécessaire, car les comparaisons ne peuvent être tout à fait exactes du fait des arrondis.

Il existe une variante pour chaque assertion prenant une chaîne de caractères en premier paramètre (devant les autres). Cette chaîne de caractères contient le message à afficher si le test échoue au moment de son exécution.

Les assertions ne permettent pas de capter tous les cas d'échec d'un test. Pour ces cas de figure, JUnit fournit la méthode `fail` sous deux variantes : une sans paramètre et une avec un paramètre, permettant de donner le message d'erreur à afficher sous forme de chaîne de caractères. L'appel à cette méthode entraîne l'arrêt immédiat du test en cours et l'affiche en erreur dans l'outil d'exécution des tests unitaires.

Reprenons notre exemple `CalcTest`. Il se présente désormais de la manière suivante :

```java
public class CalcTest extends TestCase {
    private Calc calc;
    public CalcTest(String name) {
        super(name);
    }

    protected void setUp() throws Exception {
        calc = new Calc();
    }
    public void testDiviseBy0() {
        double resultat = calc.divise(10,0);
        // Le résultat attendu est l'infini
        assertTrue(Double.isInfinite(resultat));
    }

    public void testDiviseBy1() {
        double resultat = calc.divise(10,1);
        // Le résultat attendu est 10 (delta=0)
        assertEquals(10,resultat,0);
    }

    public void testDiviseBy2() {
        double resultat = calc.divise(10,2);
        // Le résultat attendu est 5 (delta=0)
        assertEquals(5,resultat,0);
    }
}
```

Les suites de tests

Les cas de test sont généralement très nombreux pour un logiciel. Afin de simplifier le lancement de ces différents tests, il peut être intéressant de les regrouper dans un ou plusieurs ensembles permettant de commander leur exécution de manière collective.

Dans JUnit, de tels ensembles sont appelés des suites de tests. Une suite de tests est définie grâce à la classe `junit.framework.TestSuite` du framework. Pour cela, il suffit de créer une instance de cette classe et d'utiliser ses méthodes `addTest` et `addTestSuite`.

La méthode *addTest*

La méthode addTest est utilisée pour ajouter un test unique à la suite, c'est-à-dire une méthode test particulière. Par exemple, pour CalcTest, si nous désirons créer une suite exécutant les tests de la division par 0 et par 2, nous écrivons le code suivant :

```
TestSuite suite = new TestSuite("Test de la division par 0 et par 2") ;
suite.addTest(new CalcTest("testDiviseBy0")) ;
suite.addTest(new CalcTest("testDiviseBy2")) ;
```

Nous constatons que nous utilisons le constructeur de CalcTest pour sélectionner le test à inclure dans la suite, d'où l'importance de le définir, faute de quoi le cas de test ne peut être inclus dans une suite.

La méthode *addTestSuite*

La méthode addTestSuite permet d'inclure automatiquement tous les tests contenus dans un cas de test.

Supposons que nous ayons deux cas de test, CalcTest et DataTest. Le code suivant montre comment créer une suite permettant de regrouper la totalité de leurs tests dans une seule et même suite :

```
TestSuite suite = new TestSuite("Tests de CalcTest et DataTest");
suite.addTestSuite(DataTest.class);
suite.addTestSuite(CalcTest.class);
```

Encapsulation d'une suite

Pour exécuter une suite de tests, il est nécessaire de créer une classe qui sera utilisée par un des lanceurs de JUnit. Cette classe doit comporter une méthode statique sans paramètre appelée suite, renvoyant un objet de type junit.framework.Test (il s'agit d'une interface implémentée notamment par junit.framework.TestSuite).

Pour notre exemple, cette classe est la suivante :

```
import junit.framework.Test;
import junit.framework.TestSuite;

public class MaSuite {

    public static Test suite() {
        TestSuite suite = new TestSuite("Tests...");
        suite.addTestSuite(DataTest.class);
        suite.addTestSuite(CalcTest.class);
        return suite;
    }
}
```

Création d'une suite de tests JUnit sous Eclipse

Pour créer une suite de tests, il suffit de choisir File puis de sélectionner New et Other. Dans la fenêtre qui s'affiche comme illustré à la figure 5.3, il suffit de sélectionner JUnit Test Suite et de cliquer sur le bouton Next.

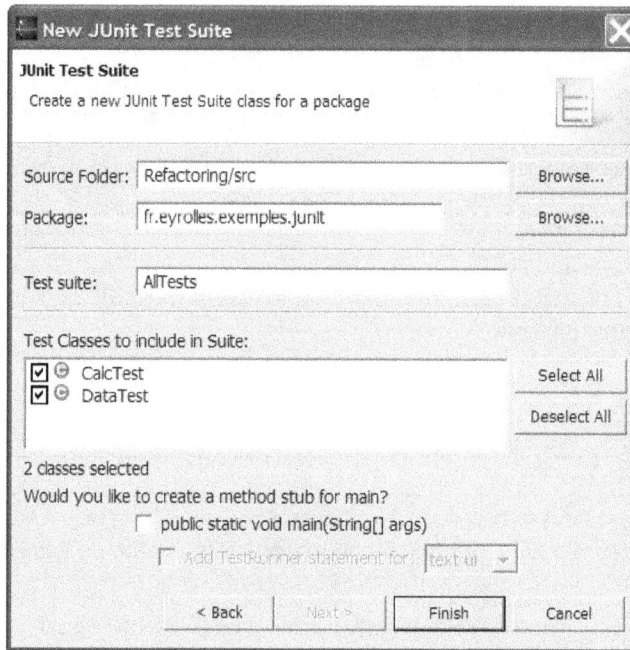

Figure 5.3

Assistant de création d'une suite de tests

Grâce à cet assistant, vous pouvez sélectionner les cas de test à ajouter à la suite (la liste des cas disponibles est fournie automatiquement).

Comme pour la création d'un cas de test, il est possible de générer automatiquement la méthode main ainsi que le lanceur standard JUnit associé *(voir la section suivante)*.

En cliquant sur le bouton Finish, vous lancez la génération de la suite.

Exécution des tests

Une fois les cas de test et les suites de tests définis, il est nécessaire de les exécuter pour vérifier le logiciel.

Les lanceurs standards de JUnit

Comme expliqué précédemment, JUnit propose plusieurs lanceurs standards (TestRunners) pour exécuter les cas de test et les suites de tests :

• lanceur en mode texte ;

• lanceur en mode graphique reposant sur la bibliothèque AWT ;

• lanceur en mode graphique reposant sur la bibliothèque Swing.

Pour utiliser le lanceur en mode texte dans un cas de test (ici `CalcTest`), il suffit de créer une méthode `main` de la manière suivante :

```
public static void main(String[] args) {
    junit.textui.TestRunner.run(CalcTest.class);
}
```

La classe `junit.textui.TestRunner` est appelée en lui passant en paramètre la classe du cas de test (et non une instance) à exécuter. Cette méthode `main` peut être écrite soit directement dans la classe du cas de test, comme dans cet exemple, soit dans une classe spécifique.

Si vous exécutez `CalcTest`, vous obtenez le résultat suivant dans la console Java :

```
...
Time: 0,01
OK (3 tests)
```

Ce résultat indique de manière laconique que les trois tests définis dans `CalcTest` se sont bien exécutés.

Pour utiliser le lanceur fondé sur AWT, il faut coder la méthode `main` comme ceci :

```
public static void main(String[] args) {
    junit.awtui.TestRunner.run(CalcTest.class);
}
```

Si vous exécutez `CalcTest`, la fenêtre illustrée à la figure 5.4 s'affiche.

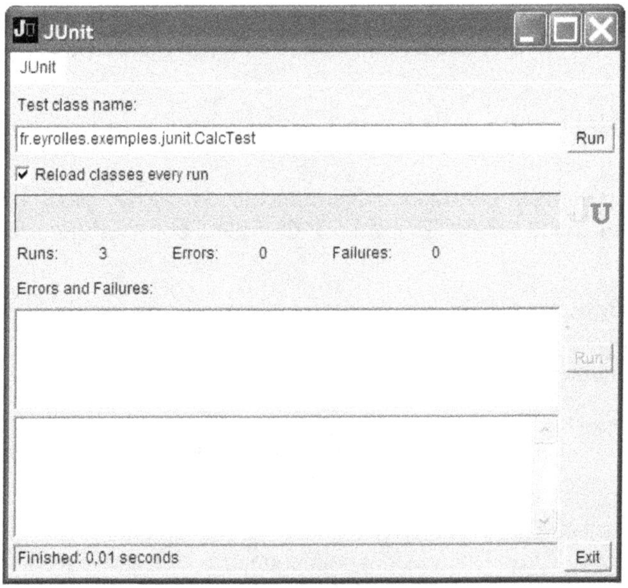

Figure 5.4

Le lanceur fondé sur AWT

De la même manière, pour utiliser le lanceur fondé sur Swing, il suffit de modifier légèrement le code de la méthode main précédent (changement en gras) :

```
public static void main(String[] args) {
    junit.swingui.TestRunner.run(CalcTest.class);
}
```

Si vous exécutez CalcTest, la fenêtre illustrée à la figure 5.5 s'affiche.

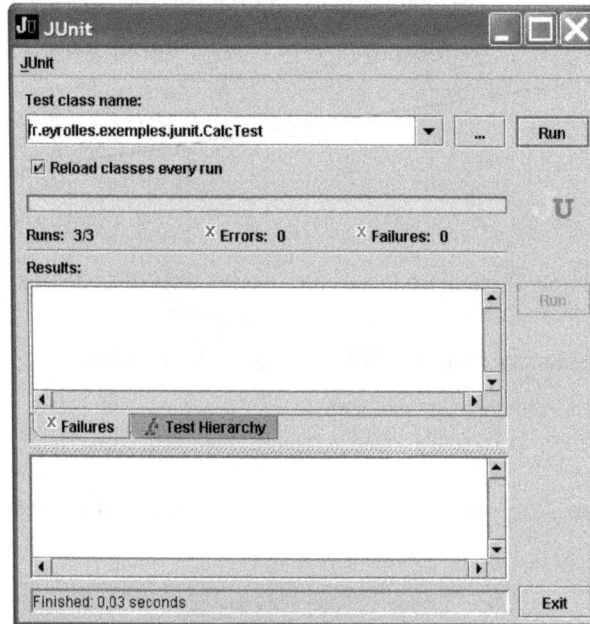

Figure 5.5

Le lanceur fondé sur Swing

Vous pouvez constater que le lanceur Swing est plus sophistiqué graphiquement que celui fondé sur AWT (présence d'onglets pour visionner les échecs et la hiérarchie des tests).

Pour exécuter une suite de tests, la démarche est similaire. Il faut créer une méthode main utilisant la méthode suite. Pour la suite AllTests créée précédemment, elle se présente de la manière suivante :

```
public static void main(String[] args) {
    junit.textui.TestRunner.run(AllTests.suite());
}
```

Comme vous le constatez, le lanceur prend comme paramètre le résultat de la méthode suite (en gras dans le code) pour connaître les tests à exécuter. Cette méthode main peut être définie soit dans la même classe que la méthode suite, soit dans une classe spécifique.

Le lanceur JUnit intégré à Eclipse

Eclipse propose son propre lanceur JUnit parfaitement intégré à l'environnement de développement.

Pour l'utiliser, il n'est pas nécessaire de créer une méthode `main` spécifique, à la différence des lanceurs standards. Il suffit de sélectionner l'explorateur de package et le fichier du cas de test ou de la suite par clic droit et de choisir Run dans le menu contextuel. Parmi les choix proposés par ce dernier, il suffit de sélectionner JUnit Test.

Une vue JUnit s'ouvre alors pour vous permettre de consulter le résultat de l'exécution des tests. Si tel n'est pas le cas, vous pouvez l'ouvrir en choisissant Window puis Show view et Other. Une liste hiérarchisée s'affiche, dans laquelle il suffit de sélectionner JUnit dans le dossier Java et de cliquer sur le bouton OK *(voir figure 5.6)*.

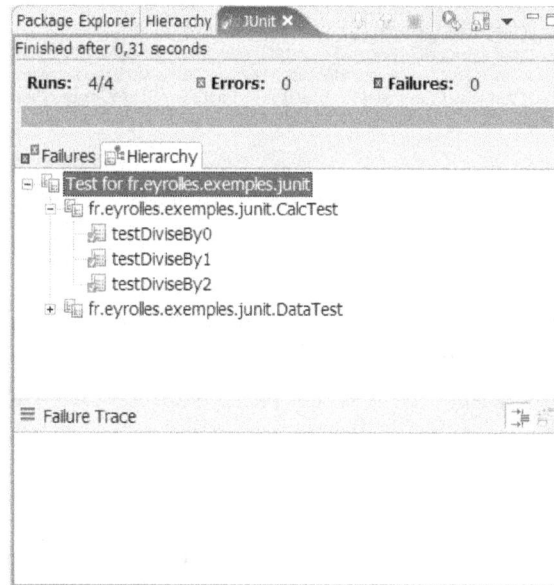

Figure 5.6

La vue JUnit intégrée à Eclipse

L'intérêt de ce lanceur est sa gestion des échecs après l'exécution des tests.

Si nous modifions `CalcTest` de manière que deux tests échouent (il suffit pour cela de mettre une valeur attendue absurde qui ne sera pas respectée par la classe testée), nous obtenons dans le lanceur le résultat illustré à la figure 5.7.

Les échecs *(failures)* sont indiqués par une croix bleue et les succès par une marque verte. En cliquant sur un test ayant échoué, la trace d'exécution est affichée dans la zone Failure Trace. En double-cliquant sur le test, son code source est immédiatement affiché dans l'éditeur de code d'Eclipse.

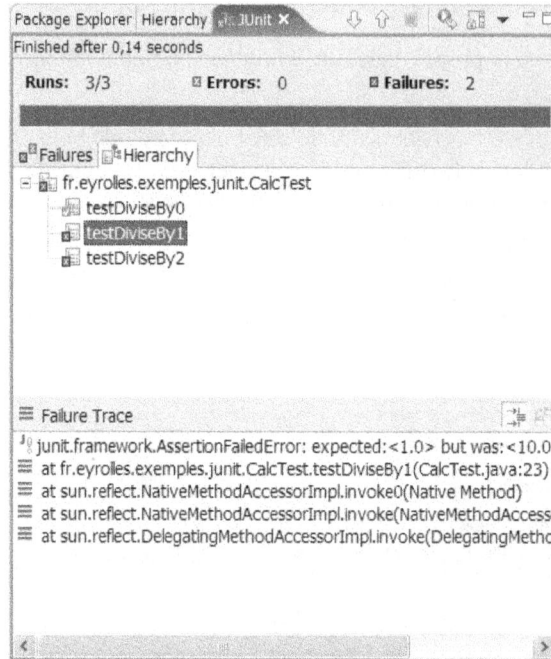

Figure 5.7

Gestion des échecs dans la vue JUnit d'Eclipse

À partir des résultats des tests, le développeur peut naviguer directement dans son code et le corriger dans Eclipse, ce qui n'est pas possible avec les lanceurs standards de JUnit.

Au-delà de JUnit

JUnit fournit un socle pour les tests unitaires mais n'a pas vocation à tester unitairement des composants reposant sur des technologies complexes, comme J2EE. De ce fait, plusieurs frameworks ont été développés pour adresser des problématiques techniques particulières.

Pour tester des applications J2EE, la communauté Open Source propose notamment les frameworks suivants :

• HttpUnit, pour tester les interfaces Web *(http://httpunit.sourceforge.net)* ;

• Cactus, pour tester les EJB et les servlets *(http://jakarta.apache.org/cactus/)* ;

• StrutsTestCase for JUnit, pour tester les applications Web développées avec le framework MVC Struts *(http://strutstestcase.sourceforge.net/)*.

Les simulacres d'objets avec EasyMock

Le framework JUnit constitue un socle pour réaliser des tests unitaires, mais il n'offre aucune fonctionnalité spécifique pour tester les relations entre les différents objets manipulés lors d'un test. Il est de ce fait difficile d'isoler les dysfonctionnements de l'objet testé de ceux qu'il manipule.

Afin de combler ce vide, il est possible d'utiliser des simulacres d'objets *(mock objects)*. Comme leur nom l'indique, ces simulacres simulent le comportement d'objets réels. Il leur suffit pour cela d'hériter de la classe ou de l'interface de l'objet réel et de surcharger chaque méthode publique. Le comportement de chaque méthode est ainsi redéfini selon un scénario conçu spécifiquement pour le test unitaire et donc parfaitement maîtrisé.

Par exemple, si nous testons un objet faisant appel à un autre objet accédant à une base de données, nous pouvons remplacer ce dernier par un simulacre. Ce simulacre ne se connectera pas à la base de données mais renverra des données statiques spécialement définies pour le test unitaire. Nous isolons de la sorte l'objet testé des contingences spécifiques de l'objet accédant à la base de données.

Plusieurs frameworks permettent de créer ces simulacres. Pour les besoins de l'ouvrage, nous avons choisi EasyMock, qui est l'un des plus simples d'utilisation.

Cette section n'introduit que les fonctionnalités principales d'EasyMock. Pour plus d'informations, consultez le site Web dédié, à l'adresse *http://www.easymock.org.*

Les simulacres bouchons

Les simulacres les plus simples sont les bouchons, ou *stubs*. Ils consistent à définir, à partir d'une interface ou d'une classe du logiciel, une implémentation simulant le comportement d'un objet réel. Cette simulation consiste généralement, pour chaque méthode implémentée, à renvoyer des valeurs prédéfinies.

Par exemple, supposons que nous désirions tester une classe appelée ConsommateurJeton, dont le code est reproduit ci-dessous :

```
package fr.eyrolles.exemples.mock;
public class ConsommateurJeton implements Runnable {
    private String nom;
    private IGestionnaireJeton manager;

    public ConsommateurJeton(String pNom,IGestionnaireJeton pMngr){
        nom = pNom;
        manager = pMngr;
    }

    public void run() {
        System.out.println("Lancement de "+ nom +
          " : le gestionnaire de jeton a " +
          manager.getNbreJetons() + " jeton(s).");
```

```
    Jeton jeton = manager.prendJeton(nom);
    System.out.println(nom + " a le jeton " + jeton.getNumero());
    manager.rendJeton(nom,jeton);

    try {
        Thread.sleep(100);
    }
    catch(InterruptedException e) {
        System.out.println(e);
    }

    jeton = manager.prendJeton(nom);
    System.out.println(nom + " a le jeton " + jeton.getNumero());
    manager.rendJeton(nom,jeton);
    }
}
```

Cette classe comporte une méthode run dont l'exécution nécessite un jeton pour afficher
des données sur la console Java. Ce jeton est fourni par un gestionnaire, dont l'interface
est la suivante :

```
package fr.eyrolles.exemples.mock;
public interface IGestionnaireJeton {
    public Jeton prendJeton(String pConsommateur);
    public void rendJeton(String pConsommateur,Jeton pJeton);
    public int getNbreJetons();
}
```

Les méthodes prendJeton et rendJeton possèdent toutes deux un paramètre pConsommateur,
qui leur fournit le nom du consommateur, un même gestionnaire étant partagé par
plusieurs consommateurs.

La classe Jeton est quant à elle très élémentaire puisque le jeton ne véhicule aucun
comportement particulier :

```
package fr.eyrolles.exemples.mock;
public class Jeton {
    private int numero;

    public Jeton(int pNumero) {
        numero = pNumero;
    }

    public int getNumero() {
        return numero;
    }

    public void setNumero(int pNumero) {
        numero = pNumero;
    }
}
```

Pour tester la classe `ConsommateurJeton` indépendamment de l'implémentation du gestionnaire de jeton, nous créons un simulacre bouchon simulant le fonctionnement d'un véritable gestionnaire de jeton.

Bien entendu, comme il s'agit d'une simulation, le simulacre est nécessairement plus simple que le véritable gestionnaire de jeton. Sinon, quel serait l'intérêt de le simuler ?

Avec EasyMock, la création d'un simulacre s'effectue dans le cadre d'un cas de test (au sens JUnit).

Avant de programmer, définissons rapidement le comportement de notre simulacre pour chaque méthode à implémenter :

- Pour la méthode `getNbreJetons`, censée renvoyer le nombre de jetons disponibles auprès du gestionnaire, le simulacre renvoie systématiquement 1 (toute valeur supérieure à 0 conviendrait).

- Pour la méthode `prendJeton`, censée renvoyer un jeton, le simulacre renvoie une nouvelle instance de la classe `Jeton` avec le même numéro.

- Pour la méthode `rendJeton`, censée remettre le jeton dans la liste des jetons disponibles auprès du gestionnaire, aucun comportement n'est défini puisque nous ne gérons pas les jetons dans le simulacre.

Maintenant que nous avons défini le comportement du simulacre, nous pouvons le définir au sein d'un cas de test :

```
package fr.eyrolles.exemples.mock;

import junit.framework.TestCase;
import org.easymock.MockControl;

public class ConsoJetonBouchonTest extends TestCase {

    private ConsommateurJeton consommateur;
    private IGestionnaireJeton manager;
    private MockControl control;
    private Jeton jeton;

    protected void setUp() throws Exception {
        // Création du simulacre
        control = MockControl.createControl(IGestionnaireJeton.class);
        manager = (IGestionnaireJeton) control.getMock();
        jeton = new Jeton(1);
        manager.getNbreJetons();
        control.setDefaultReturnValue(1);
        manager.prendJeton("Observé");
        control.setDefaultReturnValue(jeton);
        manager.rendJeton("Observé",jeton);
        control.setDefaultVoidCallable();
        // Création de l'instance à tester
        consommateur = new ConsommateurJeton("Observé", manager);
    }
```

```
public void testConsommateur() {
  control.replay();
  consommateur.run();
  control.verify();
}

protected void tearDown() throws Exception {
    control.reset();
}
}
```

Nous avons redéfini la méthode setUp (héritée de TestCase) afin de créer le simulacre et l'instance de l'objet à tester. La création du simulacre consiste à créer une instance d'objet implémentant l'interface IGestionnaireJeton. Cette opération s'effectue en deux temps :

1. Création d'un contrôleur (control) en utilisant la méthode createControl de la classe MockControl. Cette méthode prend en paramètre l'interface que le simulacre doit implémenter.

2. Appel de la méthode getMock de l'objet control afin d'obtenir le simulacre proprement dit.

Pour que le simulacre fonctionne, il est nécessaire de spécifier le comportement de chacune de ses méthodes publiques. Il suffit pour cela de les appeler une à une. Chaque appel doit être suivi d'un appel à une méthode setDefaultReturnValue du contrôleur pour spécifier la valeur de retour de la méthode venant d'être appelée. Si la méthode n'a pas de valeur de retour (void), il suffit d'appeler setDefaultVoidCallable.

La méthode setUp se termine par la création d'une instance de ConsommateurJeton (sujet du test).

La méthode tearDown est elle aussi redéfinie afin qu'elle réinitialise le simulacre à la fin du test *via* la méthode reset du contrôleur.

Le test implémenté dans la méthode testConsommateur commence par appeler la méthode replay du contrôleur, indiquant à ce dernier que la phase d'enregistrement du comportement du simulacre est terminée et que le test commence. La méthode run est ensuite appelée, suivie d'un appel à la méthode verify du contrôleur afin de vérifier que le simulacre a été correctement utilisé (un exemple de mauvaise utilisation serait d'appeler une méthode dont le comportement n'a pas été spécifié).

Si nous exécutons le cas de test, nous obtenons le résultat suivant dans la console Java (produit par la classe ConsommateurJeton) :

```
Lancement de Bouchonné : le gestionnaire de jeton a 1 jeton(s).
Bouchonné a le jeton 1
Bouchonné a le jeton 1
```

Nous constatons que l'utilisation du simulacre est totalement transparente pour la classe `ConsommateurJeton`. Par ailleurs, l'exécuteur du cas de test ne signale aucune erreur, comme l'illustre la figure 5.8.

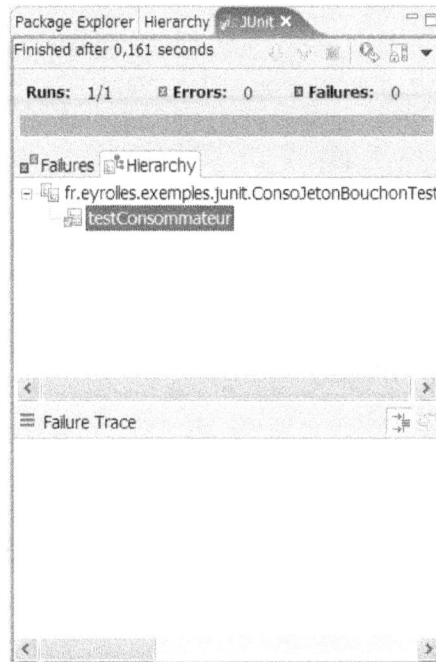

Figure 5.8

Exécution du cas de test avec bouchon

Signalons pour terminer qu'il est possible de définir plusieurs comportements différents pour une même méthode en fonction de la valeur des paramètres qui lui sont passés :

```
simulacre.ditBonjour("Jean");
control.setDefaultReturnValue("Bonjour X");
control.setReturnValue("Bonjour Jean");

simulacre.ditBonjour("Philippe");
control.setReturnValue("Bonjour Philippe");
```

Si nous appelons la méthode `bonjour` dans un cas de test avec `Jean`, `Philippe` puis `François`, nous obtenons le résultat suivant :

```
Bonjour Jean
Bonjour Philippe
Bonjour X
```

Nous constatons que `setDefaultReturnValue` définit la valeur par défaut de la méthode alors que `setReturnValue` associe la valeur de retour aux valeurs des paramètres passés à la méthode.

Si une méthode dont le comportement n'est pas défini est appelée, une erreur est générée. Il est possible d'affecter un comportement par défaut à chaque méthode en utilisant la méthode `createNiceControl` du contrôleur. Son intérêt est toutefois limité, car ce comportement consiste à renvoyer `0`, `false` ou `null` comme valeur de retour.

Les simulacres avec contraintes

Le framework EasyMock permet d'aller plus loin dans les tests d'une classe en spécifiant la façon dont les méthodes du simulacre doivent être utilisées. Au-delà de la simple définition de méthodes bouchons, il est possible de définir des contraintes sur la façon dont elles sont utilisées, à savoir le nombre de fois où elles sont appelées et l'ordre dans lequel elles le sont.

Définition du nombre d'appels

EasyMock permet de spécifier pour chaque méthode bouchon des attentes en terme de nombre d'appels. La manière la plus simple de définir cette contrainte est de ne pas définir de valeur par défaut.

En effet, EasyMock s'attend à ce qu'une méthode soit appelée une seule fois pour une combinaison de paramètres donnée. Dans l'exemple précédent, si nous appelons la méthode `ditBonjour` avec le paramètre `Jean` au lieu de `François`, nous obtenons le résultat suivant :

```
Bonjour Jean
Bonjour Philippe
Bonjour X
```

Si nous supprimons l'appel à `setDefaultReturnValue`, une erreur d'exécution est générée, comme illustré à la figure 5.9.

```
≡ Failure Trace                                                        ⊹⊟
J¡ junit.framework.AssertionFailedError:
    Unexpected method call ditBonjour("François"):
    ditBonjour("François"): expected: 0, actual: 1
≡ at org.easymock.internal.ObjectMethodsFilter.invoke(ObjectMethodsFilter.java:44)
≡ at org.easymock.classextension.MockClassControl$2.intercept(MockClassControl.java:67)
≡ at fr.eyrolles.exemples.mock.GestionnaireJeton$$EnhancerByCGLIB$$4d22b328.ditBonjour(<generated>)
≡ at fr.eyrolles.exemples.mock.ConsoJetonBouchonTest.testConsommateur(ConsoJetonBouchonTest.java:45)
≡ at sun.reflect.NativeMethodAccessorImpl.invoke0(Native Method)
≡ at sun.reflect.NativeMethodAccessorImpl.invoke(NativeMethodAccessorImpl.java:39)
≡ at sun.reflect.DelegatingMethodAccessorImpl.invoke(DelegatingMethodAccessorImpl.java:25)
```

Figure 5.9

Appel inattendu à la méthode ditBonjour

L'erreur affichée indique que l'appel à la méthode `ditBonjour("François")` est inattendu *(unexpected)*. Le nombre d'appel de ce type attendu *(expected)* et effectif *(actual)* est précisé. En l'occurrence, le nombre attendu d'appel est 0, et le nombre effectif 1.

De même, si la méthode `ditBonjour` n'est pas appelée avec le paramètre `Philippe`, une erreur est générée puisque EasyMock s'attend à ce qu'elle soit appelée de cette manière.

Pour définir un nombre exact de fois où une méthode doit être appelée, il faut spécifier celui-ci en deuxième paramètre de la méthode `setReturnValue` et en premier de la méthode `setVoidCallable` du contrôleur. Ainsi, si nous voulons que la méthode `bonjour` soit appelée deux fois avec `Jean` et une seule fois avec `Philippe`, nous modifions notre code de la manière suivante :

```
simulacre.ditBonjour("Jean");
control.setDefaultReturnValue("Bonjour X");
control.setReturnValue("Bonjour Jean",2);

simulacre.ditBonjour("Philippe");
control.setReturnValue("Bonjour Philippe");
```

Si nous exécutons notre test avec ce nouveau simulacre, nous obtenons le résultat suivant :

```
Bonjour Jean
Bonjour Philippe
Bonjour Jean
```

Si nous rétablissons la valeur par défaut (ligne barrée) et que nous appelions trois fois au lieu de deux la méthode `ditBonjour` avec le paramètre `Jean`, nous obtenons le résultat suivant :

```
Bonjour Jean
Bonjour Philippe
Bonjour Jean
Bonjour X
```

Ce nombre fixe pouvant être très contraignant, il est possible de spécifier un intervalle dans lequel doit se trouver le nombre d'appel effectif. Les bornes minimale et maximale sont spécifiées respectivement en deuxième et troisième paramètres de `setReturnValue` (premier et deuxième paramètres de `setVoidCallable`).

Pour la méthode `ditBonjour`, nous pouvons spécifier qu'elle peut être appelée entre une et trois fois avec le paramètre `Jean` de la manière suivante :

```
simulacre.ditBonjour("Jean");
control.setReturnValue("Bonjour Jean",1,3);
```

Il est possible de définir deux types d'intervalles non bornés pour le maximum :

```
simulacre.ditBonjour("Jean");
control.setReturnValue("Bonjour Jean",MockControl.ZERO_OR_CONTROL);

simulacre.ditBonjour("Philippe");
control.setReturnValue("Bonjour Philippe",MockControl.ONE_OR_CONTROL);
```

Ici, la méthode ditBonjour avec Jean peut être appelée zéro ou plusieurs fois. Avec Philippe, elle doit être appelée une ou plusieurs fois.

Définition de l'ordre d'appel des méthodes

L'ordre d'appel des méthodes est important pour tester la façon dont un objet manipule les autres. Avec EasyMock, nous pouvons définir l'ordre dans lequel les méthodes d'un simulacre doivent être appelées.

Dans notre premier exemple, la méthode prendJeton doit être systématiquement appelée par ConsommateurJeton avant la méthode rendJeton. La méthode createControl du contrôleur ne prend pas en compte l'ordre d'appel des méthodes du simulacre.

Nous définissons la méthode setUp de ConsoJetonBouchonTest de la manière suivante :

```
protected void setUp() throws Exception {
    // Création du simulacre
    control = MockControl.createControl(IGestionnaireJeton.class);
    manager = (IGestionnaireJeton) control.getMock();
    jeton = new Jeton(1);
    manager.getNbreJetons();
    control.setReturnValue(1);
    manager.prendJeton("Observé");
    control.setReturnValue(jeton,2);
    manager.rendJeton("Observé",jeton);
    control.setVoidCallable(2);
    // Création de l'instance à tester
    consommateur = new ConsommateurJeton("Observé", manager);
}
```

Si nous utilisons ce cas de test, aucune erreur d'utilisation du simulacre n'est signalée. En effet, la méthode run de consommateur est conforme aux contraintes spécifiées dans le simulacre.

Pour tenir compte de l'ordre, il suffit de remplacer la méthode createControl du contrôleur par createStrictControl. Si nous effectuons cette modification sur le code précédent sans autre modification, nous obtenons le résultat illustré à la figure 5.10.

Nous constatons que l'erreur indique l'appel inattendu *(unexpected)* de la méthode rendJeton telle qu'attendue par EasyMock.

```
Failure Trace
junit.framework.AssertionFailedError:
  Unexpected method call rendJeton("Observé", fr.eyrolles.exemples.mock.Jeton@18e2b22):
    rendJeton("Observé", fr.eyrolles.exemples.mock.Jeton@18e2b22): expected: 0, actual: 1
    prendJeton("Observé"): expected: 2, actual: 1
at org.easymock.internal.ObjectMethodsFilter.invoke(ObjectMethodsFilter.java:44)
at $Proxy0.rendJeton(Unknown Source)
at fr.eyrolles.exemples.mock.ConsommateurJeton.run(ConsommateurJeton.java:20)
at fr.eyrolles.exemples.mock.ConsoJetonBouchonTest.testConsommateur(ConsoJetonBouchonTest.java:31)
at sun.reflect.NativeMethodAccessorImpl.invoke0(Native Method)
at sun.reflect.NativeMethodAccessorImpl.invoke(NativeMethodAccessorImpl.java:39)
at sun.reflect.DelegatingMethodAccessorImpl.invoke(DelegatingMethodAccessorImpl.java:25)
```

Figure 5.10
Résultat du non-respect de l'ordre d'appel

Pour définir l'ordre d'appel de deux appels successifs à `prendJeton` et `rendJeton`, nous devons modifier la méthode `setUp` de la manière suivante :

```
protected void setUp() throws Exception {
    // Création du simulacre
    control =
       MockControl.createStrictControl(IGestionnaireJeton.class);
    manager = (IGestionnaireJeton) control.getMock();
    jeton = new Jeton(1);
    manager.getNbreJetons();
    control.setReturnValue(1);
    manager.prendJeton("Observé");
    control.setReturnValue(jeton);
    manager.rendJeton("Observé",jeton);
    control.setVoidCallable();
    manager.prendJeton("Observé");
    control.setReturnValue(jeton);
    manager.rendJeton("Observé",jeton);
    control.setVoidCallable();
    // Création de l'instance à tester
    consommateur = new ConsommateurJeton("Observé", manager);
}
```

En exécutant le cas de test avec ce nouveau simulacre, aucune erreur n'est relevée.

L'ordre d'appel des méthodes est défini par la séquence de leur appel pour la définition du simulacre. Cela explique pourquoi la version précédente de `setUp` a échoué : quand nous spécifions qu'une méthode doit être appelée deux fois, cela signifie pour EasyMock que cela doit se faire successivement.

Les simulacres de classes

Comme vous avez pu le constater, les simulacres que nous avons définis sont tous issus d'interfaces. Par défaut, EasyMock ne permet pas de créer des simulacres à partir de classes. Il est toutefois possible d'utiliser la bibliothèque CGLIB pour créer de tels simulacres. Il s'agit d'un fichier JAR à ajouter dans la variable d'environnement CLASSPATH.

Du point de vue du code, il faut utiliser la classe `org.easymock.classextension.MockClass-Control` en lieu et place de `org.easymock.MockControl` pour la création du contrôleur. Par contre, le contrôleur reste du type `MockControl`.

Si nous reprenons notre exemple, le cas de test devient le suivant (les modifications sont en gras) :

```
package fr.eyrolles.exemples.mock;

import junit.framework.TestCase;
import org.easymock.MockControl;
import org.easymock.classextension.MockClassControl;

public class ConsoJetonBouchonTest extends TestCase {

    private ConsommateurJeton consommateur;
    private IGestionnaireJeton manager;
    private MockControl control;
    private Jeton jeton;
    protected void setUp() throws Exception {
      // Création du simulacre
      control =
        MockClassControl.createControl(GestionnaireJeton.class);
      manager = (IGestionnaireJeton) control.getMock();
      //...
```

Autres considérations sur les simulacres

Pour terminer cette section consacrée aux simulacres d'objets, il nous semble important d'insister sur deux points fondamentaux pour bien utiliser les simulacres :

• Un cas de test portant sur un objet utilisant des simulacres ne doit pas tester ces derniers. L'objectif des simulacres est non pas d'être testés, mais d'isoler un objet des contingences extérieures afin de faciliter sa vérification.

• Un simulacre doit être conçu de manière à produire des données susceptibles de générer des erreurs dans l'objet à tester. Comme nous l'avons déjà indiqué, le passage des tests ne démontre pas qu'un objet fonctionne correctement, mais démontre qu'il a su passer les tests.

EasyMock répond à des besoins simples en terme de simulacres. Pour des besoins plus complexes, vous pouvez utiliser des frameworks plus puissants, mais aussi plus difficiles à utiliser, comme jMock *(http://www.jmock.org)*.

Analyse de couverture avec EMMA

L'objectif des tests unitaires est de s'assurer que le comportement d'un composant, sujet du test, répond à ses spécifications. Lors de l'écriture d'un test unitaire, il n'est pas toujours aisé de s'assurer que tous les cas de figure sont bien abordés par les tests unitaires. L'analyse de couverture permet, dans une certaine mesure, de s'assurer que le composant a été suffisamment testé, comme nous l'avons montré au chapitre 3.

Pour réaliser l'analyse de couverture d'un test, nous utilisons dans cet ouvrage EMMA.

Mise en place de EMMA

Vous trouverez en annexe les informations nécessaires pour télécharger EMMA.

La distribution comprend les fichiers **emma.jar,** nécessaire à l'exécution d'EMMA, et **emma_ant.jar,** contenant la définition des tâches Ant.

Pour utiliser EMMA dans vos projets, il suffit d'inclure ces deux fichiers JAR dans votre variable d'environnement CLASSPATH. Grâce aux tâches Ant d'EMMA, l'instrumentation et la génération de rapports d'analyse sont faciles à mettre en œuvre. Nous utilisons ici l'implémentation Ant d'Eclipse pour nos exemples.

> **Important**
>
> Si le code à analyser est exécuté dans un serveur d'applications ou un moteur de servlets/JSP, il est nécessaire de copier le fichier **emma.jar** dans le répertoire **lib\ext** du JRE utilisé.

Le script Ant suivant propose une cible pour l'instrumentation (instrumentation) du code et une autre pour la génération du rapport (rapport) :

```xml
<?xml version="1.0" encoding="UTF-8" ?>
<project name="AnaCouverture" default="instrumentation"
 basedir=".">
   <property name="build.dir" location="bin"/>
   <property name="src.dir" location="src"/>
   <property name="coverage.dir" location="coverage"/>

   <path id="emma.lib">
     <fileset dir="${basedir}" includes="emma*.jar"/>
   </path>

   <taskdef resource="emma_ant.properties" classpathref="emma.lib"/>

   <target name="instrumentation">
     <emma>
       <instr instrpath="${build.dir}" mode="overwrite"/>
     </emma>
   </target>
```

```
<target name="rapport">
  <emma>
      <report sourcepath="${src.dir}">
          <infileset dir="${basedir}" includes="*.em,*.ec"/>
          <html outfile="${coverage.dir}/coverage.html"/>
      </report>
  </emma>
  </target>
</project>
```

Le script définit les trois propriétés suivantes :

- basedir, qui spécifie le répertoire de base du projet dans lequel sont enregistrés les fichiers JAR.

- build.dir, qui spécifie le répertoire dans lequel sont stockées les classes Java compilées à instrumenter.

- coverage.dir, qui spécifie le répertoire dans lequel le rapport doit être généré.

Pour utiliser la tâche Ant emma, il est nécessaire d'inclure les JAR d'EMMA avec la tâche Ant path puis d'indiquer le fichier de définition avec la tâche Ant taskdef.

Instrumentation du code

Pour instrumenter le code, il faut utiliser la tâche Ant suivante :

```
<emma>
    <instr instrpath="${build.dir}" mode="overwrite"/>
</emma>
```

Cette tâche instrumente les classes Java compilées qui se trouvent dans le répertoire spécifié par le paramètre instrpath. Dans notre exemple, il s'agit d'une variable Ant appelée build.dir. Le paramètre mode spécifie la façon dont sont créées les classes instrumentées. Dans notre exemple, elles remplacent leurs classes d'origine.

Important

EMMA a besoin que les classes Java à instrumenter soient compilées avec les informations de débogage. Si vous utilisez javac, il vous faut recourir à l'option **-g.** Si vous utilisez Eclipse, ouvrez Window, Preferences puis l'onglet Compliance and Classfiles de la rubrique Java et Compiler des préférences, et assurez-vous que les cases suivantes sont cochées : Add variable attributes to generated class files, Add line number attributes to generated class files et Add source file name to generated class file.

Pour exécuter la cible instrumentation sous Eclipse, il faut sélectionner par clic droit le fichier **build.xml** dans la vue Package Explorer et choisir Run\Run Ant Build dans le menu contextuel.

Si vous exécutez la cible `instrumentation` du script Ant donné précédemment, la console Java doit afficher les informations suivantes (données à titre indicatif) :

```
Buildfile: C:\Eclipse3\workspace\Refactoring\build.xml
instrumentation:
    [instr] processing instrumentation path ...
    [instr] instrumentation path processed in 441 ms
    [instr] [53 class(es) instrumented, 0 resource(s) copied]
    [instr] metadata merged into [C:\Eclipse3\workspace\Refactoring\coverage.em]
    ➡{in 90 ms}
BUILD SUCCESSFUL
Total time: 1 second
```

Vous constatez que 53 classes sont instrumentées (il s'agit des classes se trouvant dans le répertoire **build.dir**). Les informations nécessaires à EMMA sont enregistrées dans le fichier **coverage.em.**

Important

Veillez à exécuter le script Ant dans le même JRE qu'Eclipse, faute de quoi il est impossible d'accéder aux tâches et propriétés Ant spécifiques de cet environnement de développement. Pour le configurer, sélectionnez par clic droit le fichier **build.xml** dans la vue Package Explorer, et choisissez Run\Run Ant build dans le menu contextuel. Dans l'onglet JRE, sélectionnez Run in the same JRE as the Workspace, et cliquez sur le bouton Apply.

Une fois les classes instrumentées, il vous suffit d'exécuter les tests unitaires. EMMA collecte toutes les informations sur les lignes de code exécutées.

L'exécution d'un code instrumenté est visible dans la console Java :

```
EMMA: collecting runtime coverage data ...
EMMA: runtime coverage data merged into [C:\Eclipse3\workspace\Refactoring\
➡coverage.ec] {in 151 ms}
```

La première ligne est affichée au lancement du code et la seconde quand l'exécution se termine. Cette dernière précise que les informations d'exécution sont stockées dans le fichier **coverage.ec.**

Remarque

Pour supprimer l'instrumentation des classes, il suffit de recompiler le projet.

Génération du rapport

Pour générer le rapport, il faut utiliser la tâche Ant suivante :

```
<emma>
  <report sourcepath="${src.dir}">
    <infileset dir="${basedir}" includes="*.em,*.ec"/>
    <html outfile="${coverage.dir}/coverage.html"/>
  </report>
</emma>
```

Cette tâche récupère les informations stockées dans les fichiers **coverage.em** et **coverage.ec** *(voir le tag* infileset*)* enregistrés dans le répertoire **basedir** et génère un rapport HTML appelé **coverage.html** dans le répertoire spécifié dans la propriété coverage.dir. Il est nécessaire de spécifier dans le tag report le répertoire contenant le code source *via* le paramètre sourcepath.

Pour exécuter cette cible avec Eclipse, il faut sélectionner le fichier **build.xml** dans la vue Package Explorer, utiliser le menu contextuel Run Ant build…, cocher la cible rapport dans l'onglet Targets et cliquer sur le bouton Run. La cible instrumentation doit être décochée.

L'exécution de cette cible affiche les informations suivantes dans la console Java :

```
Buildfile: C:\Eclipse3\workspace\Refactoring\build.xml
rapport:
   [report] processing input files ...
   [report] 2 file(s) read and merged in 60 ms
   [report] writing [html] report to [C:\Eclipse3\workspace\Refactoring\coverage
   ➥\coverage.html] ...
BUILD SUCCESSFUL
Total time: 2 seconds
```

Nous pouvons constater qu'un fichier **coverage.html** est créé dans le répertoire **coverage.** Ce fichier liste les packages traités par EMMA avec leurs statistiques générales. Il suffit de cliquer sur les liens pour accéder aux informations plus détaillées.

Si nous exécutons la cible rapport après avoir exécuté le cas de test CalcTest, nous obtenons le résultat illustré à la figure 5.11.

Nous constatons que CalcTest assure une couverture à 100 % de Calc. Notre test unitaire est donc optimal. Si des lignes de code n'avaient pas été exécutées, elles apparaîtraient en rouge dans le listing.

COVERAGE SUMMARY FOR SOURCE FILE [`Calc.java`]

name	class, %	method, %	block, %	line, %
Calc.java	100% (1/1)	100% (2/2)	100% (7/7)	100% (2/2)

COVERAGE BREAKDOWN BY CLASS AND METHOD

name	class, %	method, %	block, %	line, %
class Calc	100% (1/1)	100% (2/2)	100% (7/7)	100% (2/2)
Calc (): void		100% (1/1)	100% (3/3)	100% (1/1)
divise (double, double): double		100% (1/1)	100% (4/4)	100% (1/1)

```
1  package fr.eyrolles.exemples.junit;
2  public class Calc {
3
4        public double divise(double nom,double denom) {
5              return nom / denom;
6        }
7
8  }
```

Figure 5.11

Analyse de couverture de la classe Calc

Utilisation des tests unitaires pour le refactoring

Comme nous l'avons vu au chapitre précédent, les tests unitaires sont nécessaires pour valider qu'une opération de refactoring n'a pas causé de régression dans le logiciel. Ils permettent aussi de détecter des erreurs propres aux nouveaux éléments introduits par la refonte, comme une méthode extraite insuffisamment sécurisée pour être réutilisée en dehors du code existant.

Les sections qui suivent présentent la démarche d'utilisation des tests unitaires et en donnent un exemple d'application.

La démarche

L'utilisation des tests unitaires suit toujours la même logique, quelle que soit l'opération de refactoring effectuée. Une opération de refactoring ne devant pas modifier le comportement du logiciel, l'idée est d'encadrer le périmètre de la refonte par des tests unitaires qui seront valables avant et après la refonte.

Cette démarche suppose que les tests unitaires soient développés avant l'opération de refactoring et validés sur le code existant. Les tests unitaires peuvent en effet contenir des erreurs, tout comme le code existant. Il faut s'assurer par ailleurs qu'ils ont une couverture suffisante du code à refondre afin d'avoir le maximum de chances de détecter des régressions. Une fois la refonte effectuée, il suffit de les rejouer pour détecter d'éventuelles régressions introduites par la refonte.

Pour les tests unitaires portant sur le code inclus dans le périmètre de la refonte, des adaptations sont généralement nécessaires pour permettre leur fonctionnement après l'opération de refactoring. Puisqu'ils sont généralement fortement modifiés, ils ne peuvent servir de base à des tests de non-régression mais sont néanmoins utiles pour détecter d'éventuelles erreurs issues de la refonte. De nouveaux tests unitaires peuvent être développés afin de tester les nouveaux éléments introduits par l'opération de refactoring, par exemple, une méthode extraite.

La figure 5.12 illustre cette démarche.

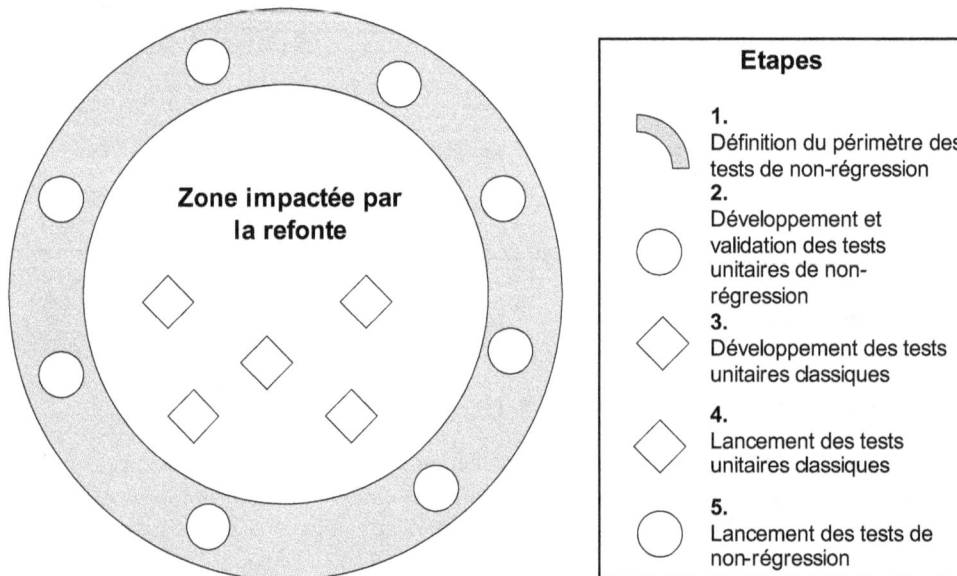

Figure 5.12
Démarche de test pour une opération de refactoring

Exemple d'application

Reprenons l'exemple de mise en œuvre de l'extraction de méthode du chapitre précédent. Celui-ci repose sur la classe `PersonnePhysique`, qui possède deux méthodes très proches d'un point de vue algorithmique, `possedeGarcon` et `possedeFille`.

Définition du périmètre des tests de non-régression

Pour rappel, ces deux méthodes partagent le même algorithme aux constantes près (celles qui correspondent au sexe de l'enfant), ce qui justifie une extraction de méthode afin de supprimer la duplication de code.

La zone impactée par la refonte est cantonnée au corps des méthodes `possedeGarcon` et `possedeFille`. L'opération de refactoring doit donc être totalement transparente pour les appelants de ces deux méthodes. Ces appelants constituent le périmètre des tests de non-régression, car ce sont les entités les plus proches de la zone impactée par la refonte.

Définition des tests de non-régression

Nous fonderons nos tests de non-régression sur différents appels aux méthodes possede-Garcon et possedeFille d'instances de la classe PersonnePhysique.

Nous testerons les cas de figure suivants :

- La personne a une fille et un garçon.

- La personne a un garçon et pas de fille.

- La personne a une fille et pas de garçon.

- La personne n'a ni fille, ni garçon.

Quatre instances différentes de la classe PersonnePhysique seront nécessaires.

Le cas de test de non-régression correspondant est le suivant :

```java
package fr.eyrolles.exemples.junit;
import java.util.Date;
import junit.framework.TestCase;
import fr.eyrolles.exemples.PersonnePhysique;

public class EnfantsTest extends TestCase {

    public EnfantsTest(String pNom) {
        super(pNom);
    }

    public void testUnefilleUnGarcon() {
        PersonnePhysique fille = new PersonnePhysique("Dupont"
            ,"Juliette",'F',new Date(),null);
        PersonnePhysique garcon = new PersonnePhysique("Dupont"
            ,"Marc",'M',new Date(),null);
        PersonnePhysique enfants[] = {fille,garcon};
        PersonnePhysique personne = new PersonnePhysique("Dupont"
            ,"Emile",'M',new Date(),enfants);
        assertTrue(personne.possedeFille());
        assertTrue(personne.possedeGarcon());
    }

    public void testUnefillePasGarcon() {
        PersonnePhysique fille = new PersonnePhysique("Dupont"
            ,"Juliette",'F',new Date(),null);
        PersonnePhysique enfants[] = {fille};
        PersonnePhysique personne = new PersonnePhysique("Dupont"
            ,"Emile",'M',new Date(),enfants);
        assertTrue(personne.possedeFille());
        assertFalse(personne.possedeGarcon());
    }

    public void testUnGarconPasFille() {
        PersonnePhysique garcon = new PersonnePhysique("Dupont"
            ,"Marc",'M',new Date(),null);
        PersonnePhysique enfants[] = {garcon};
```

```
        PersonnePhysique personne = new PersonnePhysique("Dupont"
          ,"Emile",'M',new Date(),enfants);
        assertFalse(personne.possedeFille());
        assertTrue(personne.possedeGarcon());
    }

    public void testPasFillePasGarcon() {
        PersonnePhysique personne = new PersonnePhysique("Dupont"
          ,"Emile",'M',new Date(),null);
        assertFalse(personne.possedeFille());
        assertFalse(personne.possedeGarcon());
    }
}
```

Si nous exécutons ce cas de test sur le code existant (non refondu), nous constatons que la classe `PersonnePhysique` ne passe pas tous les tests avec succès. Le dernier, `testPas-FillePasGarcon`, échoue puisque le cas où `PersonnePhysique` n'a pas d'enfant (attribut `enfants` égal à `null`) n'est pas géré. Il est donc nécessaire de corriger le problème avant d'effectuer la refonte.

Une fois le problème corrigé, nous pouvons relancer le cas de test pour valider la correction. Cela démontre tout l'intérêt de tester le code existant avant le refactoring pour ne pas reconduire de bogues.

Si nous réalisons une analyse de couverture avec EMMA, nous constatons que les méthodes testées (`possedeFille` et `possedeGarcon`) sont couvertes à 100 %.

Définition des tests unitaires propres au code refondu

Pour compléter les tests de non-régression, nous pouvons définir des tests spécifiques pour la nouvelle méthode `rechercheGenre`, extraite des méthodes `possedeFille` et `possede-Garcon`.

Pour rappel, la méthode `rechercheGenre` accepte un unique paramètre de type caractère, correspondant à la lettre du genre recherché (`M` pour masculin et `F` pour féminin).

Nous pouvons imaginer les tests suivants :

• La personne possède un enfant de genre féminin.

• La personne possède un enfant de genre masculin.

• La personne possède un enfant d'un genre indéfini, c'est-à-dire autre que `F` ou `M`. L'objectif est de tester le comportement de `rechercheGenre` en cas de passage d'un paramètre ayant une valeur aberrante (nous attendons que la méthode renvoie `false`).

Le cas de test JUnit correspondant est le suivant :

```
package fr.eyrolles.exemples.junit;
import java.util.Date;
import junit.framework.TestCase;
import fr.eyrolles.exemples.PersonnePhysique;

public class RechercheGenreTest extends TestCase {
```

```
    public RechercheGenreTest(String pNom) {
        super(pNom);
    }

    public void testFeminin () {
        PersonnePhysique fille = new PersonnePhysique("Dupont"
            ,"Juliette",'F',new Date(),null);
    PersonnePhysique enfants[] = {fille};
    PersonnePhysique personne = new PersonnePhysique("Dupont"
            ,"Emile",'M',new Date(),enfants);
        assertTrue(personne.rechercheGenre('F'));
    }

     public void testMasculin() {
        PersonnePhysique garcon = new PersonnePhysique("Dupont"
            ,"Marc",'M',new Date(),null);
        PersonnePhysique enfants[] = {garcon};
        PersonnePhysique personne = new PersonnePhysique("Dupont"
            ,"Emile",'M',new Date(),enfants);
        assertTrue(personne.rechercheGenre('M'));
    }

    public void testIndetermine() {
        PersonnePhysique fille = new PersonnePhysique("Dupont"
            ,"Juliette",'F',new Date(),null);
    PersonnePhysique enfants[] = {fille};
    PersonnePhysique personne = new PersonnePhysique("Dupont"
            ,"Emile",'M',new Date(),enfants);
    assertFalse(personne.rechercheGenre('W'));
    }
}
```

Pour les besoins du test, la méthode rechercheGenre est rendue publique alors qu'à l'origine elle est privée, puisqu'elle n'est pas censée être utilisée directement. Rappelons que nous ne pouvons tester avec le framework JUnit que les méthodes publiques d'une classe.

Réalisation de la refonte et tests

Une fois la refonte effectuée à l'aide de l'assistant d'extraction de méthode d'Eclipse, nous pouvons exécuter notre cas de test spécifique de la méthode nouvellement créée (rechercheGenre) afin de valider son fonctionnement propre. Si nous lançons le cas de test RechercheGenreTest, nous constatons qu'il n'a pas généré d'erreur.

Une fois le fonctionnement de rechercheGenre validé, nous pouvons réaliser les tests de non-régression pour vérifier que la refonte n'a pas généré de régression. Pour cela, nous lançons le cas de test EnfantsTest pour la deuxième fois, la première ayant été effectuée sur le code non refondu. Nous constatons, là encore, qu'il n'y a pas d'erreur.

Grâce à ces deux cas de test, nous pouvons raisonnablement considérer que l'opération de refactoring a été réalisée avec succès.

Conclusion

La mise en œuvre de tests unitaires est souvent perçue par les chefs de projet comme une perte de temps. Or ceux-ci détectent les anomalies très en amont dans le développement, rendant leur correction beaucoup plus simple, car beaucoup plus proche du code, que la recette faite par les utilisateurs au travers de l'IHM.

La capitalisation de ces tests automatisés permet de détecter rapidement des régressions tout au long du cycle de vie du logiciel, notamment pendant les phases de refactoring. Il est donc fondamental de capitaliser dès la création du logiciel pour anticiper l'avenir.

Ce chapitre clôt la partie consacrée au processus de refactoring. À la partie II, vous découvrirez ou approfondirez des techniques de refactoring avancées. Celles-ci ne bénéficient pas du même outillage que les techniques de base et impactent plus fortement la structure du logiciel. L'effort de test associé à leur application est donc beaucoup plus important. De ce fait, les outils que nous venons de présenter vous seront très utiles.

Partie II

Techniques avancées de refactoring

La partie II a présenté le processus de refactoring d'un logiciel et détaillé les techniques de base d'une refonte logicielle.

La présente partie décrit des techniques plus avancées, mais aussi plus difficiles à mettre en œuvre, du fait de la quasi-absence de leur support par les environnements de développement tels qu'Eclipse.

Ces techniques avancées sont les suivantes :

- **Refactoring avec les design patterns.** Les designs patterns sont des modèles de conception génériques éprouvés, qui, appliqués à un logiciel, lui assurent un respect des meilleures pratiques orientées objet. De ce fait, leur utilisation dans le cadre d'un projet de refactoring est pertinente pour améliorer sa qualité.

- **Refactoring avec la programmation orientée aspect.** La POA est un nouveau paradigme de programmation, complémentaire de la programmation orientée objet, offrant une nouvelle dimension de modularisation grâce à la notion d'aspect. Nous présentons quelques techniques reposant sur la POA permettant d'améliorer la qualité d'un logiciel.

- **Refactoring de base de données.** En règle générale, un logiciel ne se limite pas à du code. Il repose sur des briques logicielles tierces, comme les bases de données. À ce titre, il est intéressant d'étudier comment les techniques de refonte de bases de données relationnelles, que cela concerne leur structure ou leur mode d'accès, améliorent la qualité générale du logiciel.

6

Le refactoring
avec les design patterns

Les design patterns, ou modèles de conception réutilisables, apportent des solutions génériques à des problèmes récurrents rencontrés dans le développement de logiciels. Ces modèles sont indépendants des langages mais reposent pour la plupart sur l'approche orientée objet.

Un certain nombre de design patterns ont été popularisés en 1995 par l'ouvrage collectif *Design patterns : catalogue de modèles de conception réutilisables,* de Erich Gamma, Richard Helm, Ralph Johnson et John Vlissides, plus connus sous le nom de Gang of Four, ou GoF. Si, depuis lors, de nombreux autres design patterns ont été formalisés, un grand nombre d'entre eux dérivent des travaux du GoF.

De par leur nature, les design patterns visent à introduire au sein des logiciels les meilleures pratiques de conception et peuvent être employés dans les projets de refactoring pour améliorer la qualité de l'existant.

Nous commençons par donner une description synthétique de ces modèles de conception réutilisables puis présentons l'utilisation de quelques design patterns du GoF particulièrement utiles dans le cadre d'un projet de refactoring.

Les design patterns

Les design patterns, en français modèles de conception, constituent une des matérialisations de ce concept fort de la programmation orientée objet qu'est la réutilisation.

Pour reprendre une image évoquée par Jim Coplien dans *Software Patterns,* les design patterns peuvent être vus un peu comme des patrons de couturière. La finalité d'un patron est de faire un habit, qui est le problème à résoudre. Les caractéristiques de cet habit constituent le contexte, et les instructions du patron la solution.

Pour être facilement utilisable, un design pattern doit être correctement documenté. Dans les différents catalogues de design patterns, celui du GoF étant le plus connu, chacun d'eux est généralement décrit au travers de plusieurs rubriques, notamment les suivantes :

- nom du design pattern ;

- description du problème concerné par le design pattern ;

- description de la solution (structure, collaborations) et de ses éventuelles variantes ;

- résultat obtenu avec ce design pattern et éventuelles limitations ;

- exemples ;

- design patterns apparentés.

Grâce à cette documentation, la mise en œuvre des design patterns est à la portée de tous et permet, à moindre coût, d'intégrer les meilleures pratiques au sein des développements. Il reste bien entendu nécessaire de comprendre le fonctionnement et le domaine d'application d'un design pattern pour bien l'utiliser.

Afin d'illustrer notre propos, prenons l'exemple d'un des design patterns les plus simples du GoF, le singleton :

- **Le problème.** Certaines classes ne doivent pas avoir plus d'une instance lors de l'exécution du programme auquel elles appartiennent. Cela se justifie soit par la nature de la classe (elle modélise un objet unique, comme un ensemble de variables globales à l'application), soit par souci d'économie de ressource mémoire (une instance unique fournit le même niveau de service que de multiples instances).

- **La solution du problème.** La classe doit comporter un attribut statique, généralement appelé instance, destiné à recevoir la référence de l'instance unique pour l'ensemble du logiciel, et une méthode, généralement appelée getInstance, renvoyant la valeur d'instance. Si instance est vide, getInstance crée une nouvelle instance de la classe en la stockant dans l'attribut instance et la renvoie à l'appelant.

Le code ci-dessous montre un exemple d'implémentation d'un singleton en Java :

```java
public class MySingleton {
    //...
    private static MySingleton instance = null;

    protected MySingleton() {
        //...
    }

    public static MySingleton getInstance() {
        if (instance==null) {
            instance = new MySingleton();
        }
        return instance;
    }
    //...
}
```

Grâce à la méthode `getInstance`, les classes utilisatrices de la classe `MySingleton` sont certaines d'utiliser la même instance de cette dernière. L'inconvénient est que l'opérateur `new` n'est pas utilisable par les appelants. L'application du design pattern singleton à la classe `MySingleton` n'est donc pas transparente pour les classes utilisatrices, puisqu'elles doivent appeler en lieu et place du constructeur la méthode `getInstance`.

Afin d'éviter la création d'instances de `MySingleton` par d'autres biais que la méthode `getInstance`, nous déclarons son constructeur avec une portée protégée. Ainsi, seuls les descendants de `MySingleton` sont en mesure d'utiliser directement ce constructeur.

Mise en œuvre des design patterns dans le cadre du refactoring

La formalisation des design patterns utilisée habituellement est conçue de manière à faciliter la phase de conception d'un logiciel. Elle ne prend pas en compte les contraintes liées à leur application sur du code existant.

Il est donc nécessaire de compléter cette formalisation pour pouvoir étendre la portée des design patterns au refactoring, notamment pour les critères suivants :

- **Gains attendus et risques à gérer.** Il est nécessaire de contrebalancer les gains par les risques encourus. En fonction du contexte, il préférable de ne pas appliquer un design pattern si les gains attendus sont faibles en comparaison des risques pris.

- **Moyens de détection des cas d'application.** La partie dédiée à la description du problème adressé par le design pattern et à son contexte est souvent insuffisante pour détecter les cas d'application dans du code existant.

- **Modalités d'application et tests associés.** Dans le cadre d'un projet de refactoring, les modalités d'application d'un design pattern diffèrent de leur formalisation classique puisqu'ils modifient du code existant. Les tests de non-régression doivent donc être intégrés à la démarche afin de garantir le succès de la refonte.

Les design patterns du GoF sont regroupés selon les trois modèles suivants :

- **Modèles créateurs.** Design patterns spécialisés dans la création d'objets. Les plus connus sont la fabrique et le singleton.

- **Modèles structuraux.** Design patterns définissant différentes structures permettant la composition d'objets au-delà de la technique d'héritage. Les plus connus sont l'adaptateur et la façade.

- **Modèles comportementaux.** Design patterns proposant des structures de classes remarquables pour modéliser des comportements au sein des logiciels. Les plus connus sont la chaîne de responsabilité et l'observateur.

Dans les sections suivantes, nous nous concentrons sur les modèles comportementaux et structuraux du GoF, dont les bénéfices dans le cadre d'un refactoring sont les plus évidents.

Les modèles créateurs sont volontairement écartés, car, hormis pour le singleton, les cas d'utilisation ne sont pas aussi clairs que dans les autres modèles. Le lecteur intéressé pourra s'inspirer de notre démarche pour introduire ces design patterns dans ses projets de refonte.

Utilisation des modèles comportementaux

Les modèles comportementaux sont particulièrement intéressants du fait que leur application est généralement bien circonscrite, ce qui diminue les effets de bord et facilite les tests de non-régression.

Le pattern observateur

Au cours de sa vie, un objet peut être amené à changer plusieurs fois d'état. Au niveau de l'application, ces changements d'état génèrent des traitements. Par exemple, pour un traitement de texte, la modification du fichier ouvert doit activer la fonctionnalité d'enregistrement.

Si la classe de notre objet a la charge d'effectuer tous les traitements liés à ces changements d'état, nous pouvons arriver rapidement à une classe obèse, difficile à maintenir.

Le design pattern observateur permet à un objet de signaler un changement de son état à d'autres objets, appelés observateurs. Ce design pattern est particulièrement adapté à la programmation d'IHM graphiques. Tout contrôle graphique signale ses différents changements d'état au travers d'événements capturés par divers objets pour réaliser leurs traitements propres. Par exemple, dans un logiciel de traitement de texte, le clic sur un bouton de la barre d'outils déclenche des traitements qui sont pris en charge non pas directement par celui-ci, mais par ses observateurs.

Le design pattern observateur est simple à implémenter avec Java. L'API standard de J2SE fournit une interface (`java.util.Observer`) et une classe (`java.util.Observable`) offrant la base nécessaire.

L'interface `Observer` doit être implémentée par les classes des observateurs. Cette interface ne comprend qu'une seule méthode, `update`, qui est appelée pour notifier l'observateur d'un changement au niveau du sujet d'observation.

La classe `Observable` doit être utilisée par la classe observée. Cette classe fournit la mécanique d'inscription et de désinscription des observateurs (méthodes `addObserver` et `deleteObserver`) ainsi que la mécanique de notification (méthodes `notifyObservers`).

L'utilisation d'`Observable` par la classe observée peut se faire de deux manières. La première consiste à employer l'héritage, avec toutes les contraintes que cela impose (impossibilité d'hériter d'autres classes). La seconde consiste à créer une classe interne héritant d'`Observable`. Cette dernière manière nous semble plus adaptée à un contexte de refactoring. Elle offre de surcroît davantage de flexibilité dans le cas où la classe observée comporte plusieurs sujets d'observation (il suffit de créer une classe interne par sujet).

Le schéma UML de la figure 6.1 illustre l'utilisation de ce design pattern dans le cadre d'une refonte.

Avant

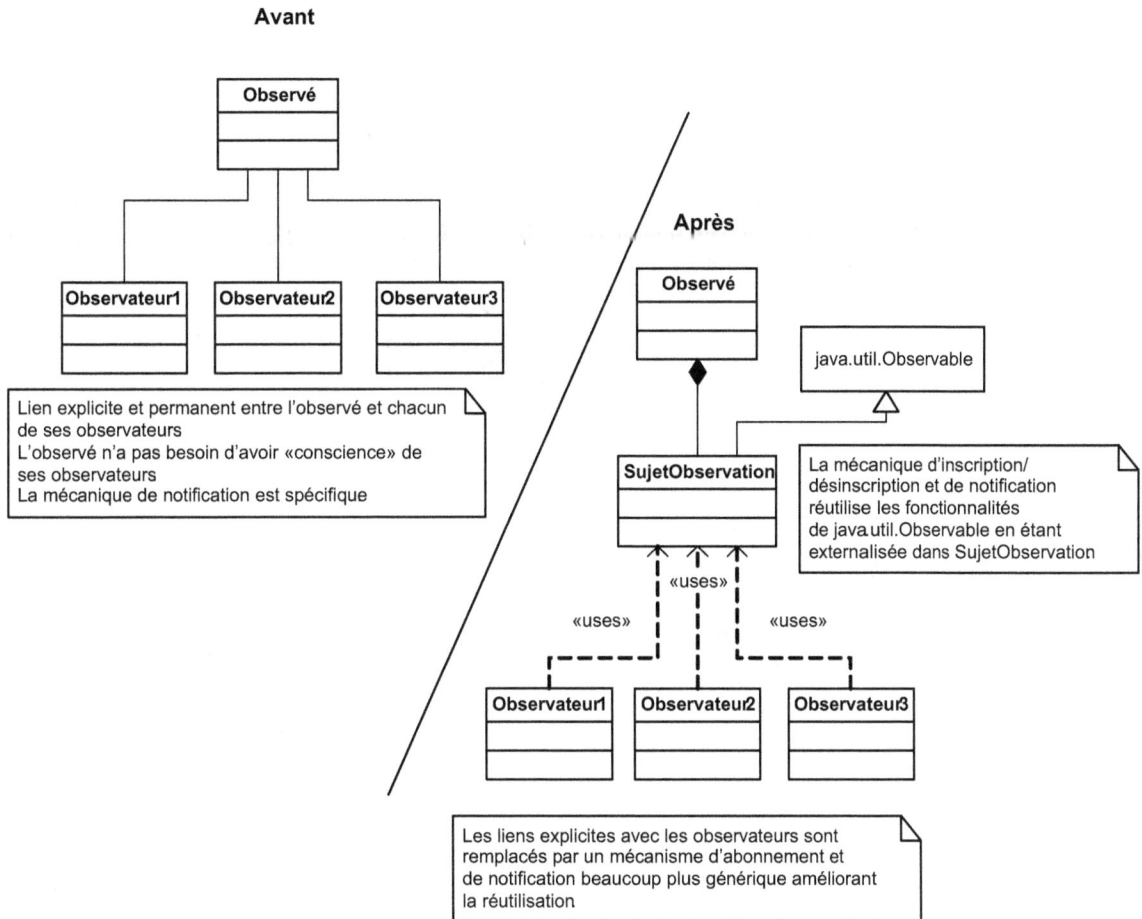

Figure 6.1

Refonte avec le design pattern observateur

Gains attendus et risques à gérer

Le gain attendu par l'utilisation du design pattern observateur est de simplifier les relations unidirectionnelles (observé vers ses observateurs) qu'entretient une classe donnée avec les autres. Grâce à ce design pattern, nous pouvons convertir des relations « en dur » (la classe connaît explicitement tous ces observateurs, créant ainsi une dépendance directe au niveau du code) par un processus générique et dynamique beaucoup plus souple à maintenir et à faire évoluer.

Les risques à gérer sont proportionnels au nombre d'observateurs identifiés pour une classe donnée puisque la mise en place de ce design pattern les impacte directement. Il faut particulièrement veiller à ce que les relations entre les observateurs et l'observé soient unidirectionnelles (observé vers observateurs). Le fonctionnement de la classe ne doit pas être « perturbé » par le fait qu'elle est observée.

Il faut toutefois veiller à ne pas abuser de ce design pattern, applicable potentiellement à un grand nombre de situations, et à le réserver à des cas où sa généricité constitue un apport réel par rapport à l'existant.

Moyens de détection des cas d'application

Les classes ayant un couplage afférent important peuvent cacher des sujets d'observation. Cependant, la métrique du couplage est insuffisante pour détecter efficacement la plupart des cas d'utilisation dans lesquels une classe est observée par un faible nombre d'observateurs.

Seule une étude des interactions entre les classes permet de connaître réellement les bons candidats. Afin de réduire le périmètre de recherche, il est préférable de se concentrer sur les classes importantes du logiciel, que ce soit par leur complexité ou leur criticité.

Modalités d'application et tests associés

La première étape consiste à déterminer les sujets d'observation et les observateurs. Chaque sujet d'observation et ses changements d'état doivent être clairement identifiables afin d'extraire la logique correspondante et de la réinjecter dans la mécanique de notification. Pour chaque observateur, il faut s'assurer qu'il n'entretient pas d'autres relations avec le sujet d'observation ne pouvant être couvertes par le mécanisme de notification.

Afin de minimiser les risques, nous conseillons de mettre en place ce design pattern de manière progressive, c'est-à-dire un sujet d'observation à la fois, observateur par observateur.

Chaque sujet d'observation nécessite d'avoir une classe interne héritant de la classe `java.util.Observable`. Cette classe interne doit surcharger les méthodes `notifyObservers` pour pouvoir déclencher la notification par la classe observée. En effet, cette dernière étant la mieux placée pour signaler un changement d'état d'un sujet d'observation, c'est elle qui appelle les méthodes `notifyObservers`.

Pour chacune des classes internes, un attribut de ce type dans la classe observée est créé. C'est lui qui est utilisé pour déclencher les notifications et gérer les abonnements des observateurs. Concernant ce dernier point, il est nécessaire de le rendre accessible aux observateurs afin qu'ils puissent s'inscrire. Pour cela, une méthode `get` doit être créée spécifiquement pour cet attribut.

Une fois la mécanique d'inscription/désinscription et de notification en place dans la classe observée, il faut la tester. Pour cela, des tests unitaires avec des simulacres d'objets pour les observateurs doivent être mis en place pour chaque sujet d'observation et chaque changement d'état associé.

Ensuite, chaque observateur doit être modifié de manière qu'il s'inscrive auprès du ou des sujets d'observation qui l'intéressent (un même observateur peut observer plusieurs classes et plusieurs sujets d'observation). Pour cela, il utilise la méthode `get` précédemment créée pour le sujet d'observation qui l'intéresse afin de pouvoir appeler la méthode `addObserver`.

Pour terminer, chaque observateur doit implémenter l'interface `java.util.Observer` en implémentant sa méthode publique `update`. Cette méthode doit contenir la logique déclenchant les traitements idoines lors d'un changement d'état d'un sujet d'observation (la méthode `update` est utilisée pour tous les sujets d'observation, la différentiation se faisant grâce à son premier paramètre, qui renvoie la référence à l'objet `Observable` ayant déclenché la notification).

Pour chaque observateur, il est important de tester le bon traitement des notifications. Nous pouvons écrire des tests unitaires avec, si nécessaire, un simulacre d'objet pour le sujet d'observation. Une fois l'observateur testé, les liens directs entre le sujet d'observation et ses observateurs peuvent être supprimés au profit des mécanismes du design pattern observateur.

Il est alors nécessaire de tester l'ensemble à partir du sujet d'observation afin de s'assurer qu'il n'y a pas eu de régression. Pour cela, nous pouvons utiliser des tests validés sur la version originelle de la classe observée.

Exemple de mise en œuvre

Supposons que, dans le cadre d'un site Web marchand, une classe `Panier` soit définie pour traiter le panier d'achat des clients. Cette classe comporte une méthode `declencheCommande`, qui déclenche les traitements associés à la validation de la commande par le client (vérification des coordonnées, paiement, contrôle des stocks, etc.). Ces traitements obligent la classe `Panier` à avoir un accès à différents objets du logiciel pour les prendre en charge, notamment les objets de gestion de stock et de comptabilité.

Une implémentation possible, partiellement reproduite ici, de la classe `Panier` pourrait se présenter de la manière suivante :

```
package fr.eyrolles.exemples.patterns.observateur;

import java.util.Vector;

public class Panier {
    //...
    private GestionDeStock stock;
    private Comptabilite compta;
    private Vector contenu;
    //...

    public void declencheCommande() {
        //...
        stock.traite(contenu);
        compta.traite(contenu);
        //...
    }
}
```

Fondamentalement, la classe `Panier` n'a pas besoin d'avoir un lien direct avec la gestion de stock et la comptabilité. La validation d'une commande par le client doit être vue comme un événement déclenchant plusieurs traitements indépendants, dont le détail n'a pas besoin d'être connu par la classe `Panier`. L'utilisation du design pattern observateur a donc tout son sens dans cette situation.

Dans cet exemple, le sujet d'observation est le déclenchement de la commande. Nous allons créer une classe interne dérivant de `java.util.Observable`, l'instance correspondante au sein du sujet d'observation, et la méthode `get` permettant d'accéder à l'attribut stockant cette instance :

```
package fr.eyrolles.exemples.patterns.observateur;
import java.util.Vector;
import java.util.Observable;

public class Panier {
  //...
  private DeclenchementCommande sujet =
    new DeclenchementCommande();

  public DeclenchementCommande getSujet() {
    return sujet;
  }

  //...
  public class DeclenchementCommande extends Observable {
    public void notifyObservers() {
      super.setChanged();
      super.notifyObservers();
    }

    public void notifyObservers(Object p) {
      super.setChanged();
      super.notifyObservers(p);
    }
  }
}
```

Nous constatons dans l'implémentation de la classe interne que des appels à la méthode `setChanged` sont effectués. Ils sont nécessaires pour indiquer qu'il y a eu changement d'état du sujet d'observation. Sans ces appels, les appels aux méthodes `notifyObservers` qui suivent sont sans effet, et les observateurs ne sont pas notifiés.

Pour terminer avec la classe `Panier`, il est nécessaire de mettre en place la mécanique de déclenchement des notifications. Pour cela, il suffit de modifier la méthode `declencheCommande` pour qu'elle appelle la méthode `notifyObservers` de l'attribut `sujet` :

```
public void declencheCommande() {
    sujet.notifyObservers(contenu);
    //...
    stock.traite(contenu);
    compta.traite(contenu);
    //...
}
```

Après avoir testé le bon fonctionnement de cette nouvelle mécanique, nous pouvons modifier les classes GestionDeStock et Comptabilite. Pour GestionDeStock, nous devons implémenter l'interface Observer (la logique est similaire pour Comptabilite) :

```java
package fr.eyrolles.exemples.patterns.observateur;

import java.util.Observable;
import java.util.Observer;
import java.util.Vector;

public class GestionDeStock implements Observer {
    //...

    public void traite(Vector p) {
        //...
    }

    public void update(Observable pSujet, Object pArg) {
        if (pSujet instanceof Panier.DeclenchementCommande) {
            traite((Vector)pArg);
        }
    }
}
```

Ici, la méthode update est prévue pour traiter différents sujets d'observation. La différentiation des sujets s'effectue en testant la classe du sujet.

Maintenant que l'interface Observer est implémentée par ces deux classes, nous pouvons tester la notification en appelant directement la méthode update.

Pour achever la mise en place du design pattern observateur, il est nécessaire de mettre en place la mécanique d'inscription des observateurs. Dans cet exemple, cette mécanique peut être mise en place, par exemple, par la classe chargée de la création des paniers.

Une fois cette opération terminée, nous pouvons supprimer les liens directs entre Panier et ses observateurs. La méthode declencheCommande est alors expurgée des appels aux méthodes de GestionDeStock et de Comptabilite :

```java
public void declencheCommande() {
    sujet.notifyObservers(contenu);
    //...
    // SUPPRIME : stock.traite(contenu);
    // SUPPRIME : compta.traite(contenu);
    //...
}
```

Grâce au design pattern observateur, la classe Panier devient plus facilement réutilisable, puisque les liens directs avec la comptabilité et la gestion de stock ont disparu, et offre plus de flexibilité grâce à son mécanisme d'observation générique.

Le pattern état

Le comportement des méthodes d'une classe peut varier en fonction de l'état interne de l'objet. Si les variations sont importantes et clairement associées aux changements d'état, la complexité introduite par la gestion de ces différences en fonction de l'état peut rendre la classe difficile à maintenir.

L'idée sous-jacente du design pattern état est simple : il faut procéder par dichotomie, c'est-à-dire dissocier la gestion de l'état de l'objet de son comportement. Concrètement, cela consiste à créer une classe par état possible et de lui faire implémenter le comportement associé.

Chaque classe d'état dérive d'une même classe mère abstraite ou d'une interface spécifiant les méthodes à implémenter. Pour la classe originelle, il suffit d'instancier la classe correspondant à son état et d'utiliser ses services au travers de ses méthodes publiques. Les services sont normalisés d'un état à l'autre grâce à la classe mère abstraite ou à l'interface. La classe originelle n'a dès lors pas à se préoccuper de l'état dans laquelle elle se trouve.

Le schéma UML de la figure 6.2 illustre l'utilisation de ce design pattern dans le cadre d'une refonte.

Gains attendus et risques à gérer

Le gain attendu est la réduction de la complexité de la classe originelle et la clarification de sa structure en faisant apparaître explicitement les différents états dans lesquels un objet de ce type peut se trouver. La séparation claire des différents états facilite grandement la maintenance, et les effets de bord en cas de modification sont diminués.

La refonte d'une classe existante avec ce design pattern est cependant une tâche délicate, car elle s'effectue en profondeur. Les risques de régression sont d'autant plus importants que la gestion des états est souvent profondément enfouie dans le code de la classe existante.

Moyens de détection des cas d'application

La complexité cyclomatique peut nous aider à détecter des cas d'application de ce design pattern. Quand la gestion des états est enfouie dans les méthodes d'une classe, cela introduit souvent un grand nombre de tests pour savoir dans quel état se trouve la classe.

La gestion d'états est loin d'être la seule cause possible d'une complexité cyclomatique importante. Une analyse de la classe est nécessaire pour identifier l'applicabilité du design pattern état. Pour que celui-ci soit efficace, il est important de s'assurer que les états sont clairement définis (par exemple, marche/arrêt) et en nombre limité, que les comportements associés diffèrent fortement d'un état à l'autre et que la délégation de comportement à une classe d'état n'engendre pas d'interactions complexes entre cette dernière et la classe originelle.

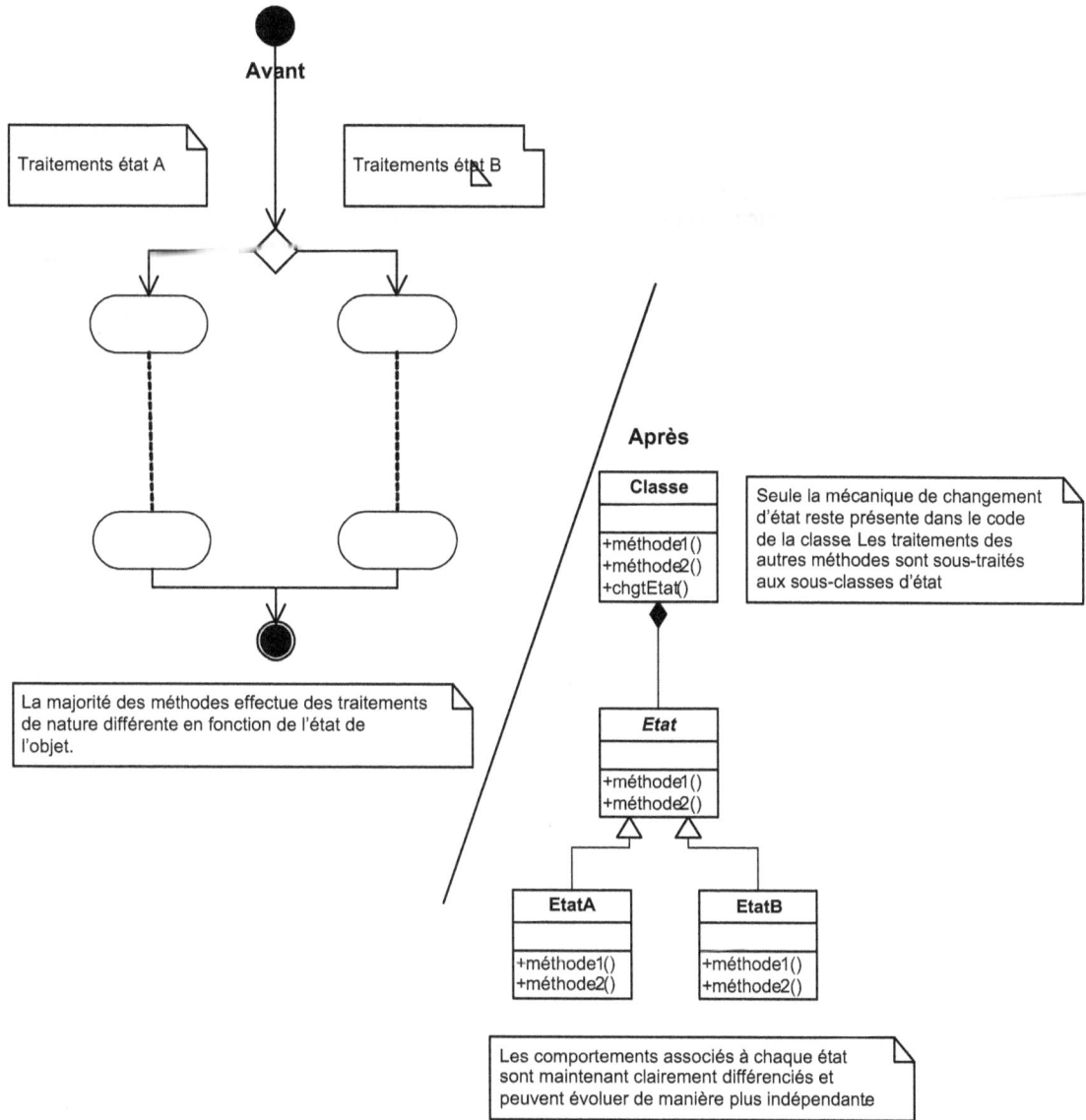

Avant

Traitements état A

Traitements état B

La majorité des méthodes effectue des traitements de nature différente en fonction de l'état de l'objet.

Après

Classe

+méthode1()
+méthode2()
+chgtEtat()

Seule la mécanique de changement d'état reste présente dans le code de la classe Les traitements des autres méthodes sont sous-traités aux sous-classes d'état

Etat

+méthode1()
+méthode2()

EtatA

+méthode1()
+méthode2()

EtatB

+méthode1()
+méthode2()

Les comportements associés à chaque état sont maintenant clairement différenciés et peuvent évoluer de manière plus indépendante

Figure 6.2

Refonte avec le design pattern état

Modalités d'application et tests associés

La première étape pour mettre en place ce design pattern est d'identifier les états de l'objet et le comportement des méthodes de la classe correspondante. Les états doivent être clairement identifiables et non ambigus (l'objet n'a qu'un seul état à l'instant *t*). Il en va de même pour les comportements correspondants. La mécanique de transition d'un état à l'autre doit être précisément définie.

Avant d'effectuer la refonte, il est nécessaire de développer un jeu complet de tests à valider sur le code existant, s'il n'existe pas. Ce design pattern doit être totalement transparent vis-à-vis de l'extérieur. La réutilisation de ce jeu de tests est particulièrement efficace pour détecter des régressions dans la classe refondue. Il importe donc de veiller à tester chaque état identifié ainsi que toutes les transitions possibles d'un état à l'autre.

Pour matérialiser les différents états, nous utilisons des classes internes privées afin de masquer au reste du logiciel les détails d'implémentation. Cette façon de procéder facilite aussi la communication entre les états et la classe originelle, ces derniers ayant accès aux éléments privés et protégés de celle-ci (méthodes, attributs).

Chaque état dérive d'une classe abstraite ou implémente une interface reprenant l'ensemble des méthodes de la classe originelle dont le fonctionnement dépend de l'état. Ces méthodes sont bien entendu abstraites. Les méthodes de la classe originelle dont le comportement est invariant en fonction de l'état ne sont pas prises en compte.

Le choix entre une classe abstraite ou une interface dépend du contexte du logiciel. Nous préférons utiliser une interface, qui est moins lourde qu'une classe abstraite. La classe abstraite peut cependant s'avérer utile pour éviter la duplication de code entre les différents états.

Un attribut du type de la classe abstraite ou de l'interface doit être ajouté à la classe originelle. Il représente l'état courant et sera modifié par la mécanique de transition d'état.

Le contenu de chaque état est obtenu en procédant à des extractions de code au sein de la classe originelle. Pour cela, nous pouvons nous aider des techniques de base du refactoring proposées par l'environnement de développement.

Le corps des méthodes de la classe originelle dont le comportement dépend de l'état courant doit être remplacé par des appels aux méthodes correspondantes de l'attribut représentant l'état courant.

Enfin, la mécanique de changement d'état doit être mise en place. Cette mécanique dépendant très fortement du contexte, il n'y a pas de règle d'or pour son implémentation.

La refonte achevée, nous pouvons utiliser le jeu de tests mis au point sur la classe originelle pour valider la classe refondue.

Exemple de mise en œuvre

Supposons que nous ayons développé un logiciel nomade pouvant fonctionner en mode connecté à un réseau ou en mode déconnecté, sur un ordinateur portable d'un représentant de commerce, par exemple. Dans le cas du mode déconnecté, seul un sous-ensemble des fonctionnalités est disponible puisque seules les ressources de l'ordinateur sont disponibles, en l'occurrence une base de données installée sur le poste nomade.

Au niveau des classes du logiciel, cela se traduit par un comportement différent en fonction de la présence ou non d'une connexion au réseau.

Pour la classe représentant un contrat, nous avons le code suivant :

```java
package fr.eyrolles.exemples.patterns.etat;

import java.sql.Connection;
import java.sql.PreparedStatement;
import java.sql.ResultSet;
import java.util.Date;

public class Contrat {

    private ConnexionInternet connexionInternet;
    private int numero;
    private Date dateSignature;
    //...

    public Contrat chercheContrat(int pNumero)
     throws ContratInexistantException, ContratNonPresentException {
        //...
        if (connexionInternet.estDisponible()) {
            connexionBDD = BDD.getConnexion(BDD.DISTANTE);
        } else {
            connexionBDD = BDD.getConnexion(BDD.LOCALE);
        }

        requete = connexionBDD.createStatement();
        resultat = requete.executeQuery(
                "select * from contrats where numero="+pNumero);

        if (!resultat.next()) {
            if (connexionInternet.estDisponible()) {
                throw new ContratInexistantException(pNumero);
            } else {
                throw new ContratNonPresentException(pNumero);
            }
        }
        //...
    }

    public void enregistreContrat() {
        //...
        if (connexionInternet.estDisponible()) {
            connexionBDD = BDD.getConnexion(BDD.DISTANTE);
        } else {
            connexionBDD = BDD.getConnexion(BDD.LOCALE);
        }
        //...
    }

    public Date getDateSignature() {
        return dateSignature;
    }

    public void setDateSignature(Date pDateSignature) {
        dateSignature = pDateSignature;
    }
```

```
        public int getNumero() {
            return numero;
        }

        public void setNumero(int pNumero) {
            numero = pNumero;
        }
    }
```

Nous pouvons constater dans cet extrait que les méthodes rechercheContrat et enregistreContrat dépendent de l'état connecté ou non de la classe Contrat. Si nous sommes connecté, une connexion à la base de données distante est créée, sinon c'est une connexion à la base de données locale qui est créée. La base de données locale ne contenant qu'un sous-ensemble des contrats, un échec de la recherche ne signifie pas nécessairement son inexistence (le contrat peut exister dans la base de données distante contenant l'exhaustivité des contrats). L'exception générée en cas d'échec de la recherche change en fonction de l'état.

Les getters (getDateSignature, getNumero) et les setters (setDateSignature, setNumero) ne varient pas en fonction de l'état. La transition d'un état à l'autre dépend de la valeur booléenne renvoyée par la méthode estDisponible de l'objet connexionInternet.

Les conditions pour implémenter le design pattern état sont donc remplies : la classe possède deux états distincts générant un comportement spécifique.

Nous allons l'appliquer et commencer en créant une interface reprenant les deux méthodes dépendant de l'état ainsi que l'attribut représentant l'état courant. Cette interface interne à la classe Contrat et l'attribut se présentent de la manière suivante :

```
//...
public class Contrat {
    private Etat etatCourant;

    //...
    private interface Etat {
     public Contrat chercheContrat(int pNumero)
      throws ContratInexistantException, ContratNonPresentException;
     public void enregistreContrat();
    }
}
```

Nous créons ensuite deux classes internes implémentant cette interface (une par état, connecté et non connecté) :

```
//...
public class Contrat {
   //...
   private class EtatConnecte implements Etat {
     public Contrat chercheContrat(int pNumero)
       throws ContratInexistantException,ContratNonPresentException {
             //...
             connexion = BDD.getConnexion(BDD.DISTANTE);

             requete = connexion.createStatement();
```

```
                    resultat = requete.executeQuery(
                            "select * from contrats where numero="+pNumero);

                    if (!resultat.next()) {
                        throw new ContratInexistantException(pNumero);
                    }
                    //...
        }

        public void enregistreContrat() {
                connexion = BDD.getConnexion(BDD.DISTANTE);
                //...
        }
    }

    private class EtatDeconnecte implements Etat {
        public Contrat chercheContrat(int pNumero)
         throws ContratInexistantException,ContratNonPresentException {
                //...
                connexion = BDD.getConnexion(BDD.LOCALE);

                requete = connexion.createStatement();
                resultat = requete.executeQuery(
                    "select * from contrats where numero="+pNumero);

                if (!resultat.next()) {
                    throw new ContratInexistantException(pNumero);
                }
                //...
        }

        public void enregistreContrat() {
                connexion = BDD.getConnexion(BDD.LOCALE);
                //...
        }
    }
}
```

Nous constatons que la séparation des comportements entre les états connecté et déconnecté a introduit une duplication de code (la requête dans chercheContrat). Cette duplication peut être évitée en factorisant le comportement commun au sein d'une classe abstraite Etat en lieu et place de l'interface.

La mécanique de changement d'état peut être factorisée au sein d'une méthode privée appelée changeEtat. Cette mécanique doit être appelée avant chaque appel aux méthodes des états. Par ailleurs, le corps des méthodes de la classe originelle doit être remplacé par des appels aux méthodes correspondantes de l'état courant (matérialisé par l'attribut etatCourant) :

```
//...
public class Contrat {
    //...
    Etat etatCourant;
```

```
   private void changeEtat() {
       if (connexionInternet.estDisponible()) {
           etatCourant = new EtatConnecte();
       } else {
           etatCourant = new EtatDeconnecte();
       }
   }

   public Contrat chercheContrat(int pNumero)
     throws ContratInexistantException, ContratNonPresentException {
       changeEtat();
       etatCourant.chercheContrat(pNumero) ;
   }

   public void enregistreContrat() {
       changeEtat();
       etatCourant.enregistreContrat() ;
   }

   //...
}
```

Une autre façon d'implémenter cette mécanique consisterait à utiliser le design pattern observateur afin que la classe Contrat soit notifiée de la disponibilité ou de l'indisponibilité de la connexion Internet. De chaque notification résulterait un changement d'état.

Comme nous pouvons le constater, la vision que la classe Contrat présente à l'extérieur reste inchangée. Nous pouvons donc nous reposer sur un jeu de tests construit sur la version originelle pour détecter des régressions.

Grâce à l'application du design pattern état, les comportements connectés et déconnectés sont bien distingués, facilitant leur maintenance et leur évolution.

Le pattern interpréteur

Certains traitements récurrents nécessaires à un logiciel s'avèrent soit difficiles ou fastidieux à programmer dans le langage Java du fait de sa généralité, soit nécessitant un paramétrage complexe pour prendre en compte tous les contextes utilisateur possibles.

Face à ces problèmes, l'utilisation d'un langage plus spécialisé que Java peut nettement simplifier le logiciel. Un exemple classique est le traitement des chaînes de caractères. La classe java.lang.String est très pauvre pour la manipulation de chaînes de caractères, abstraction faite de certaines méthodes apparues avec l'API de J2SE 1.4 *(voir ci-après l'exemple de mise en œuvre)*. Or, dans un logiciel de gestion, par exemple, le contrôle de la validité des données textuelles saisies est important. La réalisation de contrôles complexes peut s'avérer extrêmement coûteuse en développement et en test. Il est donc préférable d'utiliser un langage spécialisé, comme les expressions régulières.

Là où, en Java, un programme de quinze lignes est nécessaire, l'utilisation des expressions régulières permet de le ramener à quelques lignes, réduisant d'autant la complexité du logiciel. Java étant un langage universel, il est possible de trouver des interpréteurs d'expressions régulières écrits en Java directement utilisables dans le code d'un logiciel. J2SE en a introduit un dans l'API `java.util.regex` à partir de la version 1.4.

Concernant les traitements ayant un paramétrage complexe pour prendre en compte tous les contextes utilisateur possibles, il peut être préférable de les rendre entièrement reprogrammables à l'aide d'un langage plus simple que Java. C'est typiquement l'idée des langages de script des progiciels de gestion (ERP), ces derniers ne pouvant intégrer toutes les spécificités possibles d'une entreprise à une autre. Là encore, Java bénéficie d'interpréteurs pour des langages de script, à l'image de Jython *(http://www.jython.org)* ou de Groovy *(http://groovy.codehaus.org)*, qui peuvent interagir avec des traitements Java.

Gains attendus et risques à gérer

En utilisant des langages interprétés plus spécialisés que Java, nous cherchons à réduire la complexité du code en nous reposant sur les apports fonctionnels apportés par le nouveau langage. Bien entendu, il est nécessaire que l'interpréteur soit parfaitement intégré à l'environnement Java pour que l'opération ait un intérêt.

Par la combinaison de Java et des langages de script, dont les traitements sont modifiables sans recompilation, nous cherchons à introduire plus de flexibilité dans le logiciel et à réduire la complexité introduite par la gestion de spécificités d'utilisateurs ou d'un paramétrage complexe influençant fortement les traitements.

La mise en place d'un interpréteur n'est cependant pas une tâche facile, car elle introduit les risques spécifiques suivants, en plus de la régression :

- **Bogues de l'interpréteur.** Comme tout composant logiciel, l'interpréteur possède ses propres bogues. Le débogage de ce type de composant peut nécessiter des compétences en théorie des langages, voire s'avérer impossible si l'accès aux sources n'est pas possible.

- **Bogues dans les programmes écrits dans le nouveau langage.** Le support d'outils de débogage pour ce type de langage est généralement inexistant, ce qui complexifie la correction.

- **Performances.** L'interprétation est une opération coûteuse. Il faut donc veiller à ne pas l'utiliser dans des traitements nécessitant des performances optimales.

Afin de limiter les risques, il est préférable d'éviter les utilisations trop généralisées de ce design pattern et de concentrer son emploi sur les zones bénéficiant très fortement de ses apports.

Moyens de détection des cas d'application

Dans le cas des langages spécialisés, le mieux est de se demander quel serait leur apport dans le logiciel (approche top-down) par rapport à ses fonctionnalités. Typiquement, pour un logiciel de gestion devant effectuer de nombreux contrôles des données saisies, l'apport des expressions régulières est appréciable.

Dans le cas des langages de script, le mieux est d'étudier le paramétrage du logiciel. Si celui-ci est complexe et influe fortement sur certains traitements, il peut être intéressant de transformer ces derniers en scripts. Par ailleurs, si le logiciel dispose de très nombreuses variantes, dont les différences sont concentrées sur quelques traitements, il peut être intéressant de les fusionner en une version unique, ne variant qu'au travers du contenu des scripts qui l'accompagnent.

Modalités d'application et tests associés

La première étape consiste à cartographier les traitements pouvant bénéficier des services de l'interpréteur. Cette cartographie sert de base pour évaluer les gains et les risques à mettre en place ce design pattern. Il s'avère particulièrement efficace si les traitements concernés subissent de nombreuses opérations de maintenance.

Comme il s'agit de transformer des traitements existants dans un nouveau langage, nous sommes face à une réécriture. L'effort de test pour détecter les régressions est donc important. Un jeu de tests le plus complet possible doit être mis en place sur le code originel avant de procéder à la refonte. L'effort de test doit être d'autant plus important que l'utilisation d'un nouveau langage, mal maîtrisé par les développeurs, introduit des risques supplémentaires.

La migration des traitements existants vers le nouveau langage se fait souvent manuellement. Si les traitements sont nombreux, il peut être intéressant d'évaluer des solutions de transformation automatique. Leur coût d'automatisation peut être compensé par des gains de productivité sur de gros volumes de code.

Une fois la migration effectuée, les tests mis en place sur la version originelle peuvent être réutilisés. Nous considérons que l'introduction du design pattern interpréteur ne modifie que l'implémentation des classes concernées.

Exemple de mise en œuvre

Dans les applications Web, la gestion des formulaires constitue une part importante des traitements liés à l'interface homme-machine (IHM). Dans cette gestion, le contrôle des valeurs saisies dans les champs des formulaires est souvent important et nécessaire, surtout du point de vue de la sécurité, pour éviter l'injection SQL, par exemple.

En utilisant les fonctions du langage Java, ce contrôle est particulièrement fastidieux et se matérialise souvent par une succession de conditions assez longues et sans grande valeur ajoutée.

Par exemple, le code suivant teste qu'un champ date est au format attendu par le logiciel (jj/mm/aaaa). Il s'agit d'une gestion élémentaire, qui ne tient pas compte de toutes les subtilités liées aux dates, comme les années bissextiles :

```java
public boolean verifieDate(String pDate) {
    int jour;
    int mois;
    int annee,

    if (!(pDate.length()==10)) {
        return false;
    }
    try {
        jour = Integer.parseInt(pDate.substring(0,2));
        mois = Integer.parseInt(pDate.substring(3,5));
        annee = Integer.parseInt(pDate.substring(6));
    }
    catch (NumberFormatException e) {
        return false;
    }
    if ((!pDate.substring(2,3).equals("/"))||
        (!pDate.substring(5,6).equals("/"))) {
        return false;
    }
    if ((jour>31)||(jour<1)) {
        return false;
    }
    if ((mois>12)||(mois<1)) {
        return false;
    }
    return true;
}
```

Le format jj/mm/aaaa peut être spécifié sous forme d'expression régulière de la manière suivante : [0-3][0-9]/[0-1][0-9]/[0-9]{4}+.

Les valeurs entre crochets représentent l'intervalle numérique autorisé pour un caractère. [0-3] indique que le caractère doit être compris entre 0 et 3. Comme cette sous-expression est au début de l'expression régulière, elle s'applique au premier caractère, la sous-expression suivante ([0-9]) au second, etc. La sous-expression {4}+ signifie que la sous-expression qui la précède, en l'occurrence [0-9], est valable pour exactement quatre caractères consécutifs.

Pour connaître toutes les possibilités des expressions régulières, reportez-vous à la javadoc de la classe java.util.regex.Pattern.

Le code devient le suivant :

```
public boolean verifieDate(String pDate) {
    int jour;
    int mois;
    int annee;

    if (pDate.matches("[0-3][0-9]/[0-1][0-9]/[0-9]{4}+")) {
        return false;
    }
    jour = Integer.parseInt(pDate.substring(0,2));
    mois = Integer.parseInt(pDate.substring(3,5));
    annee = Integer.parseInt(pDate.substring(6));
    if ((jour>31)||(jour<1)) {
        return false;
    }
    if ((mois>12)||(mois<1)) {
        return false;
    }
    return true;
}
```

Grâce à l'utilisation des expressions régulières, le code est réduit de neuf lignes (19 contre 28 auparavant, soit une réduction d'un tiers). Par contre, les performances sont inférieures, la version avec interpréteur étant quatre fois plus lente que la version originelle d'après nos mesures. Il faut donc veiller à n'utiliser ce design pattern que dans des cas où la performance n'est pas une priorité majeure, c'est-à-dire quand le coût de la sous-performance est supérieur aux gains en maintenance.

Le pattern stratégie

Au sein d'une classe, le traitement effectué par une ou plusieurs méthodes données peut fortement varier en fonction du contexte. Cela a pour conséquence d'obscurcir le contenu de la méthode en mêlant traitement et tests pour identifier le contexte dans lequel l'objet se situe.

À partir du moment où les variantes du traitement sont bien distinctes et en nombre limité, nous pouvons isoler chacune d'elles dans une classe spécifique, appelée une stratégie. Ces stratégies dérivent toutes d'une classe abstraite ou d'une interface spécifiant les méthodes publiques offertes par chacune des stratégies concrètes. Au niveau de la ou des méthodes dont sont extraites les stratégies, seul subsiste le traitement permettant de sélectionner la stratégie adaptée au contexte.

Le schéma UML de la figure 6.3 illustre l'utilisation de ce design pattern dans le cadre d'une refonte.

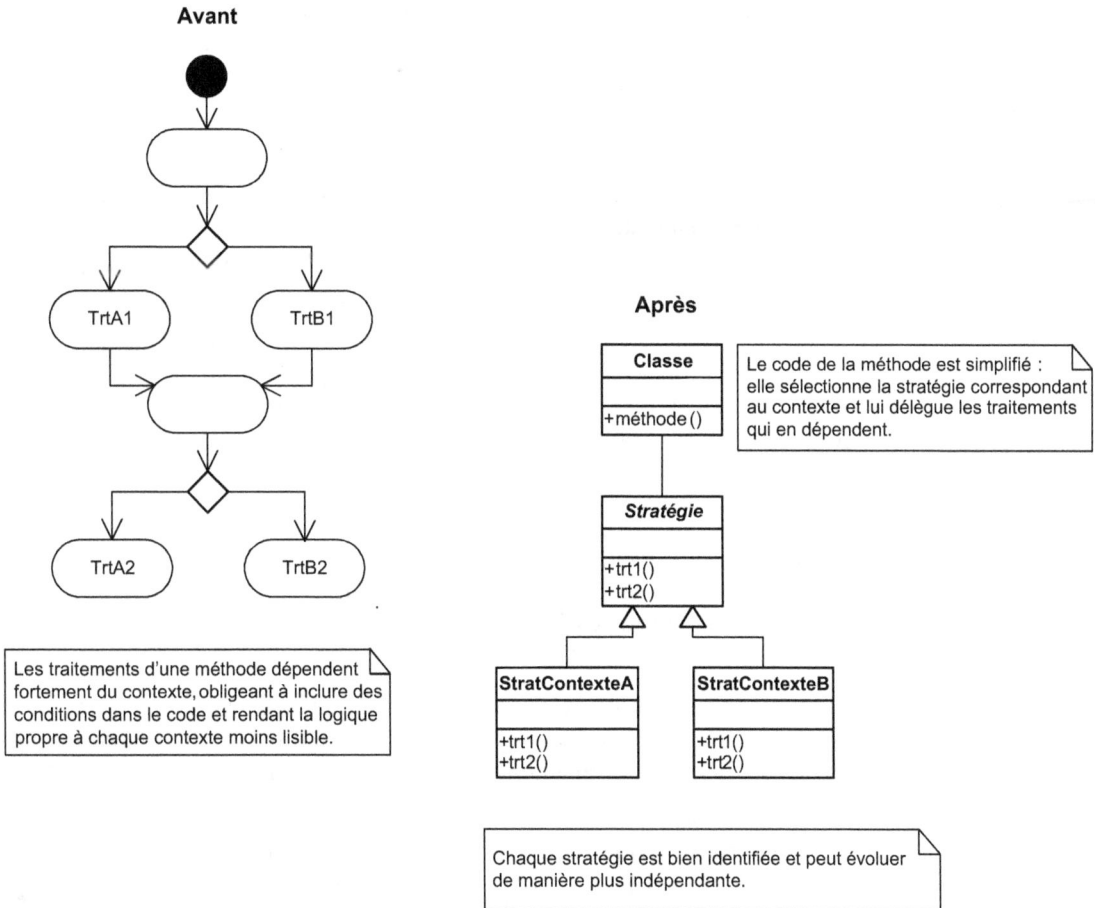

Avant

Après

Le code de la méthode est simplifié : elle sélectionne la stratégie correspondant au contexte et lui délègue les traitements qui en dépendent.

Les traitements d'une méthode dépendent fortement du contexte, obligeant à inclure des conditions dans le code et rendant la logique propre à chaque contexte moins lisible.

Chaque stratégie est bien identifiée et peut évoluer de manière plus indépendante.

Figure 6.3

Refonte avec le design pattern stratégie

Gains attendus et risques à gérer

En dissociant traitements et gestion du contexte, nous améliorons la maintenance du code. La compréhension de stratégies spécialisées sur un contexte spécifique est généralement plus simple que celle d'un traitement adressant toutes les situations possibles. Par ailleurs, le design pattern stratégie améliore l'évolutivité du logiciel en facilitant l'introduction de nouvelles stratégies, soit en ajout, soit en remplacement des anciennes.

La complexité d'application de ce design pattern dans le cadre d'une refonte dépend du nombre de stratégies à extraire et de la complexité de leurs interactions avec le contexte. Il s'agit d'une opération délicate, sauf si l'association du contexte et de la stratégie correspondante est simple, sans ambiguïté et portant sur des traitements peu complexes. Cependant, comme il s'agit d'une opération interne à une classe, son contrat vis-à-vis de l'extérieur reste inchangé, et les tests de non-régression en sont d'autant facilités.

Lors de l'extraction des stratégies, il faut prendre garde à la duplication de code entre les différentes stratégies. Le code commun peut être factorisé au niveau de la classe abstraite dont dérivent les stratégies. Dans ce cas de figure, une interface ne peut pas être utilisée.

Moyens de détection des cas d'application

Là encore, la complexité cyclomatique peut identifier de bons candidats pour l'utilisation de ce design pattern. Cependant, du fait de la trop grande généralité de cette métrique, il est nécessaire d'analyser la méthode pour s'assurer de la pertinence de ce design pattern.

Il est notamment nécessaire de vérifier que le contenu de la méthode s'articule autour d'une succession de conditions déclenchant des traitements. Si les conditions portent de manière régulière sur les mêmes éléments, il est probable qu'ils constituent un contexte. Si la part des traitements externes à l'une de ces conditions est faible, le design pattern stratégie a de fortes chances d'être applicable.

Modalités d'application et tests associés

La première étape consiste à identifier les différents contextes influençant le contenu des traitements à effectuer. Les contextes doivent être en nombre fini et indépendants les uns des autres. Pour chaque contexte possible, les traitements associés doivent être clairement identifiés.

Avant d'effectuer la refonte, il est nécessaire de mettre au point un jeu de tests pour détecter d'éventuelles régressions. L'application de ce design pattern n'influençant que l'implémentation de la classe originelle, le jeu peut être utilisé tel quel sur le code refondu.

Une interface ou une classe abstraite, représentant la notion de stratégie, doit être créée afin de définir les méthodes à implémenter pour chaque stratégie (nous l'appelons `Strategie`). Elle doit être dans la mesure du possible interne à la classe originelle, car il s'agit d'un détail d'implémentation. Si des traitements sont communs entre différentes stratégies, ils peuvent être placés dans la classe abstraite, excluant de fait l'utilisation d'une interface pour matérialiser la notion de stratégie.

Dans la méthode originelle, ou la classe originelle si la stratégie est commune à plusieurs méthodes, il est nécessaire de créer une variable de type `Strategie` contenant la référence à la stratégie à employer (nous l'appelons `strategieCourante`). Cette variable est initialisée à l'exécution de la méthode par un test pour déterminer le contexte dans lequel cette dernière s'exécute et la stratégie correspondante.

De ce fait, une classe implémentant la notion de stratégie est créée pour chaque contexte possible. Ces classes peuvent être construites en combinant l'extraction de méthodes dans la méthode originelle et le déplacement d'éléments (les méthodes extraites). Les blocs de code extraits sont remplacés par des appels aux méthodes de la variable `strategieCourante`.

Une fois la refonte effectuée, nous pouvons utiliser le jeu de tests construit précédemment pour détecter les régressions introduites par l'opération de refactoring.

Exemple de mise en œuvre

Supposons que nous devions effectuer une refonte d'un logiciel de gestion de fiches de paie. Au sein de ce logiciel, il existe un moteur de calcul des charges patronales et salariales.

Ces calculs, très nombreux mais peu complexes, sont fortement influencés par le statut de cadre ou non du salarié et par le fait que son salaire dépasse ou non le plafond de la Sécurité sociale. Nous avons donc une logique commune aux différents contextes, mais des traitements spécifiques pour chacun d'eux :

```java
public class CalculateurCharges {
    //...
    public void calculeCharges (Salarie pSalarie) {
        boolean cadre = pSalarie.isCadre();
        boolean depassePlafond = false;
        if (pSalarie.getSalaireBrut()>SECU.MONTANT_PLAFOND) {
            depassePlafond = true ;
        }

        //Calcul de la cotisation vieillesse plafonnée
        if (cadre) {
            if (depassePlafond) {
                //...
            } else {
                //...

            }
        } else {
            if (depassePlafond) {
                //...
            } else {
                //...
            }
        }
        //Calcul de la cotisation maladie
        if (cadre) {
            //...
        } else {
            //...
        }
        //Etc.
    }
}
```

Comme nous pouvons le constater, les différents contextes sont bien délimités et au nombre de quatre :

- cadre sans dépassement du plafond de la Sécurité sociale ;
- cadre avec dépassement du plafond ;
- non-cadre sans dépassement du plafond ;
- non-cadre avec dépassement du plafond.

Nous créons donc une interface interne à la classe originelle reprenant les différents calculs dépendant du contexte (nous ne reprenons que ceux donnés dans l'extrait, c'est-à-dire la cotisation vieillesse plafonnée et la cotisation maladie) :

```java
public class CalculateurCharges {
    //...

    private interface Strategie {
        public void calculeVieillessePlafonnee(Salarie);
        public void calculeMaladie(Salarie);
    }
}
```

Nous créons ensuite les quatre classes internes implémentant cette interface (une par contexte possible) :

```java
public class CalculateurCharges {
    //...

    private class CadreSousPlafond implements Strategie {
        public void calculeVieillessePlafonnee(Salarie pSalarie) {
            //...
        }

        public void calculeMaladie(Salarie pSalarie) {
            //...
        }
    }

    private class CadreDepPlafond implements Strategie {
        public void calculeVieillessePlafonnee(Salarie pSalarie) {
            //...
        }

        public void calculeMaladie(Salarie pSalarie) {
            //...
        }
    }

    private class NonCadreSousPlafond implements Strategie {
        public void calculeVieillessePlafonnee(Salarie pSalarie) {
            //...
        }

        public void calculeMaladie(Salarie pSalarie) {
            //...
        }
    }

    private class NonCadreDepPlafond implements Strategie {
        public void calculeVieillessePlafonnee(Salarie pSalarie) {
            //...
        }
```

```
        public void calculeMaladie(Salarie pSalarie) {
            //...
        }
    }
}
```

Pour terminer, nous modifions la méthode originelle afin qu'elle sélectionne la bonne stratégie en fonction du contexte et qu'elle utilise ses services :

```
public void calculeCharges (Salarie pSalarie) {
    Strategie strategieCourante ;

    if (pSalarie.isCadre()) {
        if (pSalarie.getSalaireBrut()>SECU.MONTANT_PLAFOND) {
            strategieCourante = new CadreDepPlafond();
        } else {
            strategieCourante = new CadreSousPlafond();
        }
    } else {
        if (pSalarie.getSalaireBrut()>SECU.MONTANT_PLAFOND) {
            strategieCourante = new NonCadreDepPlafond();
        } else {
            strategieCourante = new NonCadreSousPlafond();
        }
    }

    //Calcul de la cotisation vieillesse plafonnée
    strategieCourante.calculeVieillessePlafonnee(pSalarie);

    //Calcul de la cotisation maladie
    strategieCourante.calculeMaladie(pSalarie)

    //Etc.
}
```

Grâce à l'application du design pattern stratégie, le calcul des charges tel que présenté dans la méthode calculeCharges est délesté des tests rendant son code difficile à lire. Chaque stratégie est clairement isolée des autres et se concentre sur les détails de sa problématique. Ainsi, les risques de confusion au cours des opérations de maintenance, comme un taux appliqué aux cadres alors qu'il s'agit de non-cadres, sont fortement réduits.

Amélioration de la structure des classes

Les modèles structuraux aident à simplifier la structure du logiciel en introduisant des modèles de composition d'objets plus clairs et efficaces. S'ils peuvent nous aider à rendre la structure du logiciel plus lisible, il s'agit néanmoins d'opérations lourdes, à manier avec précaution.

Le pattern proxy

Le protocole d'utilisation d'un objet peut s'avérer complexe par rapport aux services effectivement rendus par celui-ci pour l'une ou l'autre des raisons suivantes :

- **Objet distant.** L'utilisation de ses services présuppose l'initialisation d'une communication *via* un protocole spécifique (RMI, IIOP, SOAP, etc.).

- **Accès contrôlés à l'objet.** La sécurité du logiciel s'impose à certains objets critiques, et l'appel de leurs méthodes est conditionné par un niveau d'autorisation suffisant.

- **Objet coûteux à instancier.** Une stratégie de création des instances est nécessaire pour optimiser les performances du logiciel.

Le design pattern proxy masque la complexité d'utilisation d'un objet en présentant une interface simplifiée. Il encapsule tout ou partie du protocole d'accès à l'objet dont il prend en charge les aspects techniques. Idéalement, un proxy se présente comme un POJO (Plain Old Java Object), c'est-à-dire un objet Java élémentaire, permettant un accès simplifié à un composant.

Le schéma UML de la figure 6.4 illustre l'utilisation de ce design pattern dans le cadre de la refonte des accès à un objet distribué.

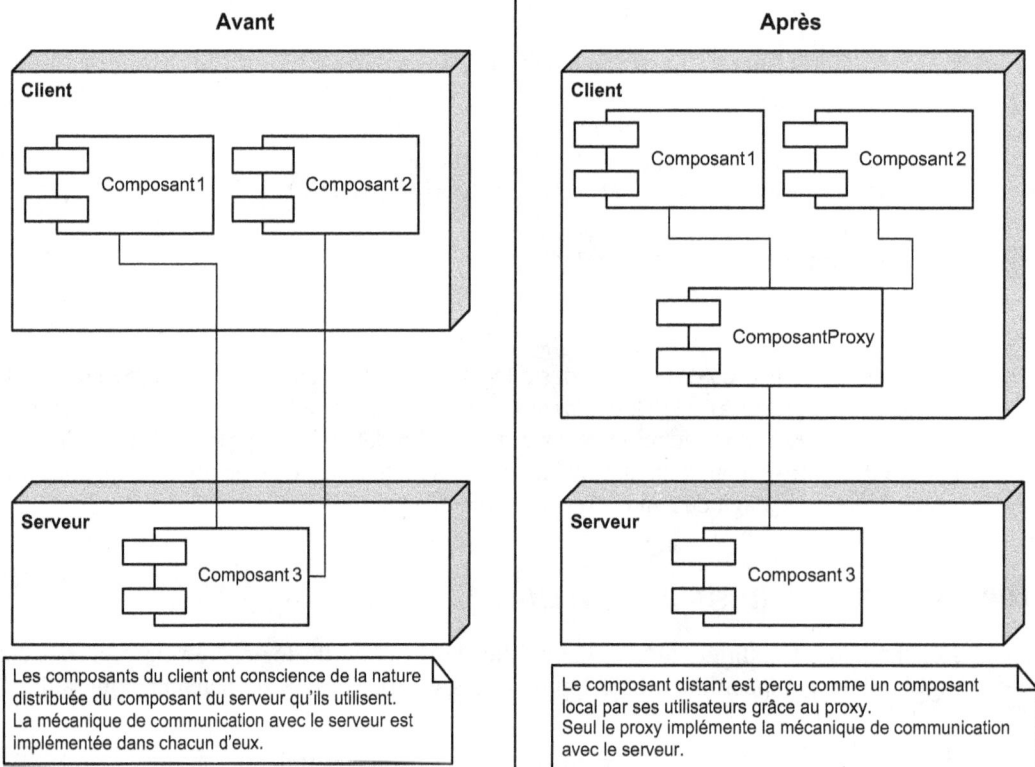

Figure 6.4

Refonte avec le design pattern proxy

Gains attendus et risques à gérer

En simplifiant le protocole d'utilisation d'un objet, le design pattern proxy facilite la compréhension de ses interactions avec ses utilisateurs. Par exemple, pour les objets distribués, il masque la mécanique de communication, rendant les changements à ce niveau transparents pour les utilisateurs du proxy.

Les risques liés à l'utilisation de ce design pattern dans le cadre d'un refactoring varient en fonction de la nature du proxy. Par exemple, dans le cadre d'un proxy d'accès à un objet distribué, une grande quantité de code peut être impactée au niveau des utilisateurs de la classe masquée par le proxy. Il est donc nécessaire de réaliser une analyse d'impacts pour estimer la portée des modifications.

Moyens de détection des cas d'application

Les cas d'utilisation les plus évidents pour le design pattern proxy au sein d'un logiciel existant sont les objets distribués, aisément identifiables dans la mesure où ils dépendent d'API techniques spécifiques (RMI, EJB, etc.). L'outil de recherche de la plupart des environnements de développement permet de les trouver sans difficulté majeure.

Les autres cas d'utilisation sont beaucoup plus difficiles à détecter sans une analyse. Dans le cas du contrôle d'accès, il peut s'agir d'extraire des objets la problématique de sécurité pour l'isoler dans un proxy, découplant ainsi la gestion de la sécurité des aspects fonctionnels. Dans le cas des objets coûteux à instancier, un passage en revue des objets les plus complexes peut permettre d'identifier rapidement de bons candidats.

Modalités d'application et tests associés

La mise en place d'un proxy est relativement simple. La première étape consiste à définir l'interface du proxy. Celle-ci est un sous-ensemble, voire la totalité, des méthodes de l'objet masqué par le proxy. Pour assurer la consistance entre proxy et objet masqué, ces deux classes doivent implémenter l'interface ainsi définie.

La classe proxy est ensuite créée. Chaque méthode de l'interface doit être implémentée. Cette implémentation dépend du type de proxy recherché. Pour un proxy de contrôle d'accès, il s'agira de vérifier que l'appelant a bien les autorisations nécessaires avant d'appeler la méthode correspondante dans l'objet masqué, etc. Une fois le proxy développé, il faut le tester unitairement en simulant un objet utilisant ses services.

Pour terminer, nous devons replacer les appels à l'objet masqué par des appels au proxy. À cette fin, une série de tests de non-régression doit être validée sur le code originel avant la modification des appels. Une fois la modification effectuée, la série de tests est rejouée pour détecter d'éventuels problèmes.

Exemple de mise en œuvre

Supposons que, dans un logiciel de gestion commerciale dont nous avons la maintenance, la sécurité soit gérée directement dans les objets métier. La classe Contrat aurait l'allure suivante :

```
package fr.eyrolles.exemples.patterns.proxy;
public class Contrat {
  //...

  public Contrat(int pNumero) {
    Utilisateur u = Session.getUtilisateur();
    if (GestionnaireDroits.aDroitCreation(u)) {
        // Création d'un nouveau contrat
    } else {
        throw new ViolationAccesException(u);
    }
  }
  //...

  public void supprime() {
    Utilisateur u = Session.getUtilisateur();
    if (GestionnaireDroits.aDroitSuppression(u)) {
        // suppression du contrat
    } else {
        throw new ViolationAccesException(u);
    }
  }

  public void enregistre() {
    Utilisateur u = Session.getUtilisateur();
    if (GestionnaireDroits.aDroitEcriture(u)) {
        // enregistrement
    } else {
        throw new ViolationAccesException(u);
    }
  }
}
```

Afin de bien dissocier la problématique technique de contrôle des droits du reste de la classe métier Contrat, il est intéressant d'employer le design pattern proxy. Le code de Contrat s'en trouve simplifié, et la maintenance de la sécurité peut se faire indépendamment du reste.

Après avoir mis au point un jeu de tests pour détecter d'éventuelles régressions suite à l'application du design pattern, nous pouvons créer l'interface commune au proxy et à la classe Contrat :

```
public interface IContrat {
    public void supprime();
    public void enregistre();
    //...
}
```

Nous créons ensuite la classe ContratProxy. Celle-ci consiste en une implémentation de l'interface IContrat à partir de l'extraction du code gérant le contrôle d'accès dans la classe Contrat :

```
public class ContratProxy implements IContrat {
   private Contrat contrat;

   public Contrat(int pNumero) {
     Utilisateur u = Session.getUtilisateur();
     if (GestionnaireDroits.aDroiCreation(u)) {
        contrat = new Contrat(pNumero);
     } else {
        throw new ViolationAccesException(u);
     }
   }

   //...

   public void supprime() {
     Utilisateur u = Session.getUtilisateur();
     if (GestionnaireDroits.aDroitSuppression(u)) {
        contrat.supprime();
     } else {
        throw new ViolationAccesException(u);
     }
   }

   public void enregistre() {
     Utilisateur u = Session.getUtilisateur();
     if (GestionnaireDroits.aDroitEcriture(u)) {
        contrat.enregistre();
     } else {
        throw new ViolationAccesException(u);
     }
   }
}
```

Afin d'assurer la consistance entre la classe et son proxy, il est nécessaire de supprimer tout le code de contrôle d'accès dans la classe Contrat et de lui faire implémenter l'interface IContrat :

```
package fr.eyrolles.exemples.patterns.proxy;

public class Contrat implements IContrat{
   //...

   public Contrat(int pNumero) {
     // Création d'un nouveau contrat
   }
   }

   //...

   public void supprime() {
     // suppression du contrat
   }

   public void enregistre() {
     // enregistrement
   }
}
```

Une fois cette opération terminée, le jeu de tests doit être modifié pour utiliser le proxy et non la classe Contrat directement. En l'exécutant, d'éventuels problèmes d'implémentation du design pattern pourront être détectés.

Pour finir, les références à la classe Contrat doivent être remplacées par des références à IContrat, séparant ainsi dans le code l'implémentation de l'interface. Les créations d'instances de Contrat doivent ensuite être remplacées par des créations d'instances de ContratProxy. Pour minimiser les risques de régression lors de cette étape, des tests devront être mis au point sur le code originel puis rejoués sur la version refondue.

Grâce au design pattern proxy, nous avons clairement séparé les problématiques de sécurité des problématiques métier de la classe Contrat. Leur maintenance et leurs évolutions respectives s'en trouvent d'autant facilitées.

Le pattern façade

Au sein d'un logiciel, les différents traitements pour rendre les services attendus sont répartis au sein d'une multitude d'objets. Les traitements répondent à des problématiques très variées, pouvant être fonctionnelles ou techniques. Généralement, chaque problématique est adressée par un sous-système du logiciel. Un service pouvant impliquer plusieurs problématiques, les liens entre les différents sous-systèmes peuvent devenir très nombreux et difficilement gérables.

Le design pattern façade vise à simplifier l'accès à un ensemble d'objets formant un sous-système en fournissant à l'extérieur une interface unifiée, sous forme d'une ou de plusieurs classes, masquant la complexité liée à la manipulation de cet ensemble.

Ce design pattern est particulièrement utile pour marquer clairement les limites de chaque sous-système. Typiquement, nous l'utilisons pour isoler les différentes couches techniques et fonctionnelles du logiciel. Pour que le sous-système soit correctement isolé, les dépendances doivent être unidirectionnelles, de l'extérieur vers la façade.

Le schéma UML de la figure 6.5 illustre l'utilisation de ce design pattern dans le cadre d'une refonte.

Gains attendus et risques à gérer

En améliorant la séparation des sous-systèmes entre eux, nous facilitons la compréhension de l'organisation du logiciel et la maintenance de chaque sous-système puisque la façade masque les détails de l'implémentation de ce dernier.

L'application de ce design pattern est cependant une opération lourde, car les relations entre les objets sont directement impactées. Dans le cadre d'un projet de refactoring, il est préférable d'utiliser ce design pattern de manière chirurgicale et progressive, sous-système par sous-système.

Avant	Après

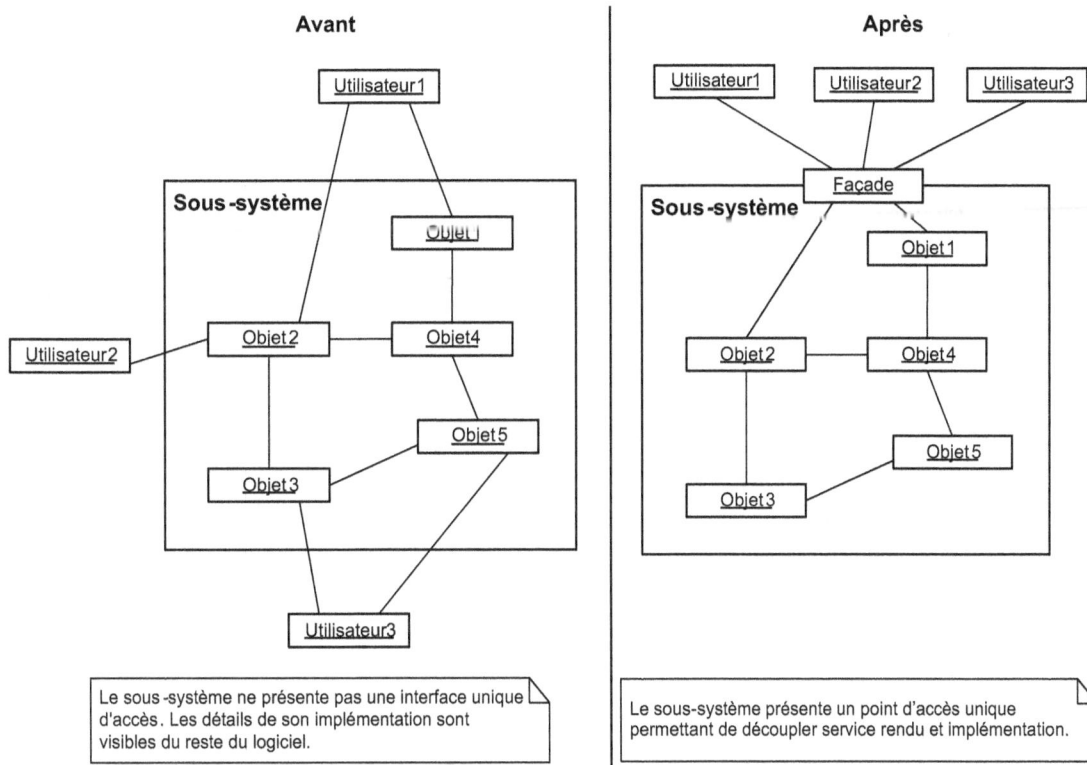

Figure 6.5

Refonte avec le design pattern façade

Il peut être utile de mettre en place des façades sur lesquelles reposeront les nouveaux développements. Celles-ci peuvent être pensées de manière à être non intrusives vis-à-vis du sous-système et autoriser deux modes de fonctionnement : soit l'accès direct aux classes du sous-système (ancien mode), soit l'accès *via* la façade (nouveau mode). Ce mode de fonctionnement implique une double maintenance et doit être considéré comme une solution palliative. La refonte de l'existant pour utiliser exclusivement la façade doit donc être planifiée.

Moyens de détection des cas d'application

Les métriques de couplage permettent d'identifier les relations trop fortes entre sous-systèmes. Bien entendu, cela suppose d'être capable de savoir quelle classe appartient à quel sous-système, ce qui n'est pas forcément évident si le logiciel a été mal conçu, notamment si les packages ne sont pas représentatifs du découpage des sous-systèmes.

Une autre méthode consiste à analyser les documents de conception ou de rétroconception, notamment les diagrammes de classes, afin d'identifier les sous-systèmes du logiciel et la nature des relations qu'ils entretiennent entre eux.

Modalités d'application et tests associés

Au préalable, il est nécessaire de délimiter le sous-système dont nous voulons masquer les détails d'implémentation. Ses interactions avec l'extérieur doivent être listées et analysées afin de les formaliser au sein de la façade.

Cette formalisation doit être accompagnée d'une série de tests permettant de valider le bon fonctionnement de la façade.

La façade peut se matérialiser sous la forme d'une ou de plusieurs classes offrant des services à l'extérieur. La façade doit masquer au maximum les détails d'implémentation du sous-système qu'elle couvre.

Ce design pattern remettant en cause les liens qui existent entre le sous-système et ses utilisateurs, nous conseillons de n'utiliser la façade qu'avec les évolutions introduites dans le logiciel. Le code existant conservant ainsi ses liens avec les composants du sous-système, nous diminuons les risques de mise en œuvre de ce design pattern très structurant pour un logiciel. Une fois son fonctionnement stabilisé avec les évolutions, son utilisation peut être généralisée à l'ensemble du logiciel.

Exemple de mise en œuvre

Reprenons la classe Contrat utilisée dans l'exemple de mise en œuvre du design pattern proxy. Supposons que les méthodes supprime et enregistre accèdent directement à la base de données *via* JDBC et qu'il en aille de même pour les autres objets métier, comme Client ou Commercial. Dans ce cas de figure, nous avons un lien direct entre les objets métier et le sous-système JDBC. Les problématiques techniques liées à la persistance des données sont mélangées avec les problématiques fonctionnelles adressées dans les objets métier.

Afin de simplifier le code des objets métier, il peut être intéressant d'en extraire la gestion de la persistance et de la sous-traiter à une façade chargée de la communication avec le sous-système JDBC pour assurer ce service.

Pour la classe Contrat, cette opération consiste à extraire le code des méthodes à supprimer et enregistrer pour les placer dans une nouvelle classe représentant la façade :

```
package fr.eyrolles.exemples.patterns.facade;

// Imports

public class FacadePersistance {
    //...
    public void supprimeContrat(Contrat pContrat) {
        //Code extrait et adapté de la méthode Contrat.supprime
    }

    public void enregistre(Contrat pContrat) {
        //Code extrait et adapté de la méthode Contrat.enregistre
    }
    //...
}
```

Afin de découpler l'implémentation, représentée par `FacadePersistance`, de son interface et faciliter les tests unitaires ainsi que les évolutions de la couche persistance, nous pouvons définir une interface `IFacadePersistance` reprenant les méthodes publiques de la classe et devant être implémentée par cette dernière :

```
package fr.eyrolles.exemples.patterns.facade;

public interface IFacadePersistance {
    public void supprimeContrat(Contrat pContrat);
    public void enregistre(Contrat pContrat);
    //...
}
```

Les références à la façade devront être du type `IFacadePersistance` au lieu de `FacadePersistance`, permettant d'avoir plusieurs stratégies de persistance, par exemple, dans le cas d'une application nomade *(voir le design pattern état)*.

Une fois la façade achevée, nous devons la tester unitairement avant de l'utiliser pour les nouveaux développements.

Ensuite, pour ne pas avoir à modifier massivement le code du logiciel, les méthodes `supprime` et `enregistre` de la classe `Contrat` sont modifiées afin d'appeler la façade, au lieu d'effectuer le traitement elles-mêmes, et d'éviter une double maintenance, coûteuse et source d'erreurs. Elles doivent être marquées comme étant obsolètes (tag javadoc `@deprecated`) :

```
package fr.eyrolles.exemples.patterns.facade;

import java.util.Date;

public class Contrat {
    //...
    int numero;
    Date dateEffet;
    //...
    public int getNumero() {
      return numero;
    }

  public void setNumero(int pNumero) {
      numero = pNumero;
  }

  public Date getDateEffet() {
      return dateEffet;
  }

  public void setDateEffet(Date pDateEffet) {
      dateEffet = pDateEffet ;
  }
```

```
/**
 * @deprecated
 */
public void supprime() {
    facadePersistance.supprime(this);
}

/**
 * @deprecated
 */
public void enregistre() {
  facadePersistance.enregistre(this);
}

//...
}
```

Afin de détecter d'éventuelles régressions, un jeu de tests sur les méthodes modifiées, préalablement validé sur le code originel, doit être utilisé.

Des opérations de nettoyage du code devront être planifiées par la suite pour remplacer les appels aux méthodes obsolètes par des appels directs à la façade. Chaque opération devra être accompagnée de tests de non-régression.

Une fois le code totalement nettoyé, la classe Contrat pourra être allégée en supprimant les méthodes obsolètes. Dans notre cas, Contrat devient un JavaBean élémentaire uniquement doté des méthodes getters et setters sur ses attributs :

```
package fr.eyrolles.exemples.patterns.facade;

import java.util.Date;

public class Contrat {
  //...
  int numero;
  Date dateEffet;

  //...
  public int getNumero() {
      return numero;
  }

  public void setNumero(int pNumero) {
      numero = pNumero;
  }

  public Date getDateEffet() {
      return dateEffet;
  }

  public void setDateEffet(Date pDateEffet) {
      dateEffet = pDateEffet ;
  }
}
```

Grâce à l'application du design pattern façade, les relations avec le sous-système JDBC sont centralisées et apparaissent sous forme de services métier, plus faciles à manipuler, vis-à-vis des sous-systèmes de plus haut niveau. La gestion de la persistance peut évoluer sans pour autant perturber le reste de l'application du moment que le contrat de la façade reste constant.

Le pattern adaptateur

Au cours de la vie d'un logiciel, certaines classes sont susceptibles de voir leur contrat vis-à-vis de l'extérieur profondément modifié (changement de la signature de méthodes, suppression de méthodes, etc.). Pour gérer ces modifications de contrat, deux stratégies sont possibles :

* Modifier l'ensemble des classes utilisatrices, ce qui peut s'avérer rapidement rédhibitoire.

* Chercher à rester parfaitement compatible avec les anciens contrats, d'où une complexité accrue de la classe au fil des évolutions.

Le design pattern adaptateur permet de maintenir différentes versions d'une même classe au sein d'un logiciel. Pour cela, il suffit de créer une classe par version. L'organisation de ces classes dépend du contexte. Afin de faciliter la réutilisation entre les versions et leur substitution auprès des classes utilisatrices (passage d'une version n à une version $n + 1$), nous utilisons généralement les mécanismes d'héritage : une classe mère abstraite concentrant le contrat de base commun à toutes les versions et une succession de sous-classes (une par version).

Le schéma UML de la figure 6.6 illustre l'utilisation de ce design pattern dans le cadre d'une refonte.

Gains attendus et risques à gérer

L'utilisation de ce design pattern est recommandée plutôt *a priori,* c'est-à-dire au moment où nous faisons évoluer le contrat d'une classe dans le cadre d'une maintenance évolutive, qu'*a posteriori,* lors d'un refactoring, où sa mise en œuvre est complexe. Son application peut-être justifiée dans le cas de classes rendues « obèses » et difficilement maintenables pour garantir une compatibilité ascendante complexe. Cette technique doit être vue comme un moyen de lisser le coût d'une migration à une nouvelle version et non comme une fin en soi.

Les risques associés à l'utilisation de ce design pattern *a posteriori* dans le cadre d'un refactoring sont importants, car l'implémentation de la classe originelle est modifiée en profondeur. Le risque est proportionnel au nombre de versions différentes et à l'importance de leurs différences. Par ailleurs, il faut être capable de bien faire le lien entre une version donnée et ses utilisateurs.

Avant

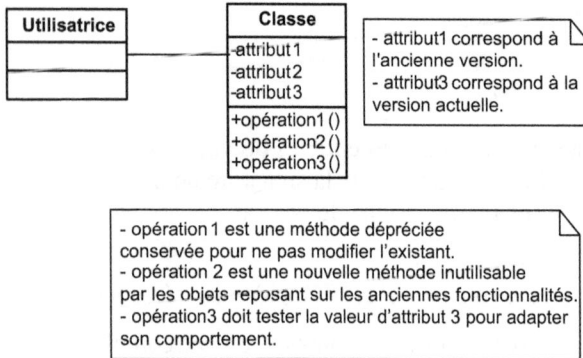

Après

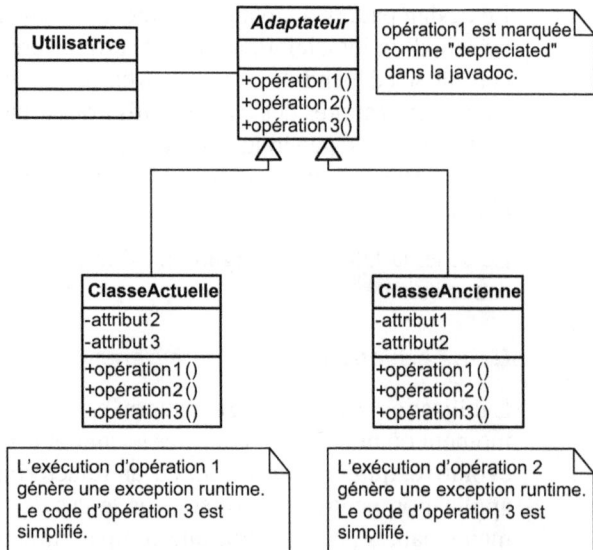

Figure 6.6

Refonte avec le design pattern adaptateur

Moyens de détection des cas d'application

Les cas d'application de ce design pattern peuvent être détectés grâce à plusieurs métriques :

• **Nombre de versions différentes d'une même classe dans l'outil de gestion de configuration.** Une classe ayant un grand nombre de versions a une probabilité non négligeable de véhiculer des traitements pour assurer la compatibilité avec le code reposant sur ses versions antérieures.

- **Classes devenues obèses** (dont les métriques de dimension sont devenues très importantes au fil du temps). Nous pouvons observer dans ce type de classe des phénomènes de sédimentation du code, dont l'évolution a été guidée par des ajouts fonctionnels non contrôlés du point de vue de la conception.

- **Classes ayant un fort couplage afférent.** Le coût de modification du contrat de ce type de classe étant très important, elles peuvent se complexifier afin de garantir une compatibilité ascendante.

Bien entendu, les métriques ne sont qu'un indice, et l'opportunité d'application du design pattern adaptateur doit être confirmée par une analyse du code de la classe sélectionnée quantitativement.

Modalités d'application et tests associés

La première étape consiste à identifier le nombre de versions différentes cohabitant au sein de la classe originelle ainsi que les méthodes implémentées pour chacune d'elles. La version en cours doit être isolée des autres afin de bien voir les différences.

Une série de jeux de tests doit être définie et validée sur la classe existante pour chaque version identifiée.

La classe originelle doit être transformée en classe abstraite. Les méthodes conservées à seule fin de compatibilité avec les versions antérieures doivent être marquées comme étant obsolètes. Pour cela, nous utilisons le tag javadoc `@deprecated`. Les développeurs sont avertis de la sorte que ces méthodes ne doivent plus être utilisées.

Ensuite, chaque version est isolée dans une classe concrète héritant de la classe originelle. Au sein de cette classe, les méthodes utilisées par cette version doivent être implémentées en extrayant le code des méthodes correspondantes dans la classe mère ainsi que les attributs nécessaires à leur exécution. *In fine,* la classe mère devient vide de toute implémentation, et ses méthodes sont déclarées abstraites, hormis pour les traitements communs à toutes les versions.

Les méthodes qui ne doivent pas être utilisées pour une version donnée, par exemple, les méthodes créées dans une version ultérieure et incompatibles avec les anciens traitements, génèrent une exception d'exécution (Runtime Exception).

Les jeux de tests précédemment créés doivent être modifiés afin d'utiliser la classe concrète correspondant à la version dont ils doivent tester la non-régression. Cette opération faite, ils doivent être exécutés pour détecter d'éventuels problèmes.

Pour terminer, il faut remplacer les créations d'instances de la classe originelle (générant des erreurs de compilation puisqu'elle est devenue abstraite) par des créations d'instances de ses sous-classes concrètes. Il est important de s'assurer que la version sélectionnée répond bien aux besoins. S'il s'avère qu'une classe utilisatrice repose sur plusieurs versions différentes, nous sélectionnons la version la plus récente et remanions le code en conséquence. Si la classe originelle est chargée dynamiquement (*via* `Class.forName`), il faut modifier la mécanique de chargement en conséquence.

Avant d'effectuer ces modifications, il est important de définir et valider des tests de non-régression sur le code originel. Ces tests seront rejoués une fois le code modifié.

Exemple de mise en œuvre

Avec le design pattern façade appliqué à la classe Contrat, nous avons extrait la gestion de la persistance des données de cette dernière pour la placer dans FacadePersistance. Pour ne pas perturber l'existant, les méthodes supprime et enregistre ont été maintenues dans la classe Contrat.

Afin de lever toute ambiguïté, il peut être intéressant de séparer les versions avec et sans façade. Pour cela, nous définissons en premier lieu la classe Contrat comme étant abstraite (les méthodes obsolètes restent marquées par le tag javadoc @deprecated) :

```java
package fr.eyrolles.exemples.patterns.adaptateur;

public abstract class Contrat {
  //...
  int numero;
  Date dateEffet;

  //...
  public int getNumero() {
     return numero;
  }

  public void setNumero(int pNumero) {
     numero = pNumero;
  }

  public Date getDateEffet() {
     return dateEffet;
  }

  public void setDateEffet(Date pDateEffet) {
     dateEffet = pDateEffet ;
  }

  /**
   * @deprecated
   */
  public abstract void supprime();

  /**
   * @deprecated
   */
  public abstract void enregistre();

  //...
}
```

Avant d'aller plus loin, il nous faut définir et valider un jeu de tests sur le code utilisant Contrat afin de détecter d'éventuelles régressions.

Nous créons ensuite deux sous-classes, `ContratLeger` et `ContratLourd`. La première correspond à la version avec façade et la seconde à la version sans façade.

Le code de `ContratLourd` consiste en une extraction des méthodes obsolètes dans la classe originelle :

```
package fr.eyrolles.exemples.patterns.adaptateur;

public class ContratLourd extends Contrat {
  //...

  /**
   * @deprecated
   */
  public void supprime() {
    facadePersistance.supprime(this);
  }

  /**
   * @deprecated
   */
  public void enregistre() {
    facadePersistance.enregistre(this);
  }

  //...
}
```

`ContratLeger`, pour sa part, ne doit pas implémenter les méthodes obsolètes :

```
package fr.eyrolles.exemples.patterns.adaptateur;

public class ContratLeger extends Contrat {
  //...

  /**
   * @deprecated
   */
  public void supprime() {
    // Génération d'une exception d'exécution
    throw new MethodeObsoleteException("ContratLeger.supprime");
  }

  /**
   * @deprecated
   */
  public void enregistre() {
    throw new MethodeObsoleteException("ContratLeger.enregistre");
  }

  //...
}
```

`ContratLeger` étant réservé aux futurs développements, les créations d'instance de la classe `Contrat` originelle sont remplacées par des créations d'instances de la classe `ContratLourd`.

Il faut s'assurer par ailleurs que les créations d'instances dynamiques tiennent compte de ce changement.

Pour terminer, il faut vérifier l'application de ce design pattern en rejouant le jeu de tests mis au point sur le code existant.

Grâce à l'application du design pattern adaptateur, nous pouvons migrer progressivement le code existant reposant sur des objets métier lourds vers notre nouvelle architecture.

Conclusion

Ce chapitre a illustré la mise en œuvre de plusieurs design patterns majeurs dans le cadre du refactoring.

Ces techniques complexes remanient en profondeur une partie de la structure du logiciel. D'une manière générale, elles ne peuvent être utilisées dans le cadre d'une maintenance classique, sauf si leur périmètre reste limité.

Refactoring avec la POA (programmation orientée aspect)

La POA (programmation orientée aspect), ou AOP (aspect-oriented programming), est un nouveau paradigme dont les fondations ont été définies au centre de recherche Xerox, à Palo Alto, au milieu des années 1990. Par paradigme, nous entendons un ensemble de principes qui structurent la manière de modéliser les applications informatiques et, en conséquence, la façon de les développer.

Elle a émergé à la suite de différents travaux de recherche, dont l'objectif était d'améliorer la modularité des logiciels afin de faciliter la réutilisation et la maintenance.

La POA ne remet pas en cause les autres paradigmes de programmation, comme l'approche procédurale ou l'approche objet, mais les étend en offrant des mécanismes complémentaires pour mieux modulariser les différentes préoccupations d'une application.

Ainsi, il existe des outils de POA compatibles avec les langages orientés objet, voire procéduraux, ce qui permet leur utilisation au sein de logiciels existants. Dans le contexte de ce chapitre, nous utilisons AspectJ, qui est l'outil de POA compatible Java/J2EE le plus utilisé à ce jour.

Même si l'utilisation à grande échelle de la POA n'est pas encore d'actualité, il nous semble intéressant de présenter quelques techniques de refactoring qui l'utilisent, car ses concepts novateurs permettent d'aller plus loin dans l'amélioration de la qualité d'un logiciel.

Pour les lecteurs qui ne connaîtraient pas ce nouveau paradigme de programmation, la première partie du chapitre donne une vision succincte des notions clés de la POA. Les exemples fournis par la suite pour chaque technique de refactoring sont volontairement simples afin d'être compréhensibles du néophyte. Nous invitons ceux qui désireraient en savoir plus sur la POA à lire l'ouvrage *Programmation orientée aspect pour Java/J2EE,* publié en 2004 aux éditions Eyrolles.

AspectJ

Définie en 1996 par Gregor Kiczales et son équipe du centre de recherche Xerox PARC de Palo Alto en Californie, la POA a rapidement été mise en œuvre dans un langage de programmation, AspectJ, dont les premières versions ont été disponibles en 1998. Depuis cette date, AspectJ est resté le langage de POA le plus utilisé.

AspectJ étend le langage Java avec de nouveaux mots-clés permettant de programmer des aspects. Depuis décembre 2002, le projet AspectJ a quitté le PARC et rejoint la communauté Open Source Eclipse.

AspectJ existe en version ligne de commande ou sous forme de plug-in pour la plupart des environnements de développement Java. Dans le cadre de cet ouvrage, nous utilisons le plug-in AJDT (AspectJ Development Tools) pour l'environnement de développement Eclipse (disponible sur *http://eclipse.org/ajdt/*).

Principes de la programmation orientée aspect

Nous présentons brièvement dans cette section les problématiques adressées par la POA afin de montrer en quoi ce nouveau paradigme améliore la modularité du code par rapport à d'autres approches. Nous introduisons ensuite les différentes notions de la POA permettant d'implémenter de nouvelles techniques de refactoring.

Les problématiques adressées par la POA

Le principe de la POA est de modulariser les éléments logiciels mal pris en compte par les paradigmes classiques de programmation. En l'occurrence, la POA se concentre sur les éléments transversaux, c'est-à-dire ceux qui se trouvent dupliqués ou utilisés dans un grand nombre d'entités, comme les classes ou les méthodes, sans pouvoir être centralisés au sein d'une entité unique.

L'idée sous-jacente est d'améliorer ce que nous appelons la séparation des préoccupations. Les développeurs d'application ont généralement plusieurs préoccupations à prendre en compte dans leurs développements. Ces préoccupations peuvent être divisées en deux catégories : les préoccupations fonctionnelles, qui correspondent au cœur de métier de l'application, et les préoccupations techniques, qui sont liées à l'environnement d'exécution de l'application.

En programmation orientée objet, ces deux préoccupations entretiennent généralement des liens étroits, car les préoccupations d'ordre technique sont, dans beaucoup de cas, transversales. En conséquence, le code métier est souvent alourdi par des préoccupations d'ordre technique.

Avec les EJB, notamment les EJB Entity CMP, un premier niveau de séparation des préoccupations a été atteint. Un grand nombre d'aspects techniques sont en effet pris en charge sous forme de descripteurs de déploiement (mapping objet-relationnel, etc.) et n'apparaissent plus dans le code métier. La maintenance en est d'autant facilitée.

La POA va au-delà de ces premières tentatives en offrant des mécanismes génériques pour modulariser les éléments transversaux des logiciels, comme nous le verrons dans les sections suivantes.

Les notions introduites par la POA

Plusieurs notions nouvelles sont introduites par la POA. Outre la notion d'aspect, équivalent de la notion de classe en POO, les notions de point de jonction, de coupe, de code advice et d'introduction sont les constituants de base de la notion d'aspect, que nous détaillons à la fin de cette section.

La notion de point de jonction et de coupe

La POA modularisant des éléments transversaux, il est nécessaire de spécifier les endroits du code où ils s'insèrent. Pour cela, la POA utilise la notion de point de jonction *(join point),* qui désigne des endroits caractéristiques dans le code.

Il existe différents types de points de jonction, associés aux entités de la POO ou d'un autre paradigme :

- appel ou exécution de méthodes ou de constructeurs ;
- génération d'exceptions ;
- lecture ou écriture d'attributs, etc.

Nous aurions pu imaginer utiliser le numéro de ligne (dans le code) comme point de jonction, mais celui-ci est beaucoup trop fluctuant pour pouvoir être utilisé efficacement puisqu'il change à chaque modification du code.

Ces points de jonction utilisent généralement un langage à base d'expressions régulières pour désigner ces endroits caractéristiques. Par exemple, le point de jonction AspectJ call désigne les appels à une ou plusieurs méthodes qui lui sont spécifiées en paramètres.

Une coupe *(pointcut)* est un ensemble de points de jonction combinés à des opérateurs logiques (&&, ||, !). Par exemple, la coupe AspectJ suivante désigne les appels à uneMethode ou uneAutreMethode de la classe UneClasse :

```
pointcut coupe() : call(void UneClasse.uneMethode()) ||
    call(void UneClasse.uneAutreMethode());
```

Une coupe seule n'est pas d'une grande utilité. C'est son couplage avec des codes advice qui permet d'insérer les éléments transversaux dans le code exécutable.

Une coupe peut être abstraite, c'est-à-dire uniquement déclarée, sa définition étant déléguée aux descendants de l'aspect auquel elle appartient :

```
abstract pointcut coupe();
```

Elle peut aussi être privée, protégée ou publique, à l'instar des méthodes en POO :

```
private pointcut coupe() : call(void UneClasse.uneMethode()) ||
    call(void UneClasse.uneAutreMethode());
```

La notion de code advice

Une fois que nous avons défini la coupe où doivent s'insérer les éléments transversaux, nous devons définir leur contenu. Ce contenu se présente sous forme de code advice *(advice)*. Ces codes advice, qui ne sont pas sans rappeler la notion de méthode en orienté objet, sont de plusieurs types. Les trois principaux que nous utilisons dans ce chapitre sont les suivants :

• `before` : l'élément s'insère avant l'endroit désigné par la coupe.

• `after` : l'élément s'insère après l'endroit désigné par la coupe.

• `around` : l'élément s'insère en lieu et place du code se trouvant à l'endroit désigné par la coupe.

Pour ce dernier type, il est possible d'exécuter le code remplacé en utilisant le mot-clé `proceed` d'AspectJ.

Les codes advice *before* et *after*

Si nous reprenons la coupe précédente, nous pouvons définir les codes advice suivants :

```
before() : coupe() {
    System.out.println("exécuté avant l'endroit désigné");
}
after() : coupe() {
    System.out.println("exécuté après l'endroit désigné");
}
```

L'utilisation de ces deux codes advice revient à écrire le code suivant en Java pur :

```
System.out.println("exécuté avant l'endroit désigné");
uneMethode();
System.out.println("exécuté après l'endroit désigné");
```

Nous pouvons constater que la mise en place de codes advice `before` et `after` est très simple. Il faut noter qu'il n'y a pas ici de code advice de type `around`. En effet, pour une même coupe, la présence d'un code advice de ce type interdit l'utilisation des deux autres.

Le code advice *around*

Le code advice `around` est plus complexe à manipuler puisqu'il remplace du code susceptible de produire un résultat, par exemple, une fonction renvoyant un booléen. Si nous reprenons l'exemple précédent, nous pouvons le réécrire de la manière suivante :

```
void around() : coupe() {
   System.out.println("avant l'exécution du code remplacé");
   proceed();
   System.out.println("après l'exécution du code remplacé");
}
```

Nous constatons que, contrairement aux deux autres types, un code advice around doit spécifier un type de valeur de retour (en gras dans le code). En l'occurrence, il s'agit de void, car la coupe n'intercepte que les appels à des méthodes ne renvoyant pas de valeur.

Si ces deux méthodes renvoyaient chacune un booléen, par exemple, le code serait le suivant :

```
boolean around() : coupe() {
   System.out.println("avant l'exécution du code remplacé");
   boolean resultat = proceed(); ← ❶
   System.out.println("après l'exécution du code remplacé");
   return resultat; ← ❷
}
```

Ainsi, proceed renvoie le résultat produit par le code remplacé (repère ❶). Celui-ci est récupéré pour être retourné par le code advice (repère ❷), faute de quoi le logiciel ne fonctionnerait plus. L'utilisation de proceed n'est pas obligatoire, et le code advice peut complètement réécrire le code remplacé.

Les codes advice *declare warning* et *declare error*

AspectJ propose deux autres types de code advice utilisés dans ce chapitre : declare warning et declare error. Ces codes advice très simples permettent de générer des avertissements ou des erreurs de compilation désignés par une coupe. Un exemple en est fourni par la technique d'analyse d'impacts que nous décrivons plus loin.

La notion d'introduction

L'introduction *(static crosscutting)* consiste à enrichir une classe ou une interface en introduisant en son sein de nouveaux éléments :

• Spécialisation d'une classe (si elle ne possède pas déjà une classe mère).

• Implémentation d'interface.

• Ajout de méthodes ou d'attributs.

Ces opérations s'effectuent au sein d'un aspect et n'impactent pas le code de la classe ou de l'interface cible. Un exemple est fourni dans la technique consistant à définir une implémentation par défaut pour une interface.

La notion d'aspect

Un aspect est une notion similaire à celle de classe en POO en terme de granularité. À l'instar de cette dernière, l'aspect supporte l'héritage et l'abstraction. Il peut comporter des méthodes et des attributs privés, protégés ou publics, statiques ou non.

Un aspect possède des instances au même titre qu'une classe. Le mécanisme d'instanciation par défaut d'AspectJ suit le principe du singleton : une seule instance de l'aspect est créée pour l'ensemble du logiciel. Il existe d'autres mécanismes d'instanciation, mais ils dépassent le cadre de cet ouvrage.

Le code suivant montre un aspect abstrait héritant d'un autre aspect et possédant deux attributs, dont un statique, ainsi qu'une méthode :

```
abstract aspect UnAspectAbstrait extends UnAutreAspect {

    private String unAttribut;
    private static int unAttributStatique;

    public void UneMethode() {
        //...
    }

    //...
}
```

Outre le mécanisme d'instanciation, la spécificité de l'aspect par rapport à la notion de classe est son support des notions de coupes, de codes advice et d'introductions.

Le code suivant reprend l'exemple de coupe et de code advice utilisé précédemment :

```
aspect UnAspect {

    private pointcut coupe() : call(void UneClasse.uneMethode()) ||
     call(void UneClasse.uneAutreMethode());

    before() : coupe() {
        System.out.println("exécuté avant l'endroit désigné");
    }

    after() : coupe() {
        System.out.println("exécuté après l'endroit désigné") ;
    }
}
```

Un aspect a la possibilité d'être privilégié, c'est-à-dire d'être en mesure d'accéder à des éléments privés ou protégés d'une classe. Pour cela, il suffit de faire précéder le mot-clé `aspect` du mot-clé `privileged`.

L'utilisation de la POA nécessite une compilation en deux phases. La première est une compilation de code Java classique, dans laquelle les éléments transversaux ne sont pas injectés dans le code exécutable. La seconde phase, appelée tissage (un compilateur POA est souvent appelé un tisseur), effectue cette injection de manière à produire le code exécutable final.

La capacité d'un aspect à modifier en profondeur le fonctionnement des classes d'un logiciel peut poser des problèmes dans la compréhension du code. En effet, un développeur manipulant une classe n'aura pas forcément conscience que celle-ci est modifiée par un ou plusieurs aspect. Pour combler ce manque, l'environnement de développement utilisé est essentiel.

Grâce au plug-in Eclipse AJDT, le développeur peut voir aisément les éléments impactés par un aspect directement dans l'éditeur de code, comme l'illustre la figure 7.1.

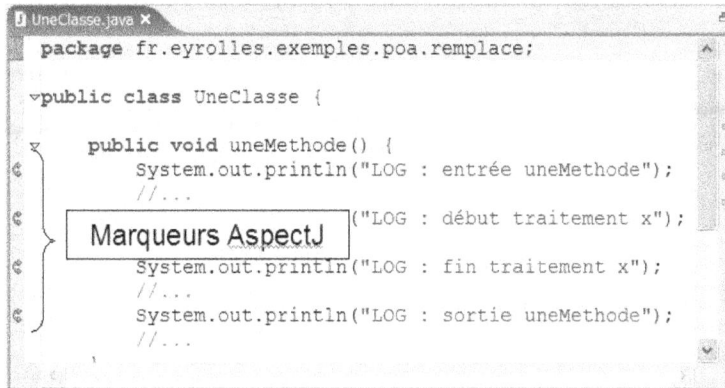

Figure 7.1
Marqueurs indiquant l'application d'un aspect sur du code

AJDT permet aussi de visualiser globalement l'impact d'un aspect grâce à la perspective de visualisation d'aspect *(voir figure 7.2).* Pour l'ouvrir depuis Eclipse, sélectionnez Window/Open perspective/Other puis Aspect Visualization.

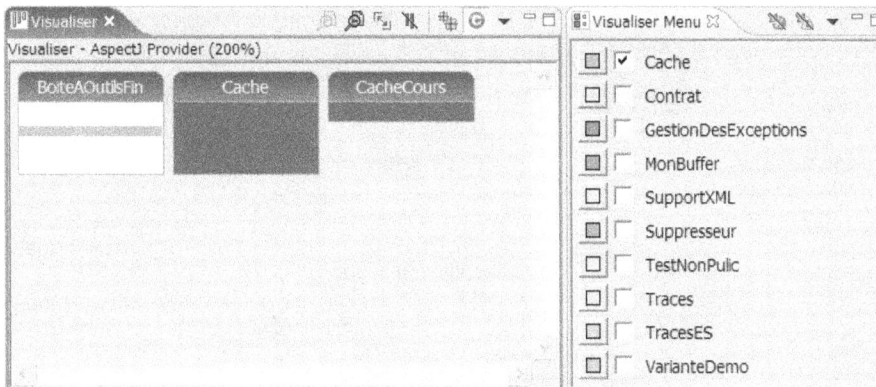

Figure 7.2
Visualisation de l'impact de plusieurs aspects sur les classes d'un package

Nous constatons que la classe BoiteAOutilsFin est modifiée par l'aspect Cache (seul coché dans la liste). Cache et CacheCours sont des aspects et sont donc remplis de couleur noire. Les modalités de création d'un aspect avec Eclipse sont décrites au chapitre 11.

Modularisation des traitements

Comme indiqué en début de chapitre, l'objectif principal de la POA est d'offrir une nouvelle dimension de modularisation des traitements en prenant en compte les préoccupations transversales de manière beaucoup plus efficace qu'avec la POO.

Les techniques de la POA peuvent dès lors être utilisées efficacement dans le cadre d'un projet de refactoring afin d'améliorer la qualité du logiciel et de faciliter sa maintenance ainsi que ses évolutions futures.

Extraction d'appels

L'implémentation de certaines méthodes peut contenir des appels dont la finalité n'a que peu de rapport avec sa problématique première, augmentant ainsi leur complexité. Par exemple, une méthode implémentant un traitement métier doit appeler un certain nombre de méthodes d'ordre technique, comme la gestion des traces, etc.

Un deuxième cas de figure justifiant l'emploi de l'extraction d'appels est lorsque l'implémentation de plusieurs méthodes repose sur des appels identiques à d'autres méthodes, comme l'écriture d'une piste d'audit fiscal, par exemple. En cas de modification de ces dernières, l'ensemble des méthodes appelantes doit être modifié pour en tenir compte.

Description de la solution

La solution à ce problème consiste à extraire les appels aux méthodes pour les centraliser au sein d'un aspect unique. La méthode originelle se trouve ainsi débarrassée de tout lien direct avec les méthodes extraites. Pour que cette technique fonctionne avec AspectJ, il est nécessaire que les appels à extraire se situent à des endroits spécifiables par une coupe.

La figure 7.3 illustre le principe de fonctionnement de cette technique.

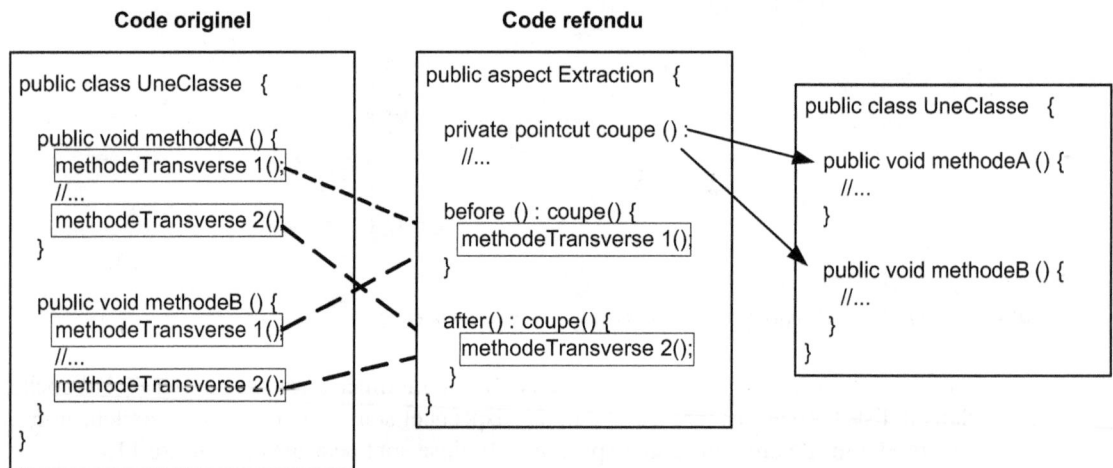

Figure 7.3

Extraction d'appels

Gains attendus et risques à gérer

Grâce à la centralisation des appels extraits au sein d'un aspect, nous améliorons la compréhension du code dans le premier cas. La méthode d'origine est débarrassée d'appels à des méthodes sans rapport avec sa problématique spécifique. Dans le second cas, les traitements transversaux sont centralisés, facilitant la maintenance s'ils sont amenés à évoluer.

Quel que soit le cas, l'extraction d'appels peut impliquer un grand nombre de méthodes et de classes. Plus la portée d'un aspect est large, plus sa mise au point est délicate puisque l'effort de test en dépend. Par ailleurs, chaque méthode peut apporter des spécificités dans le format des appels, pouvant rendre l'aspect complexe afin de les prendre en compte.

Moyens de détection des cas d'application

La détection des cas d'application nécessite une revue de code. Nous pouvons concentrer les efforts sur les objets implémentant la partie métier du logiciel. En effet, celle-ci repose souvent sur des appels aux couches techniques s'avérant transversaux, et donc modularisables grâce à la POA.

Modalités d'application et tests associés

La première étape consiste à déterminer le périmètre des appels à extraire pour déterminer la coupe à effectuer et le contenu des codes advice modularisant les appels extraits.

Il est nécessaire de mettre au point, si ce n'est déjà fait, un jeu de tests permettant de détecter d'éventuelles régressions après la refonte. L'extraction étant une opération strictement interne à la méthode, elle doit être totalement transparente vis-à-vis de ses appelants.

La création de l'aspect d'extraction nécessite deux étapes : la définition de la coupe et la définition des codes advice associés.

La coupe doit contenir l'ensemble des méthodes dont sont extraits les appels. Un code advice `before` doit être défini si les appels extraits sont exécutés au début de l'exécution des méthodes en question. De la même manière, un code advice `after` doit être défini si les appels extraits sont exécutés à la fin de l'exécution des méthodes. Ces codes advice contiendront les appels en question.

Après avoir supprimé les appels dans les méthodes originelles et tissé l'aspect avec le nouveau code, le jeu de tests précédemment défini doit être employé sur le code refondu pour tester son bon fonctionnement.

Exemple de mise en œuvre

Nous donnons comme exemple de mise en œuvre une classe entrant dans le deuxième cas de figure, c'est-à-dire dont nous pouvons améliorer la modularisation en centralisant un traitement transversal au sein d'un aspect.

L'exemple fourni ici, `MonBuffer`, est une classe encapsulant `java.lang.StringBuffer`. L'objectif de cette classe est de ne créer une instance de `StringBuffer` qu'au moment où nous en avons réellement besoin, c'est-à-dire lorsque nous lisons ou modifions son contenu pour la première fois. Cette technique est appelée l'initialisation retardée *(lazy initialization)*. Elle optimise les performances en retardant au maximum les instanciations coûteuses (dans le cas présent, l'instanciation de `StringBuffer` n'est pas vraiment coûteuse, mais nous considérerons que tel est le cas ici) :

Le code de la classe `MonBuffer` est le suivant :

```
package fr.eyrolles.exemples.poa.init;

public class MonBuffer {

    private StringBuffer contenu;  ← ❶

    private void init() {  ← ❷
     if (contenu==null) {
         contenu = new StringBuffer(10000);
      }
    }

    public void ajouteAuContenu(String pValeur) {
     init();  ← ❸
     contenu.append(pValeur);
    }

    public void ajouteAuContenu(int pValeur) {
     init();  ← ❸
     contenu.append(pValeur);
    }
    //...
    public String toString() {
     init();  ← ❹
     return contenu.toString();
    }
}
```

Nous constatons que l'unique attribut de cette classe, `contenu`, n'est initialisé ni directement, ni par un constructeur (repère ❶). L'initialisation est prise en charge par la méthode `init` (repère ❷), appelée par les méthodes sollicitant l'attribut (repères ❸).

Pour tester le fonctionnement de cette classe, nous avons créé un test unitaire très simple :

```
package fr.eyrolles.exemples.poa.init;

import junit.framework.TestCase;

public class MonBufferTest extends TestCase {

    private MonBuffer buffer;

    protected void setUp() throws Exception {
     buffer = new MonBuffer();
    }
```

```
    public void testToString() {
     buffer.ajouteAuContenu("test");
     assertEquals("test",buffer.toString());
    }

    public void testAjouteAuContenuString() {
     buffer.ajouteAuContenu("début ");
     buffer.ajouteAuContenu("fin");
     assertEquals("début fin",buffer.toString());
    }

    public void testAjouteAuContenuint() {
     buffer.ajouteAuContenu(20);
     buffer.ajouteAuContenu(5);
     assertEquals("205",buffer.toString());
    }
  }
```

Si nous l'exécutons sur le code actuel de la classe MonBuffer, nous constatons qu'il ne détecte aucune anomalie. Nous réutiliserons ce test unitaire pour valider notre opération de refactoring.

Si nous revenons au code de MonBuffer, nous constatons que les appels à la méthode init sont systématiques et qu'il est possible de les extraire grâce à la POA.

Pour cela, nous allons définir un aspect composé d'une coupe et d'un code advice de type before. La coupe doit capturer l'ensemble des exécutions des méthodes ayant besoin des services de init, en l'occurrence les méthodes ajouterAuContenu et toString. Grâce à cette coupe, nous allons pouvoir effectuer le traitement transversal assuré par la méthode init au travers d'un code advice. Ce dernier doit être de type before, puisque l'initialisation doit être effectuée avant toute manipulation de l'attribut contenu.

L'aspect est implémenté sous forme d'aspect interne, car il s'agit ici d'une opération strictement interne à la classe. Nous insérons donc le code suivant au sein de la classe MonBuffer :

```
package fr.eyrolles.exemples.poa.init;

public class MonBuffer {

   //...

   static aspect InitRetardee {

       private pointcut init() :
        execution (void MonBuffer.ajouteAuContenu(*)) ||  ← ❶
        execution (String MonBuffer.toString());

       before(MonBuffer c) : init() && target(c) {  ← ❷
        c.init();
       }
   }
}
```

Le mot-clé static (en gras dans le code) appliqué à l'aspect indique que celui-ci est interne à la classe MonBuffer.

La coupe init intercepte l'exécution des deux méthodes ajouteAuContenu (repère ❶) en utilisant * pour désigner un paramètre de type indéfini. Le code advice associé récupère l'instance de la classe MonBuffer interceptée par la coupe grâce au mot-clé target (repère ❷) et l'utilise pour appeler la méthode init.

L'aspect interne étant maintenant en place, nous pouvons supprimer les appels explicites à init dans les méthodes ajouteAuContenu et toString.

Nous pouvons visualiser l'interception de l'exécution de ces méthodes en utilisant la vue des références croisées fournie par AJDT et accessible *via* Window, Show view et Other puis en sélectionnant Cross References dans le dossier AspectJ. Il suffit de double-cliquer sur le code advice pour rafraîchir la vue avec les informations qui nous intéressent.

La figure 7.4 illustre l'interception des exécutions pour l'initialisation retardée de MonBuffer.

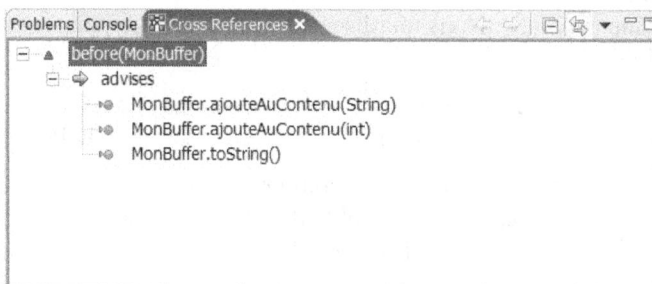

Figure 7.4
Interception des exécutions pour l'initialisation

Afin de valider cette opération de refactoring, nous pouvons réexécuter notre test unitaire pour constater qu'il fonctionne toujours parfaitement.

Implémentation par défaut pour les interfaces

Certaines interfaces sont implémentées de manière strictement identique d'une classe à une autre. Cela aboutit à une duplication de code nuisible à la maintenabilité du logiciel.

Grâce à la POA, il est possible de créer une implémentation par défaut pour une interface, automatiquement utilisée par les classes qui l'implémentent. Ainsi, les classes implémentant l'interface ne sont pas dans l'obligation de fournir une implémentation explicite.

La solution consiste à créer un aspect interne à l'interface définissant l'implémentation de tout ou partie de ses méthodes. Si seule une partie des méthodes est définie, les classes implémentant l'interface devront fournir une implémentation explicite pour les autres.

Cette technique peut être utile pour transformer une classe abstraite en interface.

La figure 7.5 illustre le principe de fonctionnement de cette technique.

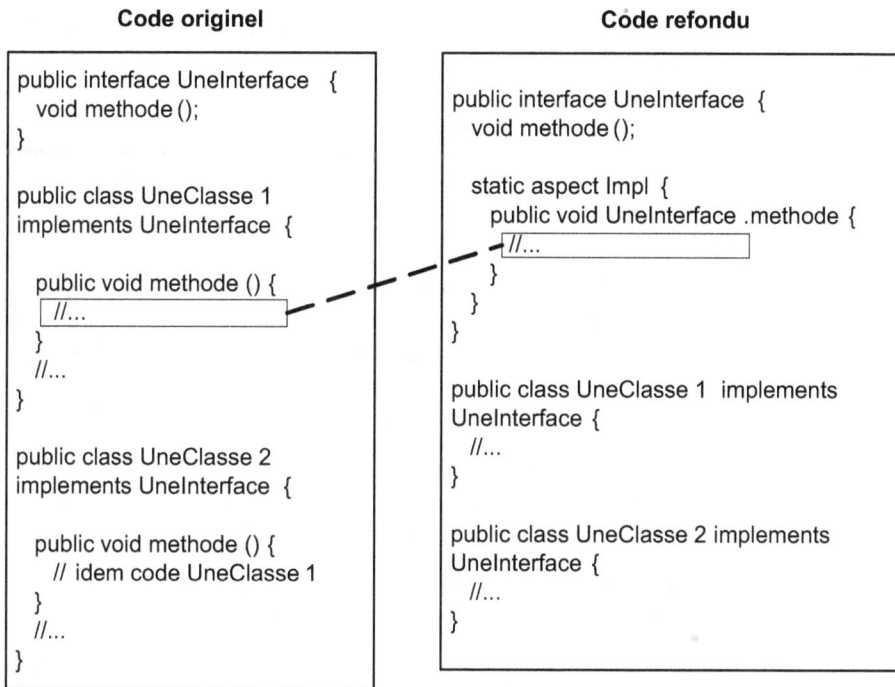

Code originel

```
public interface UneInterface  {
   void methode ();
}

public class UneClasse 1
implements UneInterface {

   public void methode () {
      //...
   }
   //...
}

public class UneClasse 2
implements UneInterface {

   public void methode () {
      // idem code UneClasse 1
   }
   //...
}
```

Code refondu

```
public interface UneInterface {
   void methode ();

   static aspect Impl {
      public void UneInterface .methode {
         //...
      }
   }
}

public class UneClasse 1  implements
UneInterface {
   //...
}

public class UneClasse 2 implements
UneInterface {
   //...
}
```

Figure 7.5

Implémentation par défaut d'une interface

Gains attendus et risques à gérer

Grâce à cette technique, la duplication de code peut être supprimée au profit de l'implémentation par défaut réalisée sous forme d'aspect. Les actions correctives sur cette implémentation sont de la sorte centralisées au sein d'une entité unique, évitant d'avoir à modifier plusieurs classes différentes.

Les risques liés à l'utilisation de cette technique sont faibles, car elle est peu intrusive vis-à-vis du logiciel dans son ensemble. Seules les classes ne fournissant pas d'implémentation utilisent automatiquement l'implémentation par défaut. Sur du code existant, toutes les classes qui implémentent l'interface fournissent nécessairement une implémentation explicite. Nous pouvons donc remplacer progressivement et de manière très contrôlée, lorsque cela s'applique, les implémentations explicites par l'implémentation par défaut. Par ailleurs, cette technique n'impactant que le fonctionnement interne des classes, le périmètre des tests de non-régression est bien délimité.

Moyens de détection des cas d'application

La recherche de duplication de code est la méthode la plus efficace pour détecter les cas d'application de cette technique. Il suffit de recouper les dupliquas avec les implémentations des interfaces par les classes.

Modalités d'application et tests associés

À partir des dupliquas, nous pouvons déduire le code de l'implémentation par défaut à fournir à l'interface. Une fois celui-ci défini, il faut créer au sein de l'interface un aspect interne centralisant le code de chaque méthode.

Après avoir défini l'aspect fournissant l'implémentation par défaut, nous pouvons refondre le code existant. Afin de sécuriser au maximum l'opération, il est conseillé de procéder de manière progressive, classe par classe. Dans la mesure du possible, il est préférable d'utiliser l'implémentation par défaut sur des évolutions afin de la mettre à l'épreuve du feu avant de généraliser son utilisation à l'existant.

Avant de refondre le code existant, il est nécessaire de définir un jeu de tests pour chaque classe refondue. L'utilisation de cette technique ayant uniquement des impacts sur le fonctionnement interne de la classe cible, nous pouvons limiter nos tests à son périmètre.

La refonte du code existant est très simple : il suffit de supprimer les implémentations explicites correspondant à l'implémentation par défaut dans les classes du logiciel.

Chaque suppression d'implémentation explicite doit être accompagnée de l'utilisation du jeu de tests pour détecter d'éventuelles régressions.

Exemple de mise en œuvre

Supposons que nous ayons défini une interface spécifiant le protocole pour transformer le contenu d'un objet en XML et créer ainsi qu'initialiser un objet à partir d'un flux XML.

Cette interface, appelée SupportXML, se présente de la manière suivante :

```
package fr.eyrolles.exemples.poa.defautimpl;

import java.io.InputStream;

interface SupportXML {
    public String toXML();
    public Object fromXML(String pXML);
}
```

La méthode toXML doit transformer le contenu d'un objet qui l'implémente, c'est-à-dire la valeur de ses attributs, en du XML stocké dans une chaîne de caractères. La méthode fromXML réalise l'opération inverse : elle crée un nouvel objet à partir d'un flux XML stocké dans une chaîne de caractères.

L'API standard J2SE fournit un ensemble de classes et de méthodes permettant de réaliser ces deux opérations facilement pour les JavaBeans. Il est donc intéressant de fournir une implémentation par défaut reposant sur les fonctionnalités de l'API standard afin d'en faire profiter automatiquement les JavaBeans du logiciel.

L'implémentation par défaut se présente sous la forme d'un aspect interne à l'interface, reposant sur le mécanisme d'introduction offert par AspectJ. Cet aspect, appelé Impl, est reproduit ci-dessous :

```
package fr.eyrolles.exemples.poa.defautimpl;

import java.beans.XMLEncoder;
import java.beans.XMLDecoder;
import java.io.ByteArrayInputStream;
import java.io.ByteArrayOutputStream;

interface SupportXML {

    public String toXML();
    public Object fromXML(String pXML);

    static aspect Impl {

     public String SupportXML.toXML() {
        ByteArrayOutputStream out = new ByteArrayOutputStream();
        XMLEncoder encoder = new XMLEncoder(out);
        encoder.writeObject(this);
        encoder.flush();
        encoder.close();
       return out.toString();
     }

     public Object SupportXML.fromXML(String pXML) {
        ByteArrayInputStream input =
          new ByteArrayInputStream(pXML.getBytes());
        XMLDecoder decoder = new XMLDecoder(input);
        Object o = decoder.readObject();
       if (o.getClass()!=this.getClass()) {
           StringBuffer msg = new StringBuffer();
           msg.append(o.getClass());
           msg.append(" différent de ");
           msg.append(this.getClass());
           throw new ClassCastException(msg.toString());
       } else {
           return o;
       }
     }
    }
  }
}
```

L'implémentation par défaut de l'interface SupportXML repose sur les classes java.beans.XMLDecoder et java.beans.XMLEncoder. Cette implémentation est définie d'une manière très proche de celle qui serait faite au sein d'une classe. La seule différence est qu'il faut préfixer le nom de la méthode par le nom de l'interface (en gras dans le code).

Une fois définie notre implémentation par défaut, nous pouvons la tester avec la classe suivante, qui implémente SupportXML sans fournir une implémentation explicite :

```
package fr.eyrolles.exemples.poa.defautimpl;

public class UneClasse implements SupportXML {

    private int unChamp;
    private String unAutreChamp;

    public String getUnAutreChamp() {
     return unAutreChamp;
    }

    public void setUnAutreChamp(String unAutreChamp) {
     this.unAutreChamp = unAutreChamp;
    }
    public int getUnChamp() {
     return unChamp;
    }

    public void setUnChamp(int unChamp) {
     this.unChamp = unChamp;
    }

    public static void main(String[] args) {
     UneClasse c1 = new UneClasse();
     c1.setUnChamp(10);
     c1.setUnAutreChamp("une valeur");
     System.out.println(c1.toXML());
     System.out.println("---------");
     UneClasse c2 = (UneClasse)c1.fromXML(c1.toXML());
     System.out.println(c2.toXML());
    }
}
```

Nous constatons que cette classe, qui ne fournit aucune implémentation de SupportXML, ne génère pas d'erreur de compilation. AspectJ a introduit automatiquement et de manière transparente l'implémentation par défaut au moment du tissage.

Nous pouvons visualiser cette introduction grâce à la vue des références croisées illustrée à la figure 7.6. Il suffit de cliquer sur le nom de la méthode (toXML ou fromXML) dans l'aspect interne pour rafraîchir la vue avec les informations qui nous intéressent.

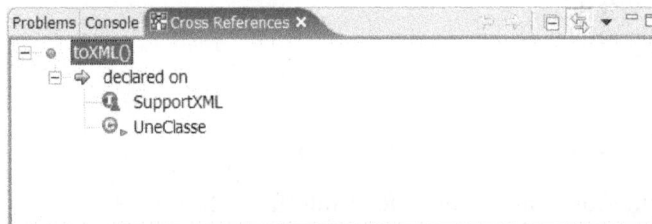

Figure 7.6

Introduction de l'implémentation par défaut

Si nous exécutons cette classe (elle possède une méthode main), nous obtenons le résultat suivant :

```xml
<?xml version="1.0" encoding="UTF-8"?>
<java version="1.4.1_02" class="java.beans.XMLDecoder">
 <object class="fr.eyrolles.exemples.poa.defautimpl.UneClasse">
  <void property="unAutreChamp">
   <string>une valeur</string>
  </void>
  <void property="unChamp">
   <int>10</int>
  </void>
 </object>
</java>

---------
<?xml version="1.0" encoding="UTF-8"?>
<java version="1.4.1_02" class="java.beans.XMLDecoder">
 <object class="fr.eyrolles.exemples.poa.defautimpl.UneClasse">
  <void property="unAutreChamp">
   <string>une valeur</string>
  </void>
  <void property="unChamp">
   <int>10</int>
  </void>
 </object>
</java>
```

Nous pouvons constater que l'implémentation par défaut a parfaitement fonctionné puisque nous avons pu créer c2, copie de c1, à partir du flux XML de c1.

Gestion des exceptions

La gestion des exceptions au sein d'une classe, voire d'un logiciel, est souvent répétitive d'une méthode à une autre. En cas de modification de cette gestion, les coûts sont généralement importants, car un très grand nombre de classes sont directement impactées. Par ailleurs, la gestion des exceptions peut nuire à la lisibilité du code et alourdir les méthodes par de nombreux blocs try/catch.

La POA fournit les éléments nécessaires pour centraliser une gestion d'exceptions au sein d'un aspect. Cela permet d'alléger le code des méthodes de manière souvent significative en supprimant les blocs try/catch.

Il existe de multiples possibilités pour gérer les exceptions grâce à la POA. La solution que nous présentons ici comporte deux étapes :

1. Transformer l'exception à gérer en une exception d'exécution, c'est-à-dire dérivant la classe `java.lang.RuntimeException`. Les blocs `try/catch` ne sont donc plus nécessaires.

2. Définir un code advice de type `around` contenant le bloc `try/catch` nécessaire à l'interception de l'exception associé à une coupe sur les méthodes susceptibles de la générer.

La figure 7.7 illustre le principe de fonctionnement de cette technique.

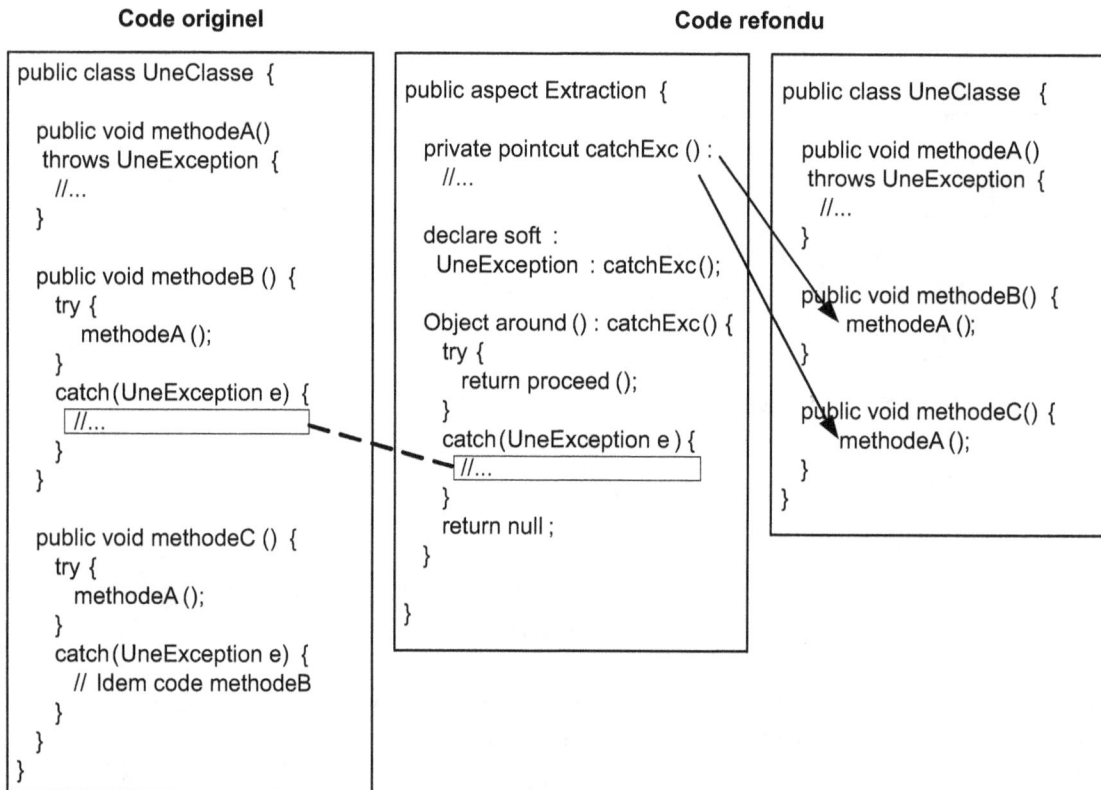

Code originel   **Code refondu**

```
public class UneClasse {

  public void methodeA()
   throws UneException {
    //...
  }

  public void methodeB () {
    try {
       methodeA ();
    }
    catch(UneException e) {
      //...
    }
  }

  public void methodeC () {
    try {
       methodeA ();
    }
    catch(UneException e) {
      // Idem code methodeB
    }
  }
}
```

```
public aspect Extraction  {

  private pointcut catchExc () :
    //...

  declare soft :
    UneException : catchExc();

  Object around () : catchExc() {
    try {
       return proceed ();
    }
    catch(UneException e ) {
      //...
    }
    return null ;
  }

}
```

```
public class UneClasse  {

  public void methodeA()
   throws UneException  {
    //...
  }

  public void methodeB() {
    methodeA ();
  }

  public void methodeC() {
    methodeA ();
  }
}
```

Figure 7.7

Gestion des exceptions

Gains attendus et risques à gérer

Les principaux gains attendus par l'utilisation de cette technique sont de supprimer le code de gestion des exceptions dans les méthodes, allégeant d'autant leur contenu, et de centraliser cette gestion au sein d'un aspect afin de faciliter sa maintenance.

Les risques sont proportionnels à la portée de l'aspect. Si celui-ci a une portée limitée à quelques classes, voire une seule si la gestion est partagée par plusieurs méthodes, le périmètre de test reste gérable. Par contre, s'il s'agit d'un aspect couvrant tout le logiciel, la charge de test de non-régression est considérable. Il est donc préférable d'utiliser cette technique de manière chirurgicale ou progressive en limitant la portée de la coupe là où les gains ne sont pas annulés par les risques encourus.

AspectJ ne permet pas encore d'avoir accès aux variables locales d'une méthode interceptée. Cela limite fortement l'utilisation de cette technique, notamment pour la gestion des exceptions liées à JDBC, pour laquelle le traitement classique consiste à fermer les ressources JDBC allouées à la méthode sous forme de variables locales.

Moyens de détection des cas d'application

La recherche de duplication de code est le meilleur détecteur de cas d'application. Malheureusement, la gestion des exceptions ne comporte souvent que quelques lignes. Cela oblige à régler l'outil de manière qu'il détecte des dupliquas de trois ou quatre lignes générant un grand nombre de fausses alertes.

Modalités d'application et tests associés

La détection des dupliquas permet de trouver le contenu de la gestion des exceptions ainsi que sa portée. Nous pouvons définir quelles sont les exceptions à transformer, quel est le contenu de la gestion et quelles sont les classes concernées par la coupe et créer un aspect à partir de ces informations.

Pour éviter une charge de test trop importante, il est recommandé de déployer l'aspect sur un nombre limité de classes. Pour chacune d'elles, il est nécessaire de définir un jeu de tests.

Une fois l'aspect créé et les jeux de tests définis, nous pouvons supprimer dans le code des méthodes la gestion des exceptions. Quand la suppression est terminée, nous pouvons rejouer les tests afin de détecter d'éventuelles régressions.

Exemple de mise en œuvre

Supposons que notre logiciel nécessite un certain nombre de paramètres pour fonctionner. Idéalement, ces paramètres doivent être externalisés dans des fichiers de configuration. J2SE fournit une classe standard pour lire ces fichiers de configuration : `java.util.ResourceBundle`.

La classe suivante utilise une instance de `ResourceBundle` pour lire un fichier de configuration (fichier **configuration.properties** à mettre dans le CLASSPATH) contenant normalement deux paramètres, la version du logiciel et le nombre d'utilisateurs maximal pouvant l'utiliser. Si le fichier est absent ou qu'un des paramètres soit inexistant, une exception d'exécution de type `java.util.MissingResourceException` est générée. Des valeurs par défaut sont alors utilisées à la place.

Le code de la classe Configuration est le suivant :

```
package fr.eyrolles.exemples.poa.exceptions;

import java.util.ResourceBundle;
import java.util.MissingResourceException;

public class Configuration {

    private ResourceBundle config;

    public static final String VERSION_DEFAUT = "Non précisée";
    public static final int UTILMAX_DEFAUT = 2;

    public Configuration() {
     try {
         config = ResourceBundle.getBundle("configuration");
     }
     catch (MissingResourceException e) {
         config = null;
     }
    }

    public String getVersion() {
     if (config==null) {
         return Configuration.VERSION_DEFAUT;
     }
     try {
         return config.getString("version");
     }
     catch(MissingResourceException e) {
         return Configuration.VERSION_DEFAUT;
     }
    }

    public int getUtilisateursMax() {
     if (config==null) {
         return Configuration.UTILMAX_DEFAUT;
     }
     try {
         return Integer.parseInt(
           config.getString("utilisateursMax"));
     }
     catch(MissingResourceException e) {
         return Configuration.UTILMAX_DEFAUT;
     }
    }

    //...
}
```

Nous constatons que la gestion des exceptions, pièce centrale du mécanisme de valeurs par défaut, est similaire pour les méthodes getVersion et getUtilisateursMax. Il est donc intéressant de rendre ce mécanisme plus modulaire en utilisant un aspect le prenant en charge directement.

Avant d'utiliser la POA pour modulariser la gestion des exceptions, nous pouvons définir un test unitaire avec JUnit afin de tester le cas où le fichier de configuration est absent (événement déclencheur du mécanisme des valeurs par défaut) :

```
package fr.eyrolles.exemples.poa.exceptions;

import junit.framework.TestCase;

public class ConfigurationTest extends TestCase {

    private Configuration config;

    protected void setUp() throws Exception {
     config = new Configuration();
    }

    public void testGetVersion() {
     assertEquals(Configuration.VERSION_DEFAUT,config.getVersion());
    }

    public void testGetUtilisateursMax() {
     assertEquals(Configuration.UTILMAX_DEFAUT,
       config.getUtilisateursMax());
    }
}
```

L'aspect de gestion des valeurs par défaut peut être soit un aspect interne, si l'utilisation de ResourceBundle est limitée à la classe Configuration, soit un aspect général du logiciel, si plusieurs classes sont concernées. Ici, nous considérons qu'il s'agit d'un aspect général, bien qu'il pourrait être tout aussi bien un aspect interne.

Cet aspect comporte deux coupes, la première pour intercepter les exceptions émises par la méthode getBundle signalant l'absence du fichier de configuration et la seconde pour intercepter les exceptions générées par la méthode getString signalant l'absence d'une propriété dans le fichier.

Chaque coupe est associée à un code advice de type around afin de placer un bloc try/ catch autour de l'appel aux deux méthodes énoncées ci-dessus. Il s'agit de reproduire dans ces codes advice le mécanisme extrait du code original.

Notre aspect GestionDesExceptions se présente de la manière suivante :

```
package fr.eyrolles.exemples.poa.exceptions;

import java.util.ResourceBundle;
import java.util.MissingResourceException;

aspect GestionDesExceptions {

    private boolean configAbsente = false; ← ❶

    public static final String VERSION_DEFAUT = "Non précisée"; ← ❷
    public static final String UTILMAX_DEFAUT = "2";

    private pointcut catchGetBundle() : ← ❸
     call(ResourceBundle ResourceBundle.getBundle(String));
```

```
private pointcut catchGetString(String propriete) : ← ❸
 call(String ResourceBundle.getString(String))&&args(propriete);

private String getValeurParDefaut(String pPropriete) { ← ❹
 if ("utilisateursMax".equals(pPropriete)) {
     return GestionDesExceptions.UTILMAX_DEFAUT;
 } else if ("version".equals(pPropriete)) {
     return GestionDesExceptions.VERSION_DEFAUT;
 }
 return null;
}

Object around() : catchGetBundle() { ← ❺
 try {
     return proceed();
 }
 catch(MissingResourceException e) {
     configAbsente = true;
 }
 return null;
}

String around(String propriete) : catchGetString(propriete) { ← ❻
 if (configAbsente) {
     return getValeurParDefaut(propriete);
 }
 try {
     return proceed();
 }
 catch(MissingResourceException e) {
     return getValeurParDefaut(propriete);
 }
 }
}
```

L'aspect `GestionDesExceptions` comporte trois attributs :

• `configAbsent` (repère ❶) est un booléen utilisé pour savoir s'il faut renvoyer une valeur par défaut suite à l'absence du fichier de configuration.

• `VERSION_DEFAUT` et `UTILMAX_DEFAUT` (repère ❷) sont des extractions du code originel. Leur présence dans `Configuration` n'est plus justifiée du fait de la modularisation de la mécanique des valeurs par défaut dans l'aspect.

Deux coupes sont définies (repères ❸) pour capturer respectivement les appels à `ResourceBundle.getBundle` et `ResourceBundle.getString`. Cette dernière isole l'argument passé en paramètre à `getString` (*via* le mot-clé `args`) afin de l'utiliser dans le code advice pour sélectionner la valeur par défaut correspondant à celui-ci.

Une méthode privée, getValeurParDefaut (repère ❹), centralise la mécanique de sélection de la valeur par défaut en fonction du nom de la propriété passée en paramètre.

Pour terminer, deux codes advice sont définis. Le premier (repère ❺), lié à la coupe catchGetBundle, positionne, en cas d'absence du fichier de configuration, l'attribut configAbsente à vrai afin d'enclencher la mécanique de valeur par défaut. Le second (repère ❻), lié à la coupe catchGetString, enclenche la mécanique si le fichier de configuration est absent ou si la propriété est introuvable dans celui-ci.

Nous n'avons pas besoin de déclarer MissingResourceException comme étant une exception d'exécution, car tel est déjà le cas. Dans le cas contraire, nous aurions dû utiliser le code advice declare soft.

Nous pouvons maintenant supprimer dans le code originel les traitements modularisés dans l'aspect :

```
package fr.eyrolles.exemples.poa.exceptions;

import java.util.ResourceBundle;

public class Configuration {

   private ResourceBundle config;

   public Configuration() {
    config = ResourceBundle.getBundle("configuration");
   }

   public String getVersion() {
    return config.getString("version");
   }

   public int getUtilisateursMax() {
    return Integer.parseInt(config.getString("utilisateursMax"));
   }
//...
}
```

Notons que Configuration devient quasiment inutile et que ResourceBundle pourrait être utilisée directement.

Pour achever l'opération, il est nécessaire de la vérifier avec le test unitaire mis au point précédemment. Les constantes ayant été extraites de la classe Configuration et le type de l'une d'elles ayant été modifié (de int à String), nous devons légèrement modifier le code du test en conséquence (en gras dans le code ci-dessous) :

```
package fr.eyrolles.exemples.poa.exceptions;

import junit.framework.TestCase;

public class ConfigurationTest extends TestCase {

   private Configuration config;

   protected void setUp() throws Exception {
```

```
      config = new Configuration();
    }
    public void testGetVersion() {
     assertEquals(GestionDesExceptions.VERSION_DEFAUT
       ,config.getVersion());
    }
    public void testGetUtilisateursMax() {
     assertEquals(Integer
                 .parseInt(GestionDesExceptions.UTILMAX_DEFAUT)
       ,config.getUtilisateursMax());
    }
  }
```

Si nous exécutons ce test, nous constatons que notre nouvelle gestion des exceptions fonctionne conformément à nos attentes.

Gestion des variantes

Un logiciel donné peut avoir plusieurs variantes, nécessitant d'avoir au sein de l'outil de gestion de configuration plusieurs branches pour en tenir compte. Si ces variantes sont très ciblées et ne concernent que le comportement de certaines méthodes, ce mode de gestion peut s'avérer coûteux.

La solution consiste à choisir la base du logiciel et à réaliser des variantes de cette base grâce à des aspects. Chaque aspect contiendra les modifications à apporter au comportement des méthodes afin de créer une variante. Cela consiste essentiellement en des codes advice de type around associés à des coupes interceptant les méthodes dont le comportement doit être modifié. Si un accès aux méthodes (ou attributs) privées ou protégées est nécessaire, il faut utiliser un aspect privilégié.

La figure 7.8 illustre le principe de fonctionnement de cette technique.

Gains attendus et risques à gérer

Le principal gain est de n'avoir plus de branche au sein de l'outil de gestion de configuration, avec *n* versions différentes d'une même classe pour tenir compte des variantes. Une branche unique suffit, et les variantes sont centralisées au sein d'aspects, généralement un par variante, plus facilement gérables qu'une multitude de classes.

Les risques à gérer pour la mise en place de cette technique sont proportionnels à la complexité de chaque variante. Cette technique est bien adaptée pour des variantes mineures n'affectant le comportement que de quelques méthodes facilement testables.

Moyens de détection des cas d'application

Seule une revue de code des variantes permet d'identifier s'il s'agit de cas d'application. Les variantes impliquant un grand nombre de classes doivent être évitées.

Code originel **Code refondu**

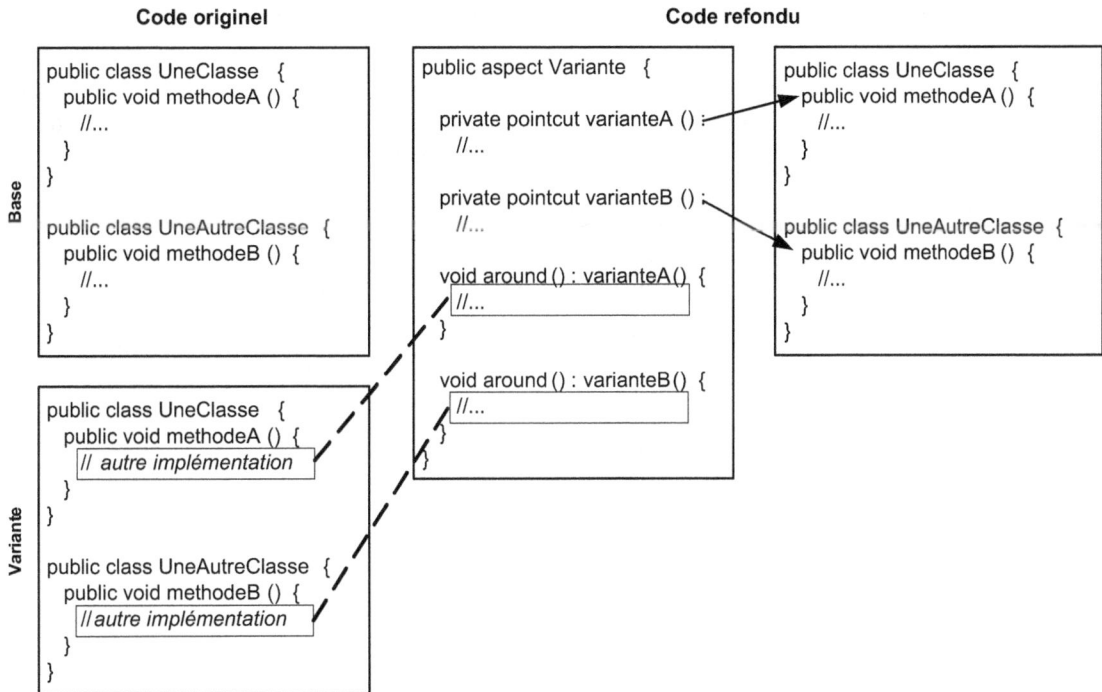

Figure 7.8

Gestion des variantes

Modalités d'application et tests associés

La première étape consiste à définir la base du logiciel et le contenu de chaque variante. Cette étape peut s'avérer complexe. Si tel est le cas, nous vous conseillons d'abandonner l'utilisation de cette technique.

Une fois la base et ses variantes bien définies, un aspect est créé pour chaque variante, qui centralise l'ensemble des modifications correspondantes à apporter à la base. Bien entendu, ces modifications doivent être exprimables sous forme de codes advice ou d'introductions. Si tel n'est pas le cas, la technique n'est pas utilisable.

Des jeux de tests doivent être mis au point pour chaque variante. Quand l'opération de refactoring est achevée, nous pouvons supprimer les classes modifiées par chaque variante et activer l'aspect qui les remplace. Afin de faciliter les tests de non-régression, nous recommandons de procéder variante par variante.

Exemple de mise en œuvre

Supposons que nous ayons développé une boîte à outils financière contenant différentes implémentations de formules classiques utilisées en banque/assurances au sein d'une classe Java unique (`BoiteAOutilsFin`). Cette boîte à outils dispose de deux variantes : une variante de démonstration, avec des possibilités limitées, et une variante de production, avec toutes les fonctionnalités activées.

Sans la POA, nous devons soit gérer deux versions différentes de BoitesAOutilsFin, soit gérer dans un code unique les deux situations, alourdissant inutilement le code de la variante de production par des tests pour sélectionner la variante à exécuter.

L'idée est donc d'implémenter la variante de démonstration sous la forme d'un aspect modifiant le comportement de la variante de production.

Le code de la variante de production est reproduit ci-dessous :

```
package fr.eyrolles.exemples.poa.variante;

public class BoiteAOutilsFin {

    private double recupereCours
     (String monnaieOrig,String monnaieConv) {
     // Valeur bouchon
     return 1.3081;
    }

    public double convertitMonnaie
     (double montant,String monnaieOrig,String monnaieConv) { ← ❶
        double cours=recupereCours(monnaieOrig,monnaieConv);

        // Récupération du cours de la monnaie de conversion exprimée
        // dans la monnaie d'origine
        // ...
        return montant*cours;
    }

    public double calculePlacementATerme
     (double montant,int duree,double taux) { ← ❷
        return montant*Math.pow(1+taux,duree);
    }

    public static void main(String[] args) { ← ❸
        BoiteAOutilsFin b = new BoiteAOutilsFin();
        System.out.println(b.convertitMonnaie(100,"EUR","USD"));
        System.out.println(b.calculeInteretsPlacement(100,2,0.05));
    }
}
```

La méthode convertitMonnaie (repère ❶) convertit une somme exprimée dans une monnaie donnée en une autre monnaie. Pour cela, elle utilise la méthode privée recupere-Cours, qui récupère le cours de la monnaie de conversion exprimé en monnaie d'origine.

La méthode calculePlacementATerme détermine la valeur d'une somme bloquée pendant une certaine durée et rémunérée à un taux d'intérêt fixé à l'avance.

La méthode main est utilisée pour tester le fonctionnement de la boîte à outils. Si nous l'exécutons, nous obtenons le résultat suivant :

```
130.81
110.25
```

La variante consiste à limiter l'utilisation de `convertitMonnaie` (conversion de l'euro vers le dollar uniquement) et de `calculePlacementATerme` (montant inférieur à 10 000, durée inférieure à 20 et taux inférieur ou égal à 5 %).

Cette variante s'implémente très simplement sous forme d'aspect. Il s'agit de définir une coupe (repères ❶ et ❷ ci-dessous) et un code advice de type `before` pour traiter les appels à chacune des deux méthodes et de vérifier si les paramètres qui leur sont passés respectent bien les conditions que nous venons d'énoncer. Si tel n'est pas le cas, une exception d'exécution est générée (repères ❸ et ❹ ci-dessous).

L'aspect `VarianteDemo` se présente sous la forme suivante (il s'agit d'un aspect général pour permettre d'inclure d'autres classes dans la variante, si nécessaire) :

```
package fr.eyrolles.exemples.poa.variante;

aspect VarianteDemo {

    private pointcut convertisseur() :
     call(double BoiteAOutilsFin.convertitMonnaie
                            (double,String,String));   ← ❶

    private pointcut calculateurPlacement() :
     call(double BoiteAOutilsFin.calculePlacementATerme
                            (double,int,double));   ← ❷

    private void genereException(String fonction) {
     StringBuffer msg = new StringBuffer("\nUtilisation de\n");
     msg.append(fonction);
     msg.append("\nnon disponible dans la version de démo.\n");
     throw new RuntimeException(msg.toString());
    }

    before(double montant,String monnaieOrig, String monnaieConv) :
     convertisseur() && args(montant,monnaieOrig,monnaieConv) {
     if (!"EUR".equals(monnaieOrig)||!"USD".equals(monnaieConv)) {
        genereException(thisJoinPointStaticPart
                        .getSignature().toString());   ← ❸
     }
    }

    before(double montant,int duree,double taux) :
     calculateurPlacement() && args(montant,duree,taux) {
     if (!(montant<10000)||!(duree<20)||!(taux<=0.05)) {
        genereException(thisJoinPointStaticPart
                        .getSignature().toString());   ← ❹
     }
    }
}
```

L'objet `thisJoinPointStaticPart` (en gras dans le code ci-dessus) est un objet standard fourni aux codes advice par AspectJ. Nous l'utilisons pour récupérer le nom de la méthode appelée *via* sa méthode `getSignature`.

Si nous réexécutons notre classe `BoiteAOutilsFin` après application de l'aspect, nous obtenons le même résultat que précédemment puisque les contraintes que nous avons définies pour la variante de démonstration sont respectées.

Par contre, si nous la modifions de manière à ne plus les respecter, nous obtenons une exception d'exécution :

```
java.lang.RuntimeException:
Utilisation de
double fr.eyrolles.exemples.poa.variante.BoiteAOutilsFin.calculePlacementATerme
➥(double, int, double)
non disponible dans la version de démo.
at
fr.eyrolles.exemples.poa.variante.VarianteDemo.genereException(VarianteDemo.aj:
15)
at
fr.eyrolles.exemples.poa.variante.VarianteDemo.ajc$before$fr_eyrolles
_exemples_poa_variante_VarianteDemo$2$61bd59b2(VarianteDemo.aj:26)
at
fr.eyrolles.exemples.poa.variante.BoiteAOutilsFin.main(BoiteAOutilsFin.java:27)
Exception in thread "main"
```

Optimisation des traitements

Outre la modularisation des traitements, la POA permet d'introduire du code dans l'existant afin de l'enrichir et l'adapter plus facilement aux besoins.

Dans le cadre d'un projet de refactoring, cette capacité de la POA permet d'améliorer certains points critiques du logiciel en terme de performances, sans nécessiter de toucher directement au code existant, ce qui est très appréciable pour ce type de projet.

Gestion de cache

L'exécution de certaines fonctions, comme les méthodes renvoyant un résultat, peut être extrêmement coûteuse en terme de performance et pénalisante pour l'utilisateur. Or celles-ci sont appelées fréquemment. Si nous pouvons associer le résultat d'une fonction à ses paramètres, nous pouvons mettre en place un cache. L'idée est de stocker en mémoire les résultats afin de les resservir lorsqu'un nouvel appel de la fonction utilise les mêmes paramètres.

La figure 7.9 illustre le principe de fonctionnement de cette technique.

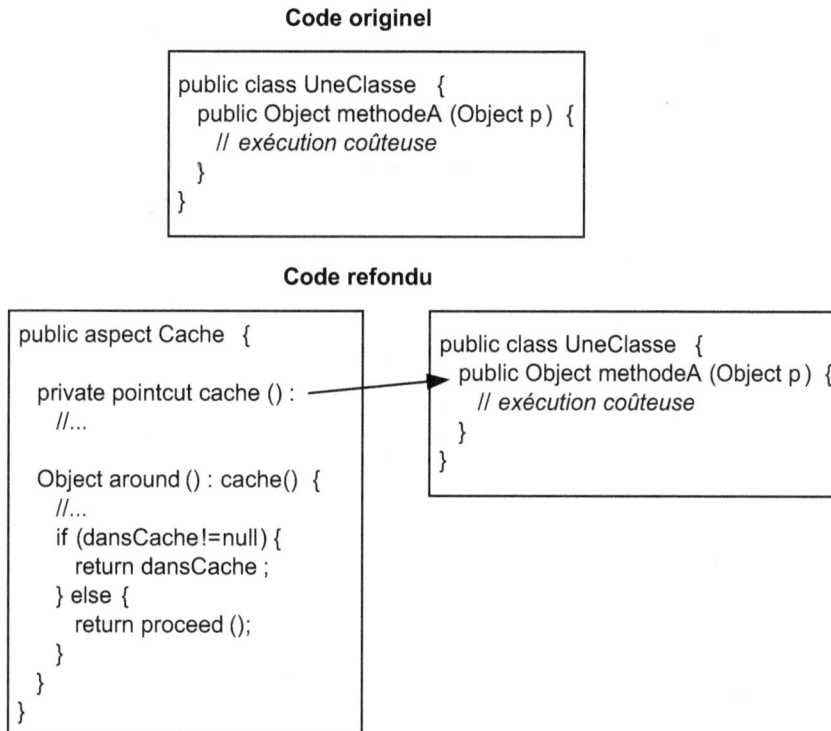

Code originel

```
public class UneClasse   {
    public Object methodeA (Object p ) {
        // exécution coûteuse
    }
}
```

Code refondu

```
public aspect Cache   {

    private pointcut cache () :
        //...

    Object around () : cache() {
        //...
        if (dansCache!=null) {
            return dansCache ;
        } else {
            return proceed ();
        }
    }
}
```

```
public class UneClasse   {
    public Object methodeA (Object p ) {
        // exécution coûteuse
    }
}
```

Figure 7.9

Gestion de cache

Gains attendus et risques à gérer

Le principal gain de la mise en place d'un cache est l'amélioration des performances en diminuant de manière importante les appels à des fonctions coûteuses.

Les risques sont faibles et sont concentrés essentiellement dans la mécanique du cache. Un cache mal géré peut en effet générer des fuites mémoire et rendre le logiciel inutilisable.

Moyens de détection des cas d'application

L'utilisation d'un profiler est un excellent moyen de détection des fonctions susceptibles d'être optimisées. Cependant, pour que les résultats fournis par le profiler soient justes, il est nécessaire de simuler une utilisation du logiciel la plus proche possible de la réalité.

Modalités d'application et tests associés

Cette technique demande au préalable la création d'un aspect abstrait implémentant la mécanique de cache indépendamment de toute méthode. Elle consiste essentiellement à définir un code advice de type around. Ce code advice fera un appel réel ou non à la fonction cachée en fonction du contenu du cache.

Une fois cet aspect abstrait défini, nous créons des aspects concrets dérivant de celui-ci pour chaque fonction à cacher.

Avant d'activer les aspect de cache, il est nécessaire de mettre au point des jeux de tests sur le code originel des fonctions cachées. Quand les aspects sont mis en place, nous les utilisons pour détecter d'éventuelles régressions introduites par l'opération de refactoring.

Pour valider les gains de performance, il est nécessaire d'utiliser à nouveau le profiler.

Exemple de mise en œuvre

Reprenons notre exemple de boîte à outils financière. La méthode `recupereCours` (simulée dans l'exemple) est généralement coûteuse puisqu'il s'agit de récupérer un cours dans une base ou sur un réseau financier. Il est donc intéressant de mettre en place un système de cache évitant des récupérations trop fréquentes et améliorant ainsi les performances du logiciel.

Pour vérifier le bon fonctionnement du cache, nous avons modifié légèrement le code de `BoiteAOutilsFin` afin de réaliser deux appels identiques pour solliciter le cache et d'afficher un message lorsque la méthode est exécutée (modifications en gras dans le code) :

```
package fr.eyrolles.exemples.poa.variante;

public class BoiteAOutilsFin {

    private double recupereCours
      (String monnaieOrig,String monnaieConv) {
        System.out.println("Exécution de recupereCours.");
        return 1.3081;
    }

    //...

    public static void main(String[] args) {
     BoiteAOutilsFin b = new BoiteAOutilsFin();

     System.out.println(b.convertitMonnaie(100,"EUR","USD"));
     System.out.println(b.convertitMonnaie(100,"EUR","USD"));
    }
}
```

La gestion de cache étant un problème particulièrement générique, nous allons définir un aspect abstrait implémentant les mécanismes généraux. Il sera ensuite spécialisé pour prendre en compte spécifiquement `recupereCours`.

La gestion de cache donnée ici est volontairement simpliste afin de ne pas compliquer inutilement l'exemple. La problématique du rafraîchissement du cache (importante pour avoir un cours à jour) n'est donc pas traitée.

L'implémentation réalisée fonctionne en utilisant une table de hachage. Cette table contient les résultats renvoyés par `recupereCours` et possède une clé représentant les paramètres ayant permis de les déterminer. Afin de gérer cette clé, nous utilisons la classe `org.apache.commons.collections.keyvalue.MultiKey`, disponible dans la bibliothèque Jakarta Commons Collections (*voir http://jakarta.apache.org/commons/collections/*).

Une coupe est définie pour intercepter les appels, dont les résultats doivent être cachés, en l'occurrence recupereCours. La coupe est associée à un code advice de type around gérant le cache. La mise en cache est déclenchée lorsqu'un appel intercepté par la coupe utilise des paramètres ne correspondant à aucune clé dans la table de hachage. Si la clé existe dans la table de hachage, la valeur stockée dans la table est renvoyée directement.

L'aspect abstrait Cache est implémenté de la manière suivante :

```
package fr.eyrolles.exemples.poa.cache;

import java.util.Map;
import java.util.Hashtable;
import org.apache.commons.collections.keyvalue.MultiKey;

abstract aspect Cache {

   private Map cache = new Hashtable();

   protected abstract pointcut methodeCachee(); ← ❶

   Object around() : methodeCachee() {
    Object enCache = recupereDansCache(thisJoinPoint.getArgs()); ← ❷
    if (enCache==null) {
        enCache = proceed();
        miseEnCache(thisJoinPoint.getArgs(),enCache); ← ❸
    }
    return enCache;
   }

   private void miseEnCache(Object[] pCle,Object pValeur) {
    cache.put(new MultiKey(pCle),pValeur);
   }

   private Object recupereDansCache(Object[] pCle) {
    return cache.get(new MultiKey(pCle));
   }
}
```

La coupe methodeCachee (repère ❶) est déclarée comme étant abstraite, car c'est elle qui est spécifique de chaque cas d'utilisation. Elle est donc définie par spécialisation. La mécanique du cache est prise en charge par l'unique code advice de l'aspect et repose sur deux méthodes, miseEnCache et recupereDansCache, qui accèdent à la table de hachage après avoir créé la clé à partir des valeurs passées en paramètres à la méthode interceptée par la coupe. Ces valeurs sont récupérées sous forme de tableau d'objets par la méthode getArgs de l'objet standard AspectJ thisJoinPoint (repères ❷ et ❸).

La mécanique générique de cache étant en place, nous pouvons la spécialiser pour cacher les résultats produits par recupereCours :

```
package fr.eyrolles.exemples.poa.cache;

aspect CacheCours extends Cache { ← ❶
   protected pointcut methodeCachee() :
    call(double BoiteAOutilsFin.recupereCours(String,String)); ← ❷
}
```

Cette spécialisation (repère ❶) consiste uniquement à définir la coupe `methodeCachee` (repère ❷). En l'occurrence, celle-ci intercepte les appels à `recupereCours`.

Si nous exécutons le code de `BoiteAOutils`, nous obtenons le résultat suivant :

```
Exécution de recupereCours.
130.81
130.81
```

Nous constatons que le message signalant l'exécution de la méthode `recupereCours` n'est affiché qu'une seule fois et que les deux mêmes résultats ont été produits. Notre cache a parfaitement fonctionné.

Remplacement de méthode

Ce problème s'énonce très simplement : une méthode existante, très utilisée au sein du logiciel, doit être remplacée par une autre.

La POA permet de modifier radicalement le comportement d'une méthode grâce au code advice `around`. La solution consiste à utiliser ce type de code advice pour remplacer un appel à une méthode par un appel à une autre méthode. Cela peut s'avérer utile pour réaliser des simulacres d'objets dans le cadre de tests unitaires.

La figure 7.10 illustre le principe de fonctionnement de cette technique.

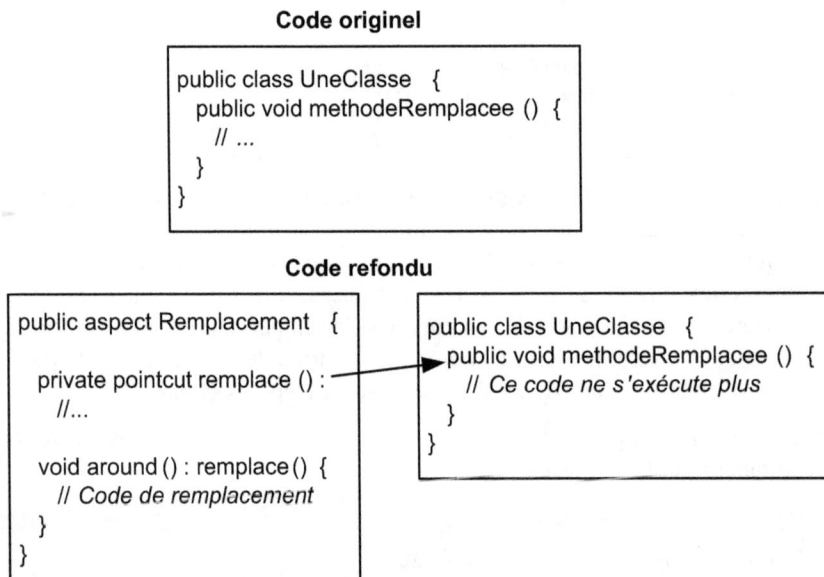

Code originel

```
public class UneClasse  {
  public void methodeRemplacee () {
    // ...
  }
}
```

Code refondu

```
public aspect Remplacement  {

  private pointcut remplace () :
    //...

  void around () : remplace() {
    // Code de remplacement
  }
}
```

```
public class UneClasse  {
  public void methodeRemplacee () {
    // Ce code ne s'exécute plus
  }
}
```

Figure 7.10

Remplacement de méthode

Gains attendus et risques à gérer

Le principal gain de cette technique est de généraliser le remplacement des appels par une simple recompilation, là où les techniques habituelles obligent à modifier le code manuellement ou au moyen de moulinettes dont l'utilisation s'avère plus ou moins hasardeuse. Avec cette technique, nous pouvons lisser dans le temps la modification réelle du code.

Le principal risque est d'introduire des régressions avec le remplaçant. Il est donc vivement recommandé de réserver cette technique à des appels parfaitement maîtrisés et peu susceptibles de générer des effets de bord.

Moyens de détection des cas d'application

La détection des appels de méthodes à remplacer est difficile, car cette problématique dépend fortement du logiciel. Hormis des cas triviaux, seule une revue de conception et de code approfondie permet de détecter d'éventuels candidats.

Modalités d'application et tests associés

Pour tout appel à remplacer, il est nécessaire de définir le remplaçant. Celui-ci se doit de fonctionner en respectant au minimum le contrat de la méthode dont l'appel est remplacé (valeur de retour, paramètres, etc.).

Une fois le remplaçant déterminé, nous créons un aspect contenant une coupe interceptant tout ou partie des appels à remplacer. Cette coupe est associée à un code advice de type `around` contenant soit l'appel à la méthode remplaçante, soit directement le code à exécuter.

Avant d'activer l'aspect, il est nécessaire de définir un jeu de tests pour détecter d'éventuelles régressions. Si le remplacement concerne l'ensemble du logiciel et impacte un grand nombre de classes, la tâche peut s'avérer ardue. C'est la raison pour laquelle cette technique doit être utilisée soit sur un périmètre très limité, soit sur un appel à une méthode simple, bien maîtrisée et avec un faible risque d'effets de bord.

Exemple de mise en œuvre

Il est fréquent dans les logiciels de trouver des appels à `System.out.println` pour afficher des traces applicatives. C'est une solution simple, mais qui peut s'avérer coûteuse en performance, l'affichage sur la console n'étant pas des plus véloces. Par ailleurs, il n'est pas possible de les désactiver.

La classe suivante effectue ce genre d'appel, que nous aimerions remplacer par un véritable outil de log, celui fourni en standard par J2SE, par exemple, depuis la version 1.4 :

```
package fr.eyrolles.exemples.poa.remplace;

public class UneClasse {

    public void uneMethode() {
        System.out.println("LOG : entrée uneMethode");
        //...
        System.out.println("LOG : début traitement x");
```

```
    //...
    System.out.println("LOG : fin traitement x");
    //...
    System.out.println("LOG : sortie uneMethode");
  }

  public static void main(String[] args) {
    UneClasse c = new UneClasse();
    c.uneMethode();
  }
}
```

Si nous exécutons cette classe, nous obtenons l'affichage suivant :

```
LOG : entrée uneMethode
LOG : début traitement x
LOG : fin traitement x
LOG : sortie uneMethode
```

Le principe de l'aspect de remplacement d'appels consiste à définir une coupe interceptant tous les appels incriminés et à les associer à un code advice around contenant le code de remplacement :

```
package fr.eyrolles.exemples.poa.remplace;

import java.util.logging.Logger;
import java.util.logging.Level;

aspect Traces {

    private static Logger logger = Logger.getLogger("");  ← ❶

    private pointcut trace(Object msg) :  ← ❷
     call(void java.io.PrintStream.println(*)) &&
     args(msg) &&
     within(fr.eyrolles.exemples.poa.remplace.*);

    void around(String msg) : trace(msg) {  ← ❸
      String nomClasse =
        thisJoinPoint.getThis().getClass().getName();
      String methode =
        thisEnclosingJoinPointStaticPart.getSignature().toString();
      methode = methode.replaceFirst(nomClasse+".","");
      logger.logp(Level.INFO,nomClasse,methode,msg.toString());
    }
}
```

Notre aspect repose sur l'API Java `Logging` de J2SE, dont la classe centrale est `java.util.Logger`, puisque c'est à partir d'elle que les traces sont paramétrées et affichées. Dans notre exemple, l'utilisation de `Logger` est basique puisque nous utilisons l'instance par défaut (repère ❶).

La coupe `trace` (repère ❷) intercepte les appels à la méthode `println` de la classe `java.io.PrintStream`, dont `System.out` est une instance. Cette interception récupère l'argument unique de `println`, car il constitue le message à afficher. Ce message (`msg`) est volontairement du type `Object`, `println` possédant une variante pour chaque type Java. En une seule coupe, nous capturons de la sorte toutes les variantes (utilisation de `*` dans le point de jonction pour désigner un paramètre de type quelconque). Enfin, pour limiter la portée de notre aspect, nous avons défini comme contrainte que les appels à `println` se trouvent dans le package `fr.eyrolles.exemples.poa.remplace`.

Le code advice `around` associé à la coupe `trace` implémente le nouveau comportement de `println`. Il récupère dans un premier temps le nom de la classe et le nom de la méthode ayant appelé `println`. Ensuite, il utilise ces informations et le message capturé par la coupe pour appeler la fonction de trace de la classe `Logger`.

Maintenant que notre aspect est entièrement défini, nous pouvons exécuter de nouveau notre exemple :

```
8 févr. 2005 09:58:06 fr.eyrolles.exemples.poa.remplace.UneClasse void uneMethode()
INFO: LOG : entrée uneMethode
8 févr. 2005 09:58:06 fr.eyrolles.exemples.poa.remplace.UneClasse void uneMethode()
INFO: LOG : début traitement x
8 févr. 2005 09:58:06 fr.eyrolles.exemples.poa.remplace.UneClasse void uneMethode()
INFO: LOG : fin traitement x
8 févr. 2005 09:58:06 fr.eyrolles.exemples.poa.remplace.UneClasse void uneMethode()
INFO: LOG : sortie uneMethode
```

Nous constatons que le remplacement s'est effectué à la perfection.

Analyse du logiciel et tests unitaires

Dans les sections précédentes, nous avons introduit des techniques modifiant le code d'un logiciel pour l'améliorer. Les techniques de la POA peuvent être utilisées de manière différente pour analyser le code ou participer à l'effort de test.

Bien entendu, ces techniques, matérialisées sous forme d'aspects, ne doivent pas être appliquées sur le code compilé destiné à être mis en production. Il est donc nécessaire de désactiver les aspects au moment de la compilation destinée à produire la version finale du logiciel. Pour cela, il suffit d'éditer le fichier **build.ajproperties** à la racine du projet AspectJ sous Eclipse et de décocher les aspects implémentant ces techniques.

Analyse d'impacts

Dans le cadre d'une opération de refactoring, utilisant ou non les techniques reposant sur la POA, des classes, des interfaces, des méthodes ou des attributs sont destinés à être modifiés. Il est donc important d'évaluer les impacts générés par ces modifications avant d'effectuer l'opération.

La notion de coupe introduite par la POA permet d'intercepter toutes les utilisations d'un des éléments énoncés ci-dessus. AspectJ offre la possibilité de générer des avertissements *(warnings)* ou des erreurs de compilation pour chaque interception.

En listant les avertissements ou les erreurs générés, nous pouvons évaluer les impacts de la modification d'un élément.

La figure 7.11 illustre le principe de fonctionnement cette technique.

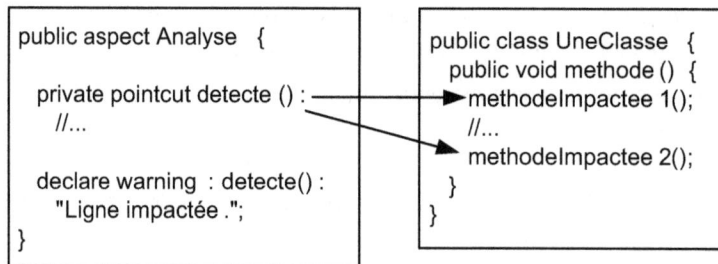

Figure 7.11
Analyse d'impacts

Gains attendus et risques à gérer

Le gain attendu par l'application de cette technique est une évaluation précise des impacts d'une modification, permettant de décider si cette dernière est justifiée à la vue des risques encourus.

Le risque associé est nul puisque le code du logiciel n'est pas impacté. Si des erreurs de compilation sont générées par l'aspect d'analyse, il est impossible de produire un code exécutable. Pour le produire, il suffit soit de le désactiver, soit d'utiliser des avertissements à la place.

Moyens de détection des cas d'application

Les cas d'application de cette technique sont potentiellement tous les éléments concernés par une opération de refactoring. Nous conseillons de cibler l'utilisation de cette technique aux éléments revêtant une certaine importance pour le logiciel, l'étude des résultats produits par l'aspect d'analyse pouvant être très fastidieuse.

Modalités d'application

L'application de cette technique est simple. Il suffit de définir au sein d'un aspect une coupe sur l'élément à analyser et de l'associer à une déclaration d'avertissement (`declare warning`) ou d'erreur (`declare error`).

Exemple de mise en œuvre

Supposons que nous ayons défini l'interface et la classe suivantes :

```
package fr.eyrolles.exemples.poa.impacts;

public interface UneInterface {
}


package fr.eyrolles.exemples.poa.impacts;

public class UneClasse implements UneInterface {

   public void uneMethode(String param) {
    //...
   }

   public static void main(String[] args) {
    UneClasse c = new UneClasse();
    c.uneMethode("test");
   }
}
```

L'analyse d'impact consiste à détecter les utilisations de l'interface `UneInterface`, c'est-à-dire les classes qui l'implémentent, et les utilisations de la méthode `uneMethode`. Pour cela, nous définissons un aspect comportant une coupe pour chaque cas et une déclaration d'erreur de compilation associée :

```
package fr.eyrolles.exemples.poa.impacts;

aspect AnalyseImpacts {

   private pointcut utiliseInterface() :
    staticinitialization(UneInterface+)&&!within(UneInterface); ← ❶

   private pointcut utiliseMethode() :
    call(void UneClasse.uneMethode(String)); ← ❷

   declare error : utiliseInterface() :
    "Utilise l'interface UneInterface"; ← ❸

   declare error : utiliseMethode() :
    "Utilise la méthode uneMethode"; ← ❸
}
```

La coupe `utiliseInterface` (repère ❶) intercepte les implémentations de `UneInterface` (l'opérateur + indique l'interface et ses descendants). Pour ne pas générer d'erreur sur l'interface elle-même, cette dernière est exclue du périmètre d'interception (`!within`). La coupe `utiliseMethode` (repère ❷) intercepte les appels à `uneMethode`.

Chacune de ces deux coupes est associée à une déclaration d'erreur de compilation (repère ❸). Une déclaration d'avertissement aurait aussi bien convenu.

Lorsque nous recompilons notre classe, nous obtenons les erreurs de compilation illustrées à la figure 7.12.

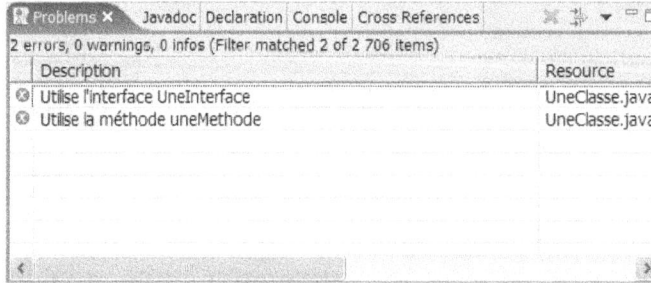

Figure 7.12

Résultat de l'analyse d'impact

Nous constatons que l'utilisation de `UneInterface` et `UneMethode` est limitée à `UneClasse`. Leur modification ne devrait donc impacter que `UneClasse`.

Respect de contrat

De nombreuses méthodes imposent implicitement des contraintes sur les paramètres qui leur sont passés et sur les valeurs de retour qu'elles produisent. Par exemple, une méthode getter sur un tableau possède un paramètre représentant l'indice de la valeur dans le tableau qu'elle doit retourner. Implicitement, cet indice doit être positif ou nul et être strictement inférieur à la taille du tableau. Rendre ces contraintes explicites peut être extrêmement coûteux en terme de performance, mais peut être très utile dans la phase de mise au point du logiciel.

De la même manière, les attributs d'une classe peuvent avoir un domaine de valeur plus restreint que celui de leur type (par exemple, positif non nul pour un entier). Un contrôle strict permet de gagner en fiabilité au détriment des performances.

Si des contraintes doivent être vérifiées avant l'exécution d'une méthode (préconditions), nous utilisons un code advice de type `before` associé à une coupe interceptant les appels à la méthode ou les modifications de l'attribut contraint. De la même manière, la modification de la valeur d'un attribut doit entraîner, le cas échéant, la vérification des contraintes liées à son domaine de valeur.

Pour les contraintes portant sur la fin d'exécution d'une méthode (postconditions), nous utilisons un code advice de type `after`, associé lui aussi à une coupe interceptant les appels à la méthode. Si une méthode donnée possède des contraintes à la fois sur ses paramètres et sur ses valeurs de retour, nous pouvons n'utiliser qu'une seule coupe, commune aux deux codes advice.

La figure 7.13 illustre le principe de fonctionnement cette technique.

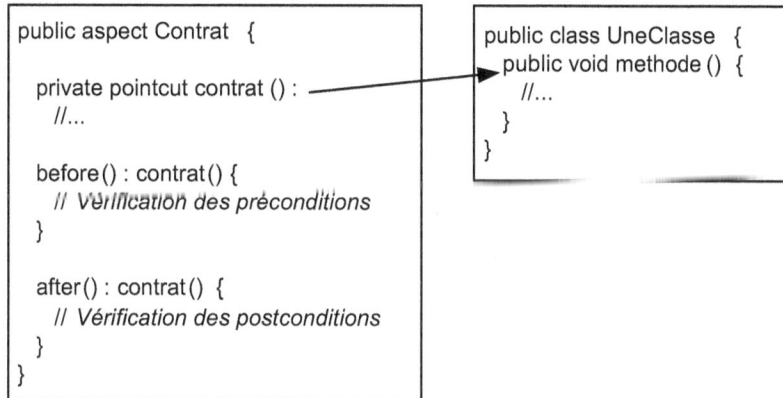

```
public aspect Contrat  {

    private pointcut contrat () :
        //...

    before() : contrat() {
        // Vérification des préconditions
    }

    after() : contrat() {
        // Vérification des postconditions
    }
}
```

```
public class UneClasse  {
    public void methode () {
        //...
    }
}
```

Figure 7.13

Respect de contrat

Cette technique est également applicable aux contraintes explicites. Ces dernières peuvent être centralisées au sein d'un aspect interne à une classe, afin d'alléger le code de ses méthodes, ou modularisées au sein d'aspects de portée plus générale quand il s'agit de contraintes transversales à plusieurs classes.

Gains attendus et risques à gérer

Grâce à la vérification du respect des contrats introduite par cette technique, les utilisations erronées de méthodes sont beaucoup plus facilement détectables. Cela permet souvent de trouver des erreurs profondément enfouies dans le logiciel.

Hormis le problème de performance lié à l'utilisation de cette technique, il n'y a pas de risque particulier à l'utiliser, sauf celui lié à une mauvaise programmation des contraintes.

Moyens de détection des cas d'application

Cette technique est applicable de manière globale à l'ensemble des méthodes et attributs d'un logiciel.

Modalités d'application

L'application de cette technique est simple. Il suffit de définir les contraintes et de les coder au sein d'un aspect soit sous forme de code advice before, s'il s'agit de contraintes liées à des paramètres ou à des attributs, soit sous forme de code advice after, s'il s'agit de valeurs de retour.

Ces codes advice doivent être associés à des coupes interceptant les appels aux méthodes ou les modifications des attributs sur lesquels portent les contraintes qu'ils implémentent.

Il faut veiller à désactiver les aspects vérifiant les contrats lors de la compilation de la version de production afin d'éviter les problèmes de performance liés à l'utilisation de cette technique.

Exemple de mise en œuvre

Supposons que nous ayons développé une fonction permettant de calculer la variation en pourcentage entre deux valeurs :

```
package fr.eyrolles.exemples.poa.contrats;

public class Calculateur {

    public float calculeVarPourcentage
      (float pInitiale,float pFinale) {
        return ((pFinale-pInitiale)/pInitiale)*100;
    }

    public static void main(String[] args) {
        Calculateur c = new Calculateur();

        System.out.println(c.calculeVarPourcentage(50,75));
        System.out.println(c.calculeVarPourcentage(50,25));
        System.out.println(c.calculeVarPourcentage(0,25));
    }
}
```

Si nous l'exécutons, nous obtenons le résultat suivant :

```
50.0
-50.0
Infinity
```

Comme nous pouvons le constater, aucune erreur n'est retournée par la division par zéro générée par le dernier appel à `calculeVarPourcentage`. Cette méthode renvoie en fait la valeur infinie (`Float.POSITIVE_INFINITY`).

Grâce aux contrats implémentés en POA, nous pouvons détecter de manière efficace le non-respect des contraintes liées à l'utilisation de `calculeVarPourcentage` :

- La valeur initiale ne doit pas être égale à 0 (précondition).
- La valeur de retour doit être comprise entre – 100 et 100 (postcondition).

L'aspect implémentant le contrat se présente de la manière suivante :

```
package fr.eyrolles.exemples.poa.contrats;

aspect Contrat {

    private pointcut calculeVarPourcentage() :
      execution(float calculeVarPourcentage(float,float)); ← ❶

    before(float initiale, float finale) :
      calculeVarPourcentage() && args(initiale,finale) { ← ❷
        if (initiale == 0) {
            StringBuffer msg =
              new StringBuffer("ERREUR Précondition : ");
```

```
            msg.append("la valeur initiale ne peut être égale à 0");
            throw new RuntimeException(msg.toString());
        }
    }

    after() returning (float retour) : calculeVarPourcentage() {  ← ❸
        if ((retour < -100) || (retour > 100)) {
            StringBuffer msg =
                new StringBuffer("ERREUR Postcondition : ");
            msg.append("le retour doit être entre (-100,100). ");
            msg.append("Valeurs passées en paramètres : ");
            msg.append(thisJoinPoint.getArgs()[0]);
            msg.append(',');
            msg.append(thisJoinPoint.getArgs()[1]);
            throw new RuntimeException(msg.toString());
        }
    }
}
```

La coupe `calculeVarPourcentage` intercepte l'exécution de la méthode de même nom (repère ❶). Cette coupe est associée à deux codes advice :

- Le code advice `before` qui implémente la précondition, puisqu'elle doit être vérifiée avant l'exécution de la méthode (repère ❷).

- Le code advice `after` qui implémente la postcondition, puisqu'elle doit être vérifiée après l'exécution de la méthode (repère ❸).

Après la recompilation et l'exécution de notre exemple avec ce nouvel aspect, nous obtenons le résultat suivant :

```
50.0
-50.0
java.lang.RuntimeException: ERREUR Précondition : la valeur initiale ne peut être
➡égale à 0
at
fr.eyrolles.exemples.poa.contrats.Contrat.ajc$before$fr_eyrolles_exemples_poa
➡_contrats_Contrat$1$8d22903f(Contrat.aj:13)
at
fr.eyrolles.exemples.poa.contrats.Calculateur.calculeVarPourcentage(Calculateur
.java)
at
fr.eyrolles.exemples.poa.contrats.Calculateur.main(Calculateur.java:14)
Exception in thread "main"
```

Nous constatons que notre aspect implémentant le contrat de `calculeVarPourcentage` a bien détecté l'utilisation incorrecte de cette méthode dans la méthode `main` de `Calculateur`.

Tests unitaires de méthodes non publiques

Comme nous l'avons vu au chapitre 5, consacré aux tests unitaires, la vérification de méthodes privées ou protégées avec JUnit nécessite de les rendre publiques, introduisant ce faisant une faille dans l'isolation des classes concernées, ou de développer les tests unitaires sous forme de classes internes, alourdissant en ce cas le code de la classe.

Grâce au mécanisme d'introduction offert par la POA, nous pouvons ajouter des méthodes publiques à une classe, ouvrant ainsi l'accès aux méthodes privées de cette dernière afin de permettre de les tester. Pour éviter tout dérapage, les appels à ces nouvelles méthodes ne sont autorisés que dans des tests unitaires, c'est-à-dire des descendants de `junit.framework.TestCase`.

La figure 7.14 illustre le principe de fonctionnement de cette technique.

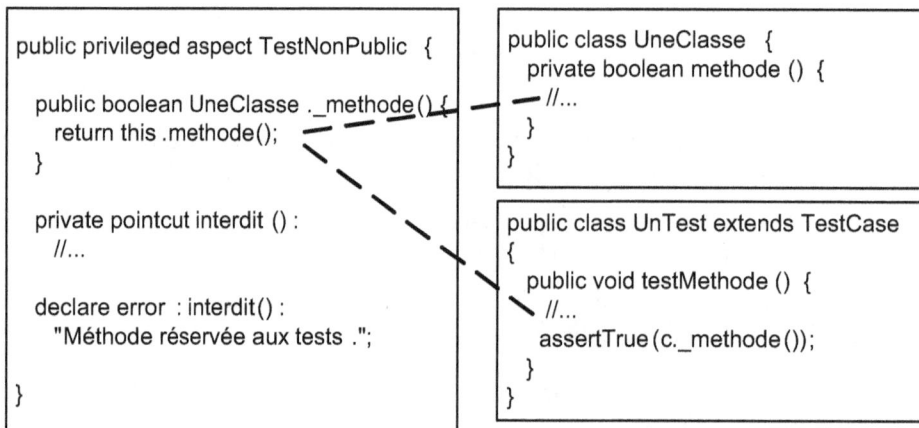

Figure 7.14

Test unitaire de méthodes non publiques

Gains attendus et risques à gérer

L'avantage de cette technique est d'autoriser les tests unitaires de manière classique, sans impacter directement le code de la classe elle-même.

Les risques sont nuls, car les appels aux méthodes publiques introduites sont protégés, toute entorse à la règle étant détectée dès la compilation.

Moyens de détection des cas d'application

Cette technique est applicable à toute méthode privée ou protégée nécessitant d'être testée unitairement.

Modalités d'application

Les modalités d'application sont simples. Au sein d'un aspect privilégié, nous créons pour chaque méthode à tester une nouvelle méthode publique appelant la première. Cette nouvelle méthode est introduite par AspectJ dans la classe contenant les méthodes originelles.

Pour terminer, nous créons une coupe détectant les appels aux nouvelles méthodes en dehors d'un test unitaire (descendant de `junit.framework.TestCase`). Cette coupe est associée à une déclaration d'erreur de compilation.

Une fois l'aspect terminé, nous pouvons, au besoin, rétablir les méthodes indûment rendues publiques ou extraire les tests unitaires internalisés dans les classes.

Exemple de mise en œuvre

Si nous reprenons la classe `PersonnePhysique` utilisée au chapitre 5, nous pouvons maintenir la méthode `rechercheGenre` dans son statut privé.

L'aspect suivant va nous permettre de tester cette méthode privée :

```
package fr.eyrolles.exemples.poa.nonpublic;

privileged aspect TestNonPublic {

    public boolean PersonnePhysique._rechercheGenre ← ❶
     (char genreRecherche) {
        return this.rechercheGenre(genreRecherche);
    }

    private pointcut appelsInterdits() : ← ❷
      call(boolean PersonnePhysique._rechercheGenre(char)) &&
      ! within(junit.framework.TestCase+);

    declare error : appelsInterdits() : ← ❸
      "Appel à _rechercheGenre interdit hors d'un test unitaire.";
}
```

Cet aspect privilégié (mot-clé `privileged`) est composé de deux parties. La première consiste à définir la méthode publique à introduire dans la classe `PersonnePhysique` pour permettre le test de `rechercheGenre` (repère ❶). Cette méthode s'appelle ici `_rechercheGenre`. La seconde consiste à prévenir les appels à `_rechercheGenre` en dehors des tests unitaires. Pour cela, une coupe interceptant les appels à cette dernière (mot-clé `call`) en dehors d'un test unitaire (mot-clé `within`) est créée (repère ❷). Celle-ci est associée à une déclaration d'erreur de compilation (repère ❸).

Nous pouvons maintenant modifier notre classe de test en conséquence (en gras) :

```
package fr.eyrolles.exemples.poa.nonpublic;

import java.util.Date;
import junit.framework.TestCase;

public class RechercheGenreTest extends TestCase {

    public RechercheGenreTest(String pNom) {
        super(pNom);
    }

    public void testFeminin () {
        PersonnePhysique fille = new PersonnePhysique("Dupont"
            ,"Juliette",'F',new Date(),null);
```

```
        PersonnePhysique enfants[] = {fille};
        PersonnePhysique personne = new PersonnePhysique("Dupont"
            ,"Emile",'M',new Date(),enfants);
        assertTrue(personne._rechercheGenre('F'));
    }

    public void testMasculin() {
        PersonnePhysique garcon = new PersonnePhysique("Dupont"
            ,"Marc",'M',new Date(),null);
        PersonnePhysique enfants[] = {garcon};
        PersonnePhysique personne = new PersonnePhysique("Dupont"
            ,"Emile",'M',new Date(),enfants);
        assertTrue(personne._rechercheGenre('M'));
    }

    public void testIndetermine() {
        PersonnePhysique fille = new PersonnePhysique("Dupont"
            ,"Juliette",'F',new Date(),null);
        PersonnePhysique enfants[] = {fille};
        PersonnePhysique personne = new PersonnePhysique("Dupont"
            ,"Emile",'M',new Date(),enfants);
        assertFalse(personne._rechercheGenre('W'));
    }
}
```

L'exécution de cette classe avec un lanceur JUnit fonctionne parfaitement, comme l'illustre la figure 7.15.

Figure 7.15

Exécution du test unitaire avec l'aspect ouvrant l'accès aux méthodes non publiques

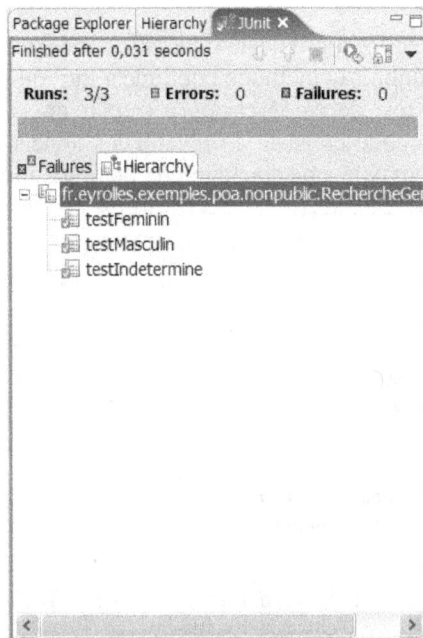

Si, par inadvertance, nous utilisons _rechercheGenre en dehors d'une classe de test, par exemple, directement dans PersonnePhysique, nous constatons qu'une erreur de compilation est automatiquement générée *(voir figure 7.16)*.

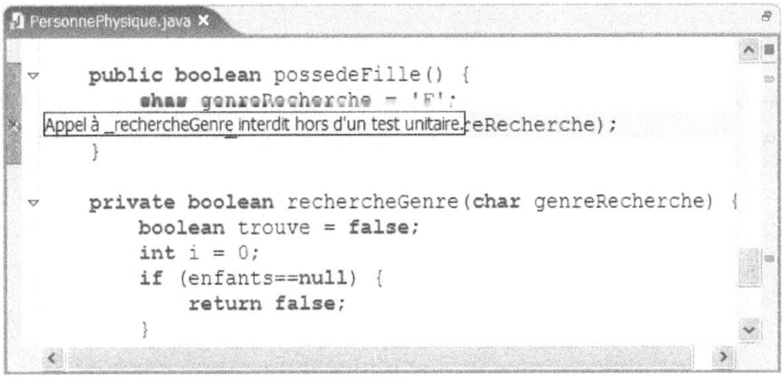

Figure 7.16

Erreur de compilation générée par AspectJ suite à un appel interdit

Conclusion

Ce chapitre a présenté un large panel des possibilités de la POA dans le domaine du refactoring. Les solutions offertes par la POA sont d'une grande efficacité, mais peuvent avoir des effets de bord désastreux si elles ne sont pas utilisées avec précaution.

Au chapitre suivant, qui clôt la partie II, nous abordons les techniques de refactoring liées aux bases de données. Ces dernières répondent à des problématiques récurrentes dans les logiciels, notamment ceux d'informatique de gestion.

8

Refactoring
de base de données

Dans les logiciels, notamment ceux destinés à l'informatique de gestion, les bases de données jouent un rôle prépondérant. Il est donc logique de s'intéresser aux techniques de refactoring permettant d'améliorer leur structure et leur accès.

Nous nous intéressons ici exclusivement aux bases de données relationnelles, qui sont les plus courantes.

Nous supposons que le lecteur maîtrise les concepts des bases de données relationnelles, du langage SQL et de JDBC (Java DataBase Connectivity). Pour ceux qui ne maîtrisent pas ces concepts, nous recommandons les ouvrages *Introduction aux requêtes SQL* et *JDBC et Java – Guide du programmeur,* parus respectivement chez Eyrolles et O'Reilly.

La problématique du refactoring avec les bases de données

Les bases de données sont généralement un élément fondamental des logiciels, leurs interactions avec le reste du logiciel étant le plus souvent très étroites. Comme les bases de données constituent la couche « basse » du logiciel, tout changement à leur niveau peut avoir des répercussions très importantes sur le reste du logiciel. Par ailleurs, des données étant stockées dans ces bases, elles sont sensibles aux modifications de la structure de ces dernières.

Pour toutes ces raisons, les bases de données sont un élément délicat à refondre puisqu'il est nécessaire non seulement de réaliser des tests de non-régression mais aussi d'effectuer, le cas échéant, des migrations de données.

Outre la structure des bases de données, les opérations de refactoring peuvent concerner les accès à ces dernières. Elles reposent sur les deux éléments complémentaires suivants :

- un middleware, en l'occurrence JDBC, gérant le dialogue avec le SGDB (système de gestion de bases de données) ;

- un langage de requête (SQL).

L'essentiel de ces opérations de refactoring consiste à améliorer les performances du logiciel. Elles sont nettement plus légères que des modifications de structure et n'impactent généralement pas directement la base de données.

Refactoring de la structure de la base

Ce type de refactoring consiste à modifier ou enrichir la structure de la base de données relationnelle et son contenu de manière à normaliser ou simplifier son utilisation. Il s'agit la plupart du temps d'opérations lourdes, dont l'intérêt doit être sérieusement évalué par rapport aux risques encourus.

Nous ne présentons ici que quelques opérations de refactoring parmi les plus classiques dans ce domaine.

Stockage séparé des données opérationnelles et historiques

Les données opérationnelles, c'est-à-dire nécessaires au fonctionnement quotidien du logiciel, sont stockées dans la même base que les données historiques, non nécessaires au fonctionnement quotidien du logiciel. Au fil du temps, la base devient obèse, et les performances se dégradent.

La solution consiste à séparer les données opérationnelles, nécessitant de bonnes performances, et les données historiques, dont l'exploitation ne nécessite pas le même niveau de criticité. Il suffit pour cela de dupliquer la base de données puis de supprimer les données historiques dans la base originale et les données opérationnelles dans la copie.

Si un même logiciel accède à la fois aux données opérationnelles et aux données historiques, il est nécessaire de l'adapter de manière qu'il puisse sélectionner la bonne base de données en fonction de ses besoins.

Enfin, il est nécessaire de développer un module d'archivage des données capable de transférer automatiquement les données opérationnelles anciennes dans la base de données historique.

Gains attendus et risques à gérer

Une base de données obèse est par essence longue à sauvegarder et donc longue à restaurer en cas d'incident. En allégeant la base de données opérationnelle des données historiques, nous améliorons ses performances et facilitons son exploitation. Le réglage du SGBD peut être optimisé spécifiquement pour les données opérationnelles d'un côté et les données historiques de l'autre.

Ce type d'opération est cependant risqué. Il est d'abord nécessaire d'être capable de délimiter les données opérationnelles et historiques. Ensuite, le nettoyage et le processus d'archivage sont souvent longs à mettre au point et sont susceptibles de comporter des erreurs difficiles à détecter.

Moyens de détection des cas d'application

Une base de données dont la taille croît fortement chaque année et dont les performances se dégradent d'une année sur l'autre est généralement une bonne candidate à ce genre d'opération.

Exemple de mise en œuvre

Les banques sont dans l'obligation légale de maintenir un historique des mouvements bancaires des comptes de leurs clients sur plusieurs années. Du point de vue du client, l'intérêt d'un tel historique est nul, seuls les quelques derniers mois répondant à ses besoins. Il est donc intéressant de séparer les données historiques des données de production.

Découplage de la structure de la base et du reste du logiciel

Les accès à la base de données sont dispersés dans l'ensemble du logiciel. Toute évolution dans la structure de la base impose de modifier un grand nombre de classes, sans pouvoir être sûr de l'exhaustivité de la mise à jour.

La solution consiste à découpler la structure de la base du reste du logiciel. Cela consiste à créer un modèle objet métier propre au logiciel, dont la manipulation se fait au travers d'une couche d'accès aux données. C'est cette couche qui concentre tous les points d'adhérence entre le logiciel et sa base de données.

Gains attendus et risques à gérer

En centralisant les accès aux données au sein d'une seule couche, nous simplifions l'effort de maintenance et garantissons plus facilement la prise en compte exhaustive d'une modification de structure. Par ailleurs, si cette couche isole parfaitement les accès à la base du reste du logiciel, nous pouvons plus facilement migrer d'un type de base de données à un autre.

Malheureusement, cette opération de refactoring est lourde à mettre en œuvre et impacte une grande partie du logiciel, si ce n'est la totalité, nécessitant une révision complète de sa conception.

Moyens de détection des cas d'application

Pour détecter si le logiciel est un bon candidat, il suffit de rechercher dans l'ensemble des classes les références à l'API JDBC, comme une récupération de connexion. Si ces références sont dispersées de manière anarchique, elles constituent de bonnes candidates à la refonte.

Utilisation des vues

La structure de la base de données impose au logiciel l'utilisation de nombreuses jointures ou conditions de sélection dans ses requêtes SQL, les rendant difficiles à comprendre et à maintenir.

Pour les jointures fréquemment utilisées au sein du logiciel, il peut être utile de créer des vues. Une vue est utilisable *via* SQL de la même manière qu'une table pour la consultation. La différence réside dans le fait que la structure et le contenu de la vue sont définis par le résultat d'une requête SQL portant sur une ou plusieurs tables.

Gains attendus et risques à gérer

Grâce aux vues, nous pouvons simplifier les requêtes du logiciel parmi les plus difficiles à comprendre et à maintenir.

Le risque d'utilisation de cette technique est faible, car elle n'impacte pas directement la structure de la base de données et se contente de l'enrichir. L'effort de test est bien ciblé, et les requêtes sont simplifiées après la mise en place de la vue.

Moyens de détection des cas d'application

Un recensement des requêtes et une analyse de leur contenu permettent d'identifier assez facilement les opportunités de création de vues.

Exemple de mise en œuvre

Supposons que nous ayons une table unique pour enregistrer toutes les personnes clientes d'une entreprise, qu'elles soient physiques ou morales. Afin de simplifier les requêtes ne concernant qu'un des deux types de personne, il peut être intéressant de créer une vue pour chacun d'eux.

Utilisation des index

Certaines sélections de données avec une clause WHERE dans la base s'avèrent longues à s'exécuter.

En fonction des colonnes utilisées dans la clause WHERE, une sélection peut nécessiter une lecture complète de la table *(full scan)*. Cette lecture est d'autant plus longue que la table en question est volumineuse. L'utilisation d'index permet d'améliorer la situation.

Pour être efficaces, les index doivent porter sur les attributs utilisés dans les clauses WHERE.

Gains attendus et risques à gérer

Grâce aux index, nous limitons les lectures complètes de tables, pénalisantes en cas de gros volume.

Cette technique comporte peu de risque puisqu'elle n'impacte pas directement la structure de la base de données. Il faut cependant utiliser les index avec discernement du fait de leur coût en terme d'espace disque et de mise à jour, les index devant être rafraîchis pour être efficaces.

Moyens de détection des cas d'application

Une analyse des performances des requêtes effectuées sur la base de données permet de déterminer l'opportunité d'utiliser des index. En règle générale, les principaux SGBD proposent des analyseurs de performance des requêtes SQL.

Exemple de mise en œuvre

Si nous reprenons notre table unique stockant les clients d'une entreprise, nous pouvons constater que les clauses WHERE des requêtes SELECT la concernant ne portent pas uniquement sur la clé primaire de la table mais que d'autres champs apparaissent très régulièrement.

Le cas le plus classique est celui de l'utilisation de la colonne contenant le nom du client. Afin d'améliorer les performances des requêtes SELECT utilisant cette colonne, il est intéressant de créer un index portant sur celle-ci.

Refactoring des requêtes SQL

Les requêtes SQL peuvent souvent être refondues pour être rendues plus performantes.

Les sections qui suivent présentent quelques techniques élémentaires mais efficaces pour une première optimisation.

Limitation des colonnes ramenées par un SELECT

Les requêtes SELECT du logiciel utilisent souvent le caractère * pour récupérer l'ensemble des colonnes produites par celles-ci, induisant des temps de réponse un peu longs ou une surcharge réseau.

Le logiciel n'a généralement pas besoin de l'ensemble des colonnes qu'une requête SELECT est en mesure de renvoyer. Il est donc préférable de remplacer l'opérateur * par la liste exhaustive des colonnes réellement nécessaires.

Gains attendus et risques à gérer

L'intérêt de limiter le nombre de colonnes d'une requête SELECT au strict nécessaire est d'alléger le volume des données transmises par le SGBD et d'économiser de ce fait des ressources réseau tout en gagnant en performances.

Les risques à utiliser cette technique sont très faibles. Le seul danger est de ne pas avoir inventorié correctement les colonnes nécessaires au logiciel et de générer ainsi des erreurs.

Moyens de détection des cas d'application

Il suffit de rechercher la chaîne de caractères SELECT * dans l'ensemble des fichiers d'un logiciel susceptibles de contenir des requêtes SQL pour trouver les candidats à l'utilisation de cette technique.

Exemple de mise en œuvre

Supposons que notre logiciel affiche une liste de clients dont chaque ligne, une par client, soit cliquable pour afficher les détails du client. Pour créer cette liste, susceptible de contenir plusieurs centaines, voire milliers de lignes, il n'est ni inutile ni surtout optimal d'utiliser l'opérateur * dans la requête. Il est préférable de sélectionner le minimum de colonnes, par exemple la clé primaire, le nom du client et son adresse.

Limitation des lignes ramenées par un SELECT

Une requête SELECT renvoie un grand nombre de lignes, dont seule une faible partie est réellement utilisée. Or, cette requête est particulièrement longue à exécuter du fait du nombre important de lignes.

La solution consiste à avoir la clause WHERE la plus restrictive possible, c'est-à-dire à définir un maximum de contraintes reliées entre elles par l'opérateur logique AND.

Certains SGBD étendent le langage SQL de manière à limiter le nombre de lignes retournées pour une requête SQL. Il faut cependant prendre en compte cet écart vis-à-vis du standard SQL si nous voulons garder la possibilité de réaliser un portage vers un SGBD différent.

Gains attendus et risques à gérer

Les gains attendus sont la réduction du volume de données transmises par le SGBD, ainsi que les économies de bande passante réseau et l'amélioration des performances qui en découlent.

Les risques encourus dépendent fortement du contexte, notamment de la complexité du filtrage opéré par le logiciel et de la facilité de sa traduction en SQL.

Moyens de détection des cas d'application

Hormis une revue de code, il n'est pas possible de savoir si la totalité des lignes est nécessaire. Nous nous intéressons donc en priorité aux requêtes SELECT les plus coûteuses.

Exemple de mise en œuvre

Supposons que la liste des clients contienne des milliers de lignes. Du point de vue de l'utilisateur, la recherche du client peut se révéler fastidieuse. C'est la raison pour laquelle la liste n'affiche le plus souvent que les clients dont le nom commence par une lettre donnée, définie préalablement par l'utilisateur.

Puisque la liste à afficher est contrainte, il est préférable de faire de même avec la requête SQL, plutôt que de tout récupérer en une seule fois et de n'afficher qu'une partie des résultats obtenus.

Limitation des colonnes modifiées par un UPDATE

Les requêtes de mise à jour UPDATE impactent l'ensemble des colonnes d'une table alors qu'une seule partie de ces dernières est réellement concernée. Pour une table avec beaucoup de colonnes, les requêtes sont difficilement lisibles, et l'identification des colonnes réellement mises à jour est malaisée.

La solution consiste à limiter la portée de la requête UPDATE aux seules colonnes modifiées.

Gains attendus et risques à gérer

Les gains attendus sont une simplification de la requête, une diminution des risques d'erreur dans les mises à jour (par exemple, le report des valeurs sur les colonnes non concernées par la mise à jour est-il correct ?) et une diminution de la charge pour le SGBD.

Les risques d'utilisation de cette technique sont quasiment nuls dès lors que les colonnes à mettre effectivement à jour sont correctement répertoriées.

Moyens de détection des cas d'application

Seule une analyse des requêtes UPDATE permet de savoir si elles impactent l'ensemble des colonnes d'une table. Il est conseillé de se concentrer sur les requêtes impactant les tables ayant un grand nombre de colonnes.

Exemple de mise en œuvre

Si un client change d'adresse, il est préférable de ne modifier que les champs correspondant à celle-ci plutôt que l'ensemble des colonnes concernant le client.

Définition des colonnes d'un INSERT

Les requêtes INSERT du logiciel ne précisent pas quelles sont les colonnes remplies par l'insertion. De ce fait, le développeur doit connaître la structure de la table ainsi que l'ordre des colonnes pour comprendre ce qui y est inséré. Par ailleurs, les colonnes ne nécessitant pas de valeur (colonnes facultatives ou calculées) apparaissent inutilement (utilisation de la valeur NULL).

La solution consiste à modifier les requêtes INSERT de manière à spécifier explicitement les colonnes concernées.

Gains attendus et risques à gérer

Les gains attendus sont une meilleure compréhension du contenu de l'insertion et un découplage de la requête vis-à-vis de l'ordre et du nombre des colonnes de la table concernée. La table peut plus facilement évoluer, en lui ajoutant une ou plusieurs colonnes optionnelles, par exemple.

Les seuls risques dans l'utilisation de cette méthode sont un inventaire incomplet des colonnes concernées par une insertion et la longueur de la requête en elle-même. Dans le cas d'une table possédant un grand nombre de colonnes, la requête peut devenir extrêmement longue.

Moyens de détection des cas d'application

En utilisant un outil de recherche supportant les expressions régulières, nous pouvons trouver sans difficulté les requêtes INSERT ne spécifiant pas les colonnes impactées. Par exemple, l'expression régulière suivante peut être utilisée avec l'outil de recherche d'Eclipse accessible *via* Edit, Find et Replace :

```
insert into [al\w]+ values.*
```

> **Remarque**
>
> Pour pouvoir utiliser les expressions régulières avec l'outil de recherche d'Eclipse, il ne faut pas oublier de cocher la case Regular Expressions dans les options proposées.

Exemple de mise en œuvre

Supposons que nous ayons besoin de créer une nouvelle colonne optionnelle dans la table client pour des raisons fonctionnelles. Les requêtes INSERT qui ne précisent pas les colonnes qu'elles remplissent échouent systématiquement, obligeant les développeurs à les modifier en conséquence.

Refactoring de l'utilisation de JDBC

Le refactoring de l'utilisation de JDBC au sein des logiciels permet souvent d'améliorer les performances et de diminuer les impacts d'un changement de structure de la base de données.

Utilisation de StringBuffer

L'opérateur + est utilisé pour concaténer des chaînes de caractères, en particulier pour la création de requêtes SQL. Cette façon de procéder est simple du point de vue du codage mais guère optimale en terme de performances.

La solution consiste à ne réaliser des concaténations qu'avec la classe java.lang.String-Buffer. Celle-ci offre plusieurs méthodes append offrant le même niveau de fonctionnalités que l'opérateur +.

Gains attendus et risques à gérer

La classe StringBuffer est beaucoup plus efficace que l'opérateur + pour réaliser les concaténations. En effet, ce dernier crée plusieurs objets temporaires en mémoire au cours de l'opération, contrairement à StringBuffer.

Le risque à remplacer l'opérateur + par StringBuffer est très faible. Seule une mauvaise transformation de la concaténation est possible.

Moyens de détection des cas d'application

La détection des cas d'application est assez fastidieuse, l'opérateur + pouvant être utilisé dans beaucoup de contextes différents de la concaténation de chaînes de caractères.

Il est recommandé de contrôler en priorité les zones du logiciel où les requêtes SQL sont créées, c'est-à-dire proches des appels aux méthodes executeQuery et prepareStatement.

Exemple de mise en œuvre

Notre logiciel dispose d'un écran permettant de saisir trois critères obligatoires de recherche pour trouver un client dont nous ne connaissons pas l'identifiant : nom, type (personne morale ou physique) et code postal de l'adresse.

Le code Java constituant la requête SELECT se présente de la manière suivante :

```
String requete = "SELECT id,nom,codepostal FROM clients WHERE nom='"+nom+"'
➥AND type="+type+" AND codepostal='"+codepostal+"';";
```

Il est préférable en terme de performance de remplacer ce code par celui-ci :

```
StringBuffer requete = new StringBuffer("SELECT id,nom,codepostal FROM clients
➥WHERE nom='");
requete.append(nom);
requete.append("' AND type=");
requete.append(type);
requete.append(" AND codepostal='");
requete.append(codepostal);
requete.append("';");
// Pour récupérer la chaîne de caractères finale :
// requete.toString()
```

Utilisation d'un pool de connexions

Le logiciel ouvre et ferme souvent des connexions JDBC. Or celles-ci sont très coûteuses du point de vue des performances (entre 300 et 1 000 ms pour ouvrir une connexion).

La solution consiste à utiliser un pool de connexions, c'est-à-dire un cache contenant plusieurs connexions constamment ouvertes. Les pools de connexions ont été formalisés sous la forme de l'interface javax.sql.DataSource. Les serveurs d'applications proposent tous un pool de connexions implémentant cette interface. Le pool de connexions de Tomcat est Commons DBCP *(voir http://jakarta.apache.org/commons/dbcp/),* qui est utilisable en dehors de tout serveur d'applications.

Gains attendus et risques à gérer

Grâce au pool de connexions, les performances sont améliorées, et les ressources, en l'occurrence les connexions JDBC, peuvent être adaptées en fonction des besoins.

La mise en place d'un pool de connexions est simple. Le seul risque est de mal dimensionner le nombre de connexions ouvertes. Si elles sont trop nombreuses, des ressources sont consommées inutilement ; si elles ne le sont pas assez, des délais d'attente apparaissent au niveau des traitements ayant besoin d'une connexion.

Moyens de détection des cas d'application

Il suffit de chercher les utilisations de la méthode `getConnection` de `java.sql.DriverManager` pour évaluer les besoins en terme de pool de connexions.

Exemple de mise en œuvre

Supposons que notre logiciel dispose d'une servlet affichant la liste des clients d'une entreprise stockée dans une table unique appelée `clients`.

Sans pool de connexions, son code est le suivant :

```java
package fr.eyrolles.exemples.jdbc;

// imports

public class ListeClients extends HttpServlet {

    protected void doGet(HttpServletRequest request,
      HttpServletResponse response)
      throws ServletException, IOException {
        response.setContentType("text/html");
        PrintWriter out = response.getWriter();
        Connection connexion=null;
        Statement requete=null;
        ResultSet resultat=null;

        try {
          connexion =
            DriverManager.getConnection("jdbc:...","user","pass");
          requete = connexion.createStatement();
          resultat = requete.executeQuery("SELECT id,nom,codepostal
                                    FROM clients");
          out.println("<html><head></head><body><table>");
          while (resultat.next()) {
              StringBuffer ligne = new StringBuffer("<tr><td>");
              ligne.append(resultat.getInt("id"));
              ligne.append("</td></tr>");
              // Etc.
          }
        } catch (SQLException e) {
          response.sendError(500, "Exception accès SGBD " + e);
        }finally {
          if (resultat != null) {
              try {
                  resultat.close();
              } catch (SQLException e) {}
          }
          if (requete != null) {
              try {
                  requete.close();
              } catch (SQLException e) {}
          }
```

```
        if (connexion != null) {
            try {
                connexion.close();
            } catch (SQLException e) {}
        }
    }
    out.println("</table></body></html>");
    out.close();
    }
}
```

Avec un tel mode de fonctionnement, à chaque requête utilisateur portant sur cette servlet, une connexion JDBC est ouverte puis fermée peu de temps après. Si cette dernière est fortement sollicitée, cette succession d'ouvertures et de fermetures est très coûteuse, surtout si le reste du logiciel fonctionne de la même manière.

Il est beaucoup plus efficient d'utiliser un pool de connexions, d'autant que la mise en place de ce dernier est simple et impacte à peine le logiciel.

La première étape consiste à le configurer au niveau du serveur d'applications. Pour une application Web J2EE, il faut déclarer le pool de connexions (en gras) dans le fichier de configuration **web.xml** :

```
<?xml version="1.0" encoding="UTF-8"?>
<!DOCTYPE web-app PUBLIC "-//Sun Microsystems, Inc.//DTD Web Application 2.3
➡//EN" "http://java.sun.com/dtd/web-app_2_3.dtd">
<web-app>
  <display-name>Logiciel</display-name>
  <servlet>
    <servlet-name>ListeClients</servlet-name>
    <servlet-class>
      fr.eyrolles.exemples.jdbc. ListeClients
    </servlet-class>
  </servlet>
  <servlet-mapping>
    <servlet-name>ListeClients</servlet-name>
    <url-pattern>/</url-pattern>
  </servlet-mapping>
  <resource-ref>
    <description>
        reference a la ressource BDD pour le pool
    </description>
    <res-ref-name>jdbc/RefactorPool</res-ref-name>
    <res-type>javax.sql.DataSource</res-type>
    <res-auth>Container</res-auth>
  </resource-ref>
</web-app>
```

Le tag `<resource-ref>` permet de définir de manière générique le pool de connexions que le logiciel utilise. Il définit notamment son nom (tag `<res-ref-name>`) à utiliser dans le logiciel.

La création proprement dite du pool de connexions n'est pas prise en charge par le fichier **web.xml** et dépend du serveur d'applications. Nous vous invitons donc à consulter sa documentation pour traiter ce point.

Une fois le pool de connexions déclaré, il faut modifier le code de la servlet afin que celle-ci l'utilise. Pour cela, il faut récupérer l'instance du pool de connexions (javax.sql.DataSource) *via* JNDI et l'utiliser pour récupérer une connexion au JDBC. La récupération de la source de donnée stockée dans la variable dataSource se fait une fois pour toutes au moment de l'initialisation de la servlet (méthode init) :

```
package fr.eyrolles.exemples.jdbc;

// imports

public class ListeClients extends HttpServlet {
    private DataSource dataSource;

    public void init() throws ServletException {
      try {
        Context initCtx = new InitialContext();
        dataSource = (DataSource)
          initCtx.lookup("java:comp/env/jdbc/RefactorPool");
      } catch (Exception e) {
        throw new UnavailableException(e.getMessage());
      }
    }

    protected void doGet(HttpServletRequest request,
     HttpServletResponse response)
     throws ServletException, IOException {
      response.setContentType("text/html");
      PrintWriter out = response.getWriter();
      Connection connexion=null;
      Statement requete=null;
      ResultSet resultat=null;

      try {
        connexion =
          dataSource.getConnection("jdbc:...","user","pass");
        requete = connexion.createStatement();
        resultat = requete.executeQuery("SELECT id,nom,codepostal
                                    FROM clients");
        out.println("<html><head></head><body><table>");
        while (resultat.next()) {
          StringBuffer ligne = new StringBuffer("<tr><td>");
          ligne.append(resultat.getInt(1));
          ligne.append("</td><td>");
          ligne.append(resultat.getString(2));
          ligne.append("</td><td>");
          ligne.append(resultat.getString(3));
          ligne.append("</td></tr>");
          // Etc.
        }
```

```
            } catch (SQLException e) {
              response.sendError(500, "Exception accès SGBD " + e);
            }finally {
              if (resultat != null) {
                  try {
                      resultat.close();
                  } catch (SQLException e) {}
              }
              if (requete != null) {
                  try {
                      requete.close();
                  } catch (SQLException e) {}
              }
              if (connexion != null) {
                  try {
                      connexion.close();
                  } catch (SQLException e) {}
              }
            }
        out.println("</table></body></html>");
        out.close();
    }
}
```

Remarque

`connexion.close()` ne ferme pas la connexion JDBC mais la rend de nouveau disponible dans le pool.

Fermeture des ressources inutilisées

Pour accéder aux données *via* JDBC, plusieurs types de ressources JDBC doivent être utilisés. Celles-ci sont souvent coûteuses en mémoire, tant au niveau du SGBD qu'à celui du logiciel. Il est donc important de les fermer systématiquement dès qu'elles deviennent inutiles. Pour cela, il suffit d'utiliser la méthode `close`. Il faut aussi penser à fermer ces ressources en cas d'exception. C'est la raison pour laquelle nous utilisons un bloc `finally`.

Dans le cas d'un pool de connexions, il est important de libérer la connexion après utilisation afin de permettre aux autres traitements éventuellement en attente d'en bénéficier.

Gains attendus et risques à gérer

Le principal gain attendu est une économie de mémoire et une moindre charge du SGBD. Des ressources qui restent ouvertes inutilement peuvent saturer progressivement le SGBD et empêcher le logiciel de fonctionner (plus de connexion JDBC disponible, par exemple).

Le risque à utiliser cette technique est quasiment nul dès lors que nous nous assurons que la ressource fermée n'est plus réutilisée par la suite.

Moyens de détection des cas d'application

Le meilleur moyen de détecter des cas d'application est de comparer le nombre de créations de `Statement`, de `PreparedStatement` et de `ResultSet` (appels des méthodes `prepareStatement`, `createStatement` et `execute`) et le nombre de fermetures (appels de la méthode `close`). Pour cela, nous pouvons nous aider, par exemple, de l'aspect d'analyse d'impacts présenté au chapitre précédent. Le contenu de la vue Eclipse Problems peut être filtré et collé dans un tableur tel que Microsoft Excel.

Exemple de mise en œuvre

La clôture des ressources JDBC se réalise généralement au sein d'un bloc `finally`, comme dans l'exemple de mise en œuvre du pool de connexions de Tomcat. Il est important de fermer unitairement chaque ressource en capturant les exceptions. En effet, si tel n'est pas le cas, une exception pourrait empêcher les ressources suivantes de se fermer puisque le flot d'exécution est interrompu.

Nous nous assurons de la sorte que les ressources sont fermées, et ce quel que soit le résultat du traitement (fonctionnement normal ou génération d'exception). En effet, la génération d'une exception ne ferme pas automatiquement les ressources, ce qui peut saturer progressivement le SGBD.

Le bloc `finally` suivant s'assure que le statement `requete`, le resultset `resultat` et la connexion `connection` d'une méthode sont correctement fermés :

```
finally {
  if (resultat != null) {
     try {
        resultat.close();
     } catch (SQLException e) {}
  }
  if (requete != null) {
     try {
        requete.close();
     } catch (SQLException e) {}
  }
  if (connection != null) {
     try {
        connection.close();
     } catch (SQLException e) {}
  }
}
```

Réglage de la taille du tampon d'un resultset

Un resultset contient le résultat d'une requête `SELECT`. Cette dernière comporte généralement plusieurs lignes. Afin d'optimiser les échanges avec le SGBD, la classe `ResultSet` ne lit qu'une partie de ces lignes à la fois. Pour les requêtes générant beaucoup de lignes, il peut être intéressant de minimiser le nombre d'accès au SGBD.

L'interface `java.sql.ResultSet` dispose d'une méthode `setFetchSize` permettant de spécifier le nombre de lignes à récupérer à chaque fois. Afin de diminuer le nombre d'accès au SGBD, il est intéressant de spécifier un nombre proche du nombre de lignes produites par la requête. Cette technique est intéressante dès lors que nous savons à l'avance que la totalité du resultset est destinée à être parcourue.

> **Important**
> Cette technique ne doit pas être utilisée dès lors que le resultset contient des BLOB (Binary Large Objects), sans quoi la consommation mémoire risque d'exploser.

Gains attendus et risques à gérer

En diminuant de manière importante le nombre d'accès au SGBD pour lire le résultat de la requête `SELECT`, nous améliorons les performances.

Le principal risque est une augmentation de la consommation mémoire du logiciel puisqu'un plus grand nombre de lignes sont stockées dans la mémoire de la JVM au profit du SGBD.

Moyens de détection des cas d'application

Seule une analyse des requêtes et de l'utilisation de leur résultat permet de déterminer des candidats potentiels.

Exemple de mise en œuvre

Si nous savons qu'il y a environ 1 000 clients, nous pouvons fixer la taille du tampon à 1 200 afin de pouvoir en récupérer la liste en une seule fois. Pour le réglage, il suffit d'insérer la ligne suivante dans la servlet précédente entre l'appel à `executeQuery` et la boucle `while` :

```
resultat.setFetchSize(1200);
```

Utilisation de noms de colonnes plutôt que de numéros

L'interface `ResultSet` propose d'accéder au contenu d'une colonne par son numéro. Nous sommes alors contraint par l'ordre des colonnes dans la requête `SELECT`. Cet ordre peut être perturbé, par exemple, suite à une modification de la requête, obligeant à retoucher le code Java manipulant le resultset correspondant.

La solution consiste à n'accéder au contenu d'une colonne qu'à partir de son nom. Ainsi, le changement dans l'ordre des colonnes dans le resultset n'a aucun impact sur le code Java qui le manipule.

Gains attendus et risques à gérer

Grâce à cette technique, le code est plus pérenne. Il n'y a aucun risque à utiliser cette technique dès lors que nous nous assurons de la bonne correspondance entre le numéro de la colonne et son nom.

Moyens de détection des cas d'application

Un moyen simple de détecter les cas d'application est de rechercher l'utilisation des méthodes de l'interface ResultSet reposant sur les numéros de colonne. Nous pouvons utiliser, par exemple, la technique d'analyse d'impact décrite au chapitre précédent.

Exemple de mise en œuvre

Si nous reprenons notre servlet exemple, nous constatons que le contenu des colonnes est accédé par le numéro de chacune d'elles. Si, pour une raison ou une autre, une colonne doit être insérée au sein de ces trois colonnes, le prénom, l'ordre et donc la numérotation des colonnes s'en trouvent perturbés. Il est donc préférable d'accéder au contenu des colonnes par leur nom.

Ainsi, le contenu de la boucle while se présente de la manière suivante :

```
ligne.append(resultat.getInt("id"));
ligne.append("</td><td>");
ligne.append(resultat.getString("nom"));
ligne.append("</td><td>");
ligne.append(resultat.getString("codepostal"));
ligne.append("</td></tr>");
```

Utilisation de PreparedStatement *au lieu de* Statement

Une même requête dynamique, c'est-à-dire construite à partir de variables, est utilisée un grand nombre de fois au sein du logiciel. Celle-ci est créée sous forme de statement, nécessitant chaque fois une interprétation de la part du SGBD pour l'exécuter.

Par ailleurs, des contrôles manuels doivent être effectués sur les variables utilisées pour vérifier que leur contenu est conforme aux attentes de la requête (correspondance entre le type SQL de la colonne et le type Java de la variable).

Pour ce type de requête, il est préférable d'utiliser des PreparedStatement, qui sont compilés une fois pour toutes par le SGBD et améliorent ainsi les performances.

> **Important**
> Le surcoût de création d'un PreparedStatement par rapport à un Statement peut nécessiter un grand nombre d'utilisations avant d'être amorti. Ce seuil varie fortement d'un SGBD et d'un driver JDBC à un autre. Il est recommandé de faire des tests pour calculer ce seuil. Par exemple, sur certaines plates-formes, un PreparedStatement est amorti en une soixantaine d'utilisations.

Depuis la version 3.0 de JDBC, les PreparedStatement sont mis en cache automatiquement au niveau de la source de données. Le développeur est donc libéré de la charge de les maintenir ouverts le plus longtemps possible.

Gains attendus et risques à gérer

Le gain attendu est une meilleure performance des requêtes fréquemment utilisées au sein du logiciel. Par ailleurs, le code est plus lisible puisque le PreparedStatement sépare bien les parties statiques et dynamiques de la requête SQL. Enfin, il offre un meilleur niveau de sécurité en assurant automatiquement un contrôle du type des variables utilisées par rapport aux attentes de la requête SQL.

Le principal risque est une dégradation des performances du fait de l'insuffisance du nombre d'utilisations du PreparedStatement.

Moyens de détection des cas d'application

La plupart des Statement peuvent être remplacées par des PreparedStatement.

Exemple de mise en œuvre

Si notre logiciel est doté d'une fonctionnalité permettant d'importer des données d'un fichier dans notre base de données, nous pouvons supposer qu'une même requête d'insertion, aux valeurs près, va être exécutée un grand nombre de fois, c'est-à-dire une fois par ligne contenue dans le fichier.

Le cœur de l'implémentation de cette fonction peut se présenter de la manière suivante :

```
while (!eof) {
   //...
   StringBuffer sql =
    new StringBuffer("INSERT INTO clients (id,nom,codepostal) VALUES(");
   sql.append(id);
   sql.append(",'");
   sql.append(nom);
   sql.append("','");
   sql.append(codepostal);
   requete.executeQuery(sql.toString());
   //...
}
```

À chaque itération, une nouvelle requête doit être interprétée par le SGBD, ce qui n'est pas optimal du point de vue des performances, puisqu'il s'agit toujours du même type de requête.

En utilisant un PreparedStatement, nous définissons une fois pour toutes la requête et simplifions au passage sa construction :

```
PreparedStatement requete = connexion.prepareStatement("INSERT INTO clients
➥(id,nom,codepostal) VALUES(?,?,?)");
while(!eof) {
   requete.setInt(1,id);
   requete.setString(2,nom);
   requete.setString(3,codepostal);
   requete.execute();
   //...
}
```

Mises à jour en mode batch

Certains traitements du logiciel nécessitent l'exécution de plusieurs requêtes indépendantes les unes à la suite des autres, généralement au sein d'une boucle. Ces requêtes devraient former un bloc unique à destination du SGBD.

JDBC permet d'exécuter une série de requêtes SQL en mode batch, c'est-à-dire d'un seul bloc. Cette fonctionnalité est disponible à la fois pour les Statement et les PreparedStatement *via* la méthode addBatch. Une fois le bloc défini, nous pouvons l'exécuter grâce à la méthode executeBatch.

Les premiers sont à utiliser si les requêtes en question sont différentes les unes des autres en terme de structure. Si la même requête est exécutée chaque fois, y compris avec des valeurs de variables différentes, les seconds sont à privilégier, pour autant que le nombre d'exécutions soit suffisant pour amortir le surcoût d'initialisation d'un PreparedStatement.

> **Remarque**
> Les requêtes exécutées dans le cadre d'un batch appartiennent toutes à la même transaction. Il est donc important de s'assurer que ces requêtes sont cohérentes d'un point de vue transactionnel.

Gains attendus et risques à gérer

Grâce à cette technique, la communication avec le SGBD est optimisée, augmentant ainsi les performances.

L'utilisation de cette technique ne comporte pas de risque particulier dès lors que les requêtes sont indépendantes les unes des autres.

Moyens de détection des cas d'application

Les méthodes qui exécutent une succession de requêtes sont de bonnes candidates. Cependant, il est nécessaire de s'assurer que celles-ci sont bien indépendantes les unes des autres.

Exemple de mise en œuvre

Si nous reprenons l'exemple précédent, nous constatons qu'une succession d'écritures dans la base de données est opérée de manière successive. Or ces insertions forment un tout et peuvent être transmises en bloc au SGBD.

Au lieu d'appeler la méthode execute à chaque itération, il est préférable de constituer un bloc de requêtes dans la boucle while. Ce bloc ne sera soumis au SGBD qu'à la fin de la boucle :

```
requete.clearBatch();
while(!eof) {
    requete.setInt(1,id);
    requete.setString(2,nom);
    requete.setString(3,codepostal);
    requete.addBatch();
    //...
}
requete.executeBatch();
```

Gestion des transactions

Par défaut, toute mise à jour ou insertion dans une base *via* JDBC est automatiquement validée (`commit`). Cette validation est coûteuse en performances, et son déclenchement doit être optimisé.

Par ailleurs, du code reposant uniquement sur ce mode peut avoir introduit des traitements de nettoyage inutiles, là où une gestion de transaction optimisée aurait suffi.

La solution consiste à stopper la validation automatique des requêtes en utilisant la méthode `setAutoCommit` de la connexion. Une transaction, qui comporte une ou plusieurs requêtes, doit être validée explicitement en utilisant la méthode `commit` de la connexion. En cas de problème, comme la génération d'une exception, elle doit être annulée grâce à la méthode `rollback`. Grâce à cette dernière, toutes les modifications introduites par la transaction sont automatiquement annulées, et il n'est plus besoin d'effectuer le nettoyage soi-même.

Nous pouvons aller encore plus loin en réglant de manière fine l'isolation des transactions, c'est-à-dire la tolérance vis-à-vis de l'accès en lecture à des données en cours de modification. Le niveau d'isolation est spécifié au niveau d'une connexion JDBC *via* la méthode `setTransactionIsolation`.

Il existe quatre niveaux d'isolation, classés ci-dessous par niveau de sécurité croissant, et donc de performance décroissant :

- `java.sql.Connection.TRANSACTION_READ_UNCOMMITTED`. Il s'agit du niveau d'isolation le plus faible, offrant donc la meilleure exécution concourante des requêtes. Il autorise la lecture de données non validées dans la base, avec le risque que celles-ci soient invalidées par un rollback.

- `java.sql.Connection.TRANSACTION_READ_COMMITTED`. Ce niveau interdit la lecture de lignes dont les changements n'ont pas été validés.

- `java.sql.Connection.TRANSACTION_REPEATABLE_READ`. En plus de l'interdiction précédente, ce niveau interdit la lecture répétitive des mêmes lignes si celles-ci ont été modifiées par une autre transaction entre deux lectures.

- `java.sql.Connection.TRANSACTION_SERIALIZABLE`. En plus des interdictions précédentes, ce niveau interdit l'ajout ou la suppression de lignes dans les données lues à plusieurs reprises par une transaction.

Il faut noter que les SGBD ne supportent pas tous ces niveaux d'isolation.

Important

Lorsqu'une transaction est enclenchée sans autocommit, il est fondamental de faire un `commit` ou un `rollback`. Si cela n'est pas effectué, la transaction reste ouverte inutilement et génère des anomalies difficiles à détecter.

Gains attendus et risques à gérer

Une optimisation de la gestion des transactions permet d'améliorer les performances, voire de simplifier le code du logiciel quand celle-ci n'a pas été utilisée.

Les seuls risques liés à l'utilisation de cette technique sont de mal délimiter les transactions et de choisir un niveau d'isolation trop faible par rapport aux besoins.

Moyens de détection des cas d'application

Seule une revue du code mettant à jour la base de données permet d'identifier d'éventuels cas d'application.

Exemple de mise en œuvre

Dans notre fonction d'importation de données, nous pouvons considérer qu'un échec quel qu'il soit annule purement et simplement l'opération. Toutes les données importées avec succès avant l'échec doivent donc être effacées.

Par défaut, chaque requête SQL est automatiquement validée. Dans notre exemple, il est donc souhaitable de passer en mode manuel et de créer une transaction unique pour l'ensemble des INSERT de l'importation de données :

```
try {
    connexion.setAutoCommit(false);
    //...
    while(!eof) {
        //...
    }
    requete.executeBatch();
    connexion.commit(); ← ❶
}
catch (SQLException e) {
    if(connexion!=null) {
        try {
            connexion.rollback(); ← ❷
        }
        catch(SQLException er) {
        }
    }
    //...
}
finally {
    //...
}
```

Si la requête batch s'exécute sans problème, la transaction est validée (repère ❶). En cas d'exception, la transaction est annulée, et toutes les données insérées sont automatiquement supprimées de la base (repère ❷).

> **Remarque**
>
> La version 3.0 de JDBC introduit la notion de point de sauvegarde (`java.sql.Savepoint`), qui permet d'annuler partiellement une transaction.

Le code suivant n'insère que deux lignes dans la table `client`. Les deux dernières, situées après le point de sauvegarde (repère ❶ ci-dessous) sont annulées par la méthode `rollback` (repère ❷) :

```
//...
connexion.setAutoCommit(false);
Statement requete = connexion.createStatement();
requete.executeQuery("INSERT INTO clients (id,nom,codepostal)
   VALUES(1,'client1','61000');
requete.executeQuery("INSERT INTO clients (id,nom,codepostal)
   VALUES(2,'client2','22000');
Savepoint s = connexion.setSavepoint();  ← ❶
requete.executeQuery("INSERT INTO clients (id,nom,codepostal)
   VALUES(3,'client3','60000');
requete.executeQuery("INSERT INTO clients (id,nom,codepostal)
   VALUES(4,'client4','75000');
connexion.rollback(s);  ← ❷
connexion.commit();
```

La validation finale avec la méthode `commit` est nécessaire pour valider les deux premières lignes insérées dans la base.

Conclusion

Les techniques présentées dans ce chapitre sont élémentaires, et donc assez simples à mettre en œuvre. Elles visent à traiter de problèmes très fréquents dans le code des logiciels. Leur mise en œuvre prend cependant du temps, comme nous le verrons au cours de l'étude de cas de la partie III.

Partie III

Étude de cas

Les chapitres précédents ont décrit en détail le processus de refactoring et les techniques associées permettant d'améliorer la qualité d'un logiciel. La présente étude de cas a pour objectif de refondre une application existante en appliquant notre méthodologie.

Afin d'avoir une étude de cas la plus réaliste possible, nous avons choisi un logiciel Open Source dont le code source pouvait être refondu. Pour faciliter la prise en main de l'étude de cas, nous avons sélectionné un projet dont l'aspect fonctionnel pouvait être compréhensible par tous. Son volume de code est suffisamment important pour supporter plusieurs techniques majeures de refactoring sans pour autant le rendre difficile à appréhender dans sa globalité.

L'étude de cas déroule le processus du refactoring au travers de trois chapitres :

- Le chapitre 9 présente le projet Open Source et la manière de récupérer son code source afin que le lecteur puisse l'étudier et réaliser lui-même le refactoring.

- Le chapitre 10 synthétise les résultats de l'analyse du logiciel et identifie les zones qui seront refondues au chapitre suivant. Toutes les zones possibles ne seront pas refondues pour des raisons évidentes de place et sont laissées à titre d'exercice au lecteur.

- Le chapitre 11 détaille la refonte des zones identifiées à l'étape précédente et déroule la stratégie de test pour chacune d'elle.

Les procédures d'installation des plug-in Eclipse nécessaires au refactoring sont indiquées en annexe. Si vous utilisez un autre environnement de développement, nous indiquons, lorsqu'ils existent, les logiciels correspondants.

9

Présentation de l'étude de cas

Ce chapitre présente les éléments clés du logiciel que nous allons refondre.

Après avoir fourni les grandes lignes du cahier des charges que nous nous sommes fixé pour sélectionner le logiciel, nous présentons celui-ci sous ses aspects fonctionnels et techniques.

Pour terminer, nous détaillons les instructions permettant de récupérer son code source.

Cahier des charges du logiciel

Comme vous avez dû le comprendre à ce stade de votre lecture, le refactoring n'est pas la pierre philosophale du développement logiciel. Une refonte permet certes d'améliorer la qualité d'un logiciel, mais en aucun cas de transformer un logiciel de mauvaise facture en une référence en terme de meilleures pratiques.

Le critère principal de sélection du logiciel est son niveau de qualité. Celui-ci est suffisant pour que la refonte ne devienne pas une réécriture complète tout en étant perfectible en lui appliquant les principales techniques présentées précédemment dans l'ouvrage.

Le deuxième critère est l'ouverture du code source. Les projets Open Source offrent de formidables opportunités pour s'exercer au refactoring, soit pour s'autoformer, soit, ce qui est encore mieux, pour participer à la vie de ces projets. Beaucoup de projets Open Source cherchent des développeurs pour améliorer leur base de code existante.

Le troisième critère est la complexité fonctionnelle et technique. Du point de vue fonctionnel, il est important que le logiciel soit compréhensible par tous. Peu d'entre nous sont au fait des subtilités des métiers financiers ou de la gestion de production, par exemple.

Du point de vue technique, les technologies employées par le logiciel doivent être répandues et être suffisamment simples pour être aisément compréhensibles.

JGenea, une solution Java pour la généalogie

Une fois le cahier des charges défini et des dizaines de projets Open Source passés en revue, le choix s'est porté sur la solution JGenea. Il s'agit bien d'une solution, car elle comprend deux logiciels.

Ce projet Open Source sous licence GPL (General Public License) est une solution de gestion et de publication de données généalogiques. Elle permet à ses utilisateurs de gérer facilement leurs recherches généalogiques au sein d'une base de données relationnelle et de les publier sur le Web.

La solution JGenea comprend deux logiciels écrits en Java :

• JGenea Ihm est un logiciel de type client lourd reposant sur l'API J2SE Swing. C'est au travers de cet outil que l'utilisateur peut gérer ses informations généalogiques.

• JGenea Web est une application Web J2EE sans EJB permettant de consulter les informations généalogiques stockées dans la base de données gérée au travers de JGenea Ihm. La version utilisée dans cet ouvrage ne permet pas de modifier le contenu de la base de données.

Ce projet est hébergé sur le portail de développement Open Source SourceForge.net et est accessible par l'URL *http://jgenea.sourceforge.net.*

Dans le souci de maintenir une étude de cas de taille raisonnable, seul JGenea Web sera étudiée dans cet ouvrage. Nous avons sélectionné volontairement JGenea Web 1.0, une version ancienne moins optimisée que celles disponibles dans le gestionnaire de configuration de SourceForge.net (le référentiel CVS est consultable sur *http://sourceforge.net/cvs/ ?group_id=47631*).

Architecture de JGenea Web

JGenea Web est axée sur la consultation d'informations stockées en base de données. Son architecture est aisée à comprendre, d'autant qu'elle utilise le design pattern MVC 2 (modèle, vue, contrôleur avec contrôleur unique) pour structurer ses composants. L'implémentation de MVC 2 employée est le célèbre framework Open Source Struts, version 1.2.

Pour ceux qui ne connaîtraient pas le design pattern MVC 2 ni Struts, la section suivante en présente rapidement une synthèse. Nous détaillons ensuite chaque partie de l'architecture de JGenea Web.

Le design pattern MVC 2 et Struts

Le design pattern MVC est un modèle d'architecture logicielle qui sépare de manière claire les préoccupations liées à l'IHM (la vue), à la logique de contrôle (le contrôleur) et au métier (le modèle) en les structurant sous forme de composants distincts. En séparant ainsi clairement ces différentes préoccupations, les impacts dus au changement d'un des composants sont minimisés pour les autres composants. Ce modèle est d'autant plus intéressant que, d'une manière générale, l'IHM subit beaucoup plus de changements que le métier. Le fort degré d'isolation apporté par MVC permet par ailleurs de diminuer les coûts de maintenance.

MVC est un design pattern éprouvé, mis au point en 1979 pour le langage Smalltalk, précurseur de bien des design patterns utilisés aujourd'hui en Java. Il bénéficie de nombreuses implémentations sous forme de frameworks réutilisables, dont le plus connu pour Java est Struts, que nous présentons plus loin.

La figure 9.1 illustre le principe de fonctionnement du modèle MVC.

Figure 9.1

Le design pattern MVC

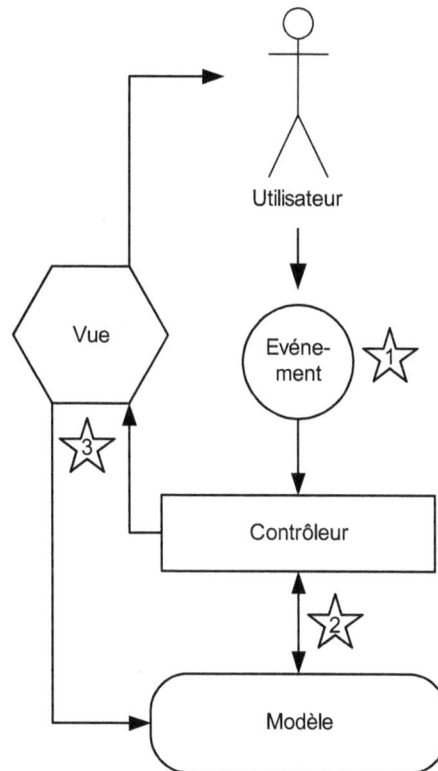

1. Un événement est généré par l'utilisateur en réponse à la manipulation de l'IHM, un clic sur un bouton, par exemple.

2. Cet événement est reçu et analysé par le contrôleur afin de mener les actions nécessaires sur le modèle, comme une mise à jour des données. Le modèle notifie au contrôleur le bon ou mauvais déroulement des actions déclenchées par celui-ci.

3. En fonction de la notification, le contrôleur fait appel à la vue correspondante, modifiant ainsi l'IHM manipulée par l'utilisateur, ce qui démarre un nouveau cycle d'interaction. La vue peut faire appel au modèle en lecture pour afficher des données.

> **Remarque**
>
> MVC est le design pattern préconisé par Sun pour l'architecture d'applications interactives *(voir* Designing Enterprise Applications with J2EE Platform, Second Edition*).*

MVC existe en deux versions, appelées respectivement modèle 1 et modèle 2. Dans le modèle 1, la logique de contrôleur est totalement décentralisée. Il existe à peu près autant de contrôleurs que de vues. Le modèle 2, aussi appelé MVC 2, centralise la logique de contrôle au sein d'un contrôleur unique. C'est le modèle préconisé par Sun et utilisé par Struts.

L'implémentation Struts de MVC 2 est illustrée à la figure 9.2.

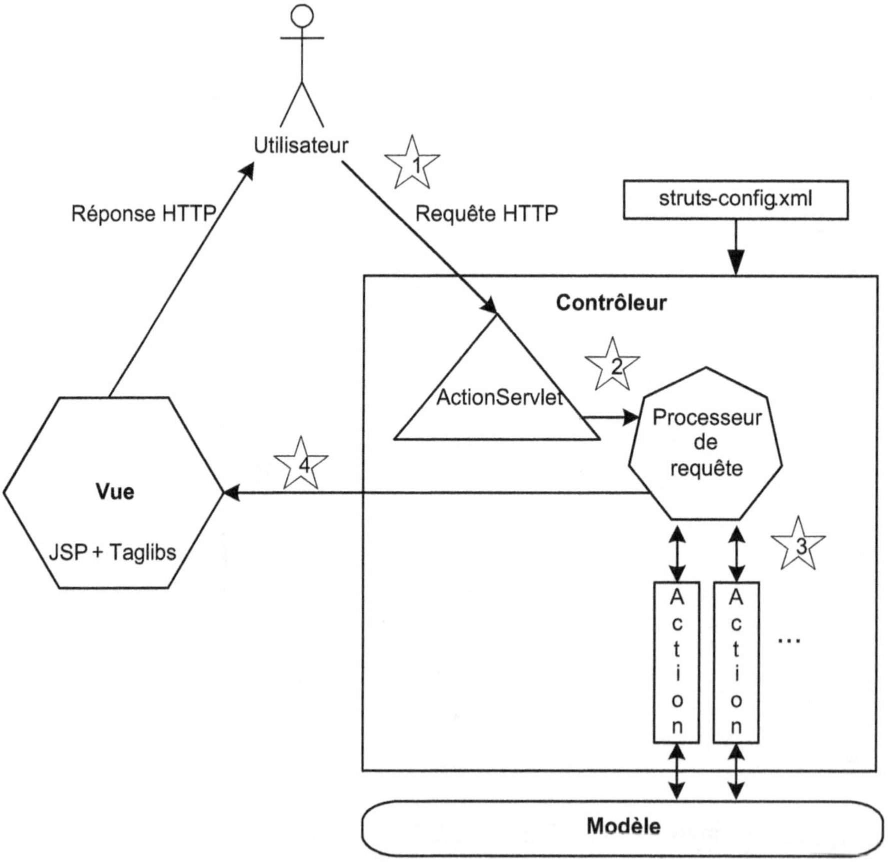

Figure 9.2
Implémentation du design pattern MVC 2 par Struts

Nous reconnaissons immédiatement la structure du design pattern MVC. L'événement sollicitant le contrôleur est dans le cas de Struts une requête HTTP envoyée depuis un navigateur Web (étape 1) puisque ce framework se destine à fournir une architecture MVC aux applications Web. Cette requête est interceptée par une servlet unique de type `org.apache.struts.action.ActionServlet`.

La requête est traitée au sein d'un processeur de requêtes (étape 2) afin de valider les données transmises par la requête et remplir un Bean de type `org.apache.struts.action.ActionForm` avec ces dernières. Pour identifier l'action à déclencher correspondant à la requête, le processeur utilise des informations de mapping fournies dans le fichier **struts-config.xml** (stocké dans le répertoire **WEB-INF** de l'application Web).

Chaque action est définie sous la forme d'une classe de type `org.apache.struts.action.Action` et comporte une méthode `execute` appelée par le processeur (étape 3). Cette méthode prend notamment en paramètre les données récupérées au sein de la requête HTTP sous la forme d'un Bean `ActionForm`. C'est au sein de chaque classe `Action` que le modèle est accédé. Struts ne spécifie pas la nature du modèle ni la façon dont il doit être accédé. Cela permet d'interfacer Struts avec du code Java classique, des EJB, etc.

À la fin de l'exécution d'une `Action`, celle-ci produit un statut au processeur de requête. Ce statut est confronté au mapping défini dans **struts-config.xml** pour identifier la prochaine étape. En règle générale, il s'agit de l'affichage d'une vue.

La vue au sens Struts consiste en une page JSP utilisant éventuellement les taglibs fournies par Struts pour afficher le résultat de l'action.

Pour en savoir plus sur le fonctionnement de Struts, voir notamment l'ouvrage *Jakarta Struts par la pratique,* paru aux éditions Eyrolles.

La partie vue de JGenea Web

Conformément à l'architecture définie par le framework Struts, JGenea Web implémente la partie vue du design pattern MVC 2 sous forme de pages JSP.

Celles-ci, au nombre de 32, utilisent les taglibs de Struts pour récupérer les données à afficher, transmises par l'action ayant déclenché leur affichage, et effectuer des affichages conditionnels.

La figure 9.3 illustre la majeure partie de l'arborescence de JGenea Web.

L'organisation des pages de JGenea Web est typique d'un logiciel de consultation d'informations. La plupart des rubriques sont organisées sous la forme d'un formulaire de recherche, d'une liste de résultats et d'une fiche permettant de consulter le détail d'un résultat.

Remarque

La fiche concernant une personne donne accès à deux pages permettant de visualiser son arbre généalogique, respectivement ses ascendants et descendants.

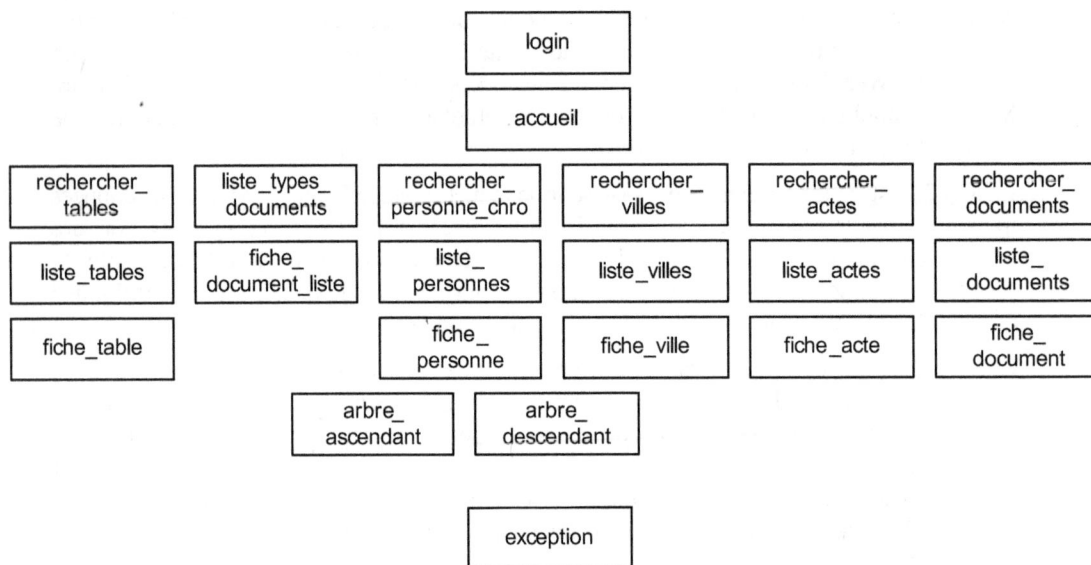

Figure 9.3

Organisation de la partie vue de JGenea Web (extrait)

L'ensemble des pages JSP est centralisé dans le répertoire **jsp** du projet.

La partie contrôleur de JGenea Web

La partie contrôleur de JGenea Web est constituée du fichier **struts-config.xml** pour la configuration du contrôleur Struts et d'un ensemble de classes dérivant de classes Struts centralisées dans un package Java unique, appelé `org.genealogie.web`.

Ces classes, au nombre de 38, sont dérivées d'`Action` pour les interactions avec la partie modèle et d'`ActionForm` pour stocker les informations saisies par les utilisateurs dans les formulaires de recherche proposés par l'application (une classe par formulaire).

Toutes les actions de JGenea Web dérivent de la classe `org.genealogie.web.CheckAction`, à l'exception de `LoginAction` et `LogoutAction`. Cette classe centralise la mécanique de sécurité et de filtrage des informations généalogiques en fonction des droits dont bénéficie l'utilisateur.

JGenea Web est construit autour du triptyque recherche, liste des résultats et fiche détaillée. Le schéma UML illustré à la figure 9.4 illustre les relations entre les actions et les actionForms Struts ainsi que les pages JSP (partie vue) pour la recherche sur les villes.

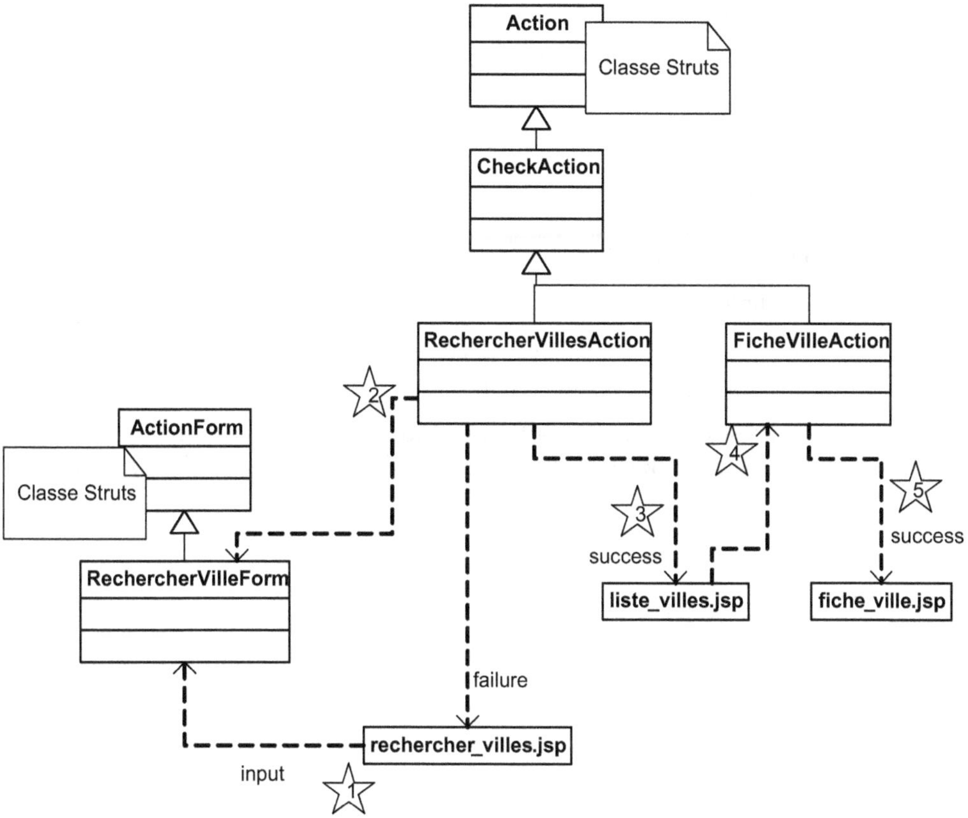

Figure 9.4

Diagramme UML du contrôleur de JGenea Web pour la recherche sur les villes

La recherche sur les villes fonctionne de la manière suivante :

1. La page JSP **rechercher_villes.jsp** affiche le formulaire permettant à l'utilisateur de saisir les critères de recherche. Ces critères sont stockés dans une instance de la classe `RechercherVilleForm`.

2. La classe `RechercherVilleAction` est instanciée par le contrôleur Struts. L'instance effectue tout d'abord un contrôle sur les autorisations de l'utilisateur (comportement hérité de `CheckAction`). Ensuite, les informations stockées dans l'instance de `RechercherVilleForm` sont utilisées pour interroger le modèle.

3. Si au moins une ville est trouvée, une redirection vers **liste_villes.jsp** est effectuée. Sinon, c'est une redirection vers **rechercher_villes.jsp** qui est effectuée.

4. Lorsque l'utilisateur clique sur une des villes affichées par **liste_villes.jsp,** le contrôleur instancie la classe `FicheVilleAction`. Là encore, un contrôle d'autorisation est effectué. Le modèle est interrogé pour récupérer les informations détaillées sur la ville sélectionnée.

5. Ces informations sont passées à la page JSP **fiche_ville.jsp** pour affichage.

Cette modélisation est valable pour la majorité des fonctionnalités de JGenea Web :

* recherche sur les tables ;

* recherche sur les actes ;

* recherche sur les documents ;

* recherche de consanguinité ;

* recherche sur les personnes.

Les autres fonctionnalités sont structurées de manière similaire, mais généralement avec une étape en moins (pas de formulaire ou pas de liste ou pas de fiche détaillée).

L'ensemble des sources de JGenea Web est stocké dans le répertoire **WEB-INF/src** du projet, exception faite des tests unitaires stockés dans un répertoire spécifique appelé **tests.**

La partie modèle de JGenea Web

La partie modèle de JGenea Web est répartie sur plusieurs packages Java :

* `org.genealogie.arbre` : contient les classes permettant de construire un arbre généalogique.

* `org.genealogie.consanguinite` : contient un moteur de calcul permettant de déterminer le degré de consanguinité entre deux personnes.

* `org.genealogie.ejbs.sessions` et `org.genealogie.ejbs.entites` : contiennent un ensemble de classes permettant d'accéder aux informations de la base de données généalogique. Contrairement à ce que pourrait laisser penser le nom de ces packages, les classes qu'ils renferment ne sont pas des EJB (en fait, elles l'étaient à l'origine).

Ces deux derniers packages constituent le cœur du modèle de JGenea Web et sont à ce titre des cibles de choix pour le refactoring.

Le package `org.genealogie.ejbs.entites.personne` contient les deux classes suivantes :

* `PersonneBean`, qui permet d'accéder aux informations concernant une personne donnée.

* `PersonnePK`, qui est une représentation de la clé primaire utilisée par la base de données pour identifier une personne.

Le package `org.genealogie.sessions.genealogie` contient les autres classes suivantes permettant d'accéder au reste du contenu de la base de données :

* `AuthentificationBean` : permet de récupérer les autorisations d'un utilisateur à partir de son login et de son mot de passe.

* `DocumentsBean` : permet de consulter les documents généalogiques enregistrés dans la base de données.

- `FamillesBean` : permet de consulter les informations sur les familles stockées en base de données. Cette classe comprend des méthodes permettant de modifier les données stockées dans la base généalogique, mais qui ne sont pas utilisées par JGenea Web.

- `TablesRegistresBean` : permet de consulter les informations des tables et registres communaux stockées dans la base de données.

- `GenealogieBean` : offre un grand nombre de méthodes pour accéder aux informations concernant les personnes, les actes, les communes, les départements et les pays stockés dans la base de données.

Ces packages utilisent les classes du package `org.genealogie.utils`, qui sont pour l'essentiel des JavaBeans permettant de stocker en mémoire les informations lues dans la base de données.

Le SGBDR sous-jacent à JGenea Web est HSQLDB. Il s'agit d'un SGBDR Open Source entièrement écrit en Java. C'est un moteur extrêmement léger, qu'il est facile d'embarquer dans un logiciel. Il est donc particulièrement adapté à notre étude de cas puisqu'il ne nécessite pas de paramétrage particulier. Il supporte une grande partie de la norme SQL ANSI-92 ainsi que quelques extensions des normes 99 et 2003. Il peut être téléchargé gratuitement sur *http://hsqldb.sourceforge.net/*.

Le schéma de la base de données de JGenea Web est fourni en annexe.

Remarque

Les classes appartenant à la partie modèle sont partagées avec JGenea Ihm. C'est la raison pour laquelle certaines de ces classes contiennent des méthodes permettant de mettre à jour la base de données alors que ce n'est pas la vocation de JGenea Web.

Récupération de JGenea Web

Pour la gestion de configuration de notre refactoring, nous nous reposons sur CVS. Pour réaliser cette étude de cas, un module spécifique a été créé dans le référentiel CVS de JGenea hébergé sur le site communautaire Open Source SourceForge.net.

Ce référentiel est public et peut être consulté par tous de manière anonyme. Vous l'utiliserez pour récupérer les sources de JGenea Web afin de les modifier. Cet accès public est en lecture seule. Vous n'aurez donc pas la possibilité de remonter vos modifications dans le référentiel.

Pour commencer l'étude de cas, il est nécessaire de récupérer la version originale de JGenea Web. Pour cela, vous allez utiliser le client CVS intégré à Eclipse. Pour les lecteurs désirant utiliser un autre environnement de développement, nous conseillons de consulter la documentation fournie par SourceForge.net pour le configurer correctement *(http://sourceforge.net/docman)*.

Avant de récupérer JGenea Web dans Eclipse, vous devez installer Tomcat puis le plug-in Eclipse Tomcat de Sysdeo *(voir en annexe)*.

Pour les lecteurs ne pouvant ou ne désirant pas utiliser le référentiel CVS de JGenea Web, une extraction des différentes versions du logiciel est disponible sur le site Web de l'ouvrage. Vous pouvez aussi consulter le contenu du référentiel à l'aide d'un navigateur Web à l'URL *http://cvs.sourceforge.net/viewcvs.py/jgenea*.

Connexion avec le référentiel CVS

Sous Eclipse, la connexion avec un référentiel CVS est gérée en standard par une perspective dédiée, CVS Repository Exploring. Pour l'ouvrir, il suffit de choisir Window, Open Perspective et Other et de la sélectionner dans la liste.

Pour déclarer un référentiel CVS, il suffit de cliquer sur le bouton 🔲, accessible dans la barre d'outils de la vue gauche d'Eclipse. Un assistant s'affiche alors, demandant les informations nécessaires pour se connecter au référentiel, comme illustré à la figure 9.5.

Figure 9.5

L'assistant de connexion à un référentiel CVS

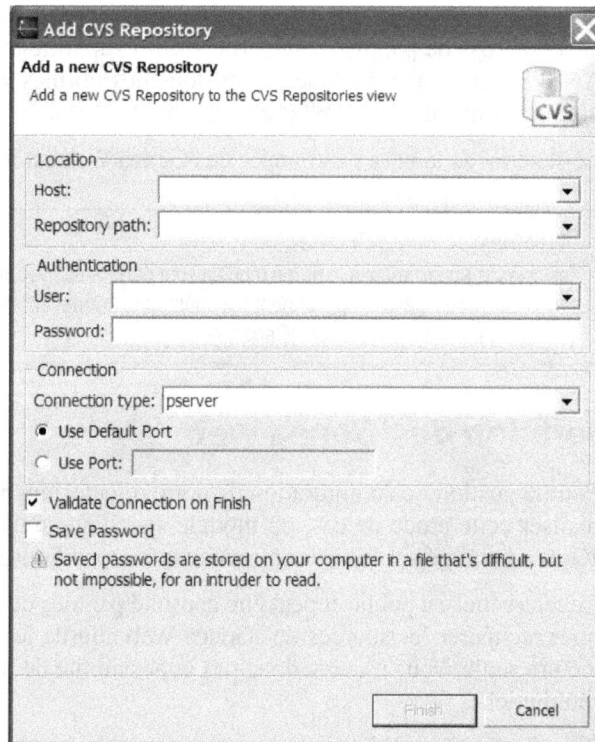

Pour vous connecter au référentiel hébergé sur SourceForge.net, il suffit d'entrer les informations suivantes :

• Host : entrez **cvs.sourceforge.net** si votre pare-feu permet une connexion au port TCP/IP 2401 (le port par défaut du protocole pserver). Sinon, entrez **cvs-pserver.sf.net,** qui utilise le port TCP/IP par défaut des sites Web.

- Repository path : entrez **/cvsroot/jgenea.**

- User : entrez **anonymous.**

- Password : il n'y a pas de mot de passe.

- Connection type : sélectionnez pserver.

- Cochez la case Use Default Port si votre pare-feu autorise le port 2401. Sinon, cochez la case User Port, et entrez **80** dans le champ correspondant.

- Cochez la case Validate Connection on Finish.

- Cochez la case Save Password.

Pour terminer, il vous faut cliquer sur le bouton Finish. Eclipse tente alors de se connecter au référentiel CVS pour valider les informations fournies à l'assistant.

Une fois la connexion établie, vous pouvez explorer le contenu du référentiel. Pour cela, il suffit de développer l'arbre disponible sous forme rétractée dans la vue gauche d'Eclipse, comme illustré à la figure 9.6.

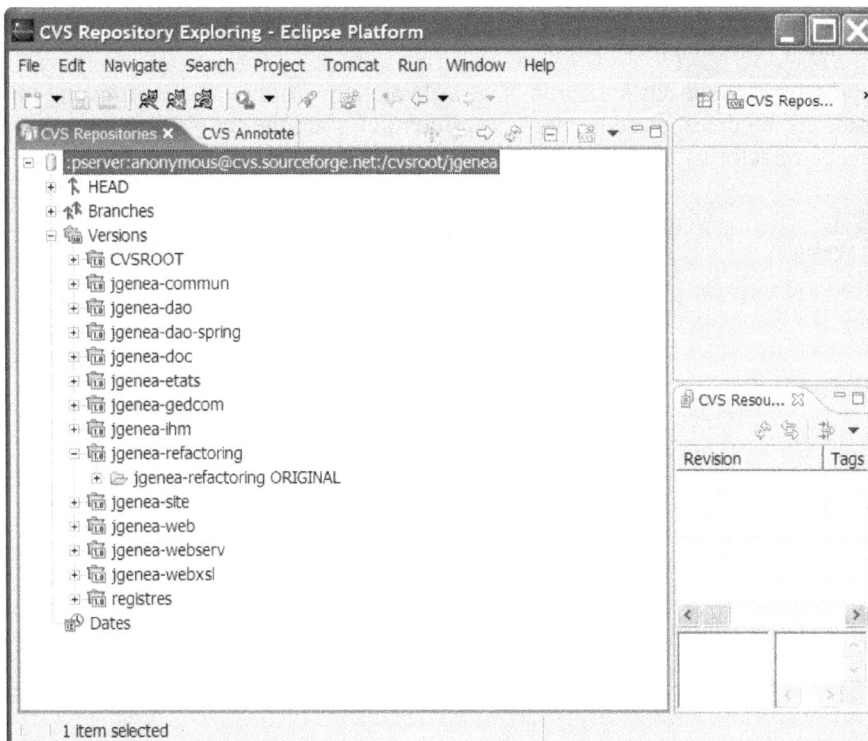

Figure 9.6

Exploration du référentiel CVS de JGenea

L'affichage du détail d'un nœud n'est pas immédiat du fait du téléchargement des informations depuis le référentiel CVS, indiqué par la mention Pending dans la fenêtre.

Comme vous pouvez le voir sur la figure, un module appelé jgenea-refactoring comprend une version, ou cliché, appelée ORIGINAL.

Vous utiliserez ce module jgenea-refactoring pour l'étude cas. La version ORIGINAL contient une version de JGenea Web vierge de tout refactoring.

Récupération du code de JGenea Web

CVS permet de gérer les versions successives d'un projet Eclipse. Le module jgenea-refactoring contient ainsi tous les constituants d'un projet Eclipse. Pour vous familiariser avec le code de JGenea Web et dérouler vous-même le processus de refactoring, nous vous conseillons de récupérer la version ORIGINAL dans votre environnement de développement.

Cette opération est très simple grâce à l'assistant de création de projet, accessible *via* File, New et Project. Dans l'assistant, il suffit de cliquer sur le dossier CVS et de sélectionner Checkout Projects from CVS. Après avoir cliqué sur le bouton Next, l'assistant vous demande de sélectionner le référentiel CVS source. Sélectionnez le référentiel déclaré à la section précédente.

Après avoir cliqué sur le bouton Next, sélectionnez l'option Use an existing module. La liste des modules présents dans le référentiel s'affiche, et vous pouvez sélectionner jgenea-refactoring, comme illustré à la figure 9.7.

Figure 9.7

Sélection du module CVS jgenea-refactoring

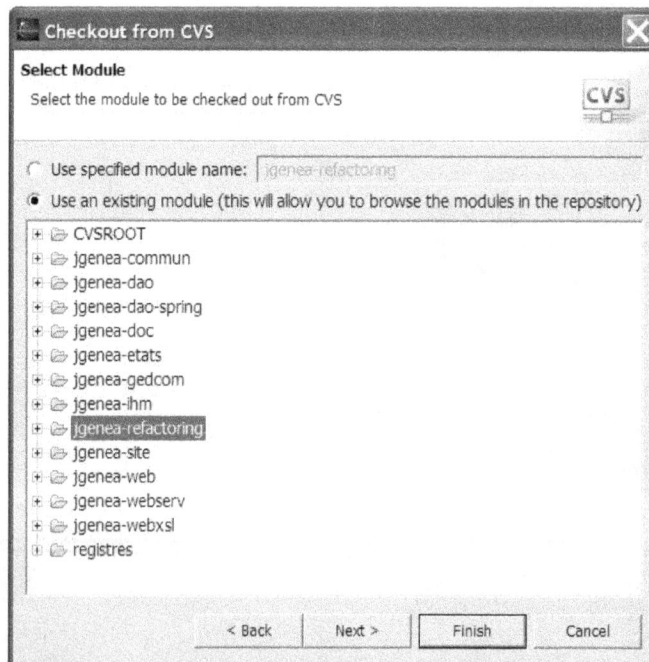

Dans l'étape suivante, accessible après avoir cliqué sur Next, l'assistant vous demande le nom du projet Eclipse destinataire. Nous vous conseillons de créer un nouveau projet et d'utiliser la valeur par défaut, c'est-à-dire le nom du module CVS, **jgenea-refactoring.**

Après avoir cliqué sur Next et spécifié la localisation du projet sur votre poste de travail (à noter sur un papier pour une utilisation ultérieure), cliquez sur Next, et sélectionnez la version du projet à récupérer depuis le référentiel. Dans votre cas, récupérez la version ORIGINAL, comme illustré à la figure 9.8.

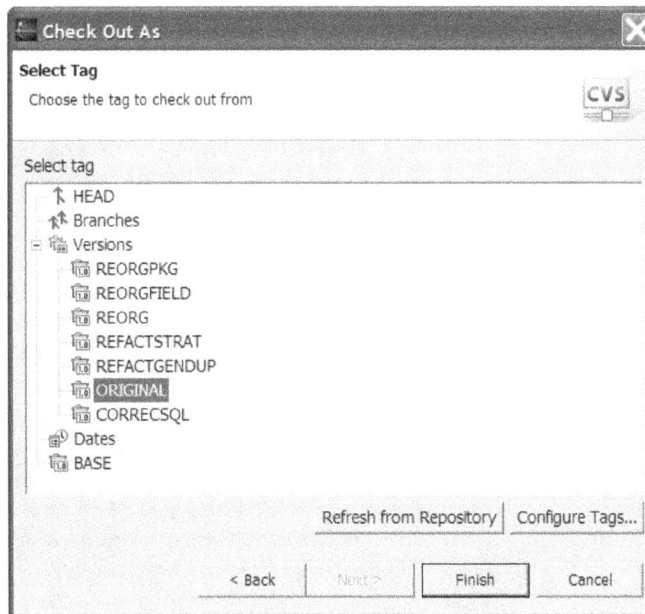

Figure 9.8
Sélection de la version ORIGINAL

Si ORIGINAL n'apparaît pas, cliquez sur le bouton Refresh from Repository.

Remarque

La sélection de HEAD vous permet de récupérer les toutes dernières révisions du contenu du module jgenea-refactoring.

Cliquez sur le bouton Finish. Eclipse crée le projet jgenea-refactoring et le remplit avec les ressources stockées dans le référentiel CVS. Pour le constater, vous pouvez ouvrir la perspective Java et consulter le nouveau projet jgenea-refactoring, qui doit avoir l'aspect illustré à la figure 9.9.

Figure 9.9

Le projet Eclipse JGenea Web

Si vous rencontrez des problèmes de dépassement de délai vous empêchant de récupérer complètement le projet, vous devez augmenter la valeur du champ Communication timeout dans la rubrique Team\CVS, accessible *via* Window et Preferences.

Paramétrage et validation

Vous allez maintenant effectuer les dernières tâches nécessaires pour obtenir une version de JGenea Web pleinement opérationnelle dans votre environnement de développement.

Après avoir installé et configuré Tomcat puis le plug-in Eclipse Tomcat de Sysdeo *(voir en annexe),* il vous faut configurer le projet de manière qu'il soit bien pris en compte par ces derniers.

La première étape consiste à ouvrir les propriétés du projet jgenea-refactoring (accessibles par clic droit sur le projet et en sélectionnant Properties dans le menu contextuel) et à vérifier que la rubrique Tomcat contient les informations illustrées à la figure 9.10.

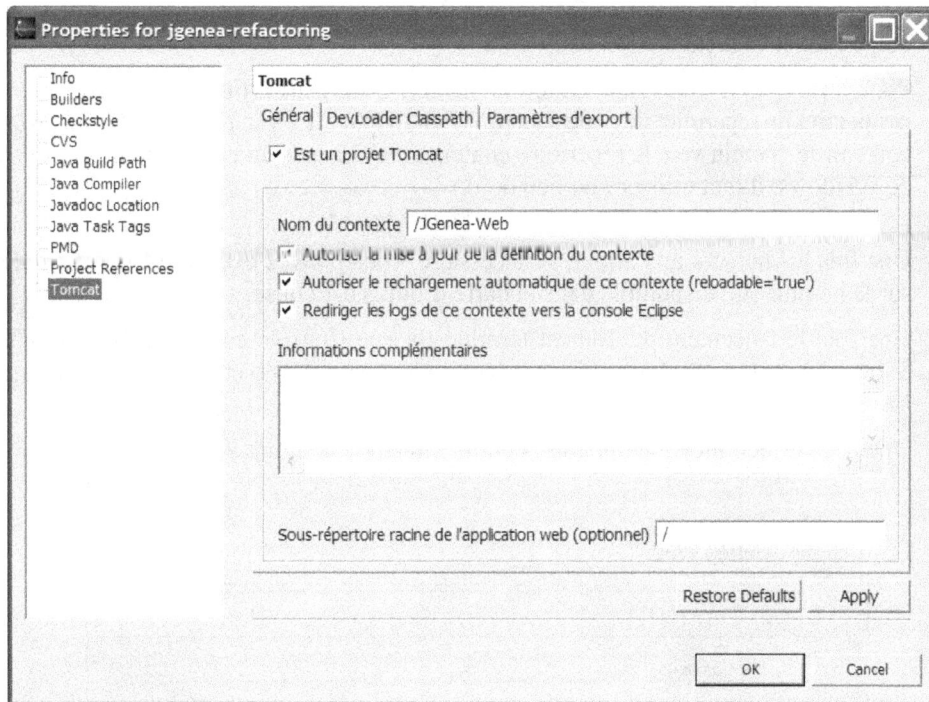

Figure 9.10

Configuration Tomcat du projet

Dans le menu contextuel du projet (accessible par clic droit sur le dossier du projet), sélectionnez Projet Tomcat et Déclarer les librairies Tomcat dans le chemin de compilation du projet. Cette opération doit supprimer les erreurs de compilation que vous pouvez avoir rencontrées lors du téléchargement du projet. Si tel n'est pas le cas, vérifiez que le répertoire d'installation de Tomcat que vous avez spécifié au plug-in est correct *(voir en annexe)*.

Toujours dans le menu contextuel du projet, sélectionnez Projet Tomcat et Mise à jour du contexte.

Il vous faut ensuite modifier le fichier **struts-config.xml** stocké dans le répertoire **WEB-INF.** Dans la section du fichier destinée à la déclaration des sources de données, il est nécessaire de faire pointer la propriété url de la source de données Perso vers les fichiers de données jgenea (en gras ci-dessous) :

```
<data-source key="Perso"
  type="org.apache.commons.dbcp.BasicDataSource">
    <set-property property="driverClassName"
                   value="org.hsqldb.jdbcDriver" />
    <set-property property="url"
                   value="jdbc:hsqldb:C:\Eclipse\workspace\jgenea-
                         refactoring\db\jgenea" />
```

Le répertoire **db** est un sous-répertoire de l'emplacement du projet Eclipse que vous avez défini lors de la récupération dans CVS.

Pour terminer, il vous faut éditer le fichier **Conf.properties** situé dans le package **properties** du répertoire de code source **WEB-INF/src.** La valeur de la variable IMAGES doit contenir le chemin vers le répertoire contenant les images du projet (pour les utilisateurs de Windows, il faut utiliser **/** au lieu de ****) :

```
IMAGES=C:/Eclipse/workspace/jgenea-refactoring/img
```

Une fois les fichiers mis à jour, si nécessaire, vous pouvez exécuter Tomcat en cliquant sur le bouton ⚒, disponible dans la barre d'outils d'Eclipse.

Une fois le lancement de Tomcat terminé (la vue Console est accessible *via* Window, Show View et Console), il suffit de lancer un navigateur Web et de saisir l'URL *http://localhost:8080/JGenea-Web.*

Une page d'identification apparaît, comme illustré à la figure 9.11.

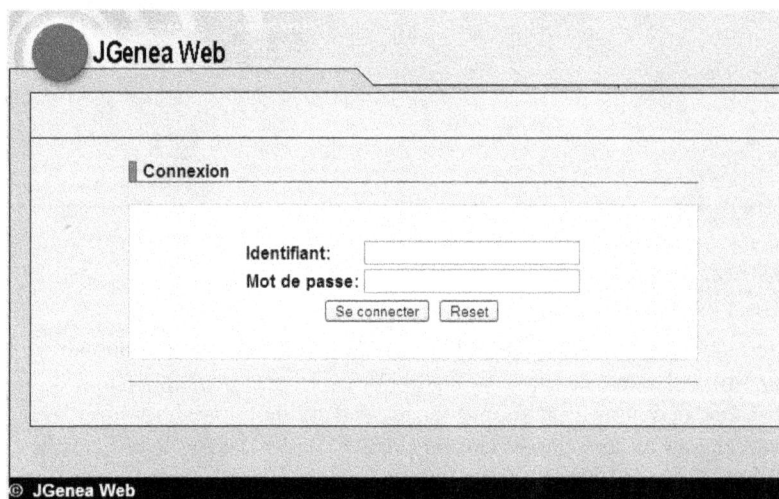

Figure 9.11
Page d'identification de JGenea Web

L'identifiant est admin et le mot de passe admin. Vous pouvez maintenant utiliser les différentes fonctionnalités offertes par JGenea Web.

Fonctionnalités d'Eclipse utiles pour l'étude de cas

Quelques fonctions d'Eclipse vous seront particulièrement utiles pendant le processus de refactoring. Elles sont présentées de manière synthétique dans les sections suivantes.

Fonctionnalités du client CVS

Les fonctionnalités du client CVS dont dispose Eclipse sont accessibles depuis le menu contextuel de la vue Package Explorer, dans les rubriques Team, Compare With et Replace With *(voir figure 9.12)*.

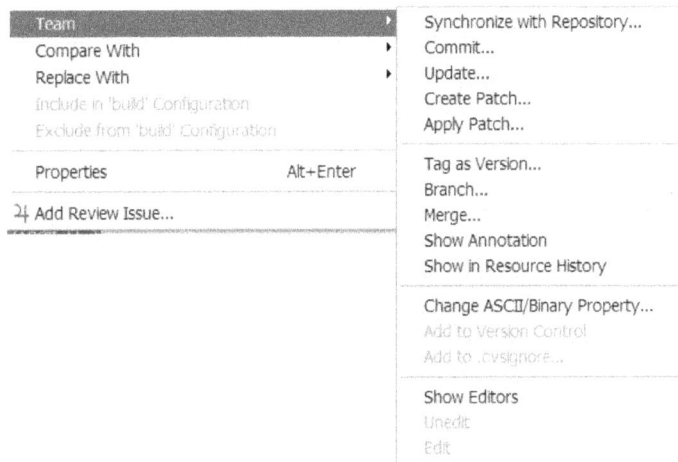

Figure 9.12

La rubrique Team

La rubrique Team, dont le rôle est de mettre à jour le référentiel CVS, n'est pas utilisée dans le cadre de cette étude de cas. La connexion utilisée étant en lecture seule, vous ne pourrez pas soumettre vos travaux dans le référentiel.

Les deux autres rubriques vous seront particulièrement utiles. La première vous permet de comparer le code de JGenea Web stocké dans votre projet Eclipse local avec n'importe quelle version, branche ou révision du code disponible dans le référentiel *(voir figure 9.13)*. Elle vous permettra de comparer notamment les modifications introduites à chaque étape majeure de votre refactoring.

La version nommée HEAD correspond par défaut dans CVS à la version de code la plus récente disponible dans le référentiel.

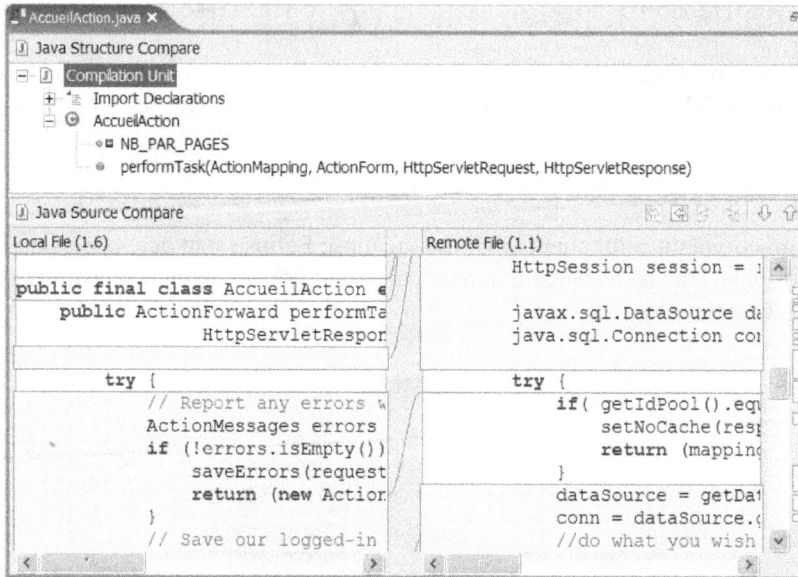

Figure 9.13

Comparaison entre deux versions d'un même fichier

La rubrique Replace With vous permet de remplacer le code stocké dans votre projet Eclipse local par n'importe quelle version, branche ou révision du code disponible dans le référentiel. Pour remplacer un projet complet, il vous suffit d'accéder au menu contextuel en sélectionnant la racine du projet dans la vue Package Explorer.

Cette fonctionnalité vous sera utile pour récupérer les différentes versions de JGenea Web qui correspondent à chaque étape majeure du processus de refactoring.

Fonctionnalités de recherche dans le code

Eclipse dispose de fonctions de recherche puissantes, qui s'avèrent très utiles dans le cadre d'un refactoring. Ces fonctions sont toutes accessibles depuis le menu Search illustré à la figure 9.14.

Figure 9.14

Le menu Search

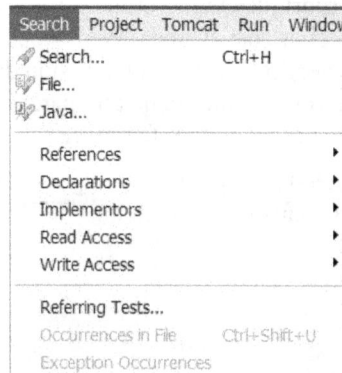

Le sous-menu Java vous permet de rechercher classes, méthodes, constructeurs, attributs ou packages dont le nom est spécifié en critère de recherche *(voir figure 9.15)*. Le moteur de recherche permet de trouver soit la déclaration, soit les références dans le code, soit les deux. La portée de la recherche peut être limitée afin de limiter le nombre de résultats trouvés. La recherche des références est particulièrement utile pour le refactoring, car elle permet de se faire une idée des impacts liés à la modification d'un élément Java.

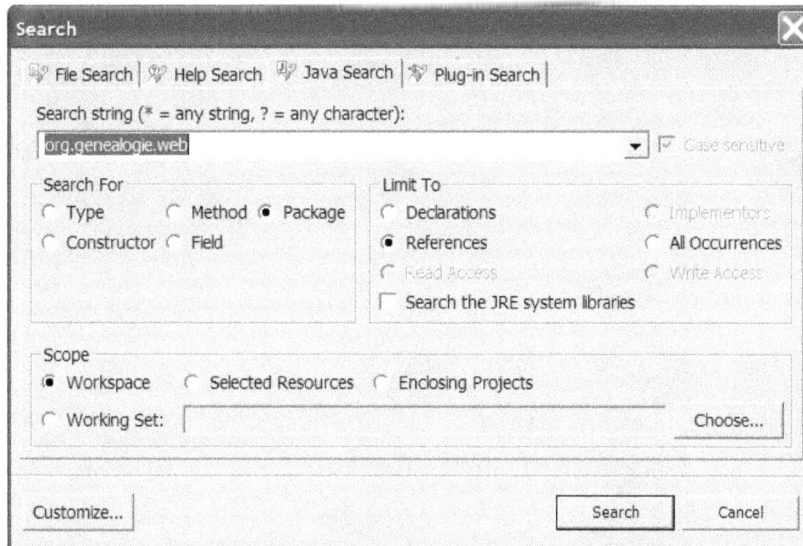

Figure 9.15

Recherche de code Java

Les sous-menus References, Declarations, Implementors, Read Access et Write Access offrent des accès directs aux différents types de recherches disponibles dans le sous-menu Java.

Grâce au sous-menu File, vous pouvez effectuer des recherches dans les autres types de fichiers (XML, JSP, etc.) et utiliser des expressions régulières, qui offrent une grande puissance d'expression du critère de recherche.

Conclusion

Comme vous avez pu le constater dans ce chapitre, l'architecture de l'application JGenea Web est facile à comprendre.

Au chapitre suivant, vous analyserez cette application en profondeur afin de détecter les candidats au refactoring. Pour cela, vous utiliserez l'environnement Eclipse tel que configuré dans ce chapitre, auquel vous ajouterez des plug-in nécessaires à l'analyse.

10

Analyse
de JGenea Web

Au chapitre précédent, vous avez récupéré la version originale de JGenea Web sous la forme d'un projet Eclipse et avez vérifié qu'elle fonctionnait correctement dans votre environnement.

Vous pouvez maintenant analyser ce logiciel à l'aide des outils et méthodes présentés à la partie II de cet ouvrage.

Vous procéderez dans l'ordre suivant :

1. Analyse quantitative fondée sur les statistiques de bogues, les statistiques du référentiel CVS et les métriques logicielles.

2. Analyse qualitative fondée sur les outils d'audit de code et une revue d'architecture.

Après avoir identifié les points faibles de JGenea Web, vous sélectionnerez les zones que vous refondrez au chapitre suivant.

Pour réaliser les exercices de ce chapitre, il est nécessaire d'avoir installé au préalable les logiciels suivants *(pour les procédures d'installation, voir en annexe)* :

- StatCVS
- PMD
- Metrics

Analyse quantitative

L'analyse quantitative permet d'obtenir des indicateurs sur la qualité des différents composants de JGenea Web et de guider ainsi l'analyse qualitative qui la suit.

Informations sur la documentation du code

Java impose une norme de documentation du code, appelée javadoc. Par défaut, le compilateur ne produit pas d'alerte lorsque la documentation est absente. Il est possible de modifier son paramétrage pour produire des avertissements signalant le code incriminé.

Dans Eclipse, le paramétrage du compilateur Java peut être modifié en choisissant Window et Preferences et en sélectionnant la sous-rubrique Compiler de la rubrique Java. L'onglet javadoc permet de sélectionner les différents contrôles à opérer.

Si vous cochez les options Missing Javadoc Tags et Missing Javadoc Comments avec un niveau private, vous obtenez plus de mille avertissements après une recompilation du projet.

La documentation de ce projet est donc insuffisante et peut s'avérer problématique lors du refactoring du code.

Statistiques sur les bogues

La solution Open Source JGenea étant hébergée sur le portail de développement Source-Forge.net, elle bénéficie de son gestionnaire d'anomalie. Celui-ci est plus simple que BugZilla, que nous avons présenté au chapitre 6, tout en fournissant l'essentiel des fonctionnalités nécessaires.

Le gestionnaire d'anomalie de JGenea est accessible publiquement à l'URL *http://source-forge.net/projects/jgenea/*. Dans la section Public Areas, cliquez sur le lien Bugs pour accéder à l'interface de consultation des anomalies illustrée à la figure 10.1.

L'interface de consultation vous permet de définir des critères de sélection pour n'afficher que les anomalies qui vous intéressent. Comme vous vous intéressez au passé de JGenea, vous devez modifier le statut des bogues. Par défaut, ce statut est Open, c'est-à-dire que seules les anomalies non corrigées sont affichées. Vous devez le changer en Closed afin de visualiser les anomalies corrigées dont la correction est susceptible de dégrader la qualité du code.

Si vous déroulez la rubrique Category, vous vous apercevez qu'il existe deux catégories susceptibles de correspondre aux bogues déclarés pour JGenea Web : Web et Web Serv. Malheureusement, aucune ne contient d'anomalies.

JGenea Web partageant une partie de son code source avec JGenea Ihm, il est nécessaire de passer en revue l'ensemble des anomalies, au nombre de 72 au moment de l'écriture de cet ouvrage.

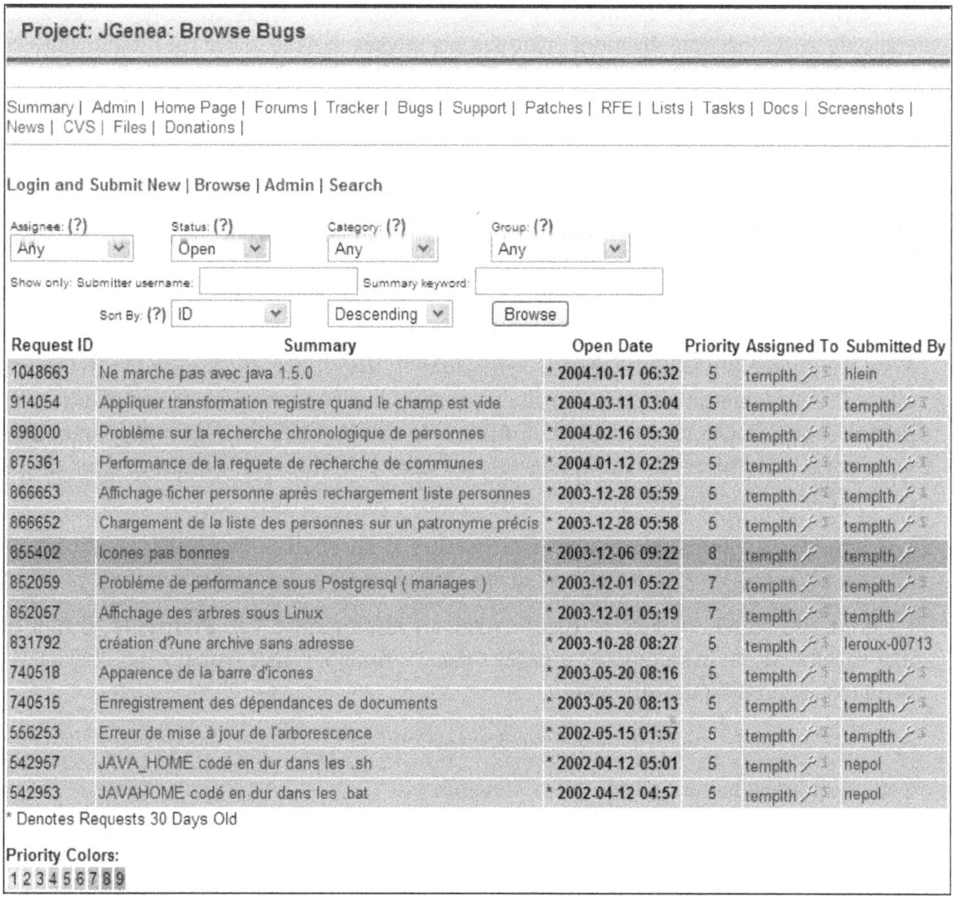

Figure 10.1

Consultation des anomalies dans le gestionnaire

Vous constatez que peu d'anomalies concernent la partie métier de JGenea Ihm :

- anomalie n° 830964 : recherche de personne ;
- anomalie n° 830962 : recherche de commune ;
- anomalie n° 867302 : erreur SQL `getListeFreresSoeurs` ;
- anomalie n° 862815 : une seule personne dans un arbre descendant ;
- anomalie n° 852145 : problème sur les conjoints dans l'arbre ;
- anomalie n° 842004 : recherche de personne (chronologique).

Remarque

Dans les fiches d'anomalie, aucune indication n'est donnée sur la nature de la correction. Or ces indications sont très précieuses pour évaluer l'impact du correctif sur le logiciel.

Vu le faible nombre d'anomalies, vous ne pouvez malheureusement pas détecter à cette étape de zones particulièrement critiques à analyser dans le cadre du refactoring.

Statistiques du référentiel CVS

Les statistiques du référentiel CVS vont vous donner des indicateurs sur le nombre et le poids des changements au sein du code de JGenea Web. Ces informations vous permettront d'identifier d'éventuels points sensibles à analyser plus précisément.

Calcul des statistiques

Pour récupérer les statistiques du référentiel CVS, il est nécessaire de disposer d'un client CVS permettant d'exécuter la commande **log** et d'enregistrer son résultat dans un fichier texte. Il est recommandé d'utiliser le client CVS en ligne de commande. Ce dernier est généralement fourni en standard sous UNIX. Sous Windows, il est nécessaire de le télécharger sur le Web *(voir en annexe)*.

Les actions suivantes nécessitent l'utilisation d'un shell sous UNIX ou de l'invite de commandes sous Windows, accessible *via* Démarrer, Tous les programmes et Accessoires.

La première étape consiste à se connecter au référentiel CVS. Pour cela, il faut définir une variable d'environnement, appelée CVSROOT. Sous UNIX (avec un shell bash), il suffit de lancer la commande suivante :

```
export CVSROOT= :pserver:anonymous@cvs.sourceforge.net:/cvsroot/jgenea
```

Sous Windows, la commande est la suivante :

```
set CVSROOT=:pserver:anonymous@cvs.sourceforge.net:/cvsroot/jgenea
```

> **Important**
>
> Si vous êtes derrière un pare-feu empêchant l'utilisation du port 2401, vous devez remplacer dans les commandes ci-dessus **cvs.sourceforge.net** par **cvs-pserver.sf.net:80.**

Vous vous connectez ensuite au référentiel CVS par le biais de la commande suivante :

```
cvs login
```

L'exécution de la commande **cvs login** demande un mot de passe. Celui-ci n'existant pas, il suffit de presser la touche Entrée. Si un message d'erreur apparaît, ignorez-le.

La seconde étape consiste à faire un check-out du module CVS jgenea-web, et non jgenea-refactoring, ce dernier ne contenant pas l'historique de son module originel jgenea-web.

Pour cela, il est nécessaire de vous positionner dans le répertoire de votre choix, un répertoire temporaire, par exemple, et d'exécuter la commande suivante :

```
cvs checkout jgenea-web
```

Une fois la récupération du module terminée, vous devez générer un fichier de log à partir duquel seront calculées les statistiques :

```
cvs log > jgenea-web.log
```

Pour finir, vous créez un sous-répertoire **stats** dans lequel StatCVS produira les statistiques sur le module jgenea-web :

```
mkdir stats
cd stats
```

Sous UNIX, lancez la commande suivante, en remplaçant <repinstall> par le chemin vers le répertoire dans lequel est installé **statcvs.jar :**

```
java -jar <repinstall>/statcvs.jar ../jgenea-web.log ..
```

Sous Windows :

```
java -jar <repinstall>\statcvs.jar ..\jgenea-web.log ..
```

Analyse des statistiques

Une fois la production des statistiques terminée, vous pouvez ouvrir le fichier **index.html,** qui vous permet d'accéder à l'ensemble du rapport réalisé par StatCVS.

Si vous cliquez sur le lien Directory Sizes, vous pouvez visualiser le tableau illustré à la figure 10.2.

Directory	Changes	Lines of Code	Lines per Change
jgenea-web/src/classes/org/jgenea/web/	143 (39.5%)	15298 (26.1%)	106.9
jgenea-web/src/ressources/taglib/	7 (1.9%)	14096 (24.1%)	2013.7
jgenea-web/src/jsp/	73 (20.2%)	13622 (23.3%)	186.6
jgenea-web/src/classes/org/jgenea/ejbs/sessions/genealogie/	19 (5.2%)	8452 (14.4%)	444.8
jgenea-web/src/classes/org/jgenea/utils/	33 (9.1%)	3291 (5.6%)	99.7
jgenea-web/src/classes/org/jgenea/ejbs/entites/personne/	3 (0.8%)	955 (1.6%)	318.3
jgenea-web/src/ressources/xml/	9 (2.5%)	736 (1.3%)	81.7
jgenea-web/src/classes/org/jgenea/ejbs/entites/mariage/	3 (0.8%)	471 (0.8%)	157.0
jgenea-web/src/classes/org/jgenea/consanguinite/	9 (2.5%)	467 (0.8%)	51.8
jgenea-web/src/classes/org/jgenea/arbre/	10 (2.8%)	424 (0.7%)	42.4
jgenea-web/src/ressources/properties/	10 (2.8%)	392 (0.7%)	39.2
jgenea-web/src/classes/org/jgenea/log/	1 (0.3%)	191 (0.3%)	191.0
jgenea-web/build/	1 (0.3%)	162 (0.3%)	162.0
jgenea-web/src/ressources/images/	25 (6.9%)	10 (0.0%)	0.4
jgenea-web/src/lib/	16 (4.4%)	0 (0.0%)	0.0
Totals	362 (100.0%)	58567 (100.0%)	161.7

Figure 10.2

Statistiques sur les répertoires de JGenea Web

Les répertoires **jgenea-web/src/ressources/*, jgenea-web/src/lib** et **jgenea-web/build** sont volontairement ignorés, car ils ne contiennent pas de code.

Vous pouvez constater que l'essentiel des changements s'est effectué dans les répertoires contenant les éléments Struts **(jgenea-web/src/classes/org/jgenea/web),** les pages JSP **(jgenea-web/src/jsp)** et les classes utilitaires **(jgenea-web/src/classes/org/jgenea/utils).** Le nombre de lignes par changement est faible comparé au nombre total de lignes.

Par contre, vous pouvez constater que le répertoire **jgenea-web/src/classes/org/jgenea/ ejbs/sessions/genealogie** contenant 5 fichiers a subi 19 modifications importantes, en moyenne 5 % de sa taille totale par changement.

Le répertoire **jgenea-web/src/classes/org/jgenea/ejbs/entites/personne** a subi d'encore plus gros changements, avec un tiers de son code source en moyenne par changement.

Le répertoire **jgenea-web/src/classes/org/jgenea/consanguinite,** qui ne contient qu'un seul fichier, a subi proportionnellement beaucoup de changements avec plus de 10 % de son code source impacté.

Revenez à **index.html,** puis cliquez sur le lien File Sizes and File Counts et consultez la rubrique Files with Most Revisions. Le tableau illustré à la figure 10.3 s'affiche.

Files with Most Revisions

File	Changes
jgenea-web/src/classes/org/jgenea/consanguinite/ConsanguiniteCalculator.java	9
jgenea-web/src/classes/org/jgenea/ejbs/sessions/genealogie/GenealogieBean.java	7
jgenea-web/src/ressources/xml/struts-config.xml	7
jgenea-web/src/classes/org/jgenea/web/FicheActeAction.java	7
jgenea-web/src/classes/org/jgenea/web/AccueilAction.java	7
jgenea-web/src/classes/org/jgenea/web/FichePersonneAction.java	6
jgenea-web/src/classes/org/jgenea/web/FicheTableAction.java	6
jgenea-web/src/classes/org/jgenea/web/RechercherActesAction.java	6
jgenea-web/src/classes/org/jgenea/web/FicheDocumentAction.java	6
jgenea-web/src/classes/org/jgenea/web/ListeDocumentsTypeAction.java	6
jgenea-web/src/classes/org/jgenea/web/ListeTypeDocumentAction.java	6
jgenea-web/src/classes/org/jgenea/web/FicheVilleAction.java	6
jgenea-web/src/classes/org/jgenea/web/RechercherPersonnesChronologiqueAction.java	5
jgenea-web/src/jsp/fiche_table.jsp	5
jgenea-web/src/classes/org/jgenea/web/FicheDocumentListeAction.java	5
jgenea-web/src/jsp/fiche_personne.jsp	5
jgenea-web/src/classes/org/jgenea/web/ArbreAscendantPersonneAction.java	5
jgenea-web/src/classes/org/jgenea/web/RechercherTablesAction.java	5
jgenea-web/src/classes/org/jgenea/web/RechercherDocumentsAction.java	5
jgenea-web/src/classes/org/jgenea/web/RechercherVillesActesAction.java	5

Figure 10.3

Fichiers les plus modifiés

Si vous recoupez ces résultats avec l'analyse précédente, vous pouvez constater que JGenea Web comprend notamment deux classes critiques en terme de changements :

- ConsanguiniteCalculator, du package org.genealogie.consanguinite ;

- GenealogieBean, du package org.genealogie.ejbs.sessions.genealogie.

Métriques logicielles

Pour terminer votre analyse quantitative de JGenea Web, vous allez calculer diverses métriques logicielles grâce au plug-in Eclipse Metrics.

Calcul des métriques logicielles

Pour démarrer le calcul des métriques logicielles pour le projet Eclipse jgenea-refactoring, il est nécessaire de modifier les propriétés de ce dernier *via* le menu contextuel Properties. Cliquez sur la rubrique Metrics dans la partie gauche de la fenêtre, puis cochez la case Enable Metrics et cliquez sur le bouton OK, comme illustré à la figure 10.4.

Figure 10.4

Activation du calcul des métriques logicielles

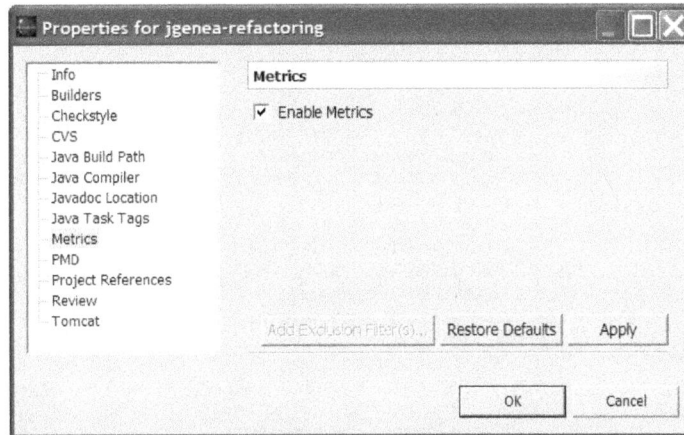

Pour visualiser les métriques, il est nécessaire d'ouvrir la vue correspondante *via* Window, Show View et Other et de sélectionner la vue Metrics View dans le répertoire Metrics *(voir figure 10.5)*.

Figure 10.5

Affichage de la vue Metrics

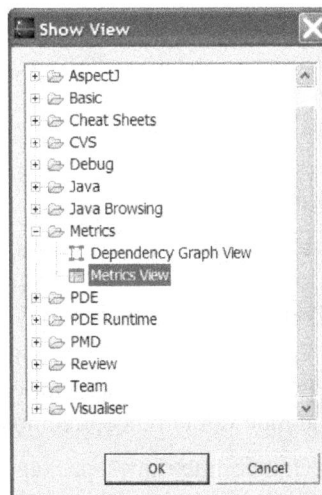

Le calcul des métriques n'est lancé qu'au moment de la compilation du projet. Il est donc nécessaire d'en lancer une pour les obtenir. Si la compilation automatique est activée, il suffit d'opérer une réinitialisation *via* Project et Clean et de sélectionner jgenea-refactoring. Sinon, il suffit de faire une compilation complète *via* Project et Build Project.

Le résultat obtenu pour le projet jgenea-refactoring est illustré à la figure 10.6 (pour le voir cliquez sur le projet jgenea-refactoring dans la vue Package Explorer).

Metric	Total	Mean	Std. Dev.	Maximum
⊞ Lines of Code (avg/max per method)	11499	16,38	38,148	443
⊞ Number of Static Methods (avg/max ...	10	0,128	0,822	7
⊞ Afferent Coupling (avg/max per packa...		11,75	14,016	33
⊞ Normalized Distance (avg/max per pa...		0,503	0,363	0,971
⊞ Number of Classes (avg/max per pack...	78	9,75	12,306	38
⊞ Specialization Index (avg/max per type)		0,086	0,206	1
⊞ Instability (avg/max per packageFrag...		0,5	0,368	1
⊞ Number of Attributes (avg/max per ty...	282	3,615	5,996	44
⊞ Number of Packages	8			
⊞ Weighted methods per Class (avg/ma...	3324	42,615	104,182	895
⊞ Number of Overridden Methods (avg/...	28	0,359	0,768	3
⊞ Number of Static Attributes (avg/max ...	27	0,346	1,319	9
⊞ Nested Block Depth (avg/max per me...		1,707	1,249	12
⊞ Number of Methods (avg/max per type)	692	8,872	12,99	80
⊞ Lines of Code (avg/max per type)	11499	147,423	408,788	3470
⊞ Lack of Cohesion of Methods (avg/ma...		□	□	0,967
⊞ McCabe Cyclomatic Complexity (avg/...		4,735	10,496	134
⊞ Number of Parameters (avg/max per ...		1,066	1,641	22
⊞ Abstractness (avg/max per packageFr...		0,003	0,009	0,026
⊞ Number of Interfaces (avg/max per p...	0	0	0	
⊞ Efferent Coupling (avg/max per packa...		7,125	12,129	39
⊞ Number of Children (avg/max per type)	24	0,308	2,7	24
⊞ Depth of Inheritance Tree (avg/max p...		1,872	0,939	4

Figure 10.6

Métriques de JGenea Web

Le bouton ⊓ permet de visualiser les dépendances cycliques au sein du projet. Il n'y en a pas dans JGenea Web.

Les lignes en rouge (gris sur la figure) indiquent la présence de valeurs excessives par rapport à la norme. Les bornes pour chaque métrique sont définissables en sélectionnant Metrics Preferences et Safe ranges dans les préférences d'Eclipse (Window\Preferences).

La signification des colonnes est la suivante : Total additionne les métriques pour l'ensemble du projet, Mean indique la moyenne, Std. Dev. fournit l'écart type et Maximum donne la plus grande valeur rencontrée pour la métrique.

Pour avoir le détail des métriques, package par package, classe par classe et méthode par méthode, il suffit de cliquer sur le symbole ⊞.

Analyse des métriques logicielles

Vous pouvez constater grâce au plug-in Metrics que les métriques suivantes sont problématiques pour JGenea Web :

- nombre de lignes de code, que ce soit par méthode, comme à la rubrique Lines of Code (avg/max per method), ou par classe, comme à la rubrique Lines of Code (avg/max per type) ;

- profondeur d'imbrication des blocs de code, comme à la rubrique Nested Block Depth (avg/max per method) ;

- complexité cyclomatique, comme à la rubrique McCabe Cyclomatic Complexity (avg/max per method) ;

- nombre de paramètres par méthode, comme à la rubrique Number of Parameters (avg/max per method).

Nombre de lignes de code

Concernant le nombre de lignes par classe, seule la classe `GenealogieBean` du package `org.genealogie.ejbs.sessions.genealogie` pose problème. Cette classe compte 3 470 lignes sur les 5 303 du package, qui contient quatre autres classes.

Concernant le nombre de lignes par méthode, tous les packages de JGenea Web hormis `org.genealogie.log` contiennent des méthodes trop longues. Le package le plus critique est `org.genealogie.ejbs.sessions.genealogie`, fortement pénalisé par `GenealogieBean` (447 lignes pour la plus grosse méthode) mais aussi par ses autres classes, hormis `FamillesBean`, qui contiennent des méthodes trop longues (entre 87 et 160 lignes).

Le package `org.genealogie.web` comprend lui aussi de nombreuses classes (plus de la moitié) contenant une unique méthode trop importante (entre 55 et 240 lignes) puisque la taille de cette dernière est proche du nombre total de lignes pour la classe en question. Il s'agit généralement de la méthode `performTask`.

Les autres packages ne contiennent chacun qu'une seule classe problématique :

- `PersonneBean` du package `org.genealogie.ejbs.entites.personne` (202 lignes pour la méthode la plus grosse sur un total de 614). Cette méthode trop longue est `ejbStore`. Comme elle n'est pas utilisée par JGenea Web, vous l'écarterez de l'étude.

- `ChargementArbre` du package `org.genealogie.arbre` (54 lignes sur un total de 82).

- `ConsanguiniteCalculator` du package `org.genealogie.consanguinite` (51 lignes sur un total de 146).

Profondeur d'imbrication des blocs de code

Un nombre limité de classes rencontre un problème de profondeur d'imbrication des blocs de code au niveau de leurs méthodes.

La classe `GenealogieBean` du package `org.genealogie.ejbs.sessions.genealogie` comporte deux méthodes, s'appelant toutes deux `getResultatsRecherche`, ayant sept niveaux d'imbrication.

La classe `ChargementArbre` du package `org.genealogie.arbre` comporte une méthode appelée `chargerGraphics` ayant six niveaux d'imbrication.

Enfin, le package `org.genealogie.web` comporte neuf classes ayant des méthodes avec entre six et douze niveaux d'imbrication. La plus problématique est la classe `Arbre-DescendantPersonneAction`, qui comporte les méthodes `performTask`, avec douze niveaux d'imbrication, et `filtrerArbre`, avec sept niveaux. Les autres classes incriminées comportent toute une méthode `performTask` (héritée de la classe `CheckAction`) avec six niveaux d'imbrication.

Complexité cyclomatique

Un grand nombre de classes de JGenea Web ont une complexité cyclomatique trop importante et se trouvent dans la plupart des packages du logiciel.

La quasi-totalité des classes du package `org.genealogie.ejbs.sessions.genealogie` est concernée. Les extrêmes sont atteints dans la classe `GenealogieBean`, avec une complexité cyclomatique moyenne par méthode de 13,358, dont une atteignant 134 (`getResultatsRecherche`, à l'instar de la profondeur d'imbrication des blocs de code). Les autres classes contiennent des méthodes complexes mais dans une moindre mesure. Notez que `TablesRegistresBean` possède une méthode d'une complexité cyclomatique de 48 et que `DocumentsBean` en possède une de 24.

Le package `org.genealogie.web` concentre la majorité des classes complexes (27 concernées), avec des complexités cyclomatiques moyennes allant de 1 à 38,5. Les trois classes les plus touchées sont les suivantes :

- `RechercherIdsPersonnesConsanguiniteAction` (complexité moyenne de 38,5 avec un maximum de 72) ;

- `RechercherPersonnesChronologiqueAction` (complexité moyenne de 36,5 avec un maximum de 68) ;

- `ArbreDescendantPersonneAction` (complexité moyenne de 17,667 avec un maximum de 52).

Ces hauts niveaux de complexité sont systématiquement rencontrés au sein de la même méthode `performTask` héritée de la classe `CheckAction`. Pour `ArbreDescendantPersonneAction`, cela confirme le résultat obtenu avec la profondeur d'imbrication des blocs de code.

Le package `org.genealogie.ejbs.entites.personne` comporte une classe `PersonneBean` ayant une méthode `ejbStore` très complexe. Cette méthode n'étant pas utilisée par JGenea Web, vous l'écarterez de l'étude.

La classe `ChargementArbre` du package `org.genealogie.arbre` comporte une méthode complexe, `chargerGraphics`, ce qui confirme l'indication fournie par la profondeur d'imbrication des blocs de code.

Enfin, l'unique classe `ConsanguiniteCalculator` du package `org.genealogie.consanguinite` possède dans l'absolu une complexité importante pour l'une de ses méthodes (15), mais qui est relativement normale comparée au reste du logiciel.

Nombre de paramètres par méthode

Plusieurs classes possèdent des méthodes ayant un trop grand nombre de paramètres. La plupart d'entre elles sont concentrées dans le package `org.genealogie.utils`. Si vous regardez dans le détail, vous constatez qu'il s'agit de constructeurs pour des JavaBeans comportant un grand nombre de propriétés (jusqu'à 22 attributs, se traduisant par autant de paramètres du constructeur).

Les autres classes de JGenea Web incriminées comportent entre 6 et 7 paramètres, ce qui est important sans être alarmant.

En résumé

Suite à l'analyse de ces résultats, vous pouvez conclure qu'une attention particulière doit être portée aux packages `org.genealogie.ejbs.session`, `org.genealogie.arbre`, `org.genealogie.consanguinite` et `org.genealogie.web`, dont les classes suivantes devront être analysées en profondeur *(voir section suivante)* :

- `GenealogieBean`
- `TablesRegistresBean`
- `DocumentsBean`
- `ChargementArbre`
- `ConsanguiniteCalculator`
- `RechercherIdsPersonnesConsanguiniteAction`
- `RechercherPersonnesChronologiqueAction`
- `ArbreDescendantPersonneAction`

Analyse qualitative

Pour effectuer l'analyse quantitative, vous vous reposerez sur une revue de code avec PMD ainsi que sur une revue de conception.

Revue de code

Avant d'utiliser PMD pour auditer le code source de JGenea Web, vous devez vous intéresser aux avertissements émis lors de la compilation du projet.

Analyse des avertissements de compilation

Ces avertissements sont visualisables dans la vue Problems illustrée à la figure 10.7, accessible *via* Window, Show view et Problems.

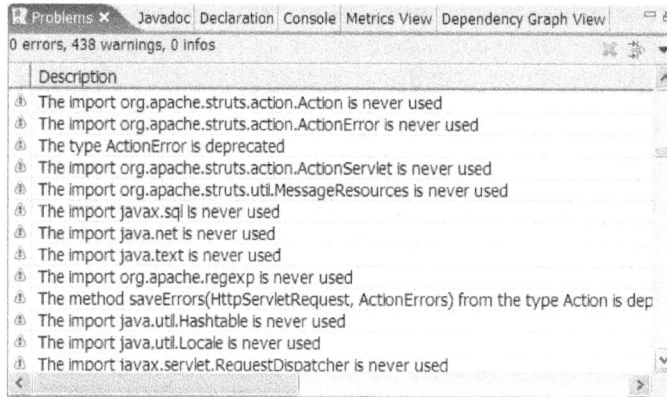

Figure 10.7

Avertissements émis lors de la compilation

Pour afficher tous les problèmes en une seule fois, il est nécessaire de modifier les para-mètres de filtrage, accessibles en cliquant sur le bouton 🔁 .

En consultant la liste des avertissements, vous constatez qu'ils sont de deux natures :

- Importation de packages non utilisés dans le code, impliquant des dépendances indues. Le simple fait de déclarer un import génère automatiquement une dépendance pouvant entraîner ultérieurement des erreurs si le package ou la classe importée disparaît.

- Utilisation de méthodes ou de classes obsolètes, essentiellement des éléments du framework Struts. Pour assurer une pérennité du code, il est nécessaire de ne plus utiliser ces éléments.

Revue de code avec PMD

Pour utiliser PMD sur votre projet, il est nécessaire de l'activer. Ouvrez pour cela la rubrique PMD des propriétés du projet jgenea-refactoring (accessibles *via* le menu contextuel Properties), puis cochez la case Activer PMD ainsi que les règles ayant un niveau erreur haute ou erreur (ne les sélectionnez pas toutes pour des raisons de perfor-mance) et cliquez sur le bouton OK, comme illustré à la figure 10.8.

Une fenêtre vous demande si vous désirez reconstruire le projet. Cette reconstruction étant nécessaire pour auditer le code, cliquez sur Yes. Armez-vous de patience, car ce processus demande généralement plusieurs minutes du fait de la nécessité d'auditer chaque fichier source.

Ouvrez la vue Alertes PMD (accessible depuis Window, Show View, Other et PMD). Cette vue se présente de la manière illustrée à la figure 10.9.

Les boutons numérotés de 1 à 5 permettent de sélectionner les niveaux de priorité des anomalies détectées par PMD à afficher dans la vue (1 correspond à une erreur haute, et ainsi de suite).

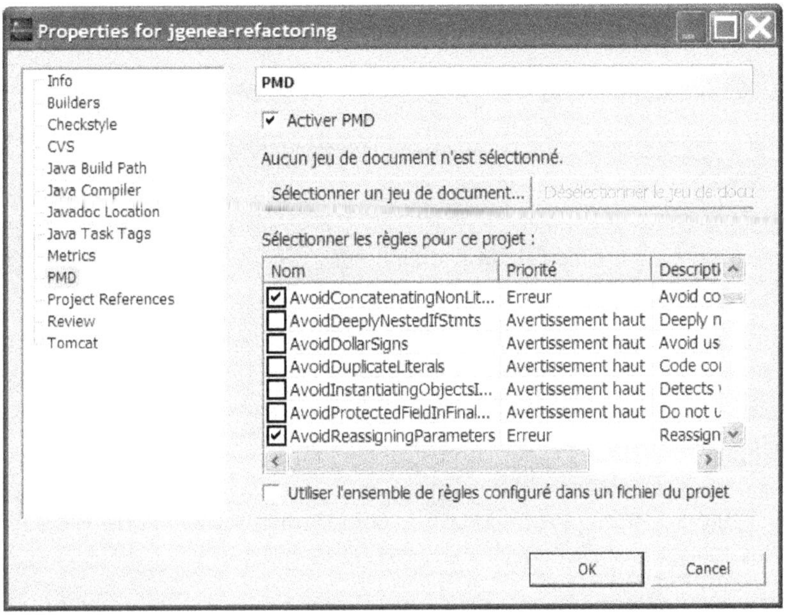

Figure 10.8

Activation de PMD pour le projet jgenea-refactoring

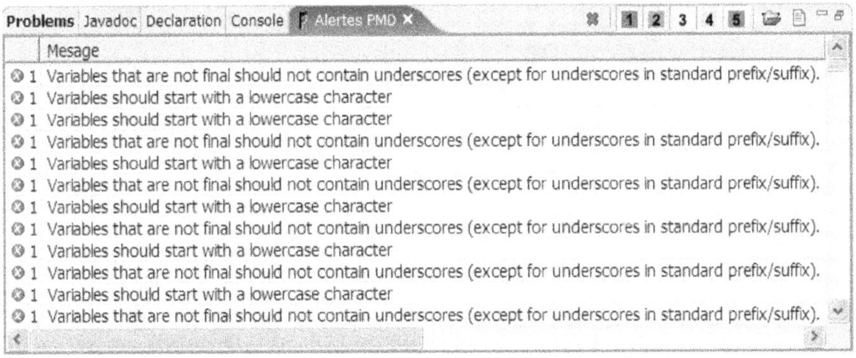

Figure 10.9

La vue Alertes PMD

Vous pouvez constater qu'il y a 50 anomalies de niveau 1. Celles-ci concernent unique-ment des problèmes de nommage de variables, comme l'utilisation du caractère under-score (_) ou d'une lettre majuscule comme première lettre d'une variable.

Les anomalies de niveau 2 sont de différentes natures (pour classer les anomalies par règle violée dans la vue, il suffit de cliquer sur l'en-tête de la colonne Règle) :

• Utilisation combinée de `StringBuffer` et de l'opérateur +.

• Utilisation impropre des paramètres (réassignation d'une valeur dans le code de la méthode).

• Utilisation de `System.out.println`. Sur ce dernier point, vous pouvez constater que cette utilisation est concentrée dans la classe `org.genealogie.log.Log`. Il s'agit donc d'une fausse alerte.

Pour compléter votre analyse, vous allez activer les règles ayant la priorité Avertissement haut. Pour des raisons de performance, dans les propriétés du projet, cochez uniquement les règles ayant la priorité Avertissement haut (les autres doivent être décochées).

Pour les afficher une fois la reconstruction du projet terminée, assurez-vous que le bouton 3 de la vue Alertes PMD est bien enfoncé. Les anomalies détectées sont de différentes natures, dont les plus importantes sont les suivantes (celles qui ont déjà été détectées lors de l'analyse quantitative ne sont pas reproduites) :

• utilisation de l'opérateur = dans des conditions ;

• chaînes de caractères littérales apparaissant plusieurs fois dans le code au lieu d'être centralisées dans une constante ;

• création d'objets dans des boucles (pouvant causer des problèmes de performance) ;

• présence de connexions JDBC potentiellement non fermées ;

• couplage afférent important pour certaines classes ;

• présence de blocs `catch` vides ;

• absence d'accolades dans les conditions ;

• absence de l'attribut `final` pour les attributs, les paramètres et les variables initialisés une seule fois ;

• problèmes de nommage : noms trop longs ou trop courts, utilisation de majuscules pour des variables ou des constantes non déclarées comme telles (c'est-à-dire `static final`) ;

• utilisation directe des implémentations au lieu de l'interface correspondante (par exemple, utilisation de `java.util.Vector` au lieu de `java.util.Collection`) ;

• attributs, variables, paramètres et méthodes inutilisés.

Recherche de duplication de code avec PMD

PMD dispose d'un outil permettant de trouver les duplications de code au sein d'un projet.

> **Important**
>
> Avant d'exécuter le détecteur de duplications de PMD, il est nécessaire de supprimer le répertoire **work** de votre projet Eclipse s'il existe (pressez la touche F5 dans la vue Package Explorer pour vous en assurer). Ce répertoire contient le code Java des pages JSP compilées et brouille la recherche des dupliquas.

Pour lancer la recherche des dupliquas, ouvrez le menu contextuel du projet jgenea-refactoring, et lancez PMD puis Rechercher les copier/coller suspects. La figure 10.10 illustre les résultats de la recherche de duplication de code.

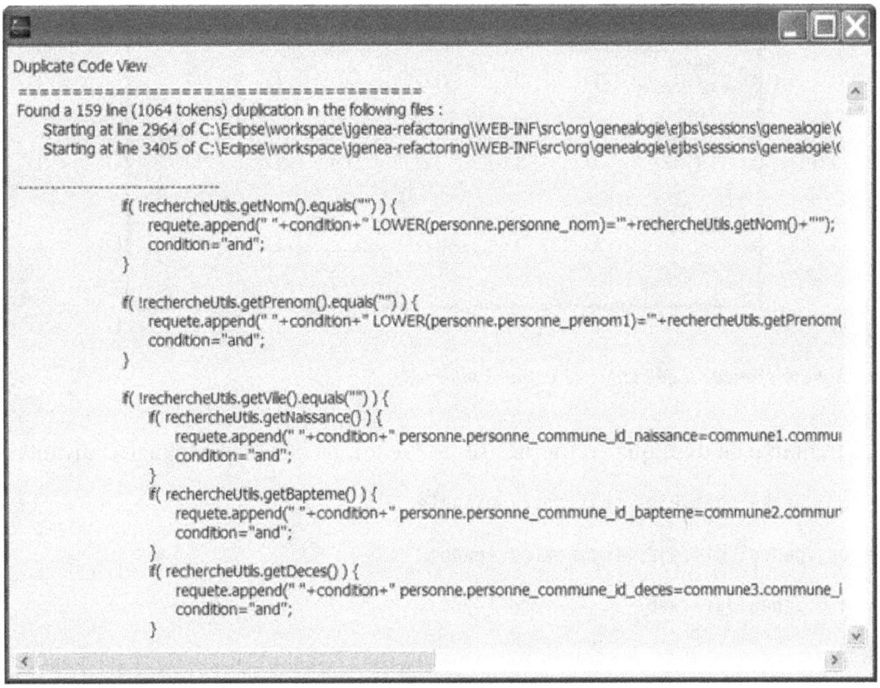

Figure 10.10

Résultat de la recherche de duplication de code

Vous pouvez constater qu'il y a un très grand nombre de duplications de code au sein de JGenea Web. Si vous collez le contenu de la fenêtre de la figure 10.10 dans un document Word vierge, vous obtenez 492 pages avec une police de taille 10 !

Ce résultat étant difficilement exploitable du fait de sa taille, vous devez augmenter la tolérance du détecteur. Pour cela, vous devez modifier les préférences associées à PMD (dans la rubrique PMD des préférences Eclipse). Dans la sous-rubrique Préférences CPD, entrez la valeur **200** dans le champ Taille minimale (il ne s'agit pas de lignes de code mais d'éléments de code), comme illustré à la figure 10.11.

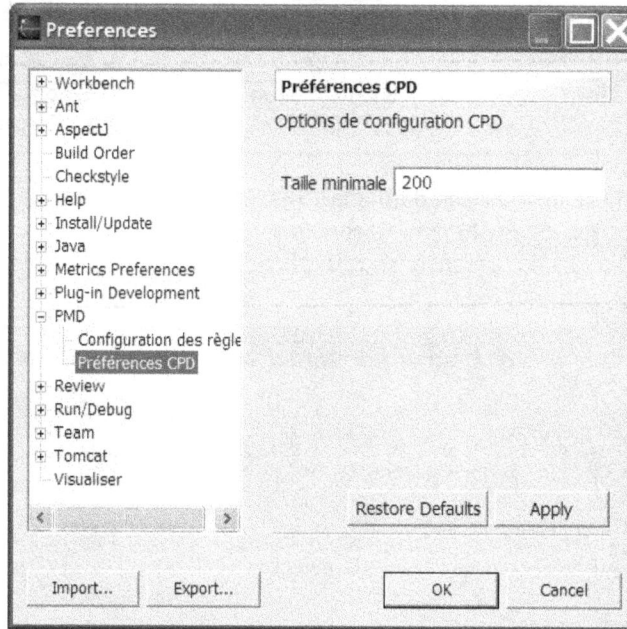

Figure 10.11

Changement de la tolérance du détecteur de copier/coller

La trentaine de dupliquas retournés se trouvent tous dans les packages suivants :

- `org.genealogie.ejbs.session.genealogie`

- `org.genealogie.ejbs.entites.personne`

- `org.genealogie.web`

À une exception près, les dupliquas sont internes à une classe dans le package `org.genea-logie.ejbs.session.genealogie`. Par contre, vous ne trouvez que des dupliquas entre deux classes dans les packages `org.genealogie.ejbs.entites.personne` et `org.genealogie.web` (à une exception près).

Duplications de code internes

Les duplications de code internes concernent majoritairement le package `org.genealo-gie.ejbs.session.genealogie` et plus particulièrement la classe `GenealogieBean`. Cette classe, la plus grosse de tout le projet, avec 3 470 lignes, contient 11 dupliquas compris entre 18 et 159 lignes.

Les autres dupliquas concernent les classes `TablesRegistresBean` (4 dupliquas compris entre 31 et 38 lignes), `DocumentsBean` (1 dupliqua de 32 lignes) et `FamillesBean` (1 dupliqua de 28 lignes).

L'unique duplication interne de 34 lignes du package `org.genealogie.web` concerne la classe `ArbreDescendantPersonneAction`.

Duplications de code externes

Les duplications de code externes concernent majoritairement le package `org.genealo-gie.web`. Celles-ci concernent principalement des actions Struts associées aux fiches et plus particulièrement `FicheVilleAction` (source de 3 des 6 dupliquas trouvés) :

- `FicheActeAction` : 54 lignes dupliquées ;
- `FicheTableAction` : 38 lignes dupliquées ;
- `FicheDocumentAction` : 36 lignes dupliquées.

Deux autres dupliquas concernant des fiches ont comme source `FicheDocumentAction` :

- `FicheDocumentListeAction` : 26 lignes dupliquées ;
- `FicheActeAction` : 28 lignes dupliquées.

Le dupliqua restant qui implique une fiche concerne `FicheActeAction` et `ArbreDescendant-PersonneAction` (41 lignes dupliquées).

Deux dupliquas concernent les fonctionnalités de recherche chronologique de personne et de détermination de consanguinité :

- `RechercherPersonnesChronologiqueAction` et `RechercherIdsPersonnesConsanguiniteAction` (109 lignes dupliquées) ;
- `RechercherPersonnesChronologiqueForm` et `RechercherIdsPersonnesConsanguiniteForm` (57 lignes dupliquées).

La dernière duplication du package implique les classes `ArbreDescendantPersonneAction` et `ArbreAscendantPersonneAction` (59 lignes dupliquées).

L'autre cas de duplication externe de JGenea Web détecté concerne les classes `GenealogieBean` du package `org.genealogie.ejbs.session.genealogie` et `PersonneBean` du package `org.genealogie.ejbs.entites.personne`, qui comportent deux dupliquas de 36 et 42 lignes.

Complément sur les pages JSP

Eclipse et PMD ne fournissent pas d'outils pour analyser les pages JSP. Or celles-ci représentent une part non négligeable de l'application Web qu'est JGenea Web. Vous devez donc faire la revue de code manuellement.

Partie HTML des pages JSP

La partie strictement HTML est simple, du fait de l'utilisation d'une feuille de style (**style.css** à la racine du projet). Malheureusement, il y a beaucoup de duplication au sein

des pages, car elles partagent toutes exactement la même structure. De ce fait, un changement de cette structure se révèle extrêmement coûteux, puisqu'il est nécessaire de modifier toutes les pages.

Par ailleurs, il faut vérifier que le code HTML de JGenea Web est correct. Vous pouvez
utiliser pour cela le validateur HTML du W3C disponible sur *http://validator.w3.org/*. Celui-ci
ne sachant pas interpréter directement les pages JSP, il est nécessaire de lancer JGenea
Web et d'afficher chaque page dans un navigateur Web pour enregistrer dans un fichier le
code HTML produit. Ce fichier est alors envoyé par formulaire Web au validateur.

Dans le cas de la page d'accueil, qui s'affiche après l'authentification, vous avez 58 erreurs
à corriger. Sachant qu'une grande quantité du code HTML en question est dupliquée
dans toutes les pages JSP, les corrections ont de fortes chances d'être fastidieuses. L'utilisation de la taglib Tiles de Struts améliore le rendement en factorisant les parties communes
des différentes pages. Il est aussi intéressant de passer les pages en xHTML. Cette évolution
du HTML standardisée par le W3C assure en effet une meilleure compatibilité avec les
différents navigateurs Web du marché.

Remarque

Le framework Struts possède une taglib HTML destinée à remplacer certains tags HTML dans les pages
JSP. Elle porte notamment sur les tags pour les formulaires et les liens (la liste est disponible sur *http://
struts.apache.org/userGuide/struts-html.html*). Afin de respecter le fonctionnement de Struts, il est souhaitable de les utiliser, ce qui n'est pas systématiquement le cas pour JGenea Web (essentiellement pour le
tag HTML, les images et les liens). Si vous passez en xHTML, veillez à placer le tag Struts `<html:xhtml/
>` en début de chaque page JSP ou utilisez `<html:html xhtml="true">`, qui est équivalent.

Nous vous invitons à consulter le site Web de la communauté Opquast *(http://www.opquast.org)*,
qui regroupe les bonnes pratiques pour les services en ligne sur le Web pouvant être la
source de refactoring pour l'IHM.

Partie Java des pages JSP

Il y a peu de code Java dans les pages JSP de JGenea Web. Le code présent concerne
essentiellement la présentation des informations, ce qui est cohérent avec la destination
des pages JSP, à savoir gérer la partie Vue du design pattern MVC 2.

Le code Java se présente soit sous forme de tags issus des taglibs Struts `bean` et `logic`, soit
sous forme de code Java directement écrit dans la page. Cette deuxième forme est particulièrement présente dans les pages JSP chargées d'afficher des listes (`liste_*.jsp`). Ces
listes disposent de deux particularités : elles sont paginées, et les couleurs des lignes sont
alternées, comme illustré à la figure 10.12.

Le code Java permettant cette présentation est dupliqué dans chaque page JSP affichant
des listes, ce qui est préjudiciable en terme de maintenance. Il serait intéressant de transformer ce code en composant graphique réutilisable en créant une taglib. Vous pouvez
aussi utiliser des composants tiers, comme ceux proposés dans la taglib Open Source
Struts-Layout *(http://struts.application-servers.com)*.

		Page 1 2 3 4 5 6
Ain	1	France
Aisne	2	France
Allier	3	France
Alpes Haute Provence	4	France
Alpes-Maritimes	6	France
Ardennes	8	France
Ardèche	7	France
Ariège	9	France
Aube	10	France
Aude	11	France
Aveyron	12	France
Bas-Rhin	67	France
Bouches du Rhône	13	France
Calvados	14	France
Cantal	15	France
Charente	16	France
Charente Maritime	17	France
Cher	18	France
Correze	19	France
Corse	20	France
		Page 1 2 3 4 5 6

Figure 10.12

Présentation d'une liste dans JGenea Web

Pour terminer, vous pouvez constater que JGenea Web utilise les taglibs Struts `bean` et `logic`. Ces derniers peuvent être remplacés avantageusement par la JSTL (JSP Standard Tag Library), qui est un véritable standard Java.

Revue de conception

Pour clore cette analyse qualitative, vous allez procéder à la revue de conception. Les étapes précédentes vous ont permis d'avoir un bon aperçu des différents constituants de JGenea Web et de leurs faiblesses. La revue de conception a pour objectif de prendre de la hauteur par rapport à la masse d'informations accumulée et de définir une ligne directrice pour le refactoring.

Le design pattern MVC 2 est bien mis en œuvre dans JGenea Web au travers du framework Struts. L'analyse des pages JSP n'a pas permis de détecter le travers classique des développements Web, qui consiste à ne pas respecter les couches applicatives et à mettre trop d'intelligence dans les pages JSP. La séparation entre contrôleur et modèle semble assez claire (package `org.genealogie.web` pour le contrôleur et package `org.genealogie.ejbs.*` pour le modèle).

Si vous regardez plus en détail la partie contrôleur, vous constatez que le codage est monolithique, surtout au niveau des classes dérivant de `CheckAction`, chacune ayant une méthode `performTask` particulièrement longue. Par ailleurs, une grande part de la complexité de la partie contrôleur provient des mécanismes de filtrage des données en fonction des autorisations de l'utilisateur. Idéalement, ce filtrage devrait reposer sur les mécanismes d'interrogation de la base de données pour des raisons de performance. De plus, il constitue davantage une problématique du modèle puisqu'il s'agit d'une notion métier (confidentialité des informations).

Pour la partie modèle, les classes permettant d'accéder aux données de la base conservent des séquelles de leur passé d'EJB. Ces classes sont dépendantes d'une connexion JDBC fournie par la partie contrôleur alors que cette dernière ne l'utilise pas par ailleurs. Il serait judicieux d'avoir des classes autonomes de la partie contrôleur pour la gestion des connexions JDBC en leur permettant un accès direct au pool.

L'existence de la classe `PersonneBean`, héritage du passé, n'est nécessaire qu'à cause d'une seule autre classe appartenant à la partie Contrôleur (`FichePersonneAction`). Vous devez donc vous interroger sur sa pertinence, d'autant que la classe `GenealogieBean` possède de nombreuses fonctions permettant d'accéder aux informations sur une personne. Cette dernière classe, particulièrement obèse, traite des problématiques liées aux personnes, aux actes et aux documents. Une séparation de ces trois problématiques permettrait certainement d'améliorer la situation.

Sachant que JGenea est une solution comprenant deux logiciels, il pourrait être intéressant de jouer sur les synergies entre eux en mettant en place une architecture orientée services. Les fonctionnalités de JGenea Web ne sont jamais qu'un sous-ensemble de celles de JGenea Ihm, si vous faites abstraction de la partie IHM. Il pourrait donc être intéressant de mettre en place des services réutilisables au sein du modèle plutôt qu'un simple accès aux données de la base au travers d'objets Java. Ainsi, les services de JGenea Ihm pourraient être réutilisés tels quels par JGenea Web. Vous pourriez même imaginer que ces services fonctionneraient sur un serveur d'applications et seraient utilisés en même temps par JGenea Ihm et JGenea Web.

Le nommage des composants n'est pas optimal et mériterait d'être amélioré, notamment pour la partie modèle, où le nom des packages, hérité du passé, ne correspond pas à la nature des classes qu'ils contiennent. En outre, le package `org.genealogie.utils` contient des Beans métier qui devraient en toute logique être regroupés avec les classes d'accès aux données.

En résumé

Pour conclure l'analyse qualitative de JGenea Web, ce logiciel révèle les cinq problèmes suivants :

- Duplication du code, générant des coûts de maintenance inutiles.
- Complexité et monolithisme du code, rendant la maintenance difficile.
- Une partie modèle perfectible, ne favorisant pas les synergies avec JGenea Ihm. L'adoption d'une architecture orientée services permettrait d'implémenter jusqu'au bout la logique de réutilisation.
- Pérennité du code, du fait de l'utilisation de fonctionnalités de Struts obsolètes, compromettant le fonctionnement du logiciel en cas d'upgrade de version de Struts.
- Lisibilité du code améliorable, notamment par un nommage approprié et la suppression de mauvaises habitudes de codage.

Conclusion

Au chapitre suivant, vous refondrez les parties de JGenea Web qui semblent les plus significatives et qui permettent d'illustrer les principales techniques présentées tout au long de cet ouvrage.

À l'issue de ce chapitre, beaucoup de zones à refondre subsisteront, qui vous seront laissées à titre d'exercice.

11

Refactoring de JGenea Web

L'analyse de JGenea Web vous a permis de détecter les points faibles de ce logiciel. Vous pouvez donc envisager leur refactoring afin d'améliorer la qualité de JGenea, que ce soit en maintenabilité ou en évolutivité.

Cette refonte a pour objectif d'illustrer la mise en œuvre des techniques majeures de refactoring présentées aux parties I et II de cet ouvrage.

Le refactoring que vous allez effectuer ici est loin d'être une refonte exhaustive du logiciel. En fin de chapitre, vous verrez d'autres pistes de refactoring à explorer par vous-même.

Pour réaliser les exercices de ce chapitre, il est nécessaire d'avoir installé au préalable le plug-in AJDT *(voir en annexe pour les procédures d'installation)*.

Réorganisation et mise à niveau

Avant de commencer le véritable refactoring, une correction des avertissements de compilation rencontrés avec JGenea Web s'impose. Pour rappel, ceux-ci sont de deux ordres : dépendances inutiles avec des packages (*via* l'instruction import) et utilisation d'éléments Struts obsolètes.

Réorganisation des imports

La correction de la première sorte de problème est extrêmement aisée avec Eclipse puisque cet environnement de développement est doté d'une fonction de réorganisation des imports. Dans votre cas, il suffit d'accéder au menu contextuel du répertoire **WEB-INF/src** et de sélectionner Source puis Organize Imports, comme illustré à la figure 11.1.

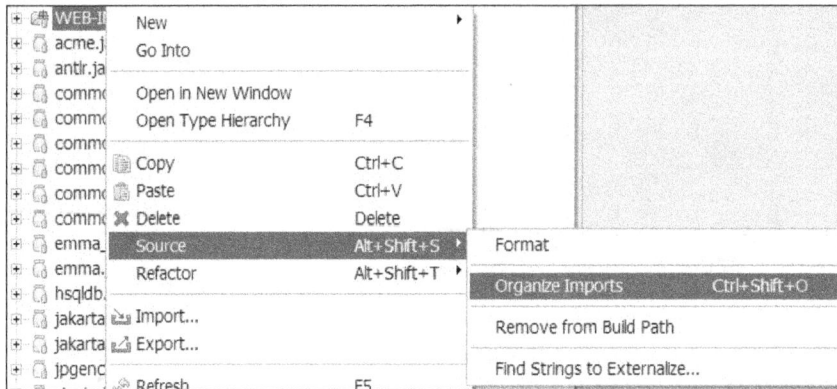

Figure 11.1
Réorganisation des imports

Si votre projet n'a pas été recompilé automatiquement, il vous faut lancer une recompilation complète à partir du menu Project pour que les avertissements disparaissent.

Grâce à cette fonctionnalité, tous les imports inutiles sont supprimés dans l'ensemble du code source de JGenea Web, à l'exception des pages JSP, et l'utilisation de * est remplacée par des imports donnant explicitement les classes à importer.

Mise à niveau du code

JGenea Web utilise des fonctionnalités de la version 1.1 de Struts qui ont été rendues obsolètes dans la version 1.2. Afin d'assurer la pérennité du code, il est important de ne plus les utiliser, d'autant que ces fonctionnalités sont susceptibles de disparaître complètement dans les versions futures de Struts.

Les problèmes rencontrés sont générés par l'utilisation de deux classes, `org.apache.struts.action.ActionError` et `org.apache.struts.action.ActionErrors`. Par ailleurs, JGenea Web utilise une version obsolète avec J2SE 1.4.2 de la méthode `encode` de la classe `java.net.URLEncoder`.

Mise à niveau de l'utilisation de *URLEncoder*

La méthode `encode` utilisée par JGenea Web ne comprend qu'un paramètre unique, la chaîne à encoder. Cette méthode doit être remplacée par `encode` avec deux paramètres, la chaîne à encoder et le schéma d'encodage. Ce dernier, d'après le W3C, doit obligatoirement être UTF-8 pour le Web.

La mise à niveau de l'utilisation de `URLEncoder` passe par la création d'une interface `URLEncodingScheme` contenant la constante précisant le schéma d'encodage en remplacement des appels à la méthode `encode`.

Le code de URLEncodingScheme est le suivant :

```
package org.genealogie.utils;

public interface URLEncodingScheme {
    final String SCHEME = "UTF-8";
}
```

Le remplacement des appels se fait simplement en ajoutant dans la liste des imports la classe URLEncodingScheme et en utilisant la constante SCHEME comme deuxième paramètre de la méthode encode de la manière suivante :

```
ChaineEncodee =
    URLEncoder.encode(chaineAEncoder,URLEncodingScheme.SCHEME);
```

Pour accéder directement au code obsolète, il vous suffit de double-cliquer sur la ligne d'avertissement affichée dans la liste de la vue Problems.

Mise à niveau des éléments Struts

La montée de version de Struts 1.1 à 1.2 est documentée sur le wiki de la communauté Apache *(http://wiki.apache.org/struts/StrutsUpgradeNotes11to124)*. Celle-ci s'effectue simplement, comme le démontrent les opérations présentées ci-après.

La classe org.apache.struts.action.ActionError a été déclarée obsolète dans la version 1.2 de Struts. Elle doit être remplacée par la classe plus générique, car sachant gérer tout type de message, org.apache.struts.action.ActionMessage.

Pour chaque occurrence d'ActionError, remplacez le code suivant :

```
new ActionError("...")
```

par :

```
new ActionMessage("...")
```

Ce remplacement est notamment nécessaire pour utiliser la méthode add de la classe org.apache.struts.action.ActionErrors (la version de cette méthode utilisant ActionError est obsolète).

De la même manière, la méthode saveErrors de la classe org.apache.struts.action.Action est obsolète quand elle prend une instance d'ActionErrors en paramètre.

Ainsi, pour chaque instance d'ActionErrors passée en paramètre à la méthode saveErrors, remplacez le code suivant :

```
ActionErrors errors = new ActionErrors();
//...
saveErrors(request, errors);
```

par :

```
ActionMessages errors = new ActionMessages();
//...
saveErrors(request, errors);
```

Lors de cette dernière mise à niveau, vous pouvez constater que les blocs de code concernés n'ont en fait aucune utilité (la condition déclenchant saveErrors est toujours fausse). Vous pouvez donc les supprimer sans risque.

Visualisation des différences avec la version originelle

Au sein du référentiel CVS, nous avons créé une version contenant le code de JGenea Web après réorganisation des imports et mise à niveau. Grâce au client CVS fourni par Eclipse ou tout autre client CVS, comme Tortoise CVS, vous pouvez visualiser les différences entre la version ORIGINAL et la nouvelle version, appelée REORG.

Pour cela, il vous suffit d'ouvrir la perspective CVS Repository Exploring et de rechercher la version ORIGINAL dans le référentiel CVS de JGenea. À partir du menu contextuel de cette version, vous pouvez déclencher la comparaison en sélectionnant Compare With. Une fenêtre vous permet alors de sélectionner la version REORG, comme illustré à la figure 11.2.

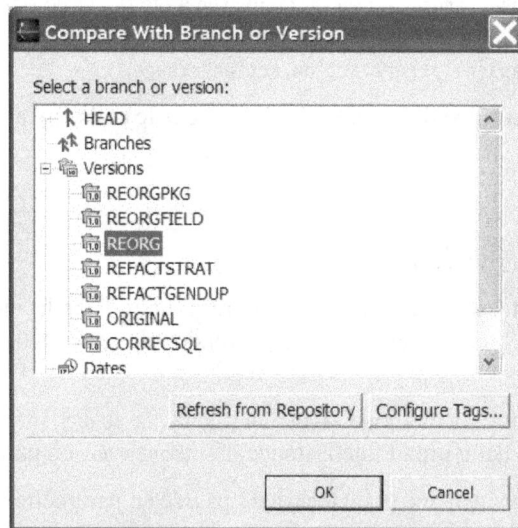

Figure 11.2

Sélection de la version REORG pour comparaison

Les deux versions sont téléchargées à partir du référentiel, et leurs différences sont visualisables au travers du comparateur d'Eclipse *(voir figure 11.3).*

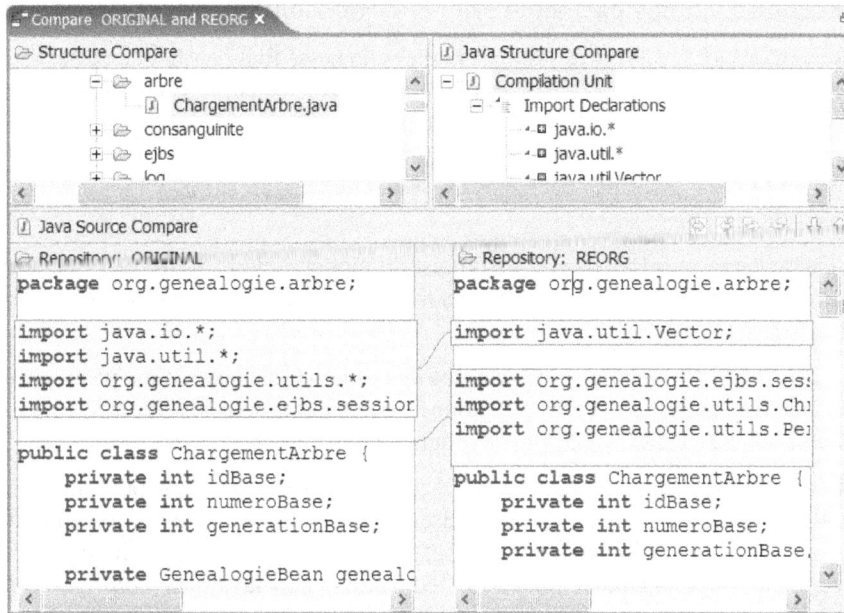

Figure 11.3

Comparaison entre ORIGINAL et REORG

Test des modifications

Les modifications que vous avez apportées au code de JGenea Web ne nécessitent pas de tests particuliers pour détecter d'éventuelles régressions. La réorganisation des imports est neutre du point de vue du logiciel. Les éléments obsolètes ont été remplacés par du code simple et très proche de l'original, selon les spécifications des concepteurs des API concernées.

Une simple vérification des pages Web dont le code a été impacté par ces modifications suffit, d'autant que leur nombre est faible et qu'une partie du code concerné est inutile.

Application des techniques de base

Dans cette section, vous allez utiliser les techniques de base du refactoring pour :

• réorganiser les packages, les classes, les variables et les constantes ;

• supprimer les dupliquas dans le code.

Réorganisation des packages et des classes

Le nom des packages org.genealogie.ejbs.* et org.genealogie.utils n'est pas représentatif de leur contenu. De même, les classes qu'ils contiennent ne bénéficient pas de règles de nommage optimales.

Réorganisation des packages *org.genealogie.ejbs.**

Les mentions `ejbs`, `entites` et `sessions` héritées du passé font penser que ce package contient des EJB, ce qui n'est plus le cas. Par ailleurs, dans le sous-package `org.genealogie.ejbs.sessions.genealogie`, la mention `genealogie` apparaît deux fois, ce qui est parfaitement inutile. Vous allez créer un package unique, `org.genealogie.metier`, qui regroupera l'ensemble des classes des packages `org.genealogie.ejbs.entites.personne` et `org.genealogie.ejbs.sessions.genealogie`.

La classe `ConsanguiniteCalculator`, qui est du métier, devrait se trouver elle aussi dans le package `org.genealogie.metier`. Il en va de même pour les classes du package `org.genealogie.arbre`.

Le suffixe `Bean` employé pour les classes de ces deux packages n'est pas représentatif de leur fonction, qui est d'accéder aux données de la base. Vous le remplacerez par le suffixe `DAO` pour Data Access Object, plus explicite.

Pour effectuer ces renommages de packages et de classes ainsi que pour déplacer les classes `PersonneBean` et `PersonnePK`, vous utiliserez les fonctions d'Eclipse que vous avez vues à la partie II. Comme des fichiers sont susceptibles d'être impactés, il sera nécessaire de sélectionner l'option Update fully qualified name in non-Java files *(voir figure 11.4)*.

Figure 11.4

Mise en œuvre de la recherche des références dans les fichiers non-Java

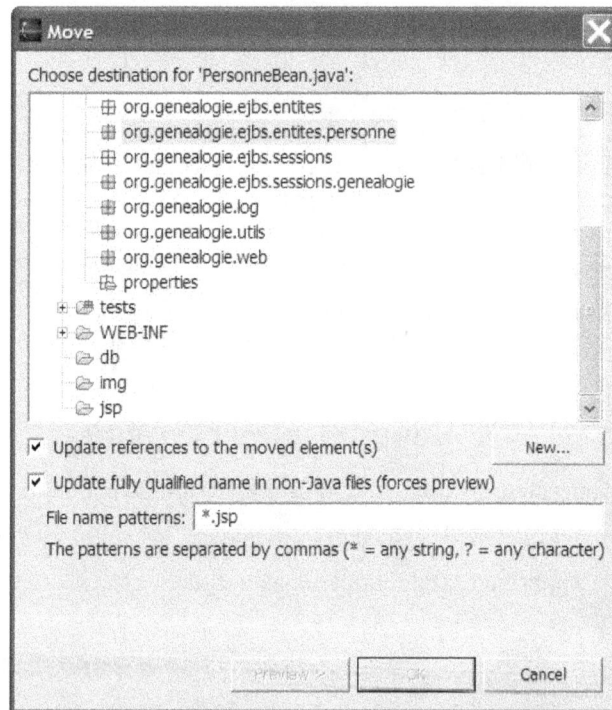

Dans un premier temps, déplacez `PersonneBean` et `PersonnePK` du package `org.genealogie.ejbs.entites.personne` vers `org.genealogie.ejbs.sessions.genealogie`. Pour cela, sélectionnez une de ces classes dans la vue Package Explorer et choisissez Refactor et Move dans le menu contextuel. Dans la fenêtre listant les packages de JGenea Web, choisissez `org.genealogie.ejbs.sessions.genealogie`. Recommencez avec l'autre classe. Une fois cette opération terminée, vous pouvez supprimer le package `org.genealogie.ejbs.entites.personne`

Vous pouvez maintenant renommer le package `org.genealogie.ejbs.sessions.genealogie` en `org.genealogie.metier.dao` (ajoutez le suffixe `dao` pour indiquer que ce sous-package de `org.genealogie.metier` ne contient que des DAO). Pour cela, sélectionnez le package dans la vue Package Explorer, et choisissez Refactor et Rename dans le menu contextuel. Sélectionnez ensuite chaque classe de ce package dans la vue Package Explorer, et renommez-la en remplaçant `Bean` par `DAO` grâce au même menu contextuel.

Renommez les packages `org.genealogie.consanguinite` et `org.genealogie.arbre` respectivement `org.genealogie.metier.consanguinite` et `org.genealogie.metier.arbre`.

Réorganisation du package *org.genealogie.utils*

Le package `org.genealogie.utils` contient quatre classes utilitaires (`DataBaseUtils`, `RessourcesUtils`, `EltArbreDescendant` et `URLEncodingScheme`), le reste étant constitué de JavaBeans utilisés par la partie modèle pour transmettre les informations lues en base à la partie contrôleur. Ces JavaBeans n'ont pas vocation à rester dans ce package. Ils doivent être intégrés au sein d'un sous-package de `org.genealogie.metier`.

Créez donc un package nommé `org.genealogie.metier.modele`, et déplacez-y les classes suffixées par `Utils` (sauf les quatre énoncées plus haut) de la même façon qu'à la section précédente.

Pour finir, le nom de ces classes est suffixé par `Utils`, ce qui n'apporte pas d'information sur leur nature. Ces classes représentant le modèle métier de JGenea Web, il est plus judicieux de supprimer ce suffixe. Renommez donc toutes ces classes (sauf les quatre utilitaires) en supprimant le suffixe `Utils`.

Test des modifications

Bien que les modifications que vous venez d'effectuer soient normalement neutres pour JGenea Web, il est intéressant de faire fonctionner le logiciel pour vous en assurer. En effet, des références cachées à des éléments déplacés ou renommés peuvent exister et rendre le logiciel inopérant.

Si vous consultez l'arbre des descendants d'une personne (en allant dans Rechercher des patronymes puis en cliquant sur DIDIER, par exemple, puis sur DIDIER Pierre et enfin sur le lien Descendants), vous vous apercevez qu'une exception est générée. La raison à cela est que le package `org.genealogie.metier.modele` n'est pas importé dans la page JSP **arbre_descendant_personne.jsp.** Si vous corrigez les imports et les classes renommées manuellement, la page fonctionne de nouveau.

Vous pouvez donc constater que même les modifications simples peuvent avoir des effets de bord mal maîtrisés du fait des insuffisances de l'outil de refactoring, en l'occurrence la mauvaise prise en compte des pages JSP par Eclipse.

Les modifications que vous avez introduites dans le code sont disponibles dans le référentiel CVS dans la version REORGPKG.

Réorganisation des variables et des constantes

Comme vous avez pu le constater lors de l'analyse quantitative avec PMD au chapitre précédent, le nommage des variables ne respecte pas scrupuleusement les règles édictées par Sun dans ses BluePrints. Par ailleurs, certaines d'entre elles s'avèrent être des constantes sans pour autant avoir les restrictions d'accès nécessaires, en l'occurrence `static final`.

Vous ne corrigerez pas ici tous les problèmes de nommage rencontrés par JGenea Web mais vous attacherez à l'attribut `NB_PAR_PAGES`, qui est dupliqué à de nombreux endroits dans le code et qui s'avère être une constante.

Suppression des dupliquas

Cet attribut présent dans 12 classes du package `org.genealogie.web` a systématiquement la même valeur, à savoir 20. Toutes ces classes héritant de la classe `CheckAction`, il semble judicieux de remonter cet attribut dans la classe mère pour supprimer les dupliquas inutiles.

Pour effectuer cette opération, il vous suffit d'ouvrir une de classes concernées, par exemple `AccueilAction`, de sélectionner par clic droit `NB_PAR_PAGES` et de choisir Refactor et Pull up dans le menu contextuel *(voir figure 11.5)*.

Figure 11.5

Remontée de NB_PAR_PAGES *dans* CheckAction

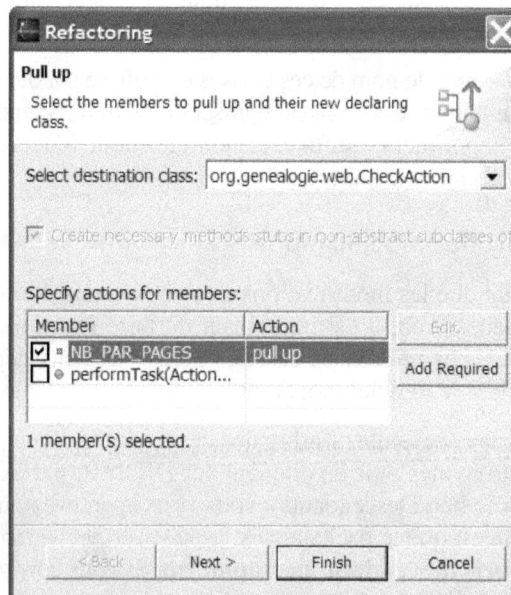

Après avoir coché NB_PAR_PAGES et cliqué sur le bouton Next, vous pouvez constater que toutes les occurrences de NB_PAR_PAGES sont automatiquement supprimées des classes filles de CheckAction. Validez ce refactoring en cliquant sur Finish.

Transformation en constante

Malheureusement, NB_PAR_PAGES étant restée private, il est nécessaire de le rendre protected ou public pour supprimer les erreurs de compilation introduites par le refactoring précédent.

Pour finir, transformez NB_PAR_PAGES en une véritable constante. Pour cela, déclarez-la de la manière suivante dans CheckAction :

```
protected static final int NB_PAR_PAGES = 20;
```

Test des modifications

Fort de votre expérience précédente, effectuez une recherche de NB_PAR_PAGES dans les pages JSP (*via* Search et Files). Vous pouvez constater que cette chaîne de caractères n'apparaît pas dans les JSP. Le refactoring n'a donc normalement pas généré d'effet de bord. Pour vous en assurer, vous pouvez exécuter JGenea Web et consulter quelques listes (Recherche de patronymes ou Liste des pays, par exemple).

Les modifications que vous avez introduites dans le code sont disponibles dans le référentiel CVS dans la version REORGFIELD.

Refonte des classes métier

Le package org.genealogie.metier.dao (anciennement org.genealogie.ejbs.*) concentre à lui seul une grande partie des problèmes détectés lors de la phase d'analyse de JGenea Web. Dans cette section, vous n'effectuerez pas une refonte complète de ce package mais vous concentrerez sur la classe la plus problématique, GenealogieDAO (anciennement GenealogieBean), et plus particulièrement sur ses méthodes getResultatsRecherche.

Préparation des tests unitaires

La refonte de GenealogieDAO va modifier son code en profondeur. Il est donc nécessaire de créer des tests unitaires pour vous assurer que son comportement est toujours conforme à la version originelle.

Ces tests unitaires concernent les deux méthodes getResultatsRecherche, qui sont la cible directe de votre refactoring.

Dans le répertoire **tests** du projet, créez un package org.genealogie.metier.dao.tests contenant le cas de test TestGenealogieDAO, dont le code est reproduit partiellement ci-dessous :

```java
package org.genealogie.metier.dao.tests;

import java.sql.Connection;
import java.sql.DriverManager;
import java.util.Vector;
import junit.framework.TestCase;
import org.genealogie.metier.dao.GenealogieDAO;
import org.genealogie.metier.modele.Recherche;

public class TestGenealogieDAO extends TestCase {
    private Connection conn;
    private GenealogieDAO dao;
    private Vector filtre;

    protected void setUp() throws Exception {
     Class.forName("org.hsqldb.jdbcDriver");
     conn = DriverManager.getConnection("jdbc:hsqldb:C:\\Eclipse\\workspace
     ➥\\jgenea-refactoring\\db\\jgenea","sa","");
     dao = new GenealogieDAO(conn);
     filtre = new Vector(1);
     filtre.add(new Integer(1));
    }
    protected void tearDown() throws Exception {
      conn.close();
    }

    public void testGetResultatsRecherche() {
     Recherche criteres = new Recherche("dupond","yvonne",false,false,false,false
     ➥,false,"trebeurden","01/01/1716","01/01/1716");
     Vector resultatSansFiltre = dao.getResultatsRecherche(criteres);
     Vector resultatFiltre = dao.getResultatsRecherche(criteres,filtre);
     assertNotNull("Le résultat ne peut être null",resultatSansFiltre);
     assertEquals("1 personne attendue",1,resultatSansFiltre.size());
     assertNotNull("Le résultat ne peut être null",resultatFiltre);
     assertEquals("1 personne attendue",1,resultatFiltre.size());

     //...

     criteres = new Recherche("dupond","yvonne",true,true,false,true,true,"","","");
     resultatSansFiltre = dao.getResultatsRecherche(criteres);
     resultatFiltre = dao.getResultatsRecherche(criteres,filtre);
     assertNotNull("Le résultat ne peut être null",resultatSansFiltre);
     assertEquals("1 personne attendue",1,resultatSansFiltre.size());
     assertNotNull("Le résultat ne peut être null",resultatFiltre);
     assertEquals("1 personne attendue",1,resultatFiltre.size());

     criteres = new Recherche("dupond","",true,true,false,true,true,"","","");
     resultatSansFiltre = dao.getResultatsRecherche(criteres);
     resultatFiltre = dao.getResultatsRecherche(criteres,filtre);
     assertNotNull("Le résultat ne peut être null",resultatSansFiltre);
     assertEquals("2 personnes attendues",2,resultatSansFiltre.size());
     assertNotNull("Le résultat ne peut être null",resultatFiltre);
     assertEquals("2 personnes attendues",2,resultatFiltre.size());

     //...

    }
}
```

Pour que ce test fonctionne dans votre environnement, assurez-vous que l'URL de connexion JDBC utilisée dans la méthode `setUp` contient un chemin correct vers la base de données.

Si vous exécutez ces tests unitaires sur le code originel, une exception est générée (visible uniquement dans la console du fait d'un catch effectué dans `GenealogieDAO` empêchant la remontée dans JUnit). Les requêtes SQL générées par `getResultatsRecherche` sont fausses parce qu'il manque une virgule dans l'une d'elles et que les clauses `FROM` sont incorrectes pour la table `COMMUNE`. Il vous faut corriger ces erreurs avant le refactoring.

La version de JGenea Web avec les tests unitaires et les corrections, appelée CORRECSQL, est disponible dans le référentiel CVS. Vous devez la récupérer pour poursuivre le refactoring.

Si vous exécutez à nouveau les tests unitaires sur cette version, vous constatez que l'erreur est corrigée. Pour finir la préparation de la refonte de `GenealogieDAO`, vous devez vous assurer avec EMMA que les tests unitaires couvrent suffisamment de code de la classe.

Pour cela, recompilez tout le projet par sécurité, et lancez le script Ant **build.xml** disponible à la racine du projet (tâche `main build`).

Important

Pour que le script fonctionne, il est nécessaire de l'exécuter dans le même JRE qu'Eclipse *(voir la section consacrée à EMMA au chapitre 5).*

Ce script lance EMMA afin que celui-ci instrumente le code de JGenea Web. Une fois l'instrumentation terminée, relancez les tests unitaires pour produire les statistiques de couverture. Quand l'exécution s'achève, générez le rapport de couverture en lançant la tâche `report` de **build.xml** *(voir le chapitre 9)*.

Si vous affichez le rapport **coverage.html** stocké dans le répertoire **coverage** du projet (rafraîchissez la vue Package Explorer en pressant la touche F5 pour le voir), vous obtenez un taux de couverture des lignes de code de 88 et 89 % pour les méthodes `getResultats-Recherche`, ce qui devrait être suffisant pour les opérations suivantes. Pour supprimer l'instrumentation, il vous suffit de recompiler le projet.

Suppression des dupliquas

Le plus gros dupliqua dont est doté `GenealogieDAO` a une longueur de 159 lignes et concerne les méthodes `getResultatsRecherche(Recherche)`, à partir de la ligne 2982, et `getResultatsRecherche(Recherche,Vector)`, à partir de la ligne 3423. Ces deux méthodes contiennent plusieurs autres dupliquas importants commençant respectivement aux lignes 3178 et 3643 (80 lignes dupliquées) et 3295 et 3784 (73 lignes dupliquées). Pour information, ces deux méthodes font respectivement 386 lignes et 443 lignes, dont 312 dupliquées.

Si vous analysez le contenu de ces deux méthodes, vous constatez que `getResultats-Recherche(Recherche,Vector)` offre la même fonctionnalité que `getResultatsRecherche-(Recherche)` à un détail près : elle effectue un filtrage des informations qu'elle renvoie en fonction de son deuxième paramètre.

La méthode classique pour supprimer des dupliquas est d'opérer une extraction de méthode. Dans le cas présent, vous chercherez plutôt à étendre le fonctionnement de `getResultatsRecherche(Recherche,Vector)` afin qu'elle couvre les besoins de `getResultats-Recherche(Recherche)`.

Vous allez donc refondre la première puis l'adapter pour ne garder qu'une seule méthode `getResultatsRecherche`.

Refonte de *getResultatsRecherche(Recherche,Vector)*

La première étape de la refonte consiste à extraire du code de `getResultatsRecherche` de manière à rendre cette méthode plus lisible. Commencez par extraire les blocs de code générant les requêtes SQL. Ils sont au nombre de trois. Il est recommandé de les délimiter par des commentaires afin de les repérer facilement pour l'extraction. Afin de ne pas décaler les numéros de ligne, placez-les à la fin d'une ligne de code existante. En effet, dès le premier bloc extrait, les numéros de lignes donnés ci-dessous deviennent invalides.

Le premier bloc court des lignes 3396 à 3511 (déterminées sur la version CORRECSQL). Il commence par les lignes de code suivantes :

```
StringBuffer requete=new StringBuffer();
requete.append("select personne.personne_id,personne.personne...
requete.append(" from personne personne,liaison_famille lf");
```

et se termine par la ligne :

```
requete.append(" order by personne_nom,personne_prenom1");
```

Le deuxième bloc court des lignes 3577 à 3640. Il commence par les lignes de code suivantes :

```
StringBuffer requete1=new StringBuffer();
requete1.append("select personne1.personne_id as mari_id,...
requete1.append("personne1.personne_prenom1 as mari_prenom,");
```

et se termine par :

```
if( !rechercheUtils.getDateFin().equals("") ) {
  requete1.append(" "+condition+" mariage.mariage_date_civil<=?");
  condition="and";
}
```

Le troisième bloc court des lignes 3717 à 3780. Il commence par les lignes de code suivantes :

```
StringBuffer requete2=new StringBuffer();
requete2.append("select personne1.personne_id as...
requete2.append("personne1.personne_prenom1 as mari_prenom,");
```

et se termine par :

```
if( !rechercheUtils.getDateFin().equals("") ) {
    requete2.append(" "+condition+"mariage.mariage_date_religieux...
    condition="and";
}
```

Extrayez le premier bloc en le sélectionnant par clic droit dans l'éditeur et en choisissant Refactor et Extract Method dans le menu contextuel. Nommez la nouvelle méthode privée constructRequeteRecherche. Opérez de la même manière pour les deux autres blocs, et nommez-les respectivement constructRequeteRechercheCivil et constructRequeteRecherche-Religieux. Pour le deuxième bloc, la déclaration de la variable condition ayant été extraite précédemment, des erreurs de compilation apparaissent. Pour les corriger, il vous suffit de la déclarer de nouveau en début de bloc.

Après avoir réalisé cette opération, exécutez les tests unitaires pour vous assurer que tout s'est bien passé, ce qui doit être effectivement le cas.

Pour terminer, extrayez les deux blocs construisant le résultat de getResultatRecherche.

Le premier bloc court des lignes 3486 à 3537 (après extraction des trois blocs précédents). Il commence par les lignes de code suivantes :

```
while( rs.next() ) {
    Personne mari=new Personne(rs.getInt("mari_id"),...
    Personne femme=new Personne(rs.getInt("femme_id"),...
```

et englobe toute la boucle while. Il se termine donc à la fin de la boucle.

Appelez la méthode extraite constructResultatRechercheCivil.

Le deuxième bloc court des lignes 3563 à 3614. Il s'agit là aussi d'une boucle while complète à extraire. Elle commence par les mêmes lignes que le précédent bloc. Appelez la méthode extraite constructResultatRechercheReligieux.

Si vous regardez le contenu de ces deux nouvelles méthodes, vous constatez qu'elles contiennent deux dupliquas et qu'elles sont identiques. Vous allez d'abord extraire le bloc dupliqué qui apparaît le plus en bas dans le code et dont le contenu est le suivant :

```
if( !rechercheUtils.getNom().equals("") && ...
    if( femmeNom.equals(rechercheUtils.getNom()) ...
        personnes.addElement(femme);
        cles.put(new Integer(femme.getId()),"");
    }
} else if( !rechercheUtils.getNom().equals("") && ...
    if( femmeNom.equals(rechercheUtils.getNom()) ) {
        personnes.addElement(femme);
        cles.put(new Integer(femme.getId()),"");
    }
} else if( rechercheUtils.getNom().equals("") && ...
    if( femmePrenom.equals(rechercheUtils.getPrenom()) ) {
        personnes.addElement(femme);
        cles.put(new Integer(femme.getId()),"");
    }
```

```
  } else if( rechercheUtils.getNom().equals("") && ...
     personnes.addElement(femme);
     cles.put(new Integer(femme.getId()),"");
  }
```

La raison pour laquelle vous devez choisir le dernier bloc dupliqué apparaissant dans le code est que l'assistant d'extraction de méthode d'Eclipse ne cherche les dupliquas que du point courant jusqu'au début du fichier. Si des dupliquas sont présents après le bloc de code, il ne les détecte pas.

Appelez la méthode ainsi extraite `construitResultatRechercheMF`. Vous pouvez utiliser le mode prévisualisation pour voir les sept dupliquas trouvés par Eclipse.

Pour finir, vous pouvez remplacer les deux méthodes identiques `construitResultat-RechercheCivil` et `construitResultatRechercheReligieux` par une seule, que vous appellerez `construitResultatRecherche`.

Fusion des deux méthodes *getResultatsRecherche*

La méthode `getResultatsRecherche(Recherche)` diffère de la méthode `getResultatsRecherche-(Recherche,Vector)` quant à la construction des requêtes SQL.

Vous devez extraire les blocs correspondants pour en faire des méthodes.

Le premier bloc court de la ligne 2967, après les extractions précédentes, jusqu'à la ligne 3069. Il débute par les lignes de code suivantes :

```
StringBuffer requete=new StringBuffer();
requete.append("select personne.personne_id,personne.personne_nom..
requete.append(" from personne personne");
```

et se termine par :

```
requete.append(" order by personne_nom,personne_prenom1");
```

Appelez la méthode extraite `construitRequeteRechercheSF`, avec SF pour sans filtre.

Le deuxième bloc court des lignes 3135 à 3176. Il débute par les lignes de code suivantes :

```
StringBuffer requete1=new StringBuffer();
requete1.append("select personne1.personne_id as mari_id,...
requete1.append("personne1.personne_prenom1 as mari_prenom,");
```

et se termine par :

```
if( !rechercheUtils.getDateFin().equals("") ) {
  requete1.append(" "+condition+" mariage.mariage_date_civil<=?");
  condition="and";
}
```

Appelez la méthode extraite `construitRequeteRechercheCivilSF`.

Le troisième bloc court des lignes 3216 à 3257. Il débute par les lignes de code suivantes :

```
StringBuffer requete2=new StringBuffer();
requete2.append("select personne1.personne_id as ...
requete2.append("personne1.personne_prenom1 as mari_prenom,");
```

et se termine par :

```
if( !rechercheUtils.getDateFin().equals("") ) {
  requete2.append(" "+condition+" mariage.mariage_date_religieux...
  condition="and";
}
```

Appelez la méthode extraite `construitRequeteRechercheReligieuxSF`. Pour cette dernière méthode, il est de nouveau nécessaire de déclarer la variable `condition` pour corriger les erreurs de compilation.

Pour terminer la fusion des deux méthodes, il vous faut modifier `getResultatsRecherche(Recherche,Vector)` de manière qu'elle puisse appeler les méthodes de construction de requête avec ou sans filtre. La condition évidente pour la sélection de la bonne méthode porte sur la nullité du paramètre `familles`. S'il est null, appelez les méthodes sans filtre, sinon appelez les méthodes avec filtre. Remplacez ensuite le corps de la méthode `getResultatsRecherche(Recherche)` par un appel unique :

```
 return getResultatsRecherche(rechercheUtils,null);
```

Test des modifications et analyse postrefactoring

Si vous exécutez les tests unitaires, vous constatez qu'ils ne détectent aucune régression. Par ailleurs, si vous refaites une analyse de couverture avec EMMA (voir la section « Préparation des tests unitaires »), vous obtenez un taux de couverture des lignes de code pour `getResultatsRecherche` et ses méthodes annexes compris entre 94 et 100 %. Grâce à la suppression des dupliquas, vous avez donc nettement amélioré la couverture de votre cas par les tests unitaires.

Si vous calculez les métriques pour la classe `GenealogieDAO`, vous constatez qu'elle est passée de 3 470 à 3 211 lignes. De plus, la profondeur d'imbrication maximale des blocs de code est passée de 7 à 5 et la complexité cyclomatique de `getResultatsRecherche-(Recherche,Vector)` de 134 à 29, faisant passer la complexité cyclomatique moyenne de la classe de 13,358 à 10,507.

Comme vous pouvez le constater, la refonte des deux méthodes a contribué à améliorer de manière notable `GenealogieDAO`.

Après cette refonte des méthodes `getResultatsRecherche`, la version de JGenea Web est disponible dans le référentiel CVS sous le nom REFACTGENDUP.

Utilisation des design patterns dans la gestion des accès aux données

Comme indiqué au chapitre 9, JGenea Web partage son code avec JGenea Ihm, notamment au niveau des DAO. Les constructeurs de ces DAO nécessitent en argument une connexion JDBC qu'ils affectent à un attribut privé appelé `connection`.

Ce mode de fonctionnement est problématique, car le cycle de vie de la connexion n'est pas du tout maîtrisé par le DAO (ouverture ou fermeture), ce qui peut générer des erreurs si l'attribut `connection` contient une connexion invalide. Par ailleurs, comme vous l'avez remarqué lors de la phase d'analyse, les DAO reçoivent leur connexion JDBC des actions Struts alors que celles-ci n'en n'ont pas l'utilité directe et rendent leur code plus complexe que nécessaire.

Pour améliorer la séparation des préoccupations dans JGenea Web, vous allez gérer le cycle de vie des connexions JDBC nécessaires aux DAO directement au sein de ces derniers, déchargeant ainsi les actions Struts. Les DAO étant destinés à fonctionner soit en environnement J2EE (JGenea Web), soit en environnement Java/Swing (JGenea Ihm), il est nécessaire de rendre le processus de création des connexions adaptable en fonction du contexte. Ainsi, pour JGenea Web, vous utiliserez le datasource Struts alors que pour JGenea Ihm, vous utiliserez une création directe de connexion JDBC.

Pour implémenter cette logique de fonctionnement dépendant du contexte, vous vous reposerez sur le design pattern stratégie. Vous aurez de la sorte une stratégie Struts et une stratégie directe pour la création de connexions JDBC.

Implémentation du design pattern stratégie

Dans un premier temps, définissez l'interface partagée par les deux stratégies, `IJdbcConnectionSelector` :

```
package org.genealogie.utils;
import java.sql.Connection;
import java.sql.SQLException;
public interface IJdbcConnectionSelector {
    Connection getConnection() throws SQLException;
}
```

Créez la stratégie Struts, `StrutsJdbcConnSelector` :

```
package org.genealogie.utils;

import java.sql.Connection;
import java.sql.SQLException;

import javax.sql.DataSource;

public class StrutsJdbcConnSelector implements
 IJdbcConnectionSelector {
    private DataSource dataSource = null;
```

```
      public StrutsJdbcConnSelector(DataSource pDataSource) {
       dataSource = pDataSource;
      }

      public Connection getConnection() throws SQLException {
       return dataSource.getConnection();
      }
    }
```

Créez la stratégie directe DirectJdbcConnSelector :

```
package org.genealogie.utils;

import java.sql.Connection;
import java.sql.DriverManager;
import java.sql.SQLException;

import org.genealogie.log.Log;

public class DirectJdbcConnSelector implements
 IJdbcConnectionSelector {
    private String url;
    private String user;
    private String password;

    public DirectJdbcConnSelector(String pDriver,String pUrl,String
     pUser,String pPwd) {
      url = pUrl;
      user = pUser;
      password = pPwd;
      try {
         Class.forName(pDriver);
      }
      catch(ClassNotFoundException e) {
         Log.log(e);
         throw new RuntimeException(e);
      }
    }

    public Connection getConnection() throws SQLException {
     return DriverManager.getConnection(url,user,password);
    }
  }
```

Pour terminer votre implémentation du design pattern, créez la classe singleton, qui sélectionne la stratégie en fonction du contexte :

```
package org.genealogie.utils;

import java.sql.Connection;
import java.sql.SQLException;

import javax.sql.DataSource;

import org.genealogie.log.Log;
```

```java
public class JdbcConnectionSelector implements
 IJdbcConnectionSelector {
   public static final int J2EE_DATASOURCE = 1;
   public static final int JDBC_DIRECT = 2;

   private static JdbcConnectionSelector instance =
     new JdbcConnectionSelector();
   private IJdbcConnectionSelector selector = null;

   private JdbcConnectionSelector() {
   }

   public static JdbcConnectionSelector getInstance() {
    return instance;
   }

   public synchronized void setStrategy(int pStrategy,
    Object[] pParams) {
     if (selector == null) {
       switch (pStrategy) {
       case J2EE_DATASOURCE:
           selector =
             new StrutsJdbcConnSelector((DataSource) pParams[0]);
           break;
       case JDBC_DIRECT:
           selector =
             new DirectJdbcConnSelector((String) pParams[0],
                   (String) pParams[1], (String) pParams[2],
                   (String) pParams[3]);
           break;
       }
     }
   }

   public Connection getConnection() throws SQLException {
    if (selector == null) {
       Log.log("Le sélectionneur de connexion n'est pas initialisé. Il faut appeler
       ➥la méthode setStrategie avant getConnection.");
       throw new RuntimeException();
    }
    return selector.getConnection();
   }

   public boolean isInitialized() {
    return (selector != null);
   }
}
```

Remarque

Pour gérer des implémentations de l'interface `IjdbcConnectionSelector` ayant une liste de paramètres différente, la méthode `setStrategy` comporte comme deuxième paramètre un tableau d'objets
permettant de s'adapter à tous les cas.

Le processus de généralisation de `JdbcConnectionSelector` dans JGenea Web commence par la refonte des DAO. Dans un premier temps, vous allez créer une classe abstraite, `AbstractDAO`, définissant la mécanique de base d'un DAO :

• gestion du cycle de vie d'une connexion et des éléments associés (`ResultSet`, `PreparedStatement`) ;

• gestion des exceptions générées par les DAO.

Le code d'`AbstractDAO` est le suivant :

```
package org.genealogie.metier.dao;

import java.sql.Connection;
import java.sql.PreparedStatement;
import java.sql.ResultSet;
import java.sql.SQLException;

import org.genealogie.utils.JdbcConnectionSelector;

public abstract class AbstractDAO {
   private Throwable exception = null;

   protected Connection getConnection() throws SQLException {
    return JdbcConnectionSelector.getInstance().getConnection();
   }

   protected void closeConnection(Connection pConn,ResultSet[]
   pRs,PreparedStatement[] pPs) {
     for(int i=0;i<pRs.length;i++) {
       try {
           pRs[i].close();
       }
       catch (SQLException e){
       }
     }
     for(int i=0;i<pPs.length;i++) {
       try {
           pPs[i].close();
       }
       catch (SQLException e){
       }
     }
     try {
       if (pConn!=null) {
           pConn.close();
       }
     }
     catch (SQLException e){
     }
     forwardException();
   }
```

```
      protected void setException(Throwable pException) {
        exception = pException;
      }

      protected void forwardException() {
       if(exception!=null) {
          throw new RuntimeException(exception);
        }
      }
   }
}
```

La mécanique de gestion des exceptions implémentée ici est très simple. Lorsqu'une exception est générée au sein d'un DAO, elle est stockée dans l'attribut exception *via* la méthode setException, après quoi elle peut être transférée *via* la méthode forwardException.

L'intérêt de procéder de cette manière est de permettre d'effectuer des traitements de nettoyage dans un bloc finally, en l'occurrence la fermeture des ResultSet, PreparedStatement et Connection, après la génération de l'exception puis de transférer cette dernière de manière que les couches supérieures du logiciel, en l'occurrence les actions Struts, la traitent.

Refonte des DAO

Vous pouvez maintenant refondre les DAO proprement dits. Avant tout chose, il est nécessaire de réaliser des tests unitaires afin de détecter d'éventuelles régressions après la refonte. Ici, vous vous contenterez des tests unitaires de GenealogieDAO que vous avez créés précédemment (normalement, vous devriez avoir des tests unitaires pour chaque DAO).

Tout d'abord, faites-les tous hériter d'AbstractDAO afin de bénéficier de ses services. Vous pouvez supprimer la méthode getConnection ainsi que l'attribut connection du DAO, car ils ne sont plus nécessaires.

Changez ensuite la signature du constructeur afin de supprimer son unique argument. Pour cela, vous pouvez utiliser l'assistant de changement de signature de méthode fourni par Eclipse. Grâce à lui, l'ensemble des classes utilisant ce constructeur est automatiquement modifié, ce qui est hautement appréciable pour des classes comme GenealogieDAO, qui sont utilisées par beaucoup d'autres classes.

Pour terminer, vous devez refondre l'ensemble des clauses catch et finally des DAO pour intégrer votre logique de gestion des exceptions et des connexions.

Ainsi, le contenu des blocs finally est remplacé par un unique appel à la méthode close-Connection, qui factorise les traitements de fermeture des ressources JDBC et le transfert de l'exception potentiellement générée avant le bloc finally :

```
finally {
  ResultSet[] trs = {rs};
  PreparedStatement[] tps = {ps};
  closeConnection(conn,trs,tps);
}
```

Le contenu des clauses `catch` est remplacé par un appel à la méthode `setException`, qui permet au bloc `finally` de réaliser les opérations de clôture avant traitement effectif de l'exception par les couches appelantes.

Les `rollback` sont maintenus dans les clauses `catch` des méthodes DAO effectuant des mises à jour de données en base :

```
catch(SQLException ex) {
    setException(ex);
    try {
     conn.rollback();
    } catch(SQLException ex1) {}
}
```

Refonte des actions Struts

Pour achever votre refactoring, vous devez modifier l'ensemble des actions Struts du package `org.genealogie.web` afin qu'elles ne récupèrent plus de connexions JDBC dont elles n'ont pas l'utilité.

Préparation des tests unitaires

Comme pour les DAO, vous devez mettre en place des tests unitaires pour valider vos modifications. Reposez-vous pour cela sur le framework StrutsTestCase dérivé de JUnit. Des tests ont été définis pour trois classes : `LoginAction`, qui va subir un refactoring différent des autres actions, `AccueilAction` et `RechercherPersonneChronologiqueAction`.

La classe suivante fournit le test unitaire pour `RechercherPersonneChronologiqueAction` :

```
package org.genealogie.web.tests;

//Imports...

import servletunit.struts.MockStrutsTestCase;

public class TestRechercherPersonneChronologiqueAction extends
    MockStrutsTestCase {

  public TestRechercherPersonneChronologiqueAction(String pName) {
   super(pName);
  }

  protected void setUp() throws Exception {
   super.setUp();
   Object[] params = new Object[4];
   params[0] = "org.hsqldb.jdbcDriver";
   params[1] = "jdbc:hsqldb:C:\\Eclipse\\workspace\\jgenea-refactoring\\db\\jgenea";
   params[2] = "sa";
   params[3] = "";
   JdbcConnectionSelector.getInstance()
     .setStrategy(JdbcConnectionSelector.JDBC_DIRECT,params);
  }
```

```
    public void testSuccessfulLogin() {
     Auth auth = new Auth(1,"admin","admin",true,true,0,null,
                          null,null,null,null,null);
     getSession().setAttribute("auth",auth);
     DatabaseUtils.setIdPool("Perso");
     setRequestPathInfo("/rechercherPersonnesChronologique");
     RechercherPersonnesChronologiqueForm form =
        new RechercherPersonnesChronologiqueForm();
     form.setAction("Create");
     form.setNom("");
     // Initialisation à "" de chaque attribut de form...
     setActionForm(form);
     actionPerform();
     verifyForward("success");
     verifyForwardPath("/jsp/liste_personnes.jsp");
     verifyNoActionErrors();
     assertNotNull(getRequest().getAttribute("result"));
   }
 }
```

> **Important**
>
> Pour que ces tests fonctionnent, il est nécessaire de modifier la méthode setUp afin que l'URL JDBC contienne le chemin correct vers la base de données. Il en va de même pour le fichier **struts-config.xml** situé dans le répertoire **WEB-INF.**

Ce test seul ne marche pas. Du fait du fonctionnement de Struts, la méthode reset de RechercherPersonnesChronologiqueForm est appelée lors de l'exécution de setAction, réduisant à néant l'initialisation du formulaire que vous réalisez dans le test. La classe RechercherPersonnesChronologiqueForm étant final, vous ne pouvez pas créer de sous-classe interne au test pour redéfinir la méthode reset.

Pour ne pas avoir à changer la définition de RechercherPersonnesChronologiqueForm, utilisez l'aspect suivant (les modalités sont décrites p. 346) :

```
package org.genealogie.web.tests;

import org.genealogie.web.RechercherPersonnesChronologiqueForm;

public aspect NoFormReset {
    private pointcut aSupprimer() :
     execution(void RechercherPersonnesChronologiqueForm.reset(..));

    declare warning : aSupprimer() :
     "Méthode supprimée pour permettre les tests unitaires.";

    void around() : aSupprimer() {
    }
}
```

Si vous exécutez ces tests unitaires sur le code actuel, vous pouvez constater qu'ils fonctionnent correctement.

> **Important**
>
> Pour utiliser cet aspect dans Eclipse, vous devez avoir installé préalablement AJDT et avoir déclaré votre projet comme étant un projet Eclipse *via* son menu contextuel Convert to AspectJ Project. Par ailleurs, vous devez vous assurer que la bibliothèque **aspectjrt.jar** est bien présente dans le répertoire **WEB-INF\ lib** de votre projet. Si tel n'est pas le cas, vous pourrez la trouver dans le répertoire **plugins** d'Eclipse.

Analysez maintenant la couverture de ces tests unitaires avec EMMA. Vous constatez qu'ils couvrent moins de 50 % du code des actions Struts concernées. Ce taux doit cependant suffire, car les modifications ne doivent pas impacter le fonctionnement des actions puisque les connexions JDBC ne sont pas utilisées par celles-ci.

> **Remarque**
>
> Vous n'avez plus le taux de couverture par ligne RechercherPersonnesChronologiqueForm à cause du compilateur d'AspectJ, qui ne renseigne pas cette information de débogage pour les aspects et les classes tissées. Nous avons donc dû l'exclure de l'instrumentation dans le script Ant afin d'avoir le taux de couverture par ligne pour les autres classes de JGenea Web.

Mise en œuvre du refactoring

À l'exception de LoginAction, les blocs similaires à celui présenté ci-dessous (avec les déclarations de variables) sont supprimés purement et simplement des actions Struts de org.genealogie.web :

```
dataSource = getDataSource(request,pool);
conn = dataSource.getConnection();
```

Par ailleurs, les blocs finally deviennent inutiles (ils sont traités directement dans les DAO) et doivent être supprimés.

Pour sa part, la classe LoginAction doit être modifiée, car elle a la charge d'initialiser la stratégie Struts pour les connexions JDBC (vous avez besoin d'être dans une action Struts pour récupérer la DataSource).

En lieu et place du bloc de code ci-dessus, vous avez donc :

```
Object[] dsParams = new Object[1];
dsParams[0] = dataSource;
JdbcConnectionSelector.getInstance()
  .setStrategy(JdbcConnectionSelector.J2EE_DATASOURCE,dsParams);
```

Enfin, vous devez modifier la clause catch de la méthode execute de manière qu'elle accepte le type Exception et non plus SQLException.

Test des modifications et analyse postrefactoring

Si vous exécutez les tests unitaires de TestGenealogieDAO, vous constatez qu'*a priori* le refactoring s'est bien passé. Il en va de même pour les tests unitaires portant sur les actions Struts.

Par rapport à la version précédente (REFACTGENDUP), vous avez réduit la taille du code (2 896 lignes contre 3 211 pour `GenealogieDAO`) ainsi que la complexité des DAO (8,189 contre 10,507 pour `GenealogieDAO`) et des actions Struts en factorisant la gestion du cycle de vie des connexions JDBC dans une classe abstraite.

Vous avez de surcroît plus de souplesse pour la réutilisation des DAO en masquant maintenant complètement le détail de leur implémentation. Enfin, le design pattern stratégie vous permet de définir des stratégies de création de connexions adaptées au contexte. L'emploi d'un pool de connexions pour JGenea Ihm se fera très simplement en définissant une nouvelle implémentation de `IJdbcConnectionSelector`.

Après cette refonte des méthodes `getResultatsRecherche`, la version de JGenea Web est disponible dans le référentiel CVS sous le nom REFACTSTRAT.

Modularisation avec un aspect

Pour achever cette étude de cas, vous allez mettre en œuvre un aspect factorisant un comportement transversal au sein de JGenea Web. Le traitement transversal le plus évident est celui qui consiste à vérifier si l'utilisateur est authentifié ou non.

Ce traitement est centralisé dans la classe `CheckAction`, dont héritent toutes les classes nécessitant, entre autres, cette vérification. Par ailleurs, `CheckAction` fournit plusieurs méthodes utilitaires qu'utilisent ses descendants. *In fine,* `CheckAction` n'a pas vraiment de sens d'un point de vue conceptuel et constitue uniquement un moyen d'éviter la duplication de code.

Si vous réalisez le contrôle d'authentification au sein d'un aspect, vous pouvez transformer `CheckAction` en une ou plusieurs classes utilitaires et simplifier l'arbre d'héritage, les actions qui nécessitent un contrôle d'authentification n'ayant plus à hériter de `CheckAction`. Leur flexibilité devient ainsi beaucoup plus grande.

Pour créer cet aspect, choisissez File, New et Other, puis sélectionnez l'option Aspect dans le dossier AspectJ. Cliquez sur Next. Dans l'assistant de création qui s'affiche, précisez le package, en l'occurrence `org.genealogie.web`, ainsi que le nom de l'aspect, que vous appellerez `CheckAuth`.

L'aspect est réalisé de la manière suivante :

```
package org.genealogie.web;

import javax.servlet.http.HttpServletRequest;
import javax.servlet.http.HttpServletResponse;
import javax.servlet.http.HttpSession;

import org.apache.struts.action.ActionForm;
import org.apache.struts.action.ActionForward;
import org.apache.struts.action.ActionMapping;
import org.genealogie.metier.modele.Auth;

public aspect CheckAuth {
```

```
private pointcut checkpoint(
                ActionMapping mapping,
                ActionForm form,
                HttpServletRequest request,
                HttpServletResponse response) :
    execution(ActionForward *.execute(ActionMapping,
        ActionForm,HttpServletRequest,HttpServletResponse)) &&
    args(mapping,form,request,response) &&
    !within(LoginAction) &&
    !within(LogoutAction);

Object around(ActionMapping mapping,ActionForm form,
 HttpServletRequest request,HttpServletResponse response) :
  checkpoint(mapping,form,request,response) {
    if( isAuthentifier(request) ) {
     return proceed(mapping,form,request,response);
    } else {
     setNoCache(response);
     return mapping.findForward("login");
    }
}

private boolean isAuthentifier(HttpServletRequest request) {
 HttpSession session=request.getSession();
 if( session!=null ) {
    Auth login=(Auth)session.getAttribute("auth");
    if( login!=null )
        return true;
    else
        return false;
 } else
    return false;
}

private void setNoCache(HttpServletResponse response) {
 response.setHeader("Cache-Control", "no-cache");
 response.setHeader("Pragma", "no-cache");
 response.setHeader("Expires", "0");
 }
}
```

Une fois cet aspect en place, supprimez la méthode performTask de CheckAction, modifiez le contenu de sa méthode execute de manière qu'elle renvoie systématiquement sur la page d'accueil, et renommez les méthodes performTask de chaque action Struts dérivant de CheckAction en execute afin que leur traitement soit directement appelé par Struts.

Pour vérifier si le refactoring a bien fonctionné, réutilisez les tests unitaires réalisés précédemment avec StrutsTestCase. Vous pourrez par la suite transformer CheckAction en classe utilitaire et libérer complètement ses classes dérivées de la contrainte de l'héritage.

Grâce à cet aspect, il n'est plus obligatoire de dériver de la classe `CheckAction` pour assurer le contrôle d'authentification. Cette problématique transversale à JGenea est factorisée dans l'aspect `CheckAuth`, améliorant ainsi la séparation des préoccupations.

La version de JGenea Web après cette refonte à base de POA est disponible dans le référentiel CVS sous le nom REFACTPOA.

Pour aller plus loin

Dans cette étude de cas, vous n'avez refondu qu'une petite partie de JGenea Web, et beaucoup de zones restent à améliorer. Le lecteur intéressé pourra effectuer les autres améliorations suivantes :

- Améliorer `GenealogieDAO` en extrayant du code vers de nouvelles classes, par exemple, un DAO pour les informations géographiques.

- Fusionner les méthodes de `GenealogieDAO` accédant aux informations sur les personnes avec celles de `PersonneDAO`.

- Supprimer les dupliquas dans les classes du package `org.genealogie.web`.

- Refondre les méthodes effectuant des filtrages dans les actions Struts. Ce type d'opération doit être pris en charge par les DAO en se reposant sur des requêtes SQL.

- Utiliser le design pattern interpréteur pour refondre la validation des formulaires (méthode `validate` dans les classes dérivées d'`ActionForm`). Pour cela, vous pourrez utiliser l'outil Validator fourni par le framework Struts.

- Refondre JGenea Ihm, de préférence une ancienne version.

Partie IV

Annexe

Vous trouverez dans cette annexe les procédures permettant de télécharger et d'installer les outils nécessaires aux exemples de l'ouvrage et à l'étude de cas.

Ces outils étant tous issus de la communauté Open Source, ils peuvent être utilisés gratuitement sur vos projets.

La dernière section présente le DDL de l'application JGenea Web.

Installation d'Eclipse

Eclipse peut être téléchargé gratuitement depuis la page Downloads du site Web *http:// www.eclipse.org*.

L'installation d'Eclipse nécessite au préalable la présence d'un JRE (Java Runtime Environment), dont la version est spécifiée sur la page de téléchargement.

Eclipse se présente sous la forme d'un fichier Zip à décompresser dans le répertoire de votre choix. La décompression crée une arborescence dont le répertoire racine s'appelle **eclipse.**

Quand la décompression est terminée, vous pouvez lancer l'exécutable (**eclipse.exe** pour Windows) présent à la racine du répertoire **eclipse** pour démarrer l'environnement de développement.

La configuration des préférences d'Eclipse permettant de faire fonctionner les exemples et l'étude de cas est indiquée dans les chapitres en fonction des besoins.

Installation de PMD sous Eclipse

Depuis la version 2.2.2v3 du plug-in PMD, son installation sous Eclipse suit une procédure standard, de même que celle des autres plug-in nécessaires à l'ouvrage, sauf cas particulier.

PMD est aussi disponible pour JBuilder, JDeveloper, Netbeans, etc. ainsi qu'en mode ligne de commande. Vous pouvez vous reporter au site Web de PMD pour connaître la procédure d'installation dans ces environnements *(http://pmd.sourceforge.net)*.

1. Avant de démarrer la procédure d'installation, sauvegardez votre travail en cours dans Eclipse.

2. Lancez l'assistant d'installation et de mise à jour d'Eclipse en choisissant Help, Software Updates et Find and Install.

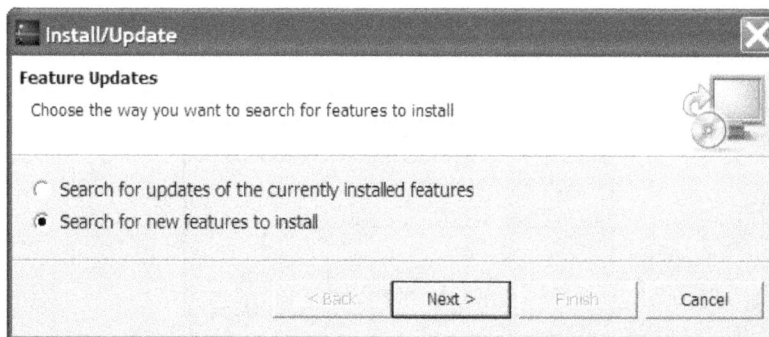

Figure 1

Assistant d'installation et de mise à jour d'Eclipse

3. Dans la fenêtre Feature Updates, activez l'option Search for new features to install, et cliquez sur le bouton Next.

La fenêtre qui s'affiche présente la liste des sites publiant des mises à jour des produits déclarés dans votre environnement. Par défaut, la liste ne comprend que le site de mise à jour de l'environnement Eclipse lui-même.

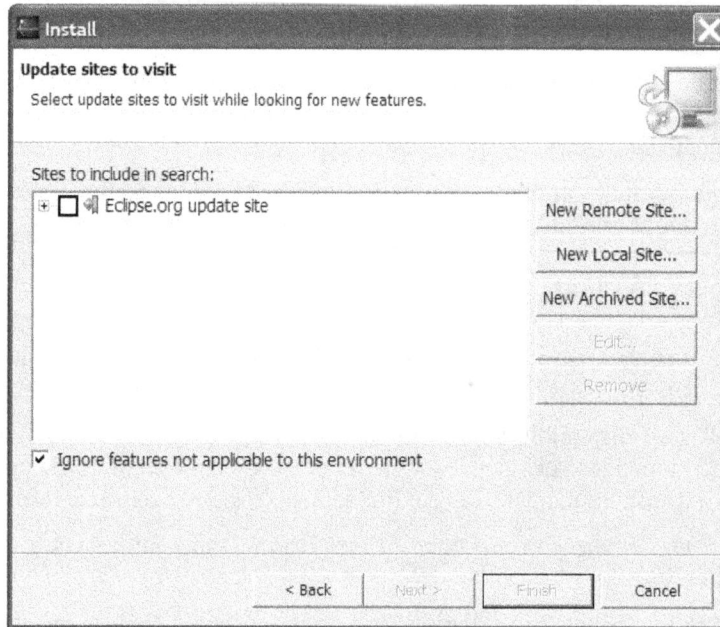

Figure 2
Listes des sites de mise à jour

4. Cliquez sur le bouton New Remote Site.

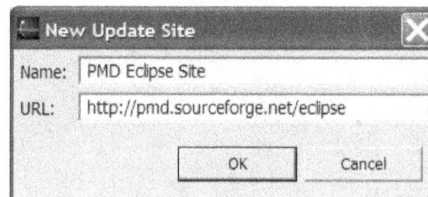

Figure 3
Déclaration du site de mise à jour de PMD

5. Dans le champ Name, spécifiez le nom du site de mise à jour en rappelant le nom du plug-in correspondant.

6. Dans le champ URL, entrez l'URL du site de mise à jour, en l'occurrence *http:// pmd.sourceforge.net/eclipse.*

7. Cliquez sur le bouton OK. La liste des sites publiant des mises à jour affiche une nouvelle entrée correspondant à PMD.

8. Cochez cette nouvelle entrée, et cliquez sur Next.

Eclipse se connecte au site de mise à jour et affiche la liste des éléments disponibles en téléchargement.

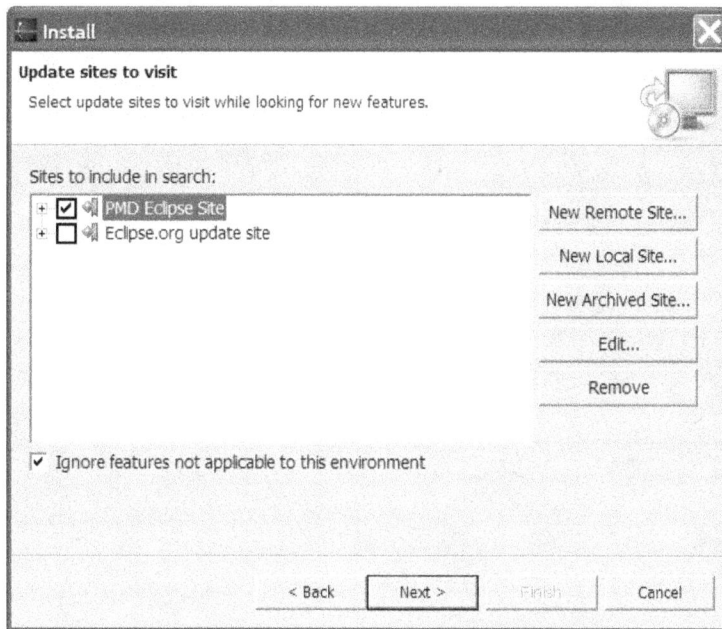

Figure 4

Éléments disponibles en téléchargement

9. Sélectionnez la version la plus récente correspondant à votre version d'Eclipse, ici la 2.2.2v3, car nous utilisons Eclipse 3, puis cliquez sur Next.

Une fenêtre affiche la licence attachée à PMD.

10. Sélectionnez l'option I accept the terms in the license agreements, et cliquez sur Next.

Une fenêtre récapitule la fonctionnalité que va être installée.

11. Cliquez sur Finish pour démarrer l'installation.

12. Une fenêtre de confirmation vous demande si vous voulez installer PMD. Cliquez sur Install.

13. Une fois le téléchargement de PMD achevé, une fenêtre vous indique qu'il est nécessaire de redémarrer Eclipse pour prendre en compte les modifications. Si vous avez sauvegardé votre travail préalablement à l'installation, cliquez sur Yes. Sinon, cliquez sur No.

14. Sauvegardez votre travail, et relancez Eclipse.

15. Pour vérifier que PMD est bien installé, choisissez Help et About Eclipse Platform dans la barre de menus d'Eclipse.

16. Dans la fenêtre qui s'affiche, cliquez sur Feature Details.

    Dans la liste qui s'affiche, vous devez voir apparaître une fonctionnalité (Feature) appelée PMD UI Plugin.

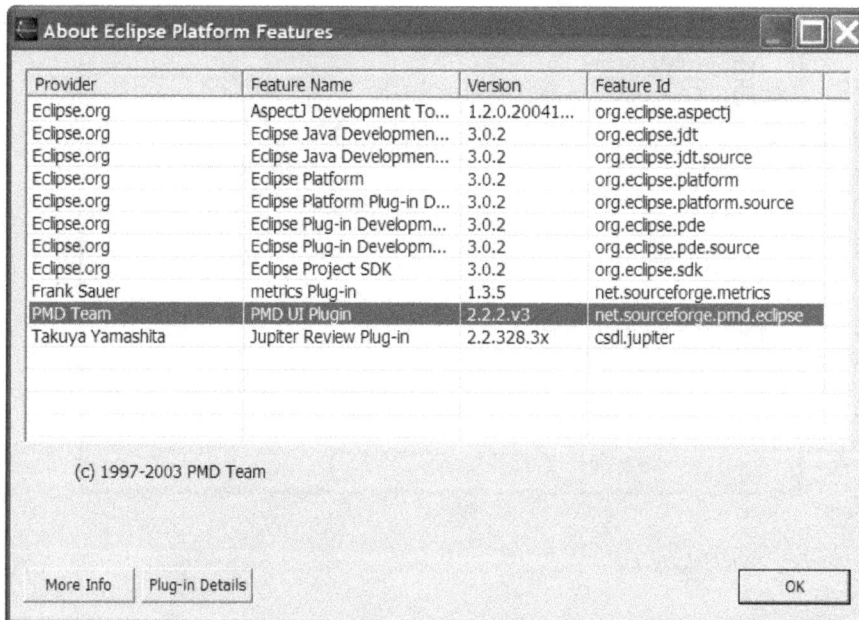

Figure 6
Vérification de l'installation de PMD

Installation de Checkstyle sous Eclipse

Les instructions d'installation de Checkstyle sous Eclipse ont été établies à partir de la version 3.5.0 du plug-in.

Checkstyle est aussi disponible pour JBuilder, Netbeans, IntelliJ IDEA, etc., ainsi qu'en ligne de commande. Vous pouvez vous reporter au site Web de Checkstyle *(http://checkstyle.sourceforge.net/)* pour connaître sa procédure d'installation dans ces environnements.

1. Téléchargez le fichier Zip contenant le plug-in Checkstyle à l'URL *http://eclipse-cs.sourceforge.net/*.

   Pour la version 3.5.0 de Checkstyle, le fichier est nommé :
   com.atlassw.tools.eclipse.checkstyle_3.5.0-bin.zip.

2. Si Eclipse est ouvert sur votre ordinateur, fermez-le avant de continuer la procédure.

3. Décompressez le fichier Zip dans le sous-répertoire **plugins** du répertoire dans lequel est installé Eclipse.

4. Quand la décompression est terminée, relancez Eclipse pour vous assurer de la bonne installation du plug-in.

5. Pour vérifier que le plug-in Checkstyle est bien installé, choisissez Help et About Eclipse Platform dans la barre de menus d'Eclipse.

6. Dans la fenêtre qui s'affiche, cliquez sur Plug-in Details.

Vous devez voir apparaître la ligne Checkstyle Plug-in dans la colonne Plug-in Name.

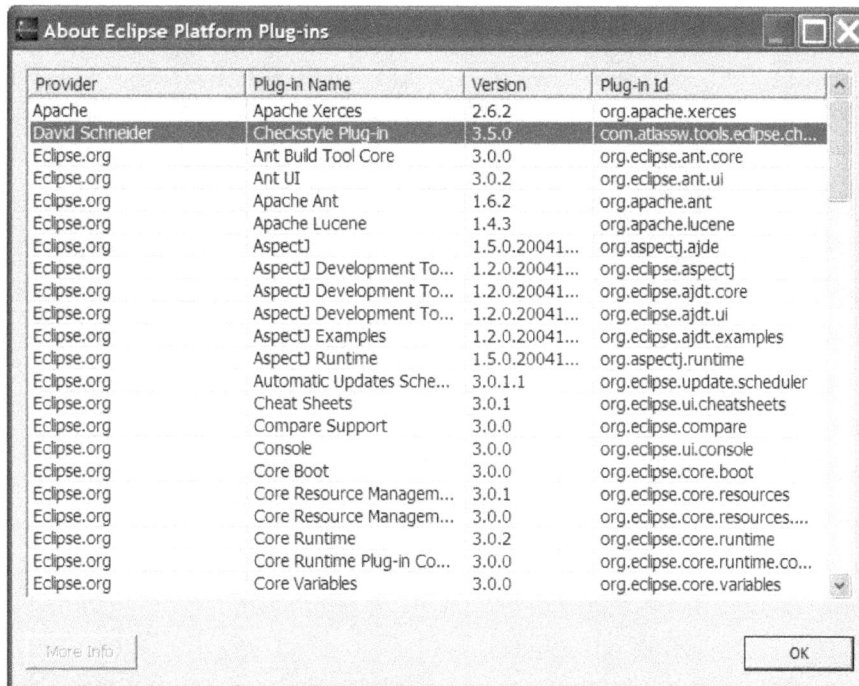

Figure 7

Vérification de la bonne installation de Checkstyle

Installation de Metrics sous Eclipse

La procédure d'installation du plug-in Metrics sous Eclipse étant identique à celle de PMD, nous ne la décrivons pas en détail.

Ces instructions ont été établies à partir de la version 1.3.5 du plug-in Metrics.

1. Lors de la déclaration du site de mise à jour (New Remote Site), spécifiez l'URL *http:/ /metrics.sourceforge.net/update*.

2. Pour vérifier que Checkstyle est bien installé, choisissez Help et About Eclipse Platform dans la barre de menus d'Eclipse.

3. Dans la fenêtre qui s'affiche, cliquez sur Feature Details.

Vous devez voir apparaître la ligne metrics Plug-in.

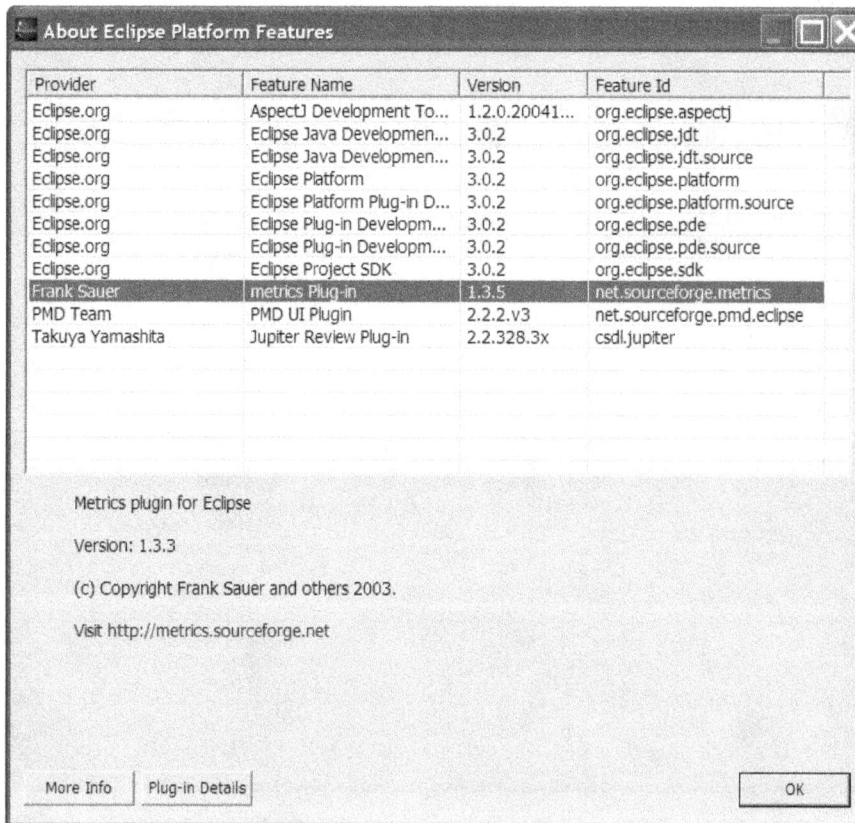

Provider	Feature Name	Version	Feature Id
Eclipse.org	AspectJ Development To...	1.2.0.20041...	org.eclipse.aspectj
Eclipse.org	Eclipse Java Developmen...	3.0.2	org.eclipse.jdt
Eclipse.org	Eclipse Java Developmen...	3.0.2	org.eclipse.jdt.source
Eclipse.org	Eclipse Platform	3.0.2	org.eclipse.platform
Eclipse.org	Eclipse Platform Plug-in D...	3.0.2	org.eclipse.platform.source
Eclipse.org	Eclipse Plug-in Developm...	3.0.2	org.eclipse.pde
Eclipse.org	Eclipse Plug-in Developm...	3.0.2	org.eclipse.pde.source
Eclipse.org	Eclipse Project SDK	3.0.2	org.eclipse.sdk
Frank Sauer	metrics Plug-in	1.3.5	net.sourceforge.metrics
PMD Team	PMD UI Plugin	2.2.2.v3	net.sourceforge.pmd.eclipse
Takuya Yamashita	Jupiter Review Plug-in	2.2.328.3x	csdl.jupiter

Metrics plugin for Eclipse

Version: 1.3.3

(c) Copyright Frank Sauer and others 2003.

Visit http://metrics.sourceforge.net

More Info | Plug-in Details | OK

Figure 8

Vérification de l'installation de Metrics

Téléchargement d'EMMA

EMMA est un outil Java téléchargeable directement depuis son site Web *(http://emma.source-forge.net/)*.

1. *Depuis le site d'EMMA*, cliquez sur le lien Downloads puis sur le lien SourceForge download page.

2. Une liste de fichiers vous est proposée. Sélectionnez le fichier **emma-x.y.z-lib.zip** le plus récent dans la catégorie **emma-release** (x, y et z sont des numéros de version).

3. Une liste de sites miroirs de téléchargement vous est proposée. Cliquez sur le lien de la colonne Download correspondant au miroir le plus proche de chez vous.

4. Après quelques instants, le téléchargement démarre. Si tel n'est pas le cas, cliquez sur un lien, comme indiqué à l'écran, ou changez de miroir.

5. Une fois le fichier Zip téléchargé, décompressez-le.

Ce fichier Zip contient deux fichiers, **emma.jar** et **emma_ant.jar.**

Téléchargement du client CVS pour Windows

Contrairement à Linux, Windows n'est pas doté par défaut d'un client CVS en ligne de commande. Le site Web de CVS propose en téléchargement un tel client pour le système d'exploitation de Microsoft *(http://www.cvshome.org)*.

1. Sur la page d'accueil, cliquez sur CVS downloads. Une liste de répertoires s'affiche.

2. Cliquez sur le répertoire **binaries** puis sur le sous-répertoire **win32.** Une liste de fichiers Zip s'affiche.

3. Cliquez sur le nom de fichier Zip dont le statut (colonne Status) est Stable (**cvs-1-11-19.zip** au moment de la rédaction de cet ouvrage).

4. Ouvrez le fichier Zip téléchargé, et décompressez le fichier **cvs.exe** dans le répertoire de votre choix.

5. Ajoutez ce répertoire à la variable d'environnement PATH afin qu'il puisse être appelé directement depuis n'importe quel autre répertoire.

6. Pour vérifier que le client CVS fonctionne bien, lancez une invite de commande (*via* les menus de Windows Démarrer, Tous les programmes et Accessoires), et entrez **cvs.**

Vous devez obtenir l'affichage suivant :

```
Usage: cvs [cvs-options] command [command-options-and-arguments]
   where cvs-options are -q, -n, etc.
     (specify --help-options for a list of options)
   where command is add, admin, etc.
     (specify --help-commands for a list of commands
      or --help-synonyms for a list of command synonyms)
   where command-options-and-arguments depend on the specific command
     (specify -H followed by a command name for command-specific help)
   Specify --help to receive this message
The Concurrent Versions System (CVS) is a tool for version control.
For CVS updates and additional information, see
     the CVS home page at http://www.cvshome.org/ or
     Pascal Molli's CVS site at http://www.loria.fr/~molli/cvs-index.html
```

Téléchargement de StatCVS

StatCVS est un programme Java téléchargeable directement depuis son site Web *(http://statcvs.sourceforge.net/)*.

1. Depuis le site de StatCVS, cliquez sur le lien Download StatCVS. Une liste de sites miroirs de téléchargement vous est proposée.

2. Cliquez sur le lien de la colonne Download correspondant au miroir le plus proche de chez vous.

3. Après quelques instants, le téléchargement démarre. Si tel n'est pas le cas, cliquez sur un lien comme indiqué à l'écran ou changez de miroir.

4. Une fois le fichier Zip téléchargé, décompressez-le.

Un sous-répertoire **statcvs-0.2.2** est créé contenant notamment le fichier **statcvs.jar,** qui est le programme exécutable Java de StatCVS.

Téléchargement de Tomcat

Pour les besoins de l'étude de cas, nous utilisons le moteur de servlets/JSP Tomcat. Son programme d'installation est disponible *via* la rubrique Download et la sous-rubrique Binaries, du site Web de Tomcat *(http://jakarta.apache.org/tomcat)*.

Tomcat nécessite l'installation préalable d'un JDK, dont la version est spécifiée dans la documentation fournie sur le site Web. Pour Tomcat 5, il s'agit du JDK 1.5.

L'étude de cas utilise les paramètres par défaut proposés par l'assistant d'installation.

1. Après avoir installé Tomcat, lancez-le, et vérifiez que la page affichée par l'URL *http://localhost:8080* correspond à la page d'accueil de Tomcat.

2. Au besoin, remplacez **8080** par le port que vous avez spécifié au moment de l'installation.

Il ne faut pas oublier d'arrêter Tomcat après ce test pour pouvoir utiliser le plug-in Tomcat de Sysdeo. Ce plug-in est utilisé pour piloter Tomcat depuis Eclipse.

Installation et configuration du plug-in Tomcat de Sysdeo pour Eclipse

La procédure d'installation du plug-in Tomcat de Sysdeo pour Eclipse a été établie à partir de la version 3.0.0 du plug-in.

1. Téléchargez le fichier Zip du plug-in Tomcat directement sur la page d'accueil du site Web dédié *(http://www.sysdeo.com/eclipse/tomcatPluginFR.html)*.

2. Si Eclipse est ouvert sur votre ordinateur, fermez-le avant de continuer la procédure.

3. Décompressez le fichier Zip téléchargé dans le sous-répertoire **plugins** du répertoire dans lequel est installé Eclipse.

4. Quand la décompression est terminée, relancez Eclipse pour vous assurer de la bonne installation du plug-in.

   Si le plug-in Tomcat est bien installé, vous devez voir apparaître les icônes ci-contre dans la barre d'outils d'Eclipse.

5. Avant de configurer le plug-in, il est nécessaire d'installer Tomcat *(voir ci-dessus)*.

6. Dans la barre de menus d'Eclipse, choisissez Window et Preferences.

7. Dans la boîte de dialogue Preferences, sélectionnez Tomcat pour accéder aux paramètres du plug-in.

8. Dans la partie droite de la fenêtre, réglez les paramètres suivants :

   – Version de Tomcat : indiquez la version de Tomcat que vous avez installée.

   – Répertoire de Tomcat : indiquez le répertoire où vous l'avez installé.

   – Déclaration des contextes : activez la case « dans Server.xml ».

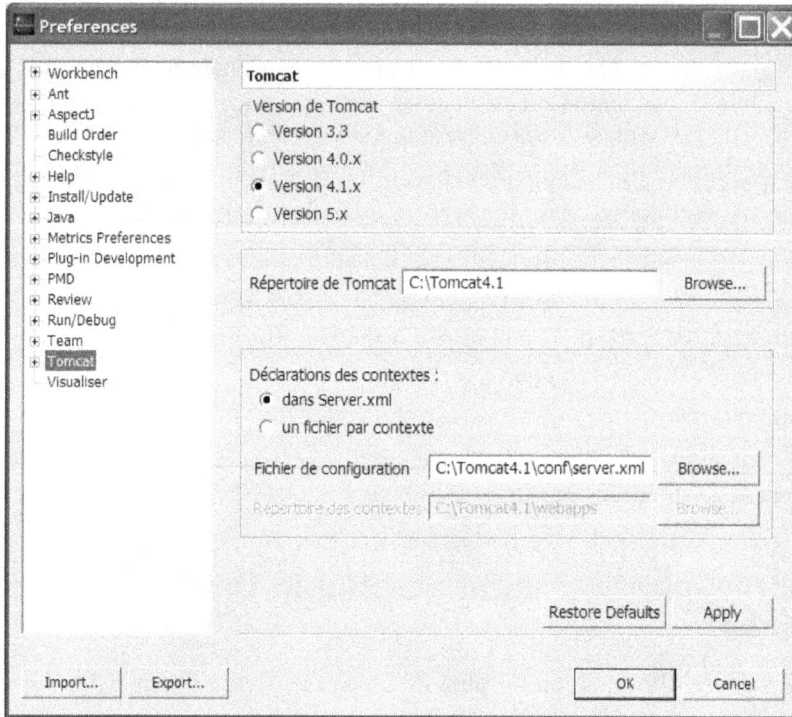

Figure 9

Paramètres du plug-in Tomcat

9. Cliquez sur OK.

10. Afin de vérifier le bon fonctionnement du plug-in, assurez-vous que Tomcat n'est pas déjà lancé sur votre machine.

11. 🦉 Dans la barre d'outils d'Eclipse, cliquez sur le bouton ci-contre. Dans la vue Console, les logs d'exécution de Tomcat doivent apparaître.

12. Lorsque la ligne « INFO: Jk running » s'affiche, lancez un navigateur Web, et entrez l'URL *http://localhost:8080*. Vous devez voir la page d'accueil de Tomcat s'afficher avec le message suivant, indiquant que tout s'est bien déroulé : "If you're seeing this page via a Web browser, it means you've setup Tomcat successfully. Congratulations!".

13. 🦉 Pour arrêter Tomcat, cliquez sur le bouton ci-contre de la barre d'outils d'Eclipse.

Installation du plug-in AJDT pour Eclipse

La procédure d'installation du plug-in pour Eclipse AJDT d'AspectJ *(http://www.eclipse.org/ajdt/)* a été établie à partir de la version 1.2 d'AJDT. Étant identique à celle de PMD, nous ne la décrirons pas en détail.

Des plug-in AspectJ pour JBuilder, JDeveloper et Netbeans sont disponibles à la rubrique Downloads du site Web d'AspectJ *(http://www.eclipse.org/aspectj/)*.

1. Lors de la déclaration du site de mise à jour (New Remote Site), spécifiez l'URL *http://download.eclipse.org/technology/ajdt/30/update* pour Eclipse 3.0*x*.

2. Si vous utilisez Eclipse 3.1, spécifiez l'URL *http://download.eclipse.org/technology/ajdt/31/update*.

3. Dans la liste des versions disponibles, sélectionnez la plus récente (dans cet ouvrage nous utilisons la version 1.2).

4. Pour vérifier qu'AJDT est bien installé, choisissez Help et About Eclipse Platform dans la barre de menus d'Eclipse.

5. Dans la fenêtre qui s'affiche, cliquez sur Feature Details.

Vous devez voir apparaître dans la colonne Feature Name la ligne AspectJ Development Tools.

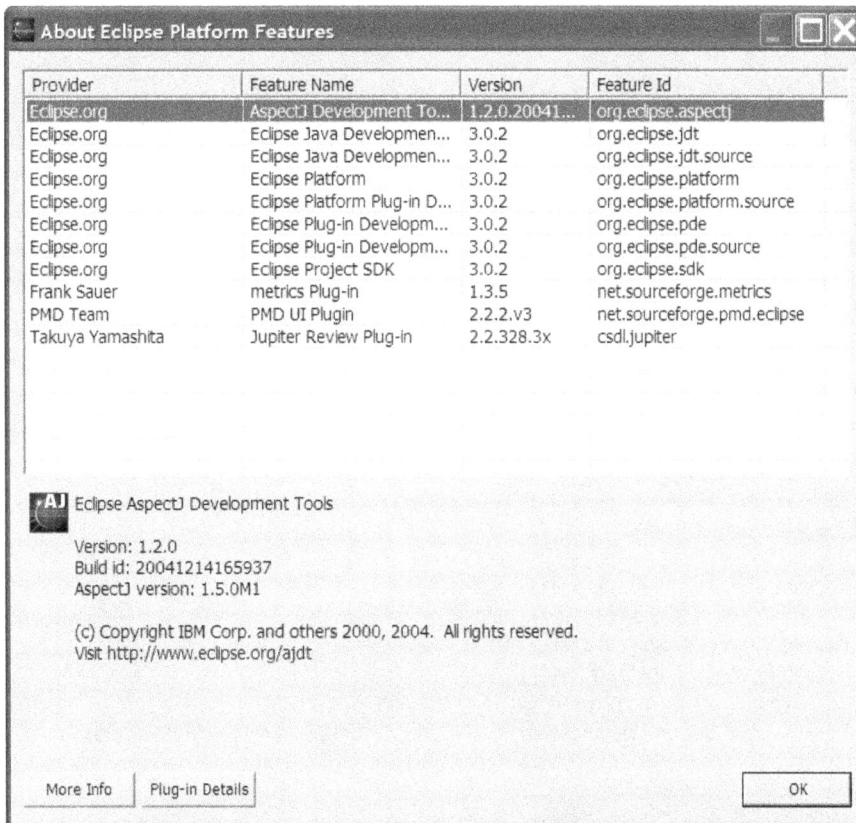

Figure 10

Vérification de l'installation d'AJDT

Script DDL de JGenea Web

Le script DDL ci-dessous permet de créer l'ensemble des tables nécessaires au fonctionnement de l'application JGenea Web. Il a été mis au point pour le SGBD HSQL.

```
-- ================================================================
-- Nom de la base : JGENEA
-- Nom de SGBD : HSQL
-- Date de création : 05/03/2002
-- ================================================================


-- ================================================================
-- Table : PAYS
-- ================================================================
create table PAYS
(
 PAYS_ID INTEGER not null,
 PAYS_NOM CHAR(255) not null,
 constraint PK_PAYS primary key (PAYS_ID)
);


-- ================================================================
-- Table : DEPARTEMENT
-- ================================================================
create table DEPARTEMENT
(
 DEPARTEMENT_ID INTEGER not null,
 DEPARTEMENT_NOM VARCHAR(255) not null,
 DEPARTEMENT_NUMERO VARCHAR(5) not null,
 DEPARTEMENT_PAYS_ID INTEGER not null,
 constraint PK_DEPARTEMENT primary key (DEPARTEMENT_ID),
 constraint departementpaysfk FOREIGN KEY (DEPARTEMENT_PAYS_ID)
 ➡REFERENCES PAYS(PAYS_ID)
);


-- ================================================================
-- Table : COMMUNE
-- ================================================================
create table COMMUNE
(
 COMMUNE_ID INTEGER not null,
 COMMUNE_NOM VARCHAR(255) not null,
 COMMUNE_NOM_EQUIVALENT VARCHAR(255) null,
 COMMUNE_DEPARTEMENT_ID INTEGER not null,
 constraint PK_COMMUNE primary key (COMMUNE_ID),
 constraint communedepartementfk FOREIGN KEY (COMMUNE_DEPARTEMENT_ID)
 ➡REFERENCES DEPARTEMENT(DEPARTEMENT_ID)
);


-- ================================================================
-- Table : PERSONNE
-- ================================================================
```

```
create table PERSONNE
(
 PERSONNE_ID INTEGER not null,
 PERSONNE_NOM CHAR(255) not null,
 PERSONNE_PRENOM1 CHAR(30) not null,
 PERSONNE_PRENOM2 CHAR(30) null,
 PERSONNE_PRENOM3 CHAR(30) null,
 PERSONNE_PARRAIN_ID INTEGER null,
 PERSONNE_MARRAINE_ID INTEGER null,
 PERSONNE_DATE_NAISSANCE DATE null,
 PERSONNE_DATE_NAISSANCE_APP CHAR(30) null,
 PERSONNE_COMMUNE_ID_NAISSANCE INTEGER null,
 PERSONNE_DATE_BAPTEME DATE null,
 PERSONNE_DATE_BAPTEME_APP CHAR(30) null,
 PERSONNE_COMMUNE_ID_BAPTEME INTEGER null,
 PERSONNE_PROFESSION CHAR(60) null,
 PERSONNE_DATE_DECES DATE null,
 PERSONNE_DATE_DECES_APP CHAR(30) null,
 PERSONNE_COMMUNE_ID_DECES INTEGER null,
 PERSONNE_DATE_INHUMATION DATE null,
 PERSONNE_DATE_INHUMATION_APP CHAR(30) null,
 PERSONNE_COMMUNE_ID_INHUMATION INTEGER null,
 PERSONNE_PERE_ID INTEGER null,
 PERSONNE_MERE_ID INTEGER null,
 PERSONNE_ENFANT_NATUREL INTEGER not null,
 PERSONNE_COMMENTAIRES VARCHAR null,
 PERSONNE_ADRESSES VARCHAR null,
 PERSONNE_HOMME INTEGER not null,
 constraint PK_PERSONNE primary key (PERSONNE_ID),
 constraint communebaptemefk FOREIGN KEY (PERSONNE_COMMUNE_ID_BAPTEME)
➥REFERENCES COMMUNE(COMMUNE_ID),
 constraint communenaissancefk FOREIGN KEY (PERSONNE_COMMUNE_ID_NAISSANCE)
➥REFERENCES COMMUNE(COMMUNE_ID),
 constraint communedecesfk FOREIGN KEY (PERSONNE_COMMUNE_ID_DECES)
➥REFERENCES COMMUNE(COMMUNE_ID),
  constraint communeinhumationfk FOREIGN KEY (PERSONNE_COMMUNE_ID_INHUMATION)
➥REFERENCES COMMUNE(COMMUNE_ID)
-- constraint perefk FOREIGN KEY (PERSONNE_PERE_ID) REFERENCES PERSONNE(PERSONNE_ID),
-- constraint merefk FOREIGN KEY (PERSONNE_MERE_ID) REFERENCES PERSONNE(PERSONNE_ID),
-- constraint parrainfk FOREIGN KEY (PERSONNE_PARRAIN_ID) REFERENCES
➥PERSONNE(PERSONNE_ID),
-- constraint marrainefk FOREIGN KEY (PERSONNE_MARRAINE_ID) REFERENCES
➥PERSONNE(PERSONNE_ID)
);

-- ============================================================
-- Table : MARIAGE
-- ============================================================
create table MARIAGE
(
 MARIAGE_MARI_ID INTEGER not null,
```

```
 MARIAGE_FEMME_ID INTEGER not null,
 MARIAGE_TEMOIN1_ID INTEGER null,
 MARIAGE_TEMOIN2_ID INTEGER null,
 MARIAGE_TEMOIN3_ID INTEGER null,
 MARIAGE_TEMOIN4_ID INTEGER null,
 MARIAGE_DATE_CIVIL DATE null,
 MARIAGE_DATE_CIVIL_APP CHAR(30) null,
 MARIAGE_COMMUNE_ID_CIVIL INTEGER null,
 MARIAGE_DATE_RELIGIEUX DATE null,
 MARIAGE_DATE_RELIGIEUX_APP CHAR(30) null,
 MARIAGE_PAROISSE_ID_RELIGIEUX INTEGER null,
 MARIAGE_CIVIL INTEGER null,
 MARIAGE_RELIGIEUX INTEGER null,
 constraint PK_MARIAGE primary key (MARIAGE_MARI_ID,MARIAGE_FEMME_ID),
 constraint mariagemarifk FOREIGN KEY (MARIAGE_MARI_ID)
➥REFERENCES PERSONNE(PERSONNE_ID),
 constraint mariagefemmefk FOREIGN KEY (MARIAGE_FEMME_ID)
➥REFERENCES PERSONNE(PERSONNE_ID),
 constraint mariagetemoin1fk FOREIGN KEY (MARIAGE_TEMOIN1_ID)
➥REFERENCES PERSONNE(PERSONNE_ID),
 constraint mariagetemoin2fk FOREIGN KEY (MARIAGE_TEMOIN2_ID)
➥REFERENCES PERSONNE(PERSONNE_ID),
 constraint mariagetemoin3fk FOREIGN KEY (MARIAGE_TEMOIN3_ID)
➥REFERENCES PERSONNE(PERSONNE_ID),
 constraint mariagetemoin4fk FOREIGN KEY (MARIAGE_TEMOIN4_ID)
➥REFERENCES PERSONNE(PERSONNE_ID),
 constraint mariagecommunefk FOREIGN KEY (MARIAGE_COMMUNE_ID_CIVIL)
➥REFERENCES COMMUNE(COMMUNE_ID),
 constraint mariageparoissefk FOREIGN KEY (MARIAGE_PAROISSE_ID_RELIGIEUX)
➥REFERENCES COMMUNE(COMMUNE_ID)
);

-- ============================================================
-- Table : TYPE_ACTE
-- ============================================================
create table TYPE_ACTE
(
 TYPE_ACTE_ID INTEGER not null,
 TYPE_ACTE_NOM VARCHAR(255) not null,
 constraint PK_TYPE_ACTE primary key (TYPE_ACTE_ID)
);

-- ============================================================
-- Table : ACTE
-- ============================================================
create table ACTE
(
 ACTE_ID INTEGER not null,
 ACTE_LIBELLE VARCHAR(255) not null,
 ACTE_TYPE_ID INTEGER not null,
 ACTE_DATE DATE not null,
```

```
   ACTE_LIEU_ID INTEGER not null,
   ACTE_SOURCE VARCHAR null,
   ACTE_AUTEUR VARCHAR null,
   ACTE_TEXTE VARCHAR null,
   ACTE_MARGE_TEXTE VARCHAR null,
   ACTE_URL_IMAGE varchar(255) null,
   constraint PK_ACTE primary key (ACTE_ID),
   constraint actetypefk FOREIGN KEY (ACTE_TYPE_ID) REFERENCES TYPE_ACTE(TYPE_ACTE_ID),
   constraint actelieuidfk FOREIGN KEY (ACTE_LIEU_ID) REFERENCES COMMUNE(COMMUNE_ID)
);

-- =============================================================
-- Table : LIAISON_ACTE
-- =============================================================
create table LIAISON_ACTE
(
 PERSONNE_ID INTEGER not null,
 ACTE_ID INTEGER not null,
 constraint PK_LIAISON_ACTE primary key (PERSONNE_ID,ACTE_ID),
 constraint liaisonactepersonnefk FOREIGN KEY (PERSONNE_ID)
REFERENCES PERSONNE(PERSONNE_ID),
 constraint liaisonacteactefk FOREIGN KEY (ACTE_ID) REFERENCES ACTE(ACTE_ID)
);

-- =============================================================
-- Table : TYPE_DOCUMENT
-- =============================================================
create table TYPE_DOCUMENT
(
 TYPE_DOCUMENT_ID INTEGER not null,
 TYPE_DOCUMENT_NOM VARCHAR(255) not null,
 constraint PK_TYPE_DOCUMENT primary key (TYPE_DOCUMENT_ID)
);

-- =============================================================
-- Table : DOCUMENT
-- =============================================================
create table DOCUMENT
(
 DOCUMENT_ID INTEGER not null,
 DOCUMENT_LIBELLE VARCHAR(255) not null,
 DOCUMENT_TYPE_ID INTEGER not null,
 DOCUMENT_URL_IMAGE VARCHAR(255) null,
 DOCUMENT_SOURCE VARCHAR(255) null,
 DOCUMENT_DATE VARCHAR(255) null,
 DOCUMENT_TRANSCRIPTION INTEGER null,
 DOCUMENT_MARGE_COMMENTAIRES VARCHAR null,
 DOCUMENT_COMMENTAIRES VARCHAR null,
 constraint PK_DOCUMENT primary key (DOCUMENT_ID),
 constraint documenttypefk FOREIGN KEY (DOCUMENT_TYPE_ID)
REFERENCES TYPE_DOCUMENT(TYPE_DOCUMENT_ID)
);
```

```
-- ============================================================
-- Table : LIAISON_DOCUMENT
-- ============================================================
create table LIAISON_DOCUMENT
(
 PERSONNE_ID INTEGER not null,
 DOCUMENT_ID INTEGER not null,
 constraint PK_LIAISON_DOCUMENT primary key (PERSONNE_ID,DOCUMENT_ID),
 constraint liaisonphotopersonnefk FOREIGN KEY (PERSONNE_ID)
➡REFERENCES PERSONNE(PERSONNE_ID),
 constraint liaisonphotophotofk FOREIGN KEY (DOCUMENT_ID)
➡REFERENCES DOCUMENT(DOCUMENT_ID)
);


-- ============================================================
-- Table : LIAISON_DOCUMENTS
-- ============================================================
create table LIAISON_DOCUMENTS
(
 DOCUMENT1_ID INTEGER not null,
 DOCUMENT2_ID INTEGER not null,
 constraint PK_LIAISON_DOCUMENTS primary key (DOCUMENT1_ID,DOCUMENT2_ID),
 constraint liaisondocument1fk FOREIGN KEY (DOCUMENT1_ID)
➡REFERENCES DOCUMENT(DOCUMENT_ID),
 constraint liaisondocument2fk FOREIGN KEY (DOCUMENT2_ID)
➡REFERENCES DOCUMENT(DOCUMENT_ID)
);


-- ============================================================
-- Table : LIAISON_ACTES
-- ============================================================
create table LIAISON_ACTES
(
 ACTE1_ID INTEGER not null,
 ACTE2_ID INTEGER not null,
 constraint PK_LIAISON_ACTES primary key (ACTE1_ID,ACTE2_ID),
 constraint liaisonacte1fk FOREIGN KEY (ACTE1_ID) REFERENCES ACTE(ACTE_ID),
 constraint liaisonacte2fk FOREIGN KEY (ACTE2_ID) REFERENCES ACTE(ACTE_ID)
);


-- ============================================================
-- Table : LIAISON_ACTE_DOCUMENT
-- ============================================================
create table LIAISON_ACTE_DOCUMENT
(
 ACTE_ID INTEGER not null,
 DOCUMENT_ID INTEGER not null,
 constraint PK_LIAISON_ACTE_DOCUMENT primary key (ACTE_ID,DOCUMENT_ID),
 constraint liaisonactefk FOREIGN KEY (ACTE_ID) REFERENCES ACTE(ACTE_ID),
 constraint liaisondocumentfk FOREIGN KEY (DOCUMENT_ID)
➡REFERENCES DOCUMENT(DOCUMENT_ID)
);
```

```
-- ================================================================
-- Table : PAGE_SUPPLEMENTAIRE
-- ================================================================
create table PAGE_SUPPLEMENTAIRE
(
 PERSONNE_ID INTEGER not null,
 CLASSE_NOM VARCHAR(255) not null,
 PAGE_ORDRE INTEGER not null,
 constraint PK_PAGE_SUPPLEMENTAIRE primary key (PERSONNE_ID,CLASSE_NOM)
);

-- ================================================================
-- Table : TABLES
-- ================================================================
create table TABLES
(
 TABLES_ID INTEGER not null,
 TABLES_COMMUNE_ID INTEGER not null,
 TABLES_DATE_ACTE DATE not null,
 TABLES_NOM VARCHAR(255) not null,
 TABLES_PRENOM VARCHAR(255) not null,
 TABLES_ID_PERE INTEGER null,
 TABLES_NOM_PERE VARCHAR(255) null,
 TABLES_PRENOM_PERE VARCHAR(255) null,
 TABLES_ID_MERE INTEGER null,
 TABLES_NOM_MERE VARCHAR(255) null,
 TABLES_PRENOM_MERE VARCHAR(255) null,
 TABLES_ID_DEPENDANCE INTEGER null,
 TABLES_DOUBLON INTEGER null,
 TABLES_TYPE_ACTE_ID INTEGER not null,
 TABLES_PERSONNE_ID INTEGER null,
 TABLES_PERSONNE_HOMME INTEGER null,
 TABLES_PERSONNE_AGE INTEGER null,
 TABLES_PERSONNE_PERE_AGE INTEGER null,
 TABLES_PERSONNE_MERE_AGE INTEGER null,
 TABLES_PERSONNE_ORIGINE VARCHAR(255) null,
 constraint PK_TABLES primary key (TABLES_ID),
 constraint actetypefk FOREIGN KEY (TABLES_TYPE_ACTE_ID)
➥REFERENCES TYPE_ACTE(TYPE_ACTE_ID),
 constraint actepersonnefk FOREIGN KEY (TABLES_PERSONNE_ID)
➥REFERENCES PERSONNE(PERSONNE_ID)
);

-- ================================================================
-- Table : FAMILLE
-- ================================================================
create table FAMILLE
(
 FAMILLE_ID INTEGER not null,
 FAMILLE_NOM VARCHAR(255) not null,
 constraint PK_TABLES primary key (FAMILLE_ID)
);
```

```
-- ============================================================
-- Table : LIAISON_FAMILLE
-- ============================================================
create table LIAISON_FAMILLE
(
 PERSONNE_ID INTEGER not null,
 FAMILLE_ID INTEGER not null,
 constraint PK_LIAISON_PHOTO primary key (PERSONNE_ID,FAMILLE_ID),
 constraint liaisonphotopersonnefk FOREIGN KEY (PERSONNE_ID)
 ➥REFERENCES PERSONNE(PERSONNE_ID),
 constraint liaisonphotophotofk FOREIGN KEY (FAMILLE_ID)
 ➥REFERENCES FAMILLE(FAMILLE_ID)
);

-- ============================================================
-- Table : RECHERCHE_ADR
-- ============================================================
create table RECHERCHE_ADR
(
 RECHERCHE_ADR_ID INTEGER not null,
 RECHERCHE_ADR_LIBELLE VARCHAR(255) not null,
 RECHERCHE_ADR_DESCRIPTIF VARCHAR(255) not null,
 RECHERCHE_ADR_COMMUNE_ID INTEGER not null,
 constraint PK_RECHERCHE_ADR primary key (RECHERCHE_ADR_ID),
 constraint rechercheadrcommunefk FOREIGN KEY (RECHERCHE_ADR_COMMUNE_ID)
 ➥REFERENCES COMMUNE(COMMUNE_ID)
);

-- ============================================================
-- Table : RECHERCHE_WADR_REPERTOIRE
-- ============================================================
create table RECHERCHE_WADR_REPERTOIRE
(
 RECHERCHE_WADR_REPERTOIRE_ID INTEGER not null,
 RECHERCHE_WADR_REPERTOIRE_NOM VARCHAR(255) not null,
 constraint PK_RECHERCHE_WADR_REPERTOIRE primary key (RECHERCHE_WADR_REPERTOIRE_ID)
);

-- ============================================================
-- Table : RECHERCHE_WEB_ADR
-- ============================================================
create table RECHERCHE_WEB_ADR
(
 RECHERCHE_WEB_ADR_ID INTEGER not null,
 RECHERCHE_WEB_ADR_LIBELLE VARCHAR(255) not null,
 RECHERCHE_WEB_ADR_DESCRIPTIF VARCHAR(255) not null,
 RECHERCHE_WADR_REPERTOIRE_ID INTEGER not null,
 constraint PK_RECHERCHE_WEB_ADR primary key (RECHERCHE_WEB_ADR_ID),
 constraint rechercheadrcommunefk FOREIGN KEY (RECHERCHE_WADR_REPERTOIRE_ID)
 ➥REFERENCES RECHERCHE_WADR_REPERTOIRE(RECHERCHE_WADR_REPERTOIRE_ID)
);
```

```
-- ==============================================================
-- Table : LIAISON_RECHERCHE_ADR
-- ==============================================================
create table LIAISON_RECHERCHE_ADR
(
 RECHERCHE_ADR_ID INTEGER not null,
 RECHERCHE_WEB_ADR_ID INTEGER not null,
 constraint PK_LIAISON_RECHERCHE_WEB_PERSONNE primary key
 ➥(RECHERCHE_ADR_ID,RECHERCHE_WEB_ADR_ID),
 constraint liaisonrechercheadrfk FOREIGN KEY (RECHERCHE_ADR_ID)
 ➥REFERENCES RECHERCHE_ADR(RECHERCHE_ADR_ID),
 constraint liaisonrecherchewebadrfk FOREIGN KEY (RECHERCHE_WEB_ADR_ID)
 ➥REFERENCES RECHERCHE_WEB_ADR(RECHERCHE_WEB_ADR_ID)
);

-- ==============================================================
-- Table : TYPE_RECHERCHE
-- ==============================================================
create table TYPE_RECHERCHE
(
 TYPE_RECHERCHE_ID INTEGER not null,
 TYPE_RECHERCHE_NOM VARCHAR(255) not null,
 TYPE_RECHERCHE_WEB VARCHAR(255) not null,
 constraint PK_TYPE_RECHERCHE primary key (TYPE_RECHERCHE_ID)
);

-- ==============================================================
-- Table : ETAT_RECHERCHE
-- ==============================================================
create table ETAT_RECHERCHE
(
 ETAT_RECHERCHE_ID INTEGER not null,
 ETAT_RECHERCHE_NOM VARCHAR(255) not null,
 ETAT_RECHERCHE_COULEUR BIGINT not null,
 constraint PK_ETAT_RECHERCHE primary key (ETAT_RECHERCHE_ID)
);

-- ==============================================================
-- Table : RECHERCHE
-- ==============================================================
create table RECHERCHE
(
 RECHERCHE_ID INTEGER not null,
 RECHERCHE_NOM VARCHAR(255) not null,
 RECHERCHE_PERIODE VARCHAR(255) not null,
 RECHERCHE_DESCRIPTIF VARCHAR null,
 RECHERCHE_DESCRIPTIF_RETOUR VARCHAR null,
 RECHERCHE_DATE_DEMANDE DATE not null,
 RECHERCHE_DATE_RETOUR DATE null,
 RECHERCHE_ETAT_ID INTEGER not null,
 RECHERCHE_TYPE_ID INTEGER not null,
 RECHERCHE_COMMUNE_ID INTEGER not null,
```

```
  RECHERCHE_ADR_ID INTEGER not null,
  constraint PK_RECHERCHE primary key (RECHERCHE_ID),
  constraint etatrecherchefk FOREIGN KEY (RECHERCHE_ETAT_ID)
 ➥REFERENCES ETAT_RECHERCHE(ETAT_RECHERCHE_ID),
  constraint typerecherchefk FOREIGN KEY (RECHERCHE_TYPE_ID)
 ➥REFERENCES TYPE_RECHERCHE(TYPE_RECHERCHE_ID),
  constraint communerecherchefk FOREIGN KEY (RECHERCHE_COMMUNE_ID)
 ➥REFERENCES COMMUNE(COMMUNE_ID),
  constraint adrrecherchefk FOREIGN KEY (RECHERCHE_ADR_ID)
 ➥REFERENCES RECHERCHE_ADR(RECHERCHE_ADR_ID)
);

-- ============================================================
-- Table : RECHERCHE_WEB
-- ============================================================
create table RECHERCHE_WEB
(
 RECHERCHE_WEB_ID INTEGER not null,
 RECHERCHE_WEB_NOM VARCHAR(255) not null,
 RECHERCHE_WEB_PERIODE VARCHAR(255) not null,
 RECHERCHE_WEB_DESCRIPTIF VARCHAR null,
 RECHERCHE_WEB_DESCRIPTIF_RETOUR VARCHAR null,
 RECHERCHE_WEB_DATE_DEMANDE DATE not null,
 RECHERCHE_WEB_DATE_RETOUR DATE null,
 RECHERCHE_WEB_ETAT_ID INTEGER not null,
 RECHERCHE_WEB_TYPE_ID INTEGER not null,
 RECHERCHE_WEB_COMMUNE_ID INTEGER not null,
 RECHERCHE_WEB_ADR_WEB_ID INTEGER not null,
 constraint PK_RECHERCHE primary key (RECHERCHE_WEB_ID),
 constraint etatrecherchewebfk FOREIGN KEY (RECHERCHE_WEB_ETAT_ID)
 ➥REFERENCES ETAT_RECHERCHE(ETAT_RECHERCHE_ID),
 constraint typerecherchewebfk FOREIGN KEY (RECHERCHE_WEB_TYPE_ID)
 ➥REFERENCES TYPE_RECHERCHE(TYPE_RECHERCHE_ID),
 constraint communerecherchewebfk FOREIGN KEY (RECHERCHE_WEB_COMMUNE_ID)
 ➥REFERENCES COMMUNE(COMMUNE_ID),
 constraint adrrecherchewebfk FOREIGN KEY (RECHERCHE_WEB_ADR_WEB_ID)
 ➥REFERENCES RECHERCHE_WEB_ADR(RECHERCHE_WEB_ADR_ID)
);

-- ============================================================
-- Table : LIAISON_RECHERCHE_PERSONNE
-- ============================================================
create table LIAISON_RECHERCHE_PERSONNE
(
 PERSONNE_ID INTEGER not null,
 RECHERCHE_ID INTEGER not null,
 constraint PK_LIAISON_RECHERCHE_PERSONNE primary key (PERSONNE_ID,RECHERCHE_ID),
 constraint liaisonpersonnefk FOREIGN KEY (PERSONNE_ID)
 ➥REFERENCES PERSONNE(PERSONNE_ID),
 constraint liaisonrecherchefk FOREIGN KEY (RECHERCHE_ID)
 ➥REFERENCES RECHERCHE(RECHERCHE_ID)
);
```

```
-- ================================================================
-- Table : LIAISON_RECHERCHE_WEB_PERSONNE
-- ================================================================
create table LIAISON_RECHERCHE_WEB_PERSONNE
(
 PERSONNE_ID INTEGER not null,
 RECHERCHE_WEB_ID INTEGER not null,
 constraint PK_LIAISON_RECHERCHE_WEB_PERSONNE primary key
➡(PERSONNE_ID,RECHERCHE_WEB_ID),
 constraint liaisonpersonneltk FOREIGN KEY (PERSONNE_ID)
➡REFERENCES PERSONNE(PERSONNE_ID),
 constraint liaisonrecherchewebfk FOREIGN KEY (RECHERCHE_WEB_ID)
➡REFERENCES RECHERCHE_WEB(RECHERCHE_WEB_ID)
);

-- ================================================================
-- Table : ACCES
-- ================================================================
create table ACCES
(
 ACCES_ID INTEGER not null,
 ACCES_LOGIN VARCHAR(255) not null,
 ACCES_PASSWORD VARCHAR(255) not null,
 ACCES_ACTIVE INTEGER null,
 ACCES_TOTAL INTEGER null,
 ACCES_BORNE_SUP INTEGER null,
 constraint PK_ACCES primary key (ACCES_ID)
);

-- ================================================================
-- Table : ACCES_FAMILLE
-- ================================================================
create table ACCES_FAMILLE
(
 ACCES_ID INTEGER not null,
 FAMILLE_ID INTEGER not null,
 constraint PK_ACCES_FAMILLE primary key (ACCES_ID,FAMILLE_ID),
 constraint liaisonaccesfk FOREIGN KEY (ACCES_ID) REFERENCES ACCES(ACCES_ID),
 constraint liaisonfamillefk FOREIGN KEY (FAMILLE_ID) REFERENCES FAMILLE(FAMILLE_ID)
);

-- ================================================================
-- Table : ACCES_TYPE_DOCUMENT
-- ================================================================
create table ACCES_TYPE_DOCUMENT
(
 ACCES_ID INTEGER not null,
 TYPE_DOCUMENT_ID INTEGER not null,
 constraint PK_ACCES_TYPE_DOCUMENT primary key (ACCES_ID,TYPE_DOCUMENT_ID),
 constraint liaisonaccesfk FOREIGN KEY (ACCES_ID) REFERENCES ACCES(ACCES_ID),
 constraint liaisonfamillefk FOREIGN KEY (TYPE_DOCUMENT_ID)
➡REFERENCES TYPE_DOCUMENT(TYPE_DOCUMENT_ID)
);
```

```
-- ============================================================
-- Table : ACCES_PAYS
-- ============================================================
create table ACCES_PAYS
(
 ACCES_ID INTEGER not null,
 PAYS_ID INTEGER not null,
 constraint PK_ACCES_PAYS primary key (ACCES_ID,PAYS_ID),
 constraint liaisonaccesfk FOREIGN KEY (ACCES_ID) REFERENCES ACCES(ACCES_ID),
 constraint liaisonpaysfk FOREIGN KEY (PAYS_ID) REFERENCES PAYS(PAYS_ID)
);

-- ============================================================
-- Table : ACCES_DEPARTEMENT
-- ============================================================
create table ACCES_DEPARTEMENT
(
 ACCES_ID INTEGER not null,
 DEPARTEMENT_ID INTEGER not null,
 constraint PK_ACCES_DEPARTEMENT primary key (ACCES_ID,DEPARTEMENT_ID),
 constraint liaisonaccesfk FOREIGN KEY (ACCES_ID) REFERENCES ACCES(ACCES_ID),
 constraint liaisondepartementfk FOREIGN KEY (DEPARTEMENT_ID)
 REFERENCES DEPARTEMENT(DEPARTEMENT_ID)
);

-- ============================================================
-- Table : ACCES_COMMUNE
-- ============================================================
create table ACCES_COMMUNE
(
 ACCES_ID INTEGER not null,
 COMMUNE_ID INTEGER not null,
 constraint PK_ACCES_COMMUNE primary key (ACCES_ID,COMMUNE_ID),
 constraint liaisonaccesfk FOREIGN KEY (ACCES_ID) REFERENCES ACCES(ACCES_ID),
 constraint liaisoncommunefk FOREIGN KEY (COMMUNE_ID) REFERENCES COMMUNE(COMMUNE_ID)
);
```

Références

J.-L. BENARD, L. BOSSAVIT, R. MEDINA, D. WILLIAMS, *Gestion de projet eXtreme Programming,* Eyrolles, 2004

K. DJAAFAR, *Eclipse et JBoss, développement d'applications J2EE professionnelles, de la conception au déploiement,* Eyrolles, 2005

M. FOWLER, *Refactoring: Improving The Design of Existing Code,* Addison Wesley, 1999

E. GAMMA, R. HELM, R. JOHNSON, J. VLISSIDES, *Design Patterns : catalogue de modèles de conception réutilisables,* Vuibert, 1999

J. KERIEVSKY, *Refactoring to Patterns,* Addison Wesley, 2004

F. LEPIED, *CVS : configuration et mise en œuvre,* O'Reilly, 2000

R. PAWLAK, J.-Ph. RETAILLÉ, L. SEINTURIER, *Programmation orientée aspect pour Java/J2EE,* Eyrolles, 2004

Index

www.ingramcontent.com/pod-product-compliance
Lightning Source LLC
Chambersburg PA
CBHW080704220326
41598CB00033B/5299